Erhalten durch Gestalten

Institutionelle und Sozial-Ökonomie

Herausgegeben von
Adelheid Biesecker und Wolfram Elsner

Band 15

PETER LANG
Frankfurt am Main · Berlin · Bern · Bruxelles · New York · Oxford · Wien

Adelheid Biesecker / Wolfram Elsner
(Hrsg.)

Erhalten durch Gestalten

Nachdenken über eine (re)produktive Ökonomie

PETER LANG
Europäischer Verlag der Wissenschaften

Bibliografische Information Der Deutschen Bibliothek
Die Deutsche Bibliothek verzeichnet diese Publikation in der Deutschen Nationalbibliografie; detaillierte bibliografische Daten sind im Internet über <http://dnb.ddb.de> abrufbar.

ISSN 0948-6178
ISBN 3-631-53548-1

www.peterlang.de

Vorwort der Herausgeber

„Produktiv ist eben der Weg,
das Wesentliche, steht das Werden über dem Sein.“
(Paul Klee, Tagebuch 1914, Nr. 928)

„Wie wäre die Auflösung der
perversen Koppelung von Produktivität an
Zerstörung noch denkbar?“

(Christa Wolf, Ein Tag im Jahr, 2003, S. 292)

Im andauernden Diskurs um eine zukunftsfähige Gesellschaft bilden sich allmählich erste Grundkonzepte einer erneuerten Ökonomie heraus – einer Ökonomie, die nicht nur in der Lage ist, langfristig die "Lebensmittel" für die Gesellschaftsmitglieder zur Verfügung zu stellen, sondern die dieses tut, indem sie ihre eigenen Produktivitätsgrundlagen erhält. „Erhalten durch Gestalten“ schält sich als ein ökonomisches Grundprinzip heraus.

Mit dem Prinzip „Erhalten durch Gestalten“ gerät die die kapitalistisch-industrielle Produktion prägende zentrale Trennlinie in die Kritik – die Trennlinie zwischen der Sphäre der Produktion und der der sog. Reproduktion. Diese Trennlinie wird schon im Entstehungsprozeß moderner bürgerlicher Gesellschaften mit ihrer kapitalistischen Ökonomie gezogen. Die ökonomische wie auch die politologische Theorie tragen dazu bei: Schon die theoretischen Entwürfe von John Locke und Adam Smith sind durch diese Trennung strukturiert. Das schien zunächst kein Problem zu sein, stand doch der emanzipative Charakter einer auf Arbeit gegründeten Ökonomie im Mittelpunkt der Überlegung. Daß hier nur die Erwerbsarbeit gemeint war, Erwerbsarbeit zur Produktion von Waren für Märkte, und daß alle anderen Tätigkeiten als Nicht-Arbeit abgewertet wurden, kam erst später in die Kritik, durch die feministische Debatte mit ihren verschiedenen Schwerpunkten des 20. Jahrhunderts. Hier entstand die These von der „Krise der Reproduktionsarbeit“ als Ausdruck dieser Trennungslinie. Heute müssen wir vor dem Hintergrund von Massenarbeitslosigkeit und „demographischer Krise“ erkennen, wie problematisch es ist, die sozialen Sicherungssysteme so stark auf die Teilhabe an Erwerbsarbeit zu gründen. Die Vernachlässigung und Abspaltung reproduktiver Tätigkeiten führt zu einem Paradoxon sinkender Geburtenraten und steigender Kinderarmut bei einem gleichzeitigen Wachsen des Bedarfs an Renten und Pflegeleistungen für die ältere Generation.

Der Diskurs um das Leitbild einer nachhaltigen Entwicklung, der sich seit der Mitte der 80er Jahre entwickelte, problematisiert diese Trennlinie ebenfalls und verweist darauf, daß auch die ökologische Krise hier ihre Ursache hat. Man denke nur – als ein Beispiel unter vielen – an die ohne Rücksicht auf den Bestandserhalt stattfindende Überfischung der Ozeane. So finden beide Diskurse in der Kernaussage zusammen, daß es gerade diese Abspaltung der sog. reproduktiven Bereiche von der Produktionssphäre ist, die zu den beiden genannten Krisenphänomenen führt. Sie ist die Ursache dafür, daß das „Erhalten" der produktiven Grundlagen des Wirtschaftens, d. h. der produktiven Leistungen sowohl der sorgenden menschlichen, meist weiblichen Arbeit als auch der Ökosysteme der Natur, nicht ausdrückliches Ziel von Wirtschaften ist. Im Gegenteil: es wird Raubbau an ihnen getrieben, sie werden als „unhinterfragte Existenzbedingungen" der sich offiziell ausschließlich durch Märkte strukturierenden und koordinierenden Ökonomie angesehen. Für eine zukunftsfähige Wirtschaftsweise gilt es, diesen Raubbau nicht nur zu stoppen, sondern das Erhalten der Produktivitäten von menschlicher und ökologischer Natur als Grundprinzip rationalen Wirtschaftens zu verstehen.

Was heißt das im Einzelnen? Welche Herausforderungen an die ökonomische Theorie und wirtschaftliche Praxis stecken in dieser Aufforderung? Und wo finden sich schon konkrete Ansatzpunkte? Ganz allgemein heißt es, die wirtschaftlichen Prozesse so zu organisieren, daß die Gestaltungsbedingungen immer wieder gesichert und neu hergestellt werden. Damit wird das Schaffen von Neuem verbunden mit dem Erhalten der Produktionsvoraussetzungen.

Ein Beispiel dafür sind Nutzgärten, in denen es keinen Abfall gibt, da die anfallenden Rohstoffe kompostiert werden und so Grundlage neuer Produktivität sind. Andere Beispiele finden sich im versorgungsökonomischen Bereich, wo vielfältige kooperative Formen zur Gestaltung eines „guten" Lebensalltags von Kindern, Frauen und Männern entstanden sind (z. B. Öko-Teams von Haushalten, Mütterzentren, Mehr-Generationen-Wohnprojekte). Und schließlich gibt es auch viele Beispiele von Unternehmen, die in ihre Produktions-, Beschaffungs- und Absatzpläne die Sorge um naturverträgliche und lebensdienliche Produktqualität sowie um ihre eigene Ressourcenbasis einschließen und dabei mit Lieferanten und KonsumentInnen kooperieren.

Insgesamt geht es um Langfristigkeit, Sparsamkeit, Vorsorge – um haushälterisches Handeln. Das bedeutet keine stationäre Wirtschaft, sondern qualitative Entwicklung in kleinen Schritten.

Der Grundgedanke liegt somit darin, die produktiven und die sogenannten reproduktiven Prozesse als einander bedingend und miteinander koordiniert verlaufend zu verstehen. Märkte sind in diesem Verständnis nur eine Teilarena des ökonomischen Handelns. Ihre gesellschaftliche Gestaltung und Einbettung ist derart zu leisten, daß Märkte dem Schutz der versorgungsökonomischen Bereiche der Haushalte sowie der ökologischen Natur dienen. Das beinhaltet die Entfaltung einer neuen ökonomischen Rationalität, einer Rationalität des Schützens und Erhaltens. Das bedeutet die Überwindung der heute vorherrschenden Vorstellung von ökonomischer Vernunft als einer den (privaten) Eigennutz bzw. das (gesellschaftliche) Wachstum maximierenden Vorstellung von vernünftigem Wirtschaften.

Und das bildet sich ab in neuen, erweiterten Koordinationsformen, die für eine (re)produktive und damit komplexere Ökonomie erforderlich und geeignet sind und entsprechend umfassend sein müssen. Eine zentrale Dimension dieser Koordination ist die Zeit: es gilt, die Zeitformen und -rhythmen der verschiedenen ökonomischen Handlungsräume miteinander in Einklang zu bringen. Eine andere Dimension ist der Raum, die räumliche Nähe, die Region. Hier existieren wichtige Voraussetzungen für gelernte Koordination und die (Re-)Integration von Produktion und Reproduktion. Die Aufgabe, neue Bezüge zwischen diesen Bereichen herzustellen, Brücken zu bauen über Trennungslinien hinweg, ist somit umfangreich und komplex. Sie erfordert viel menschliche Kreativität und kollektive Lernprozesse.

Das Thema ist folglich wichtig, und es ist auch schon Gegenstand vielfältiger Diskurse: im *Diskurs um Nachhaltigkeit* steht der Erhalt der Naturproduktivität (wenn auch häufig noch mißverstanden als Naturkapital) im Mittelpunkt. Im *Diskurs um nachhaltige Regionalentwicklung* geht es um Bedingungen der Reproduktion der Arbeitskraft, um das Schließen von Stoffströmen, von ProduzentInnen-KonsumentInnen-Ketten bzw. um vielfältige Stakeholder-Kooperationen in Netzwerken. Darum rankt sich auch der *Diskurs um nachhaltige Unternehmen.* Hier wird die Frage gestellt, wie Unternehmen in ihre ökonomische Rationalität den Erhalt ihrer eigenen Ressourcenbasis miteinbeziehen können; hier kommt auch die Rolle der personenbezogenen Dienstleistungen ins Spiel, denn im Mittelpunkt ihres Produktionsprozesses steht das Erhalten, sei es von Gesundheit, von Qualifikation, von Lebensfähigkeit z. B. durch die Betreuung und Erziehung der nachwachsenden Generationen. Im *Diskurs um nachhaltigen Konsum* geht es um die Frage nach dauerhaft lebensdienlichen und naturgemäßen Lebensstilen. In allen Diskursen finden sich sowohl Gedanken zur Kritik der bestehenden Trennungen zwischen produktiven und reproduktiven Prozessen, gestalterische Konzepte zur Integration dieser Prozesse sowie konkrete Praxisbeispiele. Da die Trennung dieser Prozesse und damit ihre Nichtkoordinierung ihre Ursache großenteils, wie der *feministische Diskurs* deutlich gemacht hat, in der Strukturierung der Geschlechterverhältnisse als hierarchisch, die weibliche Versorgungsarbeit abwertend, hat, spielt die Gender-Dimension der wirtschaftlichen Tätigkeiten als Querschnittsdimension für alle Diskurse eine wichtige Rolle.

Um Elemente einer (re)produktiven Ökonomie herauszufinden, wurden diese verschiedenen Diskurse auf der 10. iiso-Jahrestagung miteinander verknüpft – wie auch während der vorangegangenen Tagungen in Theorie und Praxis.

Die bewährte Tagungsstruktur – grundlegende konzeptionelle Beiträge, Workshops mit Case-Studies, Politische Konzepte und neue institutionelle Arrangements für eine (re)produktive Ökonomie – wurde beibehalten. Die Schwerpunkte der Workshops (Die Region als Ort der (Re)Produktion, Die Vielfalt von Arbeit als kooperative (Re)Produktion, Produzenten und Konsumenten als (re)produktive Akteure) verweisen auf Arbeitsschwerpunkte des iiso-Instituts.

Die eingangs angeführten Zitate verdeutlichen, welche Herausforderung die Frage nach der Gestaltung einer Wirtschafts- und Lebensweise, die sich auf Produktivitätserhalt stützt, nicht nur für die Wirtschaftswissenschaft, sondern für die Wissenschaft insgesamt sowie für Kunst und Kultur bedeutet. Christa Wolf meint mit der „perversen Koppelung von Produktivität an Zerstörung“ vor allem die Rüstungsindustrie. Aber dieses Prinzip zieht sich durch weite Bereiche unseres modernen Wirtschaftens. „Erhalten (nicht Zerstören) durch Gestalten“ beinhaltet ein zukunftsfähiges Gegenprinzip. Die 10. iiso-Jahrestagung hat gezeigt, dass und wie sich dieses heute in Theorie und Praxis schon herausbildet und wie es gestärkt werden kann.

Bremen, im September 2004

Adelheid Biesecker, Wolfram Elsner

Inhalt

Konzeptionelle Entwürfe 11

Sabine Hofmeister
Erhalten durch Gestalten
– Plädoyer für eine Neuerfindung des Ökonomischen 13

Edith Kuiper
The Separation of Production from Reproduction in Economic Theory
– A History of Economic Thought Approach 35

Irmgard Schultz
Die Naturalisierung und Denaturalisierung der Produktions-Reproduktions-Differenz
– Zur Frage nach Gestaltungsperspektiven einer reproduktiven Ökonomie 51

Georg Müller-Christ
Unternehmen als (re-)produktive Akteure
– Können Unternehmen nachhaltig sein? 71

Die Region als Ort der Reproduktion 81

Thomas Sterr
Industrielle Reproduktionswirtschaft und regionaler Kontext 83

Martina Schäfer
„Das Ganze“ der Reproduktion im Blick behalten
– Was bedeutet das für die Entwicklung von Nachhaltigkeitsindikatoren? 113

Jürgen Wendler
Lebensbedingungen und regionale Politik
Oder: Was Bremer Bürgerinitiativen so umtreibt 151

Die Vielfalt von Arbeit als kooperative (Re)Produktion 159

David Mol und Jannie Roemeling
„Dagindeling“
– Local experiments in the Netherlands with new daily routine arrangements and their political implications 161

Daniela Gottschlich
“Leben ist nicht nur Erwerbsarbeit”
– Ergebnisse eines transnationalen Frauenprojektes im Kontext von lokaler Nachhaltigskeits- und Agenda 21-Prozesse 173

Babette Scurrell
Chancen reproduktiver Arbeit in schrumpfenden Regionen 189

Produzenten und Konsumenten als (re)produktive Akteure 207

Ines Weller
„...vom Konsumenten aus"
- Zur Bedeutung von Kooperation zwischen KonsumentInnen und ProduzentInnen für nachhaltigere Produktions- und Konsummuster 209

Reinhard Pfriem
Ernährungskultur als Handlungsfeld reproduktiver Ökonomie
– Eine ökonomische Betrachtung in kulturwissenschaftlicher Absicht und Perspektive 221

Barbara Thiessen
Jenseits der Binarität von Reproduktion und Produktion
– Personenbezogene Dienstleistungen als prokreative Arbeit 241

Politische Konzepte und neue institutionelle Arrangements 263

Frank Moulaert und Jacques Nussbaumer
Regional Production and Reproduction
– The Social Region 265

Uta von Winterfeld
Kann eine private Wirtschaft (re-)produktiv sein?
– Zur Eignung des Konzeptes der Global Governance für die politische Gestaltung von Globalisierung 285

Carsten Stahmer
Zwei Wege zur einer nachhaltigen Gesellschaft 305

AutorInnen 329

Konzeptionelle Entwürfe

Erhalten durch Gestalten

Plädoyer für eine Neuerfindung des Ökonomischen

Sabine Hofmeister

1. Einleitung

Auf den ersten Blick erscheint das Postulat „Erhalten durch Gestalten" paradox: Gestalten meint Veränderung, Schaffen von etwas Neuem. Es steht damit in einem Gegensatzverhältnis zu Erhalten – mindestens insoweit, als damit gemeint ist, dass ein (statischer) Zustand (aufrecht)erhalten oder identisch wiederhergestellt werden soll. Erst auf den zweiten Blick wird deutlich, worauf dieses Postulat tatsächlich verweist: auf das Wesen des Lebendigen selbst. Im Blick auf das Lebendige vermag sich dieses Paradoxon aufzulösen. Es gilt also zu fragen, was es ist, das Erhalten und Gestalten im Lebendigen miteinander vereint.

Im Hinblicken auf Konzepte des Lebendigen (1) spiegelt sich das Verhältnis von Gestalten zu Erhalten im Zusammenwirken von (linear gerichteter) Veränderung und (zyklischer) Wiederholung – von generativen („produktiven") und wiederherstellenden („reproduktiven") Prozessen. Dies werde ich zum Anlass nehmen, dem Verhältnis von Produzieren zu „Reproduzieren" in der Ökonomie – in der ökonomischen Theorie und Praxis – nachzugehen (2). Ausgehend von der These, dass es sich bei der Trennung von Produktion vs. Reproduktion um ein Strukturprinzip des ökonomischen Denkens und Handelns in der Industriemoderne handelt, soll aufbauend hierauf gefragt werden, ob und wie weit in dieser Trennung eine Ursache sozial-ökologischer Krisenphänomene liegen könnte. Dabei gehe ich aus von der Überzeugung, dass gesellschaftliche Geschlechter- und Naturverhältnisse – und mithin die „ökologische Krise" wie die „Krise der Reproduktionsarbeit" (Rodenstein et al. 1996) – gleichursprünglich sind. Ich möchte zeigen, dass die Anwendung des Kategorienpaars Produktion-Reproduktion Chancen eröffnet, zwischen Ökologischem und Sozialem zu vermitteln. Indem vermittlungstheoretische Positionen – das sind Theorieansätze, die das Verhältnis Natur-Kultur/ Gesellschaft jenseits der Annahme, dass es sich um ein Gegensatzverhältnis handelt, zu erklären suchen (vgl. Kropp 2001) – in den Blick genommen werden (3), wird die

Reichweite der Kategorie (Re)Produktion sichtbar: Exemplarisch für solche Ansätze wird an dieser Stelle die Akteur-Netzwerk-Theorie (ANT) von Bruno Latour (1995) diskutiert, deren zentrale These „Wir sind nie modern gewesen" ich kritisiere. Erst indem, wie hier vorgeschlagen, die ANT um die Kategorie (Re-)Produktivität erweitert wird, wird deutlich, dass und wie weit die Praxis gesellschaftlicher Naturverhältnisse in der Industriemoderne durch Externalisierung des (vermeintlich) Reproduktiven gekennzeichnet und von Trennungen durchdrungen ist. Ausgehend von dieser Kritik plädiere ich für eine Neuerfindung des Ökonomischen (4), d. h. für eine Konzeption des Ökonomischen, dem (Re)Produktion zugleich Grundlage und Ziel ist (Immler/ Hofmeister 1998) – ein Wirtschaften, in dem sich die Verbindung von Gestalten mit Erhalten zu entfalten und zu verwirklichen vermag.

2. Erhalten durch Gestalten als Muster des Lebendigen?

„Natur ist, was uns leben lässt.", schreibt Elisabeth List (2001, 163). Und Leben ist Natur. Wer immer die Frage nach dem Lebendigen stellt, wird zuerst auf eine *Trennung* verwiesen: die Trennung zwischen Natur und Nicht-Natur – den Artefakten, dem Künstlichen, dem technisch Hergestellten und Menschen-Gemachten.

Die Beantwortung der Frage nach dem Wesen des Lebendigen (Physis) beginnt in der Antike. Verwiesen wird auf Aristoteles, der die „Naturdinge" als jene kennzeichnete, die das Prinzip der Bewegung und der Ruhe in sich haben. Von Aristoteles bis Kant bleibt die Fähigkeit der *Selbstbewegung* für alle Vorstellungen von Natur und Leben erkenntnisleitend (List 2001, 164): Das Lebendige ist das Sich-SelbstSchaffende – natura naturans. Es verändert sich, es wächst, reift, altert, es reproduziert sich – es vermag sich selbst zu erhalten *und* zu gestalten (Kather 2003, 112).

Das Prinzip der Selbstbezüglichkeit – der Autopoiese – wird bei Maturana (nach Kather 2003, 112) zur Eigenschaft von „selbstreferentiellen Systemen"[1].

> „Eine autopoietische Maschine ist eine Maschine, die als ein Netzwerk von Prozessen der Produktion (...) von Bestandteilen organisiert (...) ist, welche 1. aufgrund ihrer Interaktion und Transformation kontinuierlich eben dieses Netzwerk an Prozessen (...), das sie erzeugte, neu generieren und verwirklichen, und die 2. dieses

[1] Die Verwendung des Begriffs „Maschine" zur Kennzeichnung lebendiger Systeme verweist darauf, dass Maturana seine Theorie als mechanistische versteht – ein Umstand, der nach List wissenschaftstheoretisch mindestens umstritten ist (List 2001, 27 mit Verweis auf Penrose 1991, 1995). Denn in Unterscheidung zu klassischen mechanistischen Theorien lässt sich die Organisation des Lebendigen nicht durch die Eigenschaften der Bestandteile des Lebendigen erklären und die Beziehungen, Prozesse zwischen den Bestandteilen nicht auf Basis von deterministischen Gesetzen definieren (a.a.O.).

> Netzwerk (...) als eine konkrete Einheit in dem Raum, in dem diese Bestandteile existieren, konstituieren ... Daraus folgt, daß die autopoietische Maschine durch ihr Operieren fortwährend ihre eigene Organisation erzeugt ...“ (Manturana 1982, 185 zit. nach List 2001, 25 f.)

Im Zentrum der Autopoiese steht also die Fähigkeit von lebendigen Systemen, die für ihre Organisation essentiellen Prozesse in Wechselwirkung zueinander und zur Umwelt zu reproduzieren. Dabei sind zwei interagierende Tendenzen entscheidend:

- das auf Wiederholung beruhende zyklische Prinzip (die Homöostase). Es ermöglicht eine gewisse Ruhe und Unabhängigkeit des Individuums von den es umgebenden Lebensbedingungen (Aschoff 1989 nach Kather 2003, 112 f.). Und zweitens
- eine Veränderung, Innovation ermöglichende Tendenz (die Heterostase), die Möglichkeit der Abweichung vom Bisherigen und der (oft sprunghafte) Übergang in einen neuen Zustand (Kather 2003, 113).

Ausgehend von der zeitlichen Organisation des Lebens wird also deutlich, dass sich hierin Gerichtetheit, Linearität und Irreversibilität mit rhythmischer Wiederholung – mit der immer wiederkehrenden Rückkehr in einen dem Ausgangszustand ähnlichen Zustand – verbindet (Kather 2003, 115 ff.). Erhalten und Gestalten sind hierin untrennbar und miteinander synchronisiert. Sie stellen gerade keinen unauflösbaren Gegensatz dar, sondern sind komplementär aufeinander bezogen. Anders ausgedrückt: Im Lebendigen sind produktive mit reproduktiven Funktionen unmittelbar verbunden. Als Eigenzeiten sind sie miteinander zur Systemzeit des ganzen Organismus vernetzt (Kather 2003, 116).

Doch im Blick auf den aristotelischen Dualismus zwischen Lebendigem und Nicht-Lebendigem – zwischen Natürlichem und dem Nicht-Natürlichen – ist dieser Verweis auf die Merkmale des Lebendigen inzwischen kaum noch hilfreich. Mindestens die Trennung selbst kann auf dieser Grundlage nicht mehr erklärt werden. Die Grenzen zwischen Natur und Nicht-Natur beginnen porös zu werden. Im biotechnischen Zeitalter haben Reproduktionsmedizin und Biotechnologie innerhalb weniger Jahre Zeit dazu beigetragen, dass die tief verwurzelte Unterscheidung zwischen der „Natur, die wir selbst sind“ (Böhme 2002) und der „organischen Ausstattung, die wir uns selber ‚geben', verschwimmt“. (Habermas 2002, 28). Die Natur „im Zeitalter ihrer technischen Reproduzierbarkeit“ (Böhme 1992) ist schon nicht mehr das, was seine Organisationsprinzipien (ausschließlich) in sich hat, was nicht (auch) von außen „gemacht“ wird. Natur als das Andere zur Kultur/ Gesellschaft existiert in dieser Form nicht mehr. Durch die Industriemoderne hindurch ist ‚Natur' (mindestens in Teilen und optional, d. h. ausgehend vom technisch Machbaren) das Produkt gesellschaftlicher Praktiken.

Im Blick auf die menschliche Natur – die Natur, die „wir selbst sind" (Böhme 2002) – mag dies vielleicht noch eine (mehr oder weniger bedrohliche) Vision sein[2]. Für andere „Naturdinge" – für Mais, Tomaten und Schafe usw. – ist es schon länger Realität. „Natur als das, was uns leben lässt" (List), ist zu etwas „Hybridem" (Latour) geworden: ‚Natur' ist das, von dem nicht mehr oder mindestens nicht mehr eindeutig gesagt werden kann, was von sich aus und was „von außen" ist. Das alte aristotelische Prinzip der Grenzziehung gilt offenbar nicht mehr. Die tief verwurzelten Dichotomien, wie die zwischen Natur und Kultur oder zwischen Objekt und Subjekt, stehen zur Disposition. Diese überlieferten Gegensätze werden mehr und mehr „biotechnisch entdifferenziert" (Habermas 2002, 77). Natur ist nicht länger das, was von sich aus ist und als solches *erhalten* werden kann, sondern als ‚Natur' ist es längst schon (auch) zu einer *Gestaltungsaufgabe* geworden.

Dabei stellt sich das Problem der Grenzziehung auch jenseits der vielfältigen Fragen, die mit dem gesellschaftlichen Umgang mit Biotechniken aufgeworfen werden: So z. B., wenn wir uns angesichts globaler und irreversibler Umweltveränderungen immer wieder neu fragen müssen, welche Krisenphänomene wir als Natur- und welche wir als Kulturkatastrophen anzusprechen haben. Wenn niemand mehr eindeutig zu sagen versteht, welcher Anteil an Hochwasser-, Sturm- oder Lawinenereignissen „natürlich" und welcher „menschengemacht" ist ... Wenn wir nicht mehr eindeutig zu entscheiden vermögen, welche Formen der Sterilität bei welchen Organismen womöglich auf anthropogene Stoffe zurückzuführen sind ... Oder wenn wir nicht mehr sagen können, ob es sich bei den neuen bedrohlichen Erkrankungen, wie AIDS oder BSE, um Natur- oder Kulturphänomene handelt ... In dieser Situation geht es längst schon nicht mehr um die Frage: „Welche Natur wollen wir *erhalten*?" Sondern die Frage ist: „Welche ‚Natur' wollen wir *gestalten*?" – die Frage nach der „‚Natur', die vor uns liegt" (Böhme 2002).

Doch sind ökonomische Theorien und die Praxis des Wirtschaftens auf diese Frage vorbereitet?

---

[2] Angesichts der in gynäkologischen Praxen (mindestens in den Industrieländern) längst zur allgemeinen Diagnostik gehörenden reproduktionsmedizinischen Techniken (z.B. PID) scheinen allerdings Zweifel angebracht, ob die technische Mit-Reproduktion menschlicher ‚Naturen' tatsächlich nicht schon Realität ist.

3. Produktion vs. „Reproduktion“: Trennung als Strukturprinzip von Ökonomie

Wenn von der Anwendung neuer (Bio)Techniken die Rede ist, wird immer auch schon über Ökonomie gesprochen: Die Herstellung lebendiger Produkte ist schließlich schon Teil ökonomischer Praktiken. „Produzieren“ im Zeitalter der Biotechnologie heißt, ein Produkt herstellen, das „entlassen wird in die Strömung des Werdens, worin auch der Hersteller treibt.“ (Habermas 2002, 85 mit Verweis auf Hans Jonas).

Die *Praxis* des Wirtschaftens findet also schon jenseits der Grenzen zwischen von Natur Gewordenem und Menschen-Gemachten statt. Doch genau betrachtet ist das Herstellen von NaturKultur-Produkten nicht einmal besonders neu. Mindestens die Industriegesellschaft ist von Beginn an dadurch gekennzeichnet: Kein industrieller Fertigungsprozess ist etwas anderes als ein mehr oder weniger geschicktes Arrangement von Naturstoffen und Energie (=Naturprodukten) mit Naturleistungen (=Naturproduktivität) und menschlicher Arbeit. Was ist ein industrielles Produkt also anderes als ein „Hybrid“ (Latour) – ein aus Naturstoffen mittels Naturleistungen zusammengesetztes künstliches Ding? Auch im Blick auf die Koppelprodukte industrieller Ökonomie – auf die sogenannten „Nebenfolgen“ des Wirtschaftens in der Industriegesellschaft – lässt sich von „hybriden“ Produkten sprechen: Ökologische Krisenphänomene sind die (nicht intendierten, geleugneten) ‚Naturprodukte' industrieller Wirtschaftsprozesse (Immler 1989).

Doch hier, so scheint es, liegt der zentrale Widerspruch dieser Ökonomie: Diese Praxis des Ökonomischen – also das, was im Verwertungsprozess physisch-materiell geschieht – wird im Bewusstsein derselben Ökonomie nicht gespiegelt: Ganz im Gegenteil basiert das ökonomische *Denken* nach wie vor auf trennscharf voneinander abgegrenzten Kategorien: Hergestelltes vs. von Natur Gewordenes, gesellschaftliches Subjekt vs. Natur-Objekt. Was in der ökonomischen Theoriebildung im 18. Jh. mit Adam Smith begonnen und sich Ende des 19. und zu Beginn des 20. Jh. mit dem Durchbruch neoklassischer Ökonomik vollendet hatte (vgl. Biesecker/ Kesting 2003, Teil II), lässt sich beschreiben als ein Prozess der Trennung: der Abtrennung und Externalisierung von ökologischer und sozial weiblicher Produktivität als „Reproduktivem“ – und verbunden damit der Reduktion des ökonomischen Begriffs von Produktivität auf warenförmige Arbeit (Erwerbsarbeit) und Kapital[3].

---

[3] Markant wird diese Geschichte dann, wenn parallel dazu untersucht wird, welche Rolle den Kategorien „Produktion“ und „Produktivität“ bei der Ausbildung der Ökosystemtheorie in der ersten Hälfte des 20. Jh. zukam: Auch der Verwissenschaftlichung der Ökologie ging ein Trennungsprozess voraus: die Trennung der Organismen in „Produzenten“ und „Konsumenten“ (spä-

Doch wird gefragt, wie sich das industrieökonomische System selbst versteht und was es dem gegenüber auf der physisch-materiellen Ebene leistet, so bildet sich ein *Reproduktionsmodell* aus (Immler, Hofmeister 1998): Dem ökonomischen Modell, wie es sich in der Industriegesellschaft als ein lineares – als das Modell einer Durchflussökonomie – darstellt, steht in der Perspektive auf die physisch-materiellen (stofflichen und energetischen) Prozesse ein zyklisches – genauer: ein spiralförmiges – Modell gegenüber (a.a.O., 28). Deutlich wird, dass die ökonomischen Funktionen „Produktion" und „Konsumtion" eingebettet sind in ökologische Prozesse, die um nichts weniger produktiv sind als die ökonomisch bewerteten Leistungen auch. Aus der Perspektive der physischen (Re)Produktion werden diese als die primären Funktionen erkannt – als Funktionen, die es durch die Gestaltungsprozesse in (anthropogener) Produktion und Konsumtion hindurch zu erhalten bzw. wiederherzustellen gilt (a.a.O.). Die Differenz zwischen dem ökonomischen Selbstverständnis der Industriegesellschaft und einer Ökonomie der (Re)Produktion wird in diesem Modell lesbar: Die Funktionen „naturale Produktion" und „naturale Reduktion" – das sind jene Funktionen, die in der Einheit von Naturprodukt und Naturproduktivität miteinander identisch werden – werden im Reproduktionsmodell als die die anthropogenen Funktionen des Wirtschaftens umschließenden erkannt. Im industrieökonomischen Verständnis von sich selbst als Durchflussökonomie bleiben jedoch gerade diese naturalen Funktionen unerkannt und unausgefüllt.

In dem Modell, das wir seinerzeit als „Reproduktionsring" bezeichnet haben, bildet sich ab, dass es Aufbau- und Abbauprozesse sind, die im gesamten ökonomischen (Re)Produktionsprozess ineinander wirken (Immler/ Hofmeister 1998). Das Produktionssystem „Natur" ist zugleich Ausgangspunkt (Produktivität) und Ergebnis dieses Prozesses (Produkt). Dabei ist den (Re)Produktionsprozessen Veränderung und Erneuerung – in dieser Bedeutung „Entwicklung" – eigen: Nicht ein (geschlossener) Kreislauf, sondern ein spiralförmiger, prinzipiell zukunftsoffener Prozess wird beschrieben.

Die Reichweite des Reproduktionsmodells nach Immler/ Hofmeister (1998) ist jedoch durch seine Perspektive ausschließlich auf die physisch-materielle (Re)Produktion begrenzt: Für eine *sozial-ökologische* Forschung wird das Kategorienpaar Produktion-Reproduktion erst dann fruchtbar, wenn es erweitert werden kann um das, was innerhalb des Sozialen als „Natur" gesetzt wird: um die vermeintlich „reproduktiven" Leistungen des sozialen Geschlechts Frau.

---

ter erst ergänzt um die Gruppe der „Reduzenten"/ „Destruenten") entlang ihrer Beziehungen in der Nahrungskette (vgl. Schramm 1984 sowie Hofmeister/ Biesecker i.V.).

An der Geschichte der Ausbildung des Forschungstyps Soziale Ökologie lässt sich dies nachzeichnen: Hier hatte von Anbeginn das Kategorienpaar Produktion-Reproduktion eine zentrale Rolle gespielt. In der sich in den 1980er Jahren etablierenden Darmstädter Arbeitsgruppe „Soziale Naturwissenschaft“ um Gernot Böhme (Böhme/ Schramm 1985) wurde das Kategorienpaar noch ausschließlich auf Phänomene der sog. ökologischen Krise angewendet. Der Forschungsgruppe Soziale Ökologie in Frankfurt diente es demgegenüber als eine kritische Kategorie zur Analyse der Krise als eine *sozial*-ökologische. Durch die feministische Perspektive, die von Irmgard Schultz und Elvira Scheich (1987) in die sozial-ökologische Forschung hinein getragen worden war, war es gelungen, eine Brücke zwischen sozial- und naturwissenschaftlicher Forschung zu spannen[4]. Indem die *soziale* Reproduktion menschlichen Lebens durch sozial weiblich zugewiesene Versorgungsarbeit zuerst schlicht ausgeklammert oder (wie in der Darmstädter Gruppe) als „eher beiläufig“ abgetan worden war (Böhme 1985, 56), konnte die Kategorie (Re)Produktion für die Entschlüsselung der *Verbindung* von gesellschaftlichen Natur- und Geschlechterverhältnissen noch nicht genutzt werden.

Diese Verbindung jedoch wurde zu dem zentralen Ausgangspunkt für die Entwicklung der sozial-ökologischen Forschung im Frankfurter Institut für sozial-ökologische Forschung (ISOE). Auf Initiative von Irmgard Schultz war hier der Forschungsschwerpunkt „Gender & Environment“ als ein Querschnittsbereich verankert worden. Die zentrale These war, dass „ ... das Ziel der Naturbeherrschung die Unterdrückung der Frau einschließt, daß sich ‚Logik‘ und Genesis der Polarisierung und Hierarchisierung der Geschlechter wie der zwischen Natur und Gesellschaft als gemeinsame herausstellen.“ (Scheich 1987, 3)[5]. Geschlecht wurde als kritische Analysekategorie für das Forschungsprogramm begriffen und genutzt.

[4] Entscheidend für das Verständnis der mit der Kategorie „Reproduktion“ verbundenen Problematik ist die ihr zunächst zugeschriebene utopisch visionäre Konnotation: Sowohl in der AG Soziale Naturwissenschaft (Böhme/ Schramm 1985) als auch bei Immler und Hofmeister (1998) stand „Reproduktion“ tendenziell für einen wünschenswerten, „guten“ Umgang mit Natur, während „Produktion“ gewissermaßen zur Metapher für eine Ökonomie geriet, die auf Zurichtung und Ausbeutung der Natur gerichtet ist.

[5] Anknüpfend an die Erkenntnisse feministischer Wissenschaftstheorie zeigten Scheich und Schultz, dass und wie vermeintlich geschlechtsneutrale (naturwissenschaftliche) Theorien der Verschleierung und Reproduktion sozialer Hierarchien dienen (Schultz 1987, 16; Scheich 1987, 42). Eine an einem „anderen, weniger auf Ausbeutung gerichteten und mimetischen Naturumgang“ interessierte feministische Umweltforschung müsse daher die „Wiederholung jener Identität ... aufbrechen und auf der Differenz (zwischen Frau und Natur) bestehen“ (Scheich 1987, 33).

Hintergrund für die seinerzeit zentrale Bedeutung des Begriffspaars Produktion – Reproduktion war die feministische „Hausarbeitsdebatte“ und die historische Frauen- und Geschlechterforschung in den 1970er und 1980er Jahren: Mit der Trennung von Produktion vs. Reproduktion, Öffentlichkeit vs. Privatheit war die Herauslösung der Erwerbsarbeit (als vermeintlich einzige produktive Arbeit) aus dem Reproduktionszusammenhang kritisiert worden. Frühzeitig hatten feministische Forscherinnen auf die „blinden Flecken“ der kapitalistischen Marktökonomie aufmerksam gemacht (vgl. z. B. von Werlhof 1978). Sozial weibliche Tätigkeit wird als „Reproduktivität“ aus dem Ökonomischen ausgegrenzt und unsichtbar. Kapitalistische Produktion setzt ein „reproduktives System“ immer schon voraus.

Das (vermeintlich) Reproduktive hat also zwei verschiedene, aber funktional identische Orte: einen anscheinend außer- und vorgesellschaftlichen Ort in der ökologischen Natur und einen innergesellschaftlichen Ort in der Privatheit der Haushalte und Familien, in der die Frauen „Reproduktionsarbeit“ leisten.

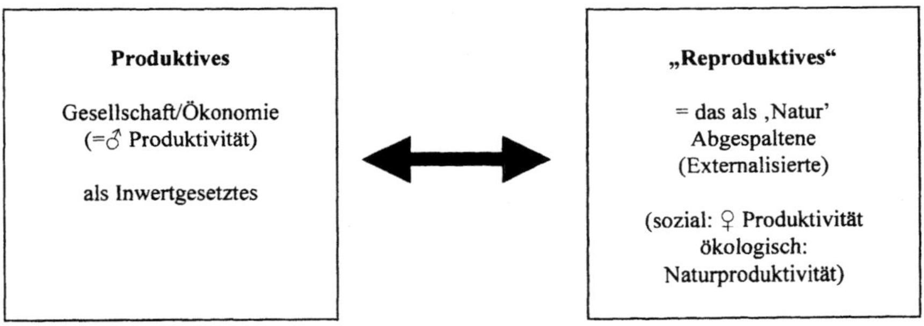

Abb. 1: Trennung von Produktion und Reproduktion als konstitutives Merkmal der Industriemoderne

Die Trennung zwischen einer produktiven und einer „reproduktiven“ Sphäre ist konstitutiv für die Ökonomie der Industriemoderne. Sie ist verankert in der paradoxen Organisation ihrer Ökonomie – in dem Grundwiderspruch zwischen Bewertungsrationalität und Verwertungspraxis: Während das ökonomische Tun auf die ganze Produktenpalette und auf die Vielfalt lebendiger Produktivität zugreift, sieht das ökonomische Bewusstsein in der Bewertung nur warenförmige Produkte und warenförmige Leistungen. Als „reproduktive Systeme“ werden sozial weibliche Produktivität und Naturproduktivität ökonomisch externalisiert.

Damit ist Reproduktion – also die Wiederherstellung und Erneuerung – tatsächlich nur sehr begrenzt auch *Aufgabe* dieser Ökonomie: Was Rosa Luxemburg (1981 [1913]) als „kulturgeschichtliches Moment“ und als „Vorbedingung der

Kulturexistenz der menschlichen Gesellschaft" bezeichnet hatte, wird in der modernen Ökonomie verkürzt auf Reproduktion des Kapitals: nur warenförmige Güter und Leistungen (inklusive der Erwerbsarbeit) werden systemisch erneuert. Das, was durch die Bewertung hindurch abgespalten wird, gilt demgegenüber als immerwährende, konstante Naturbedingung der Produktion.

Von hier aus wird nun deutlich, dass es sich bei der sog. „ökologischen Krise" und der „Krise der Reproduktionsarbeit" um eine einzige handelt: Ihre Gleichursprünglichkeit als Krise des (nur vermeintlich) Reproduktiven bildet die Grundlage für ein sozial-ökologisches Krisenkonzept und den hierauf gerichteten Forschungstypus. Das bedeutet, dass erst die Integration der feministischen Perspektive in die sozial-ökologische Forschung die analytische und theoretische Reichweite des Kategorienpaars Produktion-Reproduktion offengelegt:

- Die normative Verkürzung in der Begriffsverwendung von „Reproduktion" und „Reproduktionsarbeit", wie sie noch die Forschung in Darmstadt (Böhme/ Schramm 1985) geprägt hatte, wird auf Basis der Kategorie Geschlecht überwunden. Nicht die Vision von einem reproduktiven Naturumgang ist das Anliegen einer feministisch erweiterten sozial-ökologischen Forschung, sondern die Überwindung der Differenz zwischen Produktion und „Reproduktion" – einer Differenz, die in die Geschlechter- wie Naturbeziehungen gleichermaßen eingewoben ist. Das Begriffspaar Produktion – Reproduktion steht jetzt als theoretischer Rahmen für die kritische Analyse.

- Dabei wird die Kategorie 'Frau' zu einer Klammer, zu einer Mittlerin zwischen Produktions- und „Reproduktionssphäre", zwischen Gesellschaft und Natur. Geschlecht als Analysekategorie ermöglicht den Forschern/innen, Disziplingrenzen zu überschreiten und die Programmatik der Sozialen Ökologie inhaltlich zu füllen. Indem die Differenz zwischen Produktion und Reproduktion selbst zur Forschungsfrage geworden war, haben sozial-ökologische Problemformulierungen einen qualitativ neuen Zuschnitt erfahren. (Re)Produktion bildet sich als ein sozial-ökologisches Brückenkonzept aus.

- Sozial-ökologische Forschung meint nunmehr nicht Integration gesellschafts- und naturwissenschaftlicher Wissensbestände „als solche", sondern durch die feministische Perspektive hindurch ist sie zugleich immer auch Wissenschaftskritik: So geht es darum zu zeigen, dass und wie weit die Differenz zwischen Produktivem und „Reproduktivem" – zwischen Natur und Gesellschaft und zwischen den Geschlechtern – den Wissenschaften und ihren Ergebnissen selbst voraus geht und Resultat ist[6]. Sozial-ökologische Forschung kann sich hierauf aufbauend als eine Brückenwissenschaft konstituieren.

Bevor ich im Folgenden auf die vermittlungstheoretischen Positionen eingehe, fasse ich die bisherigen Überlegungen wie folgt zusammen:

Zwischenfazit 1

1. Die Ursachen der Produktions-Reproduktions-Differenz liegen in der paradoxen Struktur ökonomischer Wertverhältnisse – nicht etwa in der Qualität der Tätigkeiten oder der daraus hervorgehenden Produkte. In der Logik dieser Struktur erscheint als produktiv, was ökonomisch bewertet wird, als „reproduktiv“, was als ökonomisch wertlos gesetzt wird.
2. Ohne die Erweiterung um die Kategorie Geschlecht ist Soziale Ökologie nicht möglich. Erst indem es auf die Verbindung von gesellschaftlichen Natur- und Geschlechterverhältnissen analytisch angewendet wird, entfaltet das Kategorienpaar Produktion-Reproduktion sein Potential als Brückenkonzept zwischen Sozialem und Ökologischem.
3. Dabei ist das Kategorienpaar doppelt verankert: Analytisch ist die Differenz zwischen Produktivem und Reproduktivem von einer großen Reichweite deshalb, weil sich hiervon ausgehend gesellschaftliche Natur- und Geschlechterverhältnisse als ein Zusammenhang beschreiben lassen. Im Blick auf Problemlösungen geht es um die Aufhebung der Differenz im (Re)Produktiven.

4. (Re)Produktivität: vermittlungstheoretische Positionen

Wenn ich an dieser Stelle von „vermittlungstheoretischen Positionen“ spreche, so stütze ich mich auf die Arbeit von Cordula Kropp (2002). Sie verortet unter dieser Bezeichnung Ansätze, die Gesellschafts-Naturverhältnisse auf nicht-dualistische und nicht reduktionistische Weise theoretisieren – die also weder zur Seite der Natur noch zur Gesellschaft hin auflösen – weder naturalistisch noch soziozentrisch argumentieren (Kropp 2002, 147). Diese „dritte Option“ der Analyse von Gesellschafts-Natur-Beziehungen

- zielt auf eine *symmetrische* Auflösung des tradierten Gegensatzverhältnisses Gesellschaft/ Kultur vs. Natur ab und
- verbindet dies mit *politischen* Konsequenzen (Kropp 2002, 151).

[6] Erst auf dieser Basis wird sichtbar, dass und wie weit die vermeintlich getrennten Kulturen Natur- und Sozialwissenschaften auf das geleugnete andere jeweils zugreifen und dass sie ihre Grenzen in dem Maße verwischen, in dem sie sie zu verteidigen suchen.

Unter die vermittlungstheoretischen Ansätze wird auch die sozial-ökologische Forschung mit dem Konzept gesellschaftliche Naturverhältnisse (Jahn, Wehling 1998) gefasst – ebenso wie z. B. das von Karl Marx entwickelte Stoffwechselkonzept, an das sowohl die Arbeiten der Darmstädter AG Soziale Naturwissenschaft (Böhme/ Schramm 1985) als auch Immler und Hofmeister (1998) anschließen, oder die „Menschliche Geschichte der Natur" von Moscovici (1982).

Doch räumt Kropp (2002) jenen Theorieansätzen eine besondere Reichweite ein, die (wie sie formuliert) gesellschaftliche Naturverhältnisse *„hybridorientiert"* konzeptualisieren. Das bedeutet: Sie weisen über die dialektische Analyse der trennenden und verbindenden Beziehungen zwischen den beiden Polen, Gesellschaft vs. Natur oder Subjekt vs. Objekt, hinaus – und zwar, indem sie die „Zwischenräume" einnehmen. Sie argumentieren aus der Perspektive des „Hybriden" – der KulturNatur, der MenschMaschine oder der MannFrau. Donna Haraways „Neuerfindung der Natur" in der TechnoSience (1995) und Bruno Latours Akteur-Netzwerk-Theorie (ANT) (1995 [1991]) behandelt Kropp ausführlich – gewissermaßen als Prototypen solcher „hybridorientierter Vermittlungstheorien"[7].

Ich werde mich im Folgenden auf eines dieser beiden Konzepte beschränken: und zwar auf die von Bruno Latour entwickelte Akteur-Netzwerk-Theorie (ANT). Der Auswahl gerade dieses Ansatzes liegt die Überlegung zugrunde, dass er sich als eine Folie eignen könnte, auf der sich die Kategorie (Re)Produktivität überprüfen lässt: Durch die Kritik an Latours ANT hindurch wird die Reichweite dieser Kategorie für die hier zugrunde liegende Frage nach einer gestaltenden *und* erhaltenden Ökonomie konkretisiert.

Im Konzept von Bruno *Latour*, wie er es in seinem Buch „Wir sind nie modern gewesen" (1995 [1991]) publiziert hat, stehen die „Hybriden" – in der Sprache Latours: die „Quasi-Objekte" – im Zentrum der Analyse. Sie sind als „Aktanten" (Latour) tätig. Sie bilden Netzwerke – Netzwerke, die sich z. B. von seinem Kühlschrank bis in die Antarktis erstrecken (Latour 1995, 92 nach Kropp 2002, 207).

---

[7] Kropps zentrale Kritik an den dialektischen Ansätzen zur Erklärung gesellschaftlicher Naturverhältnisse ist, dass solange an der dualistischen Begrifflichkeit (Gesellschaft – Natur) festgehalten würde, auch der Dualismus selbst (bewusst oder unbewusst) und die ihm inhärenten Einschreibungen und impliziten Hierarchisierungen theoretisch nicht hintergehbar oder überwindbar seien (Kropp 2002, 172). Eine symmetrische Auflösung der Dichotomie Gesellschaft/Kultur vs Natur sei demgegenüber von den „Hybridansätzen" zu erwarten (a.a.O., 176 ff.). Das von Kropp gegen die dialektische Methode generell geltend gemachte Problem der „Mitnahme" von Dualismen und den mit ihnen verbundenen Hierarchisierungen kann nach meiner Überzeugung jedoch auch von den „hybridorientierten" Ansätzen nicht grundsätzlich vermieden werden. Es lässt sich nicht lösen, indem aus der Perspektive der Zwischenräume gedacht wird: Aus der Perspektive der Mitte sind die beiden Pole, von denen aus „die Mitte" sich als solche erst ausbildet, lediglich nur nicht benannt (Hofmeister/ Biesecker i. V.).

Und sie dehnen diese Netzwerke aus, indem sie andere Aktanten (belebte und unbelebte Natur, technische Artefakte, soziale Akteure, Normen und Institutionen) kontinuierlich in die Netzwerkbildung involvieren (Kropp 2002, 194 f.). Die „Hybriden“ sind Produkte wissenschaftlich-technischer Fabrikationen, sie werden im Labor erzeugt. Doch von hier aus breiten sie sich unkontrolliert aus und unterlaufen die „Matrix der Moderne“ (Latour) ausnahmslos durch alle ihre Institutionen hindurch: Sie agieren in sozialen, politischen, technischen, ‚naturalen' Räumen und unterlaufen kontinuierlich die für die Moderne konstitutiven Trennungen in Politik und Technik, Körper und Geist, Gesellschaft und Natur (Latour 1995, 7 ff.).

Die Hauptthese von Latour ist, dass die (nur vermeintliche) „Moderne“ auf zwei gegenläufigen Praktiken beruht: erstens auf der Herstellung von Hybriden als Mischwesen zwischen Natur und Kultur (=„Vermittlung“) und zweitens auf der „Reinigung“ als eine auf Herstellung und Wiederherstellung der zwei getrennten ontologischen Zonen, Gesellschaft und Natur, gerichtete Arbeit (a.a.O., 19). Die „Selbsttäuschung“ der Modernen bestünde daher darin, dass sie durch permanente Dichotomisierung die Produktion der Hybride zu leugnen suchen. Gerade dadurch ermöglichen sie es diesen, sich maß- und grenzenlos auszubreiten. Auf diesem Hintergrund argumentiert Latour, dass die Modernen niemals modern gewesen sind und es auch heute nicht mehr sind (a.a. O., 106).

Die Trennung zwischen „Vermitteln“ (Vermischen) und „Reinigen“ (Trennen) ist in Latours Konzept der zentrale Modus der Selbsttäuschung. Er spricht davon als von einem „Zweikammersystem“, das die angebliche Moderne konstituiert. Diese Trennung wird bei ihm verortet in der Trennung zwischen Tun und Reden (Kropp 2002, 205 mit Verweis auf Schimank 2000, 162). Vermittlungsarbeit geschieht als *„Fabrikation“* in den wissenschaftlich-technischen Laboren und in den Entwicklungsabteilungen der Produktionsbetriebe. Reinigungsarbeit vollzieht sich im Unterschied dazu als *„Proklamation“*, also in der Politik, der Philosophie, in den Medien usw. Die Sphäre der hergestellten und sich herstellenden „Hybrid-Natur“ wird auf diese Weise aus dem Politischen herausgehalten. Sie kann sich unbemerkt vermehren, ausbreiten und schließlich auch krisenhaft entfalten. Die Praxis des „Vermittelns“ ist in diesem Sinne *materiell* wirksam, während die Praxis des „Reinigens“ legitimatorisch und *ideologisch* wirksam ist (Kropp 2002, 205).

Wenn ich das Konzept von Latour mit der zuvor entwickelten These über die Industriemoderne als durch Trennung von Produktivem und „Reproduktivem“ gekennzeichnete (vgl. Abb.1) verknüpfe, so wird deutlich, auf welche Weise sich die o. g. Trennung herstellt.

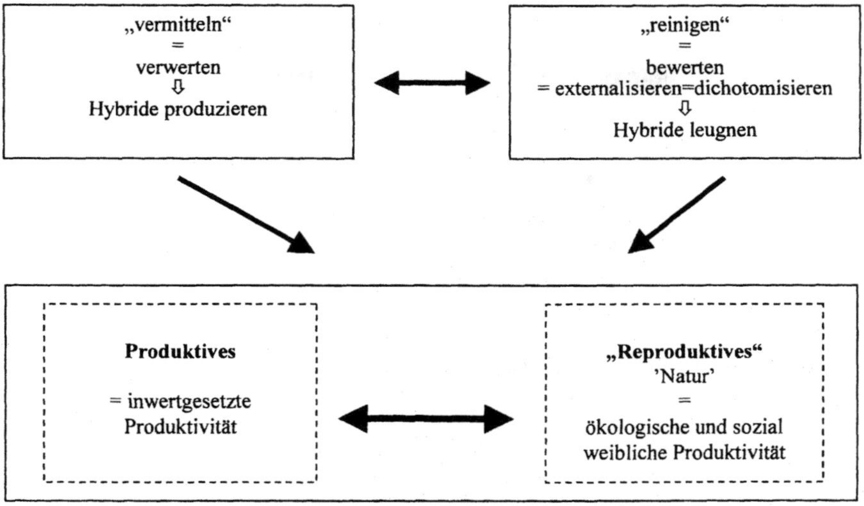

Abb. 2: „Zweikammersystem“ Industriemoderne

Mit Verweis auf Latours „Zweikammersystem“ nehme ich zugleich seinen Dualismus von „Vermitteln“ und „Reinigen“ auf: In der ersten „Kammer“ werden die Hybride produziert, in der zweiten werden sie durch Dichotomisierung geleugnet. Allerdings erweitere ich Latours Theorie in einem entscheidenden Punkt: dem ökonomischen Widerspruch zwischen *Ver*werten in der ersten und *Be*werten in der zweiten „Kammer“. Das bedeutet: In der ersten Kammer – also dort, wo vermittelt wird, wo die „Hybriden“ produziert werden – wird (physisch-materiell) alles Produktive, einschließlich der (als „Reproduktivität“ verleugneten) Produktivität ökologischer und sozial weiblicher Systeme, internalisiert. In der zweiten Kammer – dort, wo um der Leugnung der „Hybriden“ willen getrennt (dichotomisiert und abgewertet) wird – wird durch die Praxis der Bewertung alles das externalisiert, was als außerökonomisch, unproduktiv oder eben als „reproduktiv“ gesetzt wird. Die Gleichzeitigkeit von Internalisierung und Externalisierung lebendiger Produktivität kennzeichnet das „Zweikammersystem“ der Industriemoderne in der Perspektive auf das Ökonomische. Doch wird durch den Akt der ökonomischen Bewertung hindurch eben nicht nur Ideologie produziert, sondern ebenso ‚Natur‘. Hier wird nicht nur geredet, sondern eben auch „gehandelt“. In dem hier vorgeschlagenen erweiterten Theoriekonzept sind beide Praktiken auch *materiell* wirksam.

Latours (1995, 19) zwei gegenläufig zueinander angelegte „Ensemble von Praktiken“ – die vermittelnde und die trennende – sind in der Tat nichts anderes als der reale Widerspruch moderner Ökonomie. Der ökonomische *Verwertungsprozess* beruht auf dem Prinzip der „Vermittlung“: Das Mischen von ‚Naturbestandteilen‘ und ‚-leistungen‘ mit Bestandteilen und Leistungen, die der gesellschaftlichen oder technischen Sphäre zugerechnet werden, ist genau das, was ihn im Kern kennzeichnet. Mithin ist die Produktion von „Hybriden“ (Latour) das, was die Produktion von Gütern und Leistungen ausmacht. Gewollt und ungewollt, bewusst und unbewusst werden immerzu „Hybride“ produziert. Auf der anderen Seite – auf der Ebene der ökonomischen *Bewertung* – finden wir genau jenes Phänomen, das Latour „Reinigung“ nennt: Dort, wo in Wert gesetzt wird, wird getrennt zwischen ‚Natur‘ und Menschen-Gemachtem, Gesellschaftlichem – zwischen ‚produktiven‘ und ‚reproduktiven‘ Bestandteilen und Leistungen der Produktion, die in die Güter- und Leistungsproduktion eingeflossen sind.

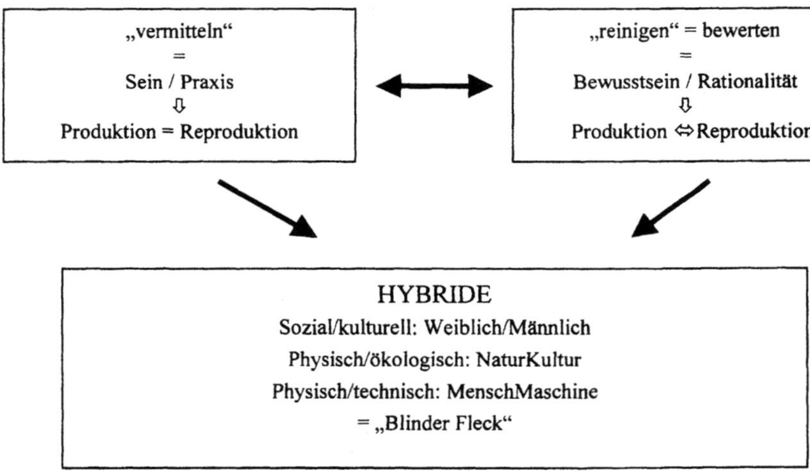

Abb. 3: Modus der Industriemoderne

Die Erweiterung des Latourschen Systems auf Grundlage des Kategorienpaars Produktion – Reproduktion beruht jedoch darauf, dass beide Seiten des „Zweikammersystems“ gesellschaftliche Wirklichkeit sind und gesellschaftliche Wirklichkeit hervorbringen: sozial, symbolisch und auch materiell-physisch. Die in die moderne Ökonomie eingelassene Inwertsetzung von warenförmigen (Natur)Stoffen und (Natur)Leistungen – und verbunden damit zugleich die Externalisierung derjenigen Bestandteile und Leistungen, die nicht Warenform angenommen haben – ist weit mehr als nur Produktion von Ideologie. Sie ist viel mehr als bloßes Reden. Durch das ökonomische Wertverhältnis – als materiell, sozial wie symbolisch in hohem Maße wirksames Verhältnis – hindurch wird die „Hybridwelt" erzeugt – inklusive der damit verbundenen sozial-ökologischen (Krisen-)Phänomene. Im Unterschied zu Latour (1995) müssen wir daher wohl doch davon ausgehen, dass wir *modern* gewesen sind und es wohl auch noch sind...

Allerdings beginnen sich inzwischen die Grenzen zwischen den zwei „Kammern" (Latour) offensichtlich zu verschieben: Mit Ulrich Beck (1986, 1993) u. a. lässt sich sagen, dass der „Blinde Fleck" – die Welt der „Hybriden" (Latour) – sich mehr und mehr auszudehnen begonnen hat. So weit schon, dass immer häufiger angenommen werden muss, dass es sich bei den „blinden Flecken" womöglich um das Ganze handeln könnte (Hofmeister 1995). Die Folge ist, dass die „alten" Dichotomien porös werden, sich auflösen und dass sich neue Dichotomien auszubilden beginnen.

Diese Transformation der (ersten) Moderne vollzieht sich in zwei (ineinander verschlungenen) Bewegungen:

- im Modus des „Wiedertrennens" und
- im Modus des „Vereinnahmens".

In die erste Bewegung *„Wiedertrennen"* gleichsam eingelassen ist eine neue Dichotomisierung. Sie ist (spätestens) mit dem Politikkonzept Umwelt- und Naturschutz in umfassender Weise wirksam geworden: Es ist die Trennung zwischen „Umweltschmutz" und „Schutzgütern", zwischen ge- und vernutzter ‚Natur' und geschützter, zu schützender Natur.

Das durch Umweltschutzmaßnahmen der ersten Generation – durch den sog. technischen Umweltschutz nach dem „end-of-pipe" Prinzip – erzielte Resultat stimmt jedoch nicht überein mit den auf es gerichteten Erwartungen: Statt einer Wiederherstellung der ontologischen Trennung von Natur und Nicht-Natur hat es viel mehr „Hybride 2. Ordnung" hervorgebracht: So hat der (unter den Etiketten Gewässer- und Luftreinhaltung in den 1970er Jahren gestartete) Versuch, Schadstoffe aus flüssigen und gasförmigen Abfällen herauszulösen, vor allem dazu geführt, dass in Folge sog. Umweltschutzmaßnahmen die Menge der festen Abfälle enorm zugenommen hatte („Müllnotstand"). Statt Umweltprobleme zu lösen, hatte Umweltschutz also zunächst nichts anderes als deren raumzeitliche Verlagerung bewirkt. Frühzeitig schon wurde von Kritikern/innen darauf hingewiesen, dass Umwelt- und Naturschutz *Teil* der Dichotomisierung zwischen Produktivem und „Reproduktivem" und auf paradoxe Weise darin eingebunden sind: Derartige Schutzkonzepte suchen die „alte" Trennung in einer neuen zu wiederholen – in der Trennung zwischen Nutzen vs. Schützen oder Schmutz- vs. Schutz-Natur. Das Konzept Umweltschutz war einst angetreten, das externalisierte (und als solches geleugnete) ‚Naturprodukt' industrieller Ökonomie als Natur zu reproduzieren

(Hofmeister 1997). Es war mithin Teil des Problems, dessen Lösung es sich verschrieben hatte.

Die zweite Strategie, die unerwünschten „Hybride" (Latour) zu umgehen, ist die der marktökonomischen *Vereinnahmung* des „Reproduktiven". Unter der Etikette „ökonomischer Umweltschutz" erleben wir das gerade jetzt. Ein Teil der sog. natürlichen Umwelt soll durch die Politik hindurch in eine Warenform gebracht werden: Es handelt sich um den Versuch, z. B. „saubere Luft" oder eine „treibhausgasarme Atmosphäre" in Produkte der Marktökonomie zu verwandeln. Vorgedacht und vorbereitet wurden diese sog. marktwirtschaftlichen Umweltschutzkonzepte in ökonomischen Subdisziplinen, wie der Umwelt- und Ressourcenökonomie oder auch – im Blick auf die soziale Seite der „Naturvoraussetzungen" von Marktökonomie – in der sog. neuen Haushaltsökonomie von Gary Becker (1993 [1976], vgl. auch Biesecker 1998).

Aber was sich hier als vermeintlich neues Politikkonzept zu realisieren beginnt, ist im Kern identisch mit der Transformation der Produktion-Reproduktions-Differenz durch das ökonomisch-technische System selbst. Getan wird, was geschieht (Musil). Denn auch unabhängig von derartigen ökonomietheoretischen und/ oder politisch-konzeptionellen „Innovationen" trägt der ökonomisch-techni-sche Strukturwandel in einem dramatischen Ausmaß dazu bei, dass die alten Grenzen zwischen Produktivem und „Reproduktivem" porös werden. Sie werden bewusst und ökonomisch kalkuliert aufgelöst.

Produktives System	Reproduktives System	Produktives System	Reproduktives System
1. Moderne	1. Moderne	2. Moderne	2. Moderne
Erwerbsarbeit	Ökologische Produktivität (‚Natur')	z. B. Biodiversität	?
Kapital	„weibliche" Produktivität (sozial)	z. B. „Sorgearbeit"	

Abb. 4: Transformation der Produktion-Reproduktions-Differenz im Übergang von der Industriemoderne zur „zweiten Moderne"

Immer mehr Leistungen, die noch vor nicht sehr langer Zeit noch als „reproduktive" der Produktion vorausgesetzt worden waren – die als konstant und immerwährend verfügbar galten – werden jetzt als ökonomische *Ressourcen* entdeckt:

Die Ausdehnung der Biotechnologie im Blick auf neue umfängliche und globale Märkte hat z. B. die Biodiversität als Ressource entdeckt und begonnen, diese Ressource umfassend zu erschließen. Die sich entwickelnde Dienstleistungsökonomie vermag ohne die Sorgearbeit als Ressource nicht auszukommen und ist im Begriff, das „weibliche Arbeitsvermögen" (Wolf-Graaf 1981) systematisch zu erschließen. Kurz: Was bisher als „reproduktiv" galt, wird als Ressource erschlossen und ökonomisch-technisch vereinnahmt. „Reproduktion" wird zu Produktion. Was auch immer aus dieser Bewegung neuer Einschlüsse in die Marktökonomie an neuen Ausschlüssen aus der Marktökonomie resultieren wird...

Bevor ich zum vierten und letzten Abschnitt übergehe, fasse ich die an dieser Stelle formulierten Überlegungen zusammen:

Zwischenfazit 2

Die „alten", die moderne Gesellschaft prägenden Dichotomien Gesellschaft vs. Natur, Subjekt vs. Objekt, männlich vs. weiblich, produktiv vs. reproduktiv brechen auf. Das „Zweikammersystem" (Latour) als solches wird porös. Der „blinde Fleck", der auf dem sozial-ökologischen Produkt der Industriegesellschaft liegt, weitet sich aus und legt den Blick auf das „Ganze des Wirtschaftens" (Biesecker) frei. In diesem Transformationsprozess verlieren die Dichotomisierungen zwischen Verwerten und Bewerten im ökonomischen Denken und Handeln und mithin auch die in sie eingelassenen Hierarchisierungen (Auf- und Abwertungen) mehr und mehr an Glaubwürdigkeit. Sie lassen sich auch und gerade im politischen Raum nicht mehr legitimieren (z. B. durch sog. Umweltschutz- oder familienpolitische Konzepte). Der „blinde Fleck" rückt nun mitten hinein in einen hell ausgeleuchteten Raum tages- und globalpolitischer Kontroversen. Damit verbunden eröffnet sich zugleich auch die Chance für eine grundlegende Transformation in eine *nachhaltige* Gesellschaft.

5. (Re)Produktivität als Aufgabe von Ökonomie? Für eine Neuerfindung des Ökonomischen

Zurück blickend auf meine anfangs angestellten Überlegungen zur Verbindung von „Erhalten" und „Gestalten" muss an dieser Stelle gefragt werden, ob „das Lebendige" im Zeitalter seiner technischen Reproduzierbarkeit (Böhme 1992) noch Anhaltspunkte bieten kann für eine nachhaltige Ökonomie – für die Vision von einer Wirtschaft, die sich als ein Modus des sozialen Handelns zur erhaltenden Gestaltung sozial-ökologischer Produktivität begreift? Lässt sich also das Versprechen, das im Titel mitschwingt, überhaupt einlösen?

Anknüpfend an die Arbeiten von Gernot Böhme, Jürgen Habermas und Elisabeth List u. a. gehe ich, wie oben ausgeführt, davon aus, dass die aristotelische Trennung zwischen Natürlichem und Künstlichem physisch-materiell keine umfassende Gültigkeit mehr hat. Wir haben es mit KulturNatur-Phänomenen zu tun – also (in der Sprache von Latour) mit „Hybriden". Die Grenzen der Verfügbarkeit sind nicht „gegeben", sondern sie sind durch Aushandlung neu zu bestimmen (List 2001). Und dies kann nun nicht mehr mit Verweis auf Natur- oder Gottgegebenes geschehen, sondern muss „in Freiheit" (Piepmeier 1980), d. h. auf demokratische Weise, bestimmt werden. Die Frage „Welche ‚Natur' wollen wir?"[8] ist damit zu einer politischen Frage von enormer Brisanz geworden (vgl. insbesondere Beck 1993; Kropp 2002). Sie hat eine gattungsgeschichtliche Dimension angenommen. In dieser Frage geht es auch und womöglich zentral um die „Neuerfindung des Ökonomischen", so die hier vertretene These[9].

Allerdings braucht es für eine Neuerfindung des Ökonomischen viel mehr als nur Ökonomie. Insbesondere gilt es, die zweite Kernannahme vermittlungstheoretischer Ansätze, wie Cordula Kropp (2002: 151 vgl. S. 10) sie herausgearbeitet hat, noch einmal aufzunehmen und in die Sphäre des *Politischen* zu schauen.

„Die Produktion von Hybriden wird *explizit* und *kollektiv* und damit zum Gegenstand einer *erweiterten Demokratie*, die das Tempo dieser Produktion reguliert und verlangsamt." So schreibt Bruno Latour (1995, 188, Hervorhebungen S. H.) in seinem Plädoyer für eine neue, nichtmoderne Verfassung, die schließlich einmündet in ein „Parlament der Dinge" (Latour 2001). Allerdings wird in der hier skizzierten Erweiterung des Latourschen Ansatzes um die Kategorie des (Re)Produktiven für die „explizite und demokratisierte Hybridproduktion" auch eine neue Verfasstheit von Ökonomie – eine Verfasstheit des Ökonomischen im gesellschaftlichen und mithin im öffentlichen (einsehbaren und kontrollierbaren) Raum – unerlässlich werden.

Was lässt sich ausgehend von den an dieser Stelle ausgeführten Überlegungen im Blick auf eine neue Gestalt des Ökonomischen als einer (re)produktiven, sozial-ökologisch orientierten Praxis vorläufig festhalten?

---

[8] Mit diesem Zitat greife ich die Arbeiten von Gernot Böhme (2002, 201) auf: Die Idee der Nachhaltigkeit verweist nach Böhme auf die „Grundforderung, dass der Mensch seine eigene Reproduktion so anlegt, dass gleichzeitig die Natur als seine Lebensgrundlage mitreproduziert wird." (a.a.O., 202) Vgl. auch Böhme 1992, Böhme/ Schramm (Hrsg.) 1985.

[9] Dass ich in der Wahl der Formulierung „Neuerfindung des Ökonomischen" auf zwei einschlägige Buchtitel (Beck 1993 „Die Erfindung des Politischen" und Haraway 1995 „Die Neuerfindung der Natur") verweise, ist nicht zufällig. An beide Arbeiten schließen meine Überlegungen direkt an.

Eine neue Ökonomie basiert auf der Gewissheit, dass Produzieren und „Reproduzieren" eine *Einheit* bilden. Sie lässt das „Zweikammersystem" (Latour) der Moderne hinter sich und verortet ihre Entwicklung im Modus des *(Re)Produzierens*. Das bedeutet:

- Was (noch) als das „Reproduktive" gilt, wird umfassend (nicht mehr nur partiell) zur Basisproduktivität für einen nachhaltigen Entwicklungsweg.
- Was (bisher) als „reproduktives System" gedeutet wird – ökologische und sozial weibliche Produktivität –, wird zugleich als Produkt ökonomischer Praxis erkannt und bewusst im Blick auf ein gesellschaftlich erwünschtes Resultat hergestellt.

Eine (re)produktive Ökonomie weiß also auch um die *Identität* von Produkt und Produktivität. Einer solchen Wirtschaft werden markt- und geldkoordinierte Prozesse Mittel und nicht mehr Zweck sein (Biesecker et al. 2000) [10].

Voraussetzung für einen derart grundlegenden Transformationsprozess des Ökonomischen ist zunächst die Aufhebung der Differenz zwischen Bewerten und Verwerten als inneres Widerspruchsverhältnis moderner Ökonomie sein. Dies jedoch wird kaum in der vorherrschenden ökonomischen Logik geschehen können[10] . In der Neubestimmung durch (Re)Produktion erweitert und verwandelt sich die „alte" Logik des Ökonomischen (mindestens) unter folgenden, im dritten Zwischen- und vorläufig abschließenden Fazit zusammengefassten, drei Aspekten:

Zwischenfazit 3

Die Produktion von „Hybriden" (Latour) – das Vermitteln von ‚Natur' mit ‚Nicht-Natur' – wird nicht nur nicht länger geleugnet, sondern Vermitteln wird zum neuen Modus einer veränderten ökonomischen Praxis. Aufgabe von Ökonomie wird es sein, die wissenschaftliche, materiell-technische, soziale und symbolische Regulierung gesellschaftlicher Naturverhältnisse[11] entlang (ausgehandelter, demokratisch zu bestimmender) sozial-ökologischer Kriterien zu organisieren und sie zu sichern.

[10] Die Internalisierung externer Effekte bei sonst unveränderten ökonomischen Strukturen und Rationalitäten – das bedeutet ein vollständiges Subsumieren des (vermeintlich) „Reproduktiven" unter die Geld- und Marktrationalität –, wie es mit Etablierung des Verursacherprinzips als ökonomisches Grundprinzip der Politikkonzeption Umweltschutz versucht worden ist, ist nach meiner Überzeugung unrealistisch. Das bedeutet jedoch nicht, dass Markt- und Geldkoordination als Mittel der sozial-ökologischen (Re)Produktion von vornherein ungeeignet sind. Im Gegenteil gehe ich davon aus, dass unter der Voraussetzung eines *umgekehrten* Zweck-Mittel-Verhältnisses (re)produktives Wirtschaften auch marktökonomisch wirksam wird.

[11] Vgl. zum Konzept Gesellschaftliche Naturverhältnisse und in diesem Kontext zum Begriff „Regulierung" insbesondere Jahn, Wehling (1998: 85ff.).

Der ganze (Re)Produktionsprozess von der ,Natur'Produktivität zum ,Natur' Produkt (und in umgekehrter Richtung) wird zur Grundlage und zum Ziel ökonomischen Denkens und Handelns (Immler, Hofmeister 1998). Das bedeutet:

- In *physisch-materieller* Hinsicht wird Wirtschaften als eine sozial-ökologisch orientierte Stoffwirtschaft auf die Herstellung eines gesellschaftlich erwünschten, demokratisch ausgehandelten ,Natur'Produkts hin ausgelegt sein.
- Die ganze *Produktivität der „Arbeit"* – das sind die Leistungen aller menschlicher und der nicht menschlichen Akteure – wird als ökonomische Produktivität wert geschätzt und bewertet. Ziel der Wertsetzung wird die (re)produktive Gestaltung in der Verbindung mit Erhaltung, d. h. die Herstellung und Erneuerung sozial-ökologischer Zusammenhänge sein.

Der Transformationsprozess in eine (re)produktive Ökonomie vollzieht sich allerdings keineswegs ausschließlich in dem (bislang) als ökonomisch definierten Raum. Das Ökonomische dehnt sich viel mehr aus auf jene Bereiche, die traditionell als außerökonomische gesetzt werden: insbesondere auf die Versorgungswirtschaft und auf ökologische Produktionsräume.

Dementsprechend erweitern sich in einer nachhaltigen Gesellschaft wirtschaftliche um sozial-ökologische Ziele. Denn im Blick auf künftige Produktivität wird danach gefragt werden, welches sozial-ökologische Produkt hergestellt werden soll. Entlang sozial-ökologischer Kriterien wird über Formen und Inhalte von

- Wissensgenerierung und -vermittlung, von
- Technik- und (Re)Produktentwicklung, über
- die Gestaltung von Politik als über Kommunikationsräume und über
- neue Arrangements im Verhältnis zwischen den Geschlechtern, zwischen Individuen und Gruppen

diskursiv entschieden werden.

Eine um das (Re)Produktive erweiterte und (re)produktiv organisierte Ökonomie ist also immer auch zugleich sozialer und ökologischer Raum. Kurz: Das Ökonomische wird nicht mehr das sein, was es in der Moderne noch ist.

Literatur

Aschoff, Jürgen (1989): Die innere Uhr des Menschen. In: Gumin, H./ Meier, H. (Hrsg.): Die Zeit, Dauer und Augenblick, München, S. 133-144.

Beck, Ulrich (1986): Risikogesellschaft. Auf dem Weg in eine andere Moderne, Frankfurt am Main.

Beck, Ulrich (1993): Die Erfindung des Politischen, Frankfurt am Main.

Becker, Gary S. (1993 [1976]): Der ökonomische Ansatz zur Erklärung menschlichen Verhaltens, 2. Aufl., Tübingen.

Biesecker, Adelheid (1998): Vom Eigennutz zur Vorsorge. Zukunftsfähiges Wirtschaften in der Weltgemeinschaft. In: Maak, Th. Und Lunau, Y. (Hg.): Weltwirtschaftsethik. Auf der Suche nach den Grundlagen einer lebensdienlichen Weltökonomie, Bern, Stuttgart, Wien, S. 261-290.

Biesecker, Adelheid/ Mathes, Maite/ Schön, Susanne/ Scurrell, Babette (Hrsg.) (2000): Vorsorgendes Wirtschaften. Auf dem Weg in eine Ökonomie des Guten Lebens, Bielefeld.

Biesecker, Adelheid/ Kesting, Stefan (2003): Mikroökonomik. Eine Einführung aus sozial-ökologischer Perspektive, München.

Böhme, Gernot (1985): Die Konstituierung der Natur durch Arbeit. In: Böhme, Gernot/ Schramm, Engelbert (Hrsg): Soziale Naturwissenschaft. Wege zu einer Erweiterung der Ökologie, Frankfurt am Main, S. 53-62.

Böhme, Gernot (1992): Die Natur im Zeitalter ihrer technischen Reproduzierbarkeit. In: Ders. (Hrsg.): Natürlich Natur. Über die Natur im Zeitalter ihrer technischen Reproduzierbarkeit, Frankfurt am Main, S. 107-124.

Böhme, Gernot (2002): Die Natur vor uns. Naturphilosophie in pragmatischer Hinsicht, Kusterdingen.

Böhme, Gernot/ Schramm, Engelbert (Hrsg.) (1985): Soziale Naturwissenschaft. Wege zu einer Erweiterung der Ökologie, Frankfurt am Main.

Habermas, Jürgen (2002): Die Zukunft der menschlichen Natur. Auf dem Weg zu einer liberalen Eugenik? Frankfurt am Main (vierte erweiterte Auflage, 1. Auflage 2001).

Haraway, Donna (1995): Die Neuerfindung der Natur. Primaten, Cyborgs und Frauen, Frankfurt am Main, New York.

Hofmeister, Sabine (1995): Der ‚blinde Fleck' ist das Ganze. Anmerkungen zur Bedeutung der Reproduktion in der Ökonomie. In: Biesecker, Adelheid/ Grenzdörffer, Klaus/ Heide, Holger/ Wolf, Sabine (Hrsg.): Neue Bewertungen in der Ökonomie, Pfaffenweiler, S. 51-65.

Hofmeister, Sabine (1997): Vom Ende des Umweltschutzes: Untergang eines Paradigmas und Entwicklung eines ökonomischen Naturverhältnisses. In: Baumüller, Barbara/ Kuder, Ulrich/ Zoglauer, Thomas (Hrsg.): Inszenierte Natur. Landschaftskunst im 19. und 20. Jahrhundert, Stuttgart, S. 132-144.

Hofmeister, Sabine/ Biesecker, Adelheid (i.V.): Die Neuerfindung des Ökonomischen. Beitrag des (Re)Produktiven zur theoretischen Fundierung einer sozialen Ökologie (Arbeitstitel), unveröff. Mskr.

Immler, Hans (1989): Vom Wert der Natur – Zur ökologischen Reform von Wirtschaft und Gesellschaft, Opladen.

Immler, Hans/ Hofmeister, Sabine (1998): Natur als Grundlage und Ziel der Wirtschaft. Grundzüge einer Ökonomie der Reproduktion, Opladen.

Jahn, Thomas/ Wehling, Peter (1998): Gesellschaftliche Naturverhältnisse – Konturen eines theoretischen Konzepts. In: Brand, Karl-Werner (Hrsg.): Soziologie und Natur. Theoretische Perspektiven, Opladen, S. 75-93.

Kather, Regine (2003): Was ist Leben? Philosophische Positionen und Perspektiven, Darmstadt.

Kropp, Cordula (2002): ‚Natur'. Soziologische Konzepte. Politische Konsequenzen, Opladen.

Latour, Bruno (1995 [1991]): Wir sind nie modern gewesen. Versuch einer symmetrischen Anthropologie, Berlin.

Latour, Bruno (2001): Das Parlament der Dinge. Für eine politische Ökologie, Frankfurt am Main.

List, Elisabeth (2001): Grenzen der Verfügbarkeit. Die Technik, das Subjekt und das Lebendige, Wien.

Luxemburg, Rosa (1981 [1913]): Die Akkumulation des Kapitals. Ein Beitrag zur ökonomischen Erklärung des Imperialismus. Gesammelte Werke Bd. 5, Ökonomische Schriften, Berlin 1981.

Maturana, Humberto (1982): Erkennen. Verkörperung und Organisation von Wirklichkeit. Ausgewählte Arbeiten zur biologischen Epistemologie, Braunschweig.

Moscovici, Serge (1982): Versuch über die menschliche Geschichte der Natur, Frankfurt am Main.

Penrose, Roger (1991): Computerdenken: Des Kaisers neue Kleider oder die Debatte um künstliche Intelligenz, Bewußtsein und die Gesetze der Physik, Heidelberg.

Penrose, Roger (1994): Schatten des Geistes. Wege zu einer neuen Physik des Bewußtseins, Heidelberg.

Piepmeier, Rainer (1980): Das Ende der ästhetischen Kategorie ‚Landschaft'. In: Westfälische Forschungen 30, S. 8-46.

Rodenstein, Marianne/ Bock, Stephanie/ Heeg, Susanne (1996): Reproduktionsarbeitskrise und Stadtstruktur. Zur Entwicklung von Agglomerationsräumen aus feministischer Sicht. In: Akademie für Raumforschung und Landesplanung (ARL) (Hrsg.): Agglomerationsräume in Deutschland: Ansichten, Einsichten, Aussichten, Forschungs- und Sitzungsberichte 199, Hannover, S. 26-50.

Scheich, Elvira (1987): ‚Größer als alle Fenster'. Zur Kritik des Geschlechterverhältnisses und der Naturwissenschaften. In: Scheich, Elvira/ Schultz, Irmgard: Soziale Ökologie und Feminismus. Sozial-ökologische Arbeitspapier AP 2, Frankfurt am Main, S. 1-57.

Schimank, Uwe (2000): Bruno Latours Diagnose der Selbsttäuschung der Moderne, in: Schimank, U./ Volkmann, U. (Hrsg.): Soziologische Gegenwartsdiagnosen I, Opladen.

Schramm, Engelbert (Hrsg.) (1984): Ökologie-Lesebuch. Ausgewählte Texte zur Entwicklung des ökologischen Denkens. Von Beginn der Neuzeit bis zum „Club of Rome" (1971), Frankfurt am Main.

Schultz, Irmgard (1987): Feministische Stimmen in einer Forschungsprogrammatik Soziale Ökologie. Überlegungen zu einer Forschungskonzeption ‚Soziale Ökologie' in 7 Thesen, in: Scheich, E./ Schultz, I: (Hrsg.): Soziale Ökonomie und Feminismus, Sozial-ökologische Arbeitspapiere AP 2, Frankfurt a. M.: 1-50.

von Werlhof, Claudia (1978): Frauenarbeit: Der Blinde Fleck in der Kritik der politischen Ökonomie. In: Beiträge zur feministischen Theorie und Praxis. Jg. 1, Nr. 1, S. 18-32.

Wolf-Graaf, Anke (1981): Frauenarbeit im Abseits. Frauenbewegung und weibliches Arbeitsvermögen, München.

The Separation of Production from Reproduction in Economic Theory

A History of Economic Thought Approach

Edith Kuiper

1. Introduction

At the end of 2003 the German government proposed, as part of the restructuring of the German Welfare State, to have domestic workers pay taxes and insurances. This proposal was motivated not by improving the economic position of women but by increased tax revenues, assuming that reproductive work in the household is work like any other job. This idea only survived a few months, after which they realized that making this work so much more expensive would have a devastating effect on Germans' economy, women's labor participation in particular. Reasoning from orthodox economic perspective on the economy, it reflected the current ignorance under economists around the function and organization of household work and the (power) relations implicit in our current economic institutions around reproductive tasks.

Production is generally defined as that which adds value and reproduction as physical reproduction – giving birth and raising children – and the recuperation of people after work. The dichotomy between production and reproduction as constructed and used by economists has always been a gendered dichotomy; one that became strongly linked to the gendered dichotomy public – private. Although reproduction takes place both in the public and in the private sphere, and production takes place both in the private and in the public sphere, economic theorizing developed around the production in the public sphere mainly. In this frame of thought, those active in the public sphere were assumed to be men, and those active in the private sphere were men and women. Women activities however, were perceived limited to the private sphere. How did this occur? And what impact did this have on the content of economic theory and the conceptualization of women's contribution to the economy?

In this article I discuss the development of the dichotomy between production and reproduction in economic science over the centuries. In section 2 the construction and use of the concepts 'production' – 'reproduction' in Political Economy is outlined. In section 3 the redefinition of economics as a science is described in relation to this dichotomy. In section 4 I address today's economists' conceptualization of unpaid work and the conclusion in section 5 explores the opportunities for change.

2. Political Economists on Production-Reproduction

In texts of early mercantilist economists such as Edward Misselden (1622) and Thomas Mun (1621) the focus is on trade and treasure as means to enrich the country (Roll 1938). In the work of these early political economists the strict distinction between productivity and non-productivity (or reproduction) does not exist. More generally, as Keith Tribe states in his book 'Land, Labour and Economic Discourse' (1978) there is no 'economy' in seventeenth-century discourse. Although terms such as 'exchange', 'production', 'distribution', 'value' and 'wealth' are used in those days, Tribe stresses that 'these words are not the terms of neo-classicism, nor even of Classical Political Economy'. If they are related it is in the context of political arguments around monarchy and the nature of the commonwealth (Tribe 1978: 35). Pre-political-economy concepts of productivity perceives the farm rather as a community and not as a production unit. Books about husbandry and farming give practical terms and prescribe how to work the land and care for animals and build their concepts on elaborated biblical terms focusing on the relation between God, 'Man' and his Land (Tribe 1978: 55-58).

Later in the 17th century, William Petty investigates the productivity of Ireland for the British crown. Petty is often mentioned as the father of Macroeconomics as he is the first to actually *measure* and theorize the national production of England and Ireland. In Petty's work we see gendered notions coming up and giving content to his economic arguments, as for instance, where he states that

2.1 'Labour is the Father and active principle of Wealth, as Lands are the Mother' (William Petty 1662: 68).

In his conceptualization of what produces wealth Petty states that in order to be able to measure the production of land and labor, the value of the production of both has to be expressed in terms of labor.

In eighteenth century France, Physiocrats like Turgot and Quesnay start from social structure, and distinguish two main classes in society: the 'productive class', which is able to create a *produit net*, a surplus over what it consumes, and 'the sterile class' that only consumes. In their analyses, they concentrate on the surplus produces in agriculture; nature is seen as the main source and labor as the exclusive creator of wealth (Roll 1938).

In the conceptualization of economic concepts such as productivity, profit and labor in this period, women, their role and contribution to the economy do not play a role. Even though women and men work side by side in small farms, and even though the task division at these farms is sex based, the contributions of farmers' wives, smith's wives and spinners, etc. is generally acknowledged to the extent that often wages are paid to father, mother and children together, as a family wage (Clark 1919, Pinchbeck 1930). However, all writings in early and most of later economic writings speak of the work and wages of the laborer, the rent of the landowner, and of 'Man' in the more abstract sense.

2.2 The distinction productivity – non-productivity

The delineation of productivity versus non-productivity comes in with Adam Smith's *An Inquiry Into the Causes and Nature of the Wealth of Nations* (1776), in which he talks about productive and unproductive labor. 'There is one sort of labor which adds to the value of the subject upon which it is bestowed: There is another which has no such effect. The former, it produces a value, may be called productive; the latter unproductive labor' (Smith 1776, II.iii.1). Michèle Pujol discusses in much length in her book 'Feminism and Anti-Feminism in Early economic Thought' (1992) that Adam Smith does in various instances recognize women's role in production and reproduction, and the importance of reproduction as well, but that these remarks do not feed into Smith's theoretization of the economy (Pujol 1992: 21).

Smith elaborates the labor theory of value and states that the division of labor is the main cause of the increase of labor's productivity. What makes labor productive is that a surplus is produced with which other workers can be set to work. Thus he distinguished productive workers from unproductive workers, who only consumed their wage, such as artists, servants, etc. Smith only takes paid work into account here, and assigns the contributions of women and children to the family income and/ or the income of the head of the family, which he redefined as 'men's wages'.

His concept of productivity is gendered as well. When we look, for instance, at Smith's discussion of the productivity of women's work, we see that he denies that women's work is productive. In those days a lot of women were spinners, and spinning constituted the basis of the wool industry.

> '[B]ut our spinners are poor people, women commonly, scattered about in all different parts of the country, without support or protection.[..] It is not by the sale of their work, but by that of the compleat work of the weavers, that our great master manufacturers make their profits.' *(WN IV.viii.4)*

It is not the work of the women spinners that adds value to the wool, but exclusively that of the (male) weavers. Instead of Smith's earlier distinction between productive ad unproductive labor, the underlying distinction here seems to be the Aristotelian concept of the female and the male – in which the male completes the female – that determines here the productive and the unproductive character of activities.

In this period various tasks that used to be performed by women and/ or in and around the house at the farm, were taken over by men in manufacturing workshops, universities and markets (Wiesner 1993, Clark 1919). The separation of tasks and the segregation of the work in manufacturing strengthened the divide and distance between women and men in their daily lives and life experiences. The separation of the social sphere into a private realm and a public realm announces itself. Later on it will be made explicit, further articulated and politically and socially accepted.

In his economic theorizing Smith takes the sexual division of work in the family as given and starts his analysis in the 'Wealth of Nations' by discussing the division of labor in a pin factory (see also Pujol 1992, Sutherland 1995, Rendall 1987). He explains the exchange value of goods and services by the costs of a good consisting of wages, rents, and interests, and the use value of a good by its scarcity; by the demand and supply at the market, thus making women and their economic contribution invisible.

2.3 The dichotomy Public – Private

The discussion on the public realm as the male realm and the private realm as women's domain takes place in the second half of the 18th century. Jean-Jacques Rousseau links women and nature, idealizing them both, confining women to the house. The public – private distinction does not only separate spaces (inside and outside the house), but also assigns a specific morality to these realms; a specific set of norms and values are prescribed; differently for women and men.

Smith is charmed by Rousseau's ideas, and becomes involved in discussions on how to get men engaged in public life. Jane Rendall (1987) and others indicate how Smith's 'Theory of Moral Sentiments' (1759) has been structured by the contemporary discussions on the public – private dichotomy, and the nature of women and men. Rendall claims that where in his 'Theory of Moral Sentiments' Smith engages in the discussions on public/ private and the nature of man, these discussions are more or less over and settled by the time he is working on his 'Wealth of Nations'. In this book Smith takes these notions and distinctions as given and uses them as building blocks for his economic theory. Thus Adam Smith has been very important in linking productivity and non-productivity to these realms, and in linking the public realm to men and the private realm to women.

The gendered dichotomies public/ private and productive/ unproductive become intertwined in Political Economy, and in some instances, even confused. Smith, for instance, postulates the produce of manufactures as productive, but in elaborating his productivity concept he brings in the public – private distinction as well. As we see in the following quote, he makes the point that more productivity takes place than is often accounted for, especially in cheap years, because servants who loose their jobs often take up productive work like spinning. This produce however,

> 'never enters the publick registers of manufactures. The men servants who leave their masters become independent labourers. The women return to their parents, and commonly spin in order to make cloaths for themselves and their families.' *(Adam Smith 1776: I.viii.51) –*

That women make clothes for their family is for Smith reason to not further consider their produce. He continues discussing the work of the independent laborers and makes the point that this should be included in the records in order to give a proper account of economic affluence or decline also when it is not work for public sale, in other words for family use. In this case, however, Smith claims that this work is productive and should be included in assessment of the nation's wealth.

> 'Even the independent workmen do not always work for publick sale, but are employed by some of their neighbors in manufactures *for family use*. The produce of their labour, *therefore*, frequently makes no figure in those publick registers of which the records are sometimes published with so much parade, and from which our merchants and manufacturers would often vainly pretend to announce the prosperity or declension of the greatest empires.' *(Adam Smith 1776: I.viii.51, emphasis added)*

Here the productive/ unproductive distinction seems to be between the labor done for 'publick sale' and the produce for the household, which is here turned (again) into a distinction between women and men's work.

There are educated female contemporaries, who protest the views on, prejudices to, hypocrisy on and lack of attention for women's capacities and economic position and contributions. An 'Anonymous Lady' (1758) criticized the economic position of women and men's scientific analysis as highly interested. Priscilla

Wakefield (1798) criticizes Smith, as does Sophie de Grouchy, wife to Marquise de Condorcet and translator of the 'Theory of Moral Sentiments' (Smith 1759) for his lack of attention and analysis of women's economic position (Dimand & Nyland 2003). But these discussions however, do not enter the early Political Economy discourse.

2.4 The dichotomy Production – Reproduction

The function of the family for the economy is not discussed extensively until Thomas Malthus (1798) addresses the population question, in which he claims that population growth will in the coming centuries outrun the growth of food production. In his essay he mainly discusses men's behavior, without acknowledging women as agents (see also Pujol 1992). In the nineteenth century, Bebel (1879) addresses 'the Women Question' discussing the sexual division of work and women's lower wages, and he sees an important role for technology in socializing and reducing the work in the household. Friedrich Engels (1884) discusses in his book 'The Origin of the Family, Private Property and the State' the family and women's role as workers in capitalist society. Political economists generally remain however, silent on the productive contribution of women in the household, as women's contribution is seen mostly in terms of their generative powers; as mothers.

Thus conceptualizing the distinction between production and reproduction is gendered from the beginning, opposing economic production and biological production. In general the family is considered as a pre-capitalist institution. While most classical economists perceive the family as a realm that is not (yet) based on capitalist exchange relations, other socialist thinkers have the idea that when the socialist state comes about, the family as a capitalist institution will be dissolved, and with that the hierarchical relations between women and men. In both these cases, the family is perceived as fundamentally different from the economic system; as separate from economic relations.

3. Neoclassical Economists

In the late nineteenth and early twentieth century, the context has changed: capitalism is in place, and wage labor is widely spread. But there are many tensions as well. The unity of 'Man' is fundamentally questioned by Marxist ideas, there is widespread poverty under the working classes, and the distribution of wealth is very uneven. In addition there is uncertainty about the definition and meaning of class, gender, race, and religion.

In this context Political Economy gets redefined as 'economics'; as a science based on dualist logic and mathematical reasoning, modeled after the 'hard sciences' like physics, medicine and mathematics. To be a science, economics had to be turned into an objective, political neutral endeavor, based on 'facts' and becomes redefined and linked to new Darwinian explanations of man, woman, class and race. Whereas some central basic notions like the opposition 'Man' – 'Nature', and 'public' – 'private', and 'productivity' – 'reproductive' remains in use, the method, focus and central concepts and theories change.

Taking the capitalist system as a given, production and distribution no longer had to be explained, and the attention shifts to the theoretization of consumption. Labor is no longer perceived as the exclusive source of value; value is now perceived as determined by the utility a good or service gives to the individual consumer. Economics becomes the science of optimizing behavior, describing and explaining the use of scarce resources for various aims. When markets are in equilibrium, supply equals demand, and the issues of population, poverty, labor supply, and other reproductive issues get relegated into the margin from what will become the mainstream in economics.

Alfred Marshall, the economist whose textbook 'Principles of Economics' (1890) would be used in teaching economics for decades, defines economics as 'the business life of men'.

> 'Political Economics or Economics is a study of mankind in the ordinary business of life (...) Thus it is on the one side a study of wealth; and on the other, and more important side, a part of the study of man' (Marshall 1890: 1)

In the process of turning political economy into 'a science' and the professionalization of the economic discipline that goes on at the same time (see Coats 1993), the objects of economic scientific inquiry and theory became classed, raced and gendered. Marshall, and with him other marginalist theorists are interested in describing men's behavior in positivist terms; in 'man as he really is'.

> 'In all this they (economists, EK) deal with man as he is: not with abstract or "economic" man; but a man of flesh and blood'. (Marshall 1890: 26-27)

Marshall does discuss in some instances women's contribution to the economy through her unpaid work in the household, but discusses and theorizes this work in terms of duty only. Women's behavior is not addressed nor analyzed in the same terms as men's behavior, but predominantly in normative terms. Women's contribution to the economy, as Marshall states it, is 'the most valuable of all capital', but as such, escapes theoretization.

> '[O]f that capital the most precious part is the result of the care and influence of the mother, so long as she retains her tender and unselfish instincts, and has not been hardened by the strain and stress of unfeminine work.' (Marshall 1890, 564)

In opposition to 'the free floating mind' of the scientists, the focus of economic research becomes the British, white, working class man, whose behavior could now be measured as it was conceived subject to natural laws, and thus quantifiable. At the same time the behavior of this economic agent was theorized according to the Western bourgeois norms of work, family structure and meaning of wealth and income (Kuiper 2001).

3.1 Women's work conceptualized

Women's productive labor in the household: giving birth to children, caring activities for the husband, children and other dependents inside or outside the family remains un-theorized. At the end of the nineteenth century, with the emergence of national statistical bureaus that will provide economists with the required statistical data, the work done by women in the household undergoes a process of reconceptualization and redefinition. This process ends in the exclusion of women's work in the household as a productive trade (Folbre 1990). Folbre perceives this process of redefinition of the category of women's household work as political and as linked to the ideology and cult of motherhood that runs high at the end of the 19th and early 20th century, and that acknowledges only the emotional and psychological contribution of women in their children's education.

This motherhood cult that valued women's role in society mainly through the contribution to the (moral) education of her (male) children is widely-spread under academics. Even feminist economists like Charlotte Perkins Gilman theorized women's work in the household in an essentialists manner, retaining the link between women's identity and household work, and stating the house and the family as women's domain especially (Staveren 2003). Besides gendered, this perspective is of course also a highly classed. The distinction between the male economists, and working women of the lower classes and their daily experience in reproductive activities, has become so vast by then that it is possible for economists of those days to explain child mortality by the labor participation of working class women with children under three, instead of by the low wages these women earned (Dyhouse 1989).

In the work of William Stanley Jevons, one of the founders of the neo-classical economic theory, women's contributions to the economy is conceived as part of the family and related to moral behavior, which he excluded as such from his economic theorizing. Where the behavior of men can be explained as self-interest behavior – as rational behavior – women are either seen as represented by fathers or husbands or as non-rational and subject to duties (see Pujol 1995). Jevons even takes an explicit political stand making a plea to enforce women's duties by law to make them stay home to take care of her small children (Jevons 1883).

That economists like Jevons are not always consciously aware of their use of implicit gendered notions, may be seen from Jevons' theorization of 'capital' – a central concept in his economics. For Jevons household work has to be conceptualized as capital:

> 'Whenever one person provides the articles and another uses them and pays rent, there is capital. Surely then, if the same person uses them and owns them, the nature of things is not fundamentally different. [...] There is no need for a money to pass' (Jevons 1871: 263)

Discussing this however, he does not mention women, and tells the story of a man living in a hotel (Jevons 1871: 262). From this perspective there is no difference between household work as reproductive labor, which he perceives as investment in the worker himself and his children, and any other kind of labor.

> 'Housekeeping is an occupation involving wages, capital, and interest, like any other business, except that the owner owns the whole result.' (Jevons 1871: 263)

This maybe the case for a man living in a hotel, but this is generally not the form in which housekeeping is conducted, and does not cover the way women's unpaid work in the household is organized and rewarded. However, dealing with the issue the way he does, brings Jevons in a whole set of theoretical problems, which he is not able to solve, and therefore just leaves aside.

Taking a history of economics approach, we saw that in the emergence of the dichotomies production – reproduction started with separation of activities and spheres, which went with the valuation of the separated activities and spheres, in many cases by linking these to women and men. In addition, economists tend to identity with one of the sides of the dichotomy, depending on whether one is a woman or a man. For economists this has over the centuries reduced the focus of economic science to 'public' and 'productive' as shown in figure 1 (next page).

The shift to the neo-classical and mathematic approach to economic science focuses subsequently on the male agent and conceptualizes and theorizes his productive labor in mathematical and quantitative terms. This will then and later on hamper the conceptualization of women's work and the contribution of her reproductive tasks to the economy substantially, because these become now perceived as 'different' from the emergent mainstream in economics.

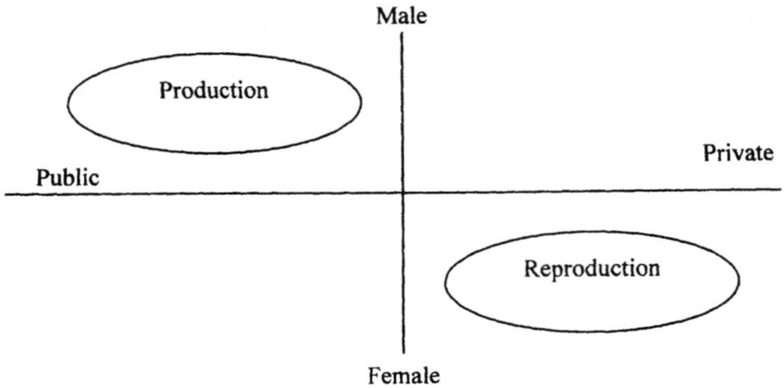

Figure 1: Public and private/ production and reproduction

4. Economic Modeling of Women's Unpaid Work

With the development of Western society, we see that the separation of production and reproduction becomes institutionalized in society and at the same time structures the development of economic thought, without however, being reflected upon. As economic science's implicit aim becomes to indicate ways to optimize welfare and individual optimization of utility, the attention, analysis and assessment of reproduction is relegated to the margin of the field, and neglected. In society at large this work is delegated to lower class women, whose economic behavior and their role in and contribution to the economy is no topic of economic analysis.

In this period two developments in economic science can be indicated as relevant, reflecting in various ways economists' assumptions about women's and men's proper place and behavior in the economy and the related definition of productivity and reproduction.

First there is the research conducted on women's contribution in reproductive activities conducted in the 1930's in the US. This research addressed the consumption and production in the household (see e.g. Hazel Kyrk, Margareth Reid) and assessed the active role of women as consumers and consumption as a productive activity. In their research they make use of and contribute to what is now called the 'American institutionalists', which consisted of groups of economists applying a range of empirical and theoretical approaches, using for instance the pragmatist philosophy of Dewey (Van Velzen 2003).

Second, there is the emergence of the System of National Accounts (SNA) that was proposed by Keynes and Stone in 1938, later to be elaborated and put in place in the early 1950 by Kutznets and others as the United Nations System of National Accounts (UNSNA). Marilyn Waring pointed out in her book 'If Women Counted' (1988) that, >designed to pay for WWII, this system defined military spending as >productive, and women's unpaid work in the household as unproductive, and women's unpaid work in the household as unproductive. It is this system of national accounts that still forms the basis of the indicator of economic growth and development, GDP (Gross Domestic Product).

After WWII when the mathematical and marginalist neoclassical general equilibrium theory takes over the field of economics, the American Institutionalists are overtaken and the household economics research in Chicago and elsewhere gets dissolved. The focus of the discipline shifts from Cambridge, UK to Cambridge, Massachusetts; to Harvard, MIT and the Rand cooperation, and in the following years economics becomes defined by its 'base model', the Keynesian-neoclassical synthesis, based on methodological individualism, general equilibrium theory and mathematical modeling. This all against the background of the white, middle class family in the USA, in which the wife stays at home to take care of the kids.

Until the late 1960's, economists contributing to this approach perceive the sexual division of labor as a biologically given and economics as having nothing sensible to say about family relations, as the family is still perceived as the realm outside the economy, ruled by love and affection. This family is represented at the market by the head of the household, and as such figured as the smallest unit in economic analysis (Samuelson 1956). Thus little has changed since the early political economists who also assign a representational role to the male head of the household. In equilibrium theory, this central agent is, what Nelson (1995) calls a 'mushroom man'; a figure that pops up out of nowhere – is without a childhood, without an old age or sickness – he is just there to optimize his use of resources in a situation of constraints, he has no past and no interest in the future. Intergenerational issues, for instance, are generally discussed in terms of two agents, a father and a son, whose behavior is explored and theorized in terms of optimization problems. Care issues, the behavior of economic dependents, time and money investments in next generations are not discussed, nor perceived as relevant for the outcomes of economic behavior and processes.

Challenging both feminists and orthodox economists, Gary Becker (1965) comes up with a model in which he describes the family as an economic unit, in which the members, women and men, optimize their behavior by specializing in what is their comparative advantage. In his more elaborated arguments in 'A Treatise on the Family' (1981) Becker applies the basic economic method to the family and distinguishes between 'market and other activities men do', and 'the household and other activities that women do'. He also distinguishes between men's time and women's time, and claims that these cannot be compared. He derives the value of women's time from her life-time productivity, which consists of her wage at the market adding her large productivity when her children are small and she is 'very busy'. This way he assumes that – in the Western world – the productivity of men and women over their lifetime is equal. Due to the difference in time between women and men however, it remains impossible to exactly measure the value of women's unpaid work. As I showed in a textual analysis of Becker (1981) (Kuiper 2001), Becker makes a rhetoric move here, by which the value of women's time spent on the production of consumption goods and services in the household instead of buying them at the market is derived from the (labor) market (as opportunity costs). This makes the time spent by women (and men) on unpaid work in the raising of children, the support of the husband and sick and elderly people entirely, and perhaps even more invisible as before.

Becker's work is extensively criticized by feminist economists for his essentialism and unproblematic approach to the sexual division of labor, as are other theoretical attempts that for instance use Marxist theory in conceptualizing the reproductive role and function of women's work in the household. In what becomes known as 'the domestic labor debate' feminist theorists like Michele Barret (1980), Lydia Sargent (1981), and Nancy Folbre (1982) stressed the lack of attention in Marxian theory for the role of the sexual division of labor, and the gendered character of central notions of exploitation, production and reproduction. Next to these theoretical critiques, other feminist economists address the invisibility of women's reproductive tasks by addressing the UNSNA approach to measuring GDP and proposing ways to actually measure women's labor in the household and its contribution to national wealth.This way, these economists claim, the productive labor of women and men becomes comparable and the effects of policies on the respective contribution to national income can be evaluated (Goldschmidt-Clermont 1982, 1987, see also Bruyn-Hundt 1996, UNDP 1995).

5. Changes and Conclusions

According to Adam Smith and the economic framework that has been on the table since, economic growth occurs when division of labor increases and when activities that were done unpaid are now produced and distributed through the market. Care activities that can be bought and sold thus become exchanged over the market and monetized and contribute to economic growth. What is not or cannot be monetized – because when it is it then *looses its value,* like some kind of voluntary work, like friendship, taking holidays, spending time with parents and children – gets thus excluded from conceptualization, measurement and therewith consideration, as has been indicated before and more eloquently by others elsewhere already.

However, there have been all kinds of social changes, including the women's movement and the rise of women's and gender studies in practically all fields and all over the world. As the above described developments have been based especially on separation, valuation, marginalization, and the resulting invisibility of women's reproductive work, we see that these trends are being reversed in various ways.

As mentioned earlier, progress has been made in the economic conceptualization of unpaid work world wide. Satellite accounts are being developed as additions to the traditional UNSNA in various countries that provide economists with insight in the extent of the reproductive sector or care economy. There is currently put increasing pressure on development countries to report on progress made on women's issues as stated their Poverty Reduction Strategy Plan (PRSP'S). In addition to the conditionalities of the International Monetary Fund (IMF) and the World Bank (WB) in which women's interests are only very scarcely mentioned, the United Nations has declared Millennium Development Goals in which gender equality is forwarded as an important development goal. World wide NGO's, international organizations such as Unifem and UNDP, and governments support and work on Gender Sensitive Budgeting (GSB) that explicitly aims at making economic policies and national budget gender aware and training civil servants and government officials in taking the role and contribution of reproductive tasks of women into account in their budgets.

Becker's model has been used in many economic analyses and models conducted by the World Bank on which economic models and structuring adjustment planning took place in the 1980's and 1990's. As women's time was assumed in these models to be fully elastic, and the role and importance of women's unpaid work in the economy was not analyzed, women were requested to take up fulltime jobs without the availability of childcare and/ or redivision on unpaid work. In the upper classes of the rich countries, this invoked a new group of workers to take over this work. Women and men who can afford it, pay Philippine and Eastern European women to work as servants in the household mostly for very low wages. The UNDP 1995 describes this phenomenon as 'the care squeeze'; feminist economists and political scientists speak of the 'Mummy chain', indicating that women from the South take over caring labor from upper class women in the North, leaving their own children for others to care for.

However, also here, important changes are going on in economic theorizing. There is an increasing awareness – outside and inside the economic discipline –

that the mainstream economic theoretical framework has been too limited when it perceives the market as a panacea for all development problems. More complicated models and analyses are required, and now being developed that acknowledge the role of formal and informal institutions, the state, the family, social coherence and cultural differences. The World Bank changed its theoretical framework and now perceives gender equality as an economic issue, requesting its theoretization. The WB *Report Engendering Development* (2001) is an example of such an endeavor. Responding to the increasing demand for data on women's unpaid work, there has been already an increase in time-use research, bargaining modeling and theoretical approaches are being developed that aim at dealing with complexity.

Feminist economists and other social scientists have a role to play in conceptualizing and organizing a political economy that goes beyond an economic science that identifies with economic growth, optimizing behavior and masculine identity, and work on an economics that studies how humans produce and organize their daily provision (Nelson 1995). Political Economy and later economics, has been very effective in keeping the valuation of women's reproductive labor off the agenda. One important way to do that has been by claiming the incomparability of women's work/ time/ contributions/ human capital to that of men, thus excluding it from conceptualization, measurement and assessment. What is promising in some of the current developments is that this is increasingly dealt with which will make that women's unpaid, reproductive work can indeed be valued on the same scale as that of (mostly) men's. Its contribution to wealth will thus be made comparable, so these can be discussed. This may very well turn into a political discussion and require a fight, but at least it will be on the agenda, which is an important step forward.

References

A Lady (1758): Female Rights Vindicated; or the Equality of the Sexes Morally and Physically Proved, London: Burnet.

Bebel, August (1988 [1879]): Women in the Past, Present, and Future, London: Zwan Publications.

Becker, Gary S. (1965): A Theory of the Allocation of Time, in: Economic Journal 75, 299, 493-517.

Becker, Gary S. (1981): A Treatise on the Family, Cambridge, Mass.: Harvard University Press.

Barret, Michele (1980): Women's Oppression Today. Problems in Marxist Feminist Analysis, London: Verso.

Bruyn-Hundt, Marga (1996): The Economics of Unpaid Work, Amsterdam: Thela Thesis.

Clark, Alica (1982 [1919]): Working life of women in the seventeenth century, London: Routledge & Kegan Paul.

Coats, A.W. Bob (1993): The sociology and professionalization of economics, London: Routledge.

Dimand, Robert/ Nyland, Chris (2003): The Status of Women in Classical Economic Thought, Cheltenham, UK: Edward Elgar.

Dyhouse, Carol (1989): Feminism and the family in England, 1880-1939, New York: Basil Blackwell.

Engels, Friedrich (1884 [1940]): The Origin of the Family, Private Property and the State, London: Lawrence and Wishart.

Folbre, Nancy (1982): 'Exploitation Comes Home: A Critique of the Marxian Theory of Family, Patriarchy, and Job Segregation by Sex', in: Signs 1, 3, Spring, 137-69.

Folbre, Nancy (1990): The unproductive housewife: her evolution in the nineteenth-century economic thought, in: Signs 16/ 2, 245-255.

Goldschmidt-Clermont, Louise (1982): Unpaid work in the household, Geneva: ILO.

Goldschmidt-Clermont, Louise (1987): Economic Evaluations of Unpaid Household Work: Africa, Asia, Latin America, and Oceania, Women, Work & Development Series, no 14, Geneva: ILO.

Jevons, William Stanley (1965 [1871]): The Theory of Political Economy, New York: August M. Kelley.

Jevons, William Stanley (1883): Methods of social reform and other papers, London: Macmillan.

Kuiper, Edith (2001): 'The most valuable of all Capital'. A gender reading of economic texts, Amsterdam: Thela Thesis.

Malthus, Thomas (1985 [1798]): An Essay on the Principle of Population, London: Penguin Books.

Marshall, Alfred (1920 [1890]): Principles of Economics, London: Macmillan, 8th ed..

Misselden, Edward (1622): Free Trade, or The Meanes to Make Trade Flourish.

Mun, Thomas (1971 [1621]): A Discourse on Trade from England to the East-Indies: answering diverse objections which are usually made against the same, New York: Kelley.

Nelson, Julie A. (1995): Feminism, Objectivity and Economics, London: New York: Routledge.

Petty, William (1986 [1662]): A Treatise of Taxes and Contributions, in: H. Hull (ed.): The Economic Writings of Sir William Petty, New York: August Kelley.

Petty, William (1986 [1672]): The Political Anatomy of Ireland, in: H. Hull (ed.): The Economic Writings of Sir William Petty, New York: August Kelley.

Perkins Gilman, Charlotte (1966 [1899]): Women & economics. A Study of the Economic Relation between Men and Women as a Factor in Social Evolution, New York: Harper.

Picchio, Antoinella (1992): Social reproduction: The political economy of the labour market, Cambridge: Cambridge University Press.

Pinchbeck, Ivy (1969 [1930]): Women workers and the industrial revolution 1750-1850, London: Frank Cass.

Pujol, Michèle A. (1992): Feminism and anti-feminism in early economic thought, Aldershot, UK: Edward Elgar.

Pujol, Michèle A. (1995) Into the Margin! In: Edith Kuiper/ Jolande Sap/ Notburga Ott/ Susan F. Feiner/ Zafiris Tzannatos (eds.): Out of the Margin. Feminist perspectives on economics, London: Routledge., 17-34.

Rendall, Jane (1987): Virtue and Commerce: Women in the Making of Adam Smith Political Economy, in: Ellen Kennedy & Susan Mendus (eds.): Women in Western Political Philosophy, Kant to Nietzsche, Brighton: Wheatheaf Books, 44-77.

Roll, Eric (1983 [1938]): A history of economic thought, Melksham, Wiltshire: Redwood Burn.

Samuelson, Paul (1956): Social Indifference Curves, in: Quarterly Journal of Economics LXX, 1, February, 1-22.

Sargent, Lydia (1981): Women and Revilution. The Unhappy Marriage of Marxism & Feminism, London: Pluto Press.

Smith, Adam (1976 [1759]): The Theory of Moral Sentiments, D. D. Raphael & A.L. Macfie (eds.) Oxford: Clarendon Press.

Smith Adam (1776): An Inquiry into the Nature and Causes of the Wealth of Nations, R.H. Campbell &A.S. Skinner (eds.) Oxford: Clarendon Press.

Staveren, Irene van (2003) Feminist fiction and feminist economics: Charlotte Perkins Gilman on efficiency, in: Drucilla K. Barker/ Edith Kuiper (eds.): Towards a Feminist Philosophy of Economics, London: Routledge.

Sutherland, Kathrin (1995): 'Adam Smith's Master Narrative: Women and the Wealth of Nations', in: Stephen Copley/ Kathrin Sutherland (eds): Adam Smith's Wealth of Nations: New Interdisciplinary Essays, Manchester, UK: Manchester University Press, 97-121.

Tribe, Keith (1978): Land, Labour and Economic Discourse, London: Routledge &Kegan Paul.

UNDP (1995): UN Development Report 1995, Gender and Human Development, New York.

Velzen, Susan van (2003): Hazel Kyrk and the ethics of consumption, in: Drucilla K. Barker/ Edith Kuiper (eds.): Towards a Feminist Philosophy of Economics, London: Routledge, 38-55.

Wakefield, Priscilla (1798): Reflections on the Present Condition of the Female Sex, London: Johnson, Darton, and Harvey.

Wiesner, Merry E. (1993): Women and Gender in Early Modern Europe, Cambridge: Cambridge University Press.

Waring, Marilyn (1988): If Women Counted. A New Feminist Economics, San Fransisco: Harper.

World Bank (2001): Engendering Development. Through Gender Equality in Rights, Resources, and Voice, Washington/ Oxford: World Bank/ Oxford University Press.

Die Naturalisierung und Denaturalisierung der Produktions-Reproduktion-Differenz

Zur Frage nach Gestaltungsperspektiven einer reproduktiven Ökonomie

Irmgard Schultz

Der Beitrag lotet in einem ersten Teil („Naturalisierung“) durch kurze historische Rückblicke den Konstitutionszusammenhang und den Bedeutungshof der Begriffe Produktion und Reproduktion aus. Dabei wird mit Rekurs auf Ergebnisse der sozialhistorischen Genderforschung und unter besonderer Akzentuierung des Wissenstransfers zwischen biologischen und ökonomischen Zuschreibungen ein spezifisches Muster der *Naturalisierung* von Produktion und Reproduktion herausgearbeitet. In einem zweiten Teil („Denaturalisierung“) wird vor dem Hintergrund aktueller Tendenzen in der Entwicklung von Biotechnologien die Denaturalisierung dieses Musters gezeigt. Anhand eines aktuellen Beispiels aus der neueren Umweltökonomie (Virtueller Wasserhandel) werden neue Formen der Re-Naturalisierung der Produktions-Reproduktionsvorstellung verdeutlicht. Vor diesem Hintergrund wird im dritten Teil die Frage nach den Gestaltungsperspektiven einer reproduktiven Ökonomie gestellt.

1. Naturalisierung: Das historische Muster der Produktions-Reproduktions-Differenz

Die politisch-ökonomische Versorgungsordnung der Moderne beruhte konstitutiv auf der Produktions-Reproduktions-Differenz, die wiederum in bezug auf die Natur-Kultur-Dichotomie ausgelegt wurde. Der darin gesetzte Bezug auf *Natur* und auf *Arbeit, Produktion und Reproduktion* ist ein Spezifikum der Moderne und war beispielsweise den antiken Griechen unbekannt. Diese historische Differenz möchte ich im Folgenden kurz anhand eines kleinen Ausflugs in die griechische Geschichte verdeutlichen:

1.1 Attika – Geopolitik ohne ökonomische Fundierung

Das griechische Denken der Zeit der attischen Demokratie im 5. Jahrhundert vor Christus bezog sich nicht auf Natur und auch nicht auf Arbeit und Arbeitsteilung. Die spezifische Form der griechischen Vernunft, die zur Zeit der klassischen Polis auftrat, das hat der Vernunfthistoriker Pierre Vernant (1982) herausgestellt, ist ein Produkt der politischen Organisation der Polis, also ausschließlich politisch fundiert, nicht ökonomisch. Die Polisorganisation wird von ihm und anderen Gräzisten als ein säkularisiert politisches, das heißt als ein nicht sakrales und nicht religiös legitimiertes Ordnungsverständnis beschrieben, das auf dem Prinzip *politischer Territorialisierung* beruhte. Da dieses Prinzip heute als *Geopolitisierung* neue Aktualität gewinnt, möchte ich es in seiner althistorischen Form kurz anhand der Reform des Kleisthenes (508/ 507 vor Christus) zeigen, die als die entscheidende Reform zur Wegbereitung der attischen Demokratie interpretiert wird.

Die Ausgangssituation vor der politischen Strukturreform war dadurch gekennzeichnet, dass die Machtverhältnisse in Attika durch die Rivalität von drei jeweils stammesmäßig und territorial verbundenen Regionen bestimmt waren: a. den Leuten aus der Ebene, dem Pedion, das waren die Einwohner der Stadt und der Umgebung; b. den Leuten von der Küste, den Paliern und c. den Leuten aus den Bergen, aus dem Hinterland, den Diakriern. Diesen drei Lebensregionen entsprachen sozialer Status und politische Einstellungen und sie rivalisierten um die politische Macht. Die Pediakoi vertraten dabei die Aristokrateninteressen (Vernant 1982: 100). Diese alte Sozialstruktur war über Stammesgemeinschaften, den Phylen, organisiert, die sich wiederum in Kultgemeinschaften und Geschlechter-Clans unterteilten. Sie waren zur gegenseitigen Hilfe verpflichtet und zur Verfolgung von Straftaten. Kleisthenes schaffte nun diese alte Struktur nicht ab, sondern formte sie um. Der Gräzist Christian Meier (1983, 1988) beschreibt die drei wichtigsten Änderungen des Kleisthenes: Erstens: er schuf eine neue Selbstverwaltungsstruktur, die er „Demen“ benannte. Den Demen gehörten je 100 bis 300 erwachsene männliche Bürger an, und zwar – das war der Sinn dieser Reform – nicht nur des Adels, sondern auch der Handwerker und der Bauern. Zweitens: Die Phyle (Stämme), die die militärischen Kontingente zu stellen hatten, wurden neu – auf je 3.000 Mann verkleinert. Drittens: Jede dieser verkleinerten und umfunktionierten Phyle entsandte fünfzig Vertreter in den Rat, der von 400 auf 500 Mitglieder erweitert wurde. Die Sitze wurden proportional auf die lokalen Selbstverwaltungszusammenhänge – die Demen (darauf geht das Wort Demokratie zurück) – verteilt. Damit wurde das Territorium politisch aufgeteilt und Phyle und Demen verbunden. Das Spezifische und Neue dieser Reform war der Gebrauch des *Raumes* als politischem Ordnungsprinzip. Zu diesem Prinzip politischer Territorialisierung gehörte insbesondere, dass die Phyle durch alle Regionen des Landes zusammengesetzt wurden. Das bedeutete die Zerschlagung der drei alten, konkurrierenden Machtblöcke, aber auch die Zerschlagung der auf Blutsverwandtschaft beruhenden Stammes- bzw. Familienmacht und ihre Ersetzung durch die „politische Bruderschaft“. Indem der Rat sich proportional aus den Lokalverwaltungen zusammensetzte, wurde der Raum – das attische Territorium – „politisch beschrieben“. Die Reform des Kleisthenes beruhte so auf einer politischen Geometrisierung des attischen Territoriums.

Das Prinzip der politischen Geometrisierung des Territoriums funktionierte jedoch nur dadurch, dass Kleisthenes eine zweite Neuerung einführte: eine „neue Zeit“. Während der Mondkalender auch weiterhin das religiöse Leben der Athenerinnen und Athener regelte (siehe Hesiods Bauernkalender), schuf Kleisthenes ein künstliches Verwaltungsjahr, das er in zehn Teile zu je 36 oder 37 Tagen gliederte. Jede Phyle hatte für das Jahr 50 Ratsmitglieder zu stellen, die in jedem neuen Jahres-Zehntel jeweils neu bestimmt werden mussten (Rotation). Das heißt: die sozialen Verbindungen waren primär durch eine politische Verknüpfung von sozialgeometrisiertem Raum und einer verwaltungstechnisch geschaffenen „offiziellen Zeit“ reguliert. Raum und Zeit waren ausschließlich politisch beschrieben und miteinander verbunden, nicht jedoch ökonomisch.

Die so hergestellte Gleichheit der attischen Bürger, Isonomie, war eine Gleichheit von Privilegierten. Sie beruhte auf dem Privileg, an der Politik aktiv teilnehmen zu können. Sie bezeichnete ein konkretes Erleben von Gemeinsamkeit und war Privileg der Männer. Gleichheit war nicht bürgerliche Gleichheit der Moderne, die an ein Konzept von Öffentlichkeit und Privatheit (die Doppelstruktur von bourgeois und citoyen) geknüpft wurde. Für die Politen in Attika gab es im bürgerlichen Sinne kein Privatleben (Meier 1988: 69) und keine Freiheiten gegenüber der Polisordnung, nur Pflichten (Veyne 1988: 13). Ihre Identität war eine durch und durch „politische“. Meier bezeichnet den Identätstyp, den die Polis abverlangte, als den von „Polit-Aktivisten“. Dabei sollte aber nicht vergessen werden, dass die Wirklichkeit mit ihren politischen Erfordernissen konkret und überschaubar blieb. Zur Zeit der Reform des Kleisthenes hatte Attika 30.000 erwachsene männliche Bürger, von denen zwei Drittel außerhalb der Stadt lebten. Attika war eine „face-to-face-society“, die sich zudem dadurch auszeichnete, dass es keine eigentliche Bürokratie gab (Finley 1980: 22ff; Finley 1986: 20ff).

1.2 Mitteleuropäische Neuzeit: die Herausbildung von Zeitökonomie

Im Gegensatz zur attischen Gesellschaft ist ein wesentliches Kennzeichen der neuzeitlich-mitteleuropäischen Versorgungsordnungen, dass sie über die Staatsbürokratie strukturiert wurden. Mit Herausbildung des neuzeitlichen Staates (15./ 16.

Jh.) erfasste dieser seine Staatsuntertanen in Geburts-, Heirats- und Sterbedokumenten. Die Untertanen lernten, ihre Lebenszeit zu zählen. Bis ins 16. Jahrhundert waren die Bürger Südenglands beispielsweise des biografischen Zeitzählens nicht mächtig und wurden erst durch den Gesetzgeber und die Anwälte dazu gebracht, ihre Zeit zu zählen (Thomas 1988). Der Staat garantierte mit seiner Gewalt (Polizeyen und Militär) die Einhaltung von Recht, der Gesetze, Verträge und Testamente. Und der Staat nahm Anteil an den wirtschaftlichen Aktivitäten seiner Untertanen in Form von Abgaben und Steuern. Das Bild für diese politische Organisation ist nicht die Agora, die zweidimensionale Ebene, auf der sich politisch gleiche Polisaktivisten treffen, sondern das des hierarchisch strukturierten Volkskörpers: oben der absolute Souverän,[1] das Haupt des Staates mit seinen Bürokratien (Noblesse de Robe), darunter die Untertanen. Der souveräne Staat des Absolutismus ist das Modell der hierarchisch-hegemonialen Alleinherrschaft nach innen und außen. In Bodins Staatskonzeption (16. Jh.) gibt es idealtypisch keinen staatsfreien Raum mehr. Sein Staatsgebilde ist im Gegensatz zur antiken Polis nicht heterogen. Als Ordnungsstruktur gibt dieser Staat zugleich das Modell ab für ein hierarchisch-universalisierendes Denken: zusammenfassende Einheit entsteht durch hegemoniale Hierarchie. Der staatliche Souverän, dem es historisch gelang, sich den Machtanspruch des Papstes einzuverleiben, nimmt den zentralisierenden Platz der Gottesgewalt auf Erden ein. Diese Form der europäisch-staatlichen Versorgungsordnung war seit der Renaissance und den zu dieser Zeit einsetzenden Ketzer- und Hexenprozessen nicht säkular, sondern christlich-religiös fundiert. Die politische Versorgungsordnung der Frühmoderne kann zwar schon als politisch-ökonomisch bezeichnet werden, insofern sich das staatliche Steuersystem mit seinen Zähleinheiten auf die Zähleinheiten des Warentausches aufsetzte, aber sie war noch nicht durch das spezifisch säkulare Legitimationsmuster der modernen Nationalökonomie gekennzeichnet, das die Natur ins Spiel brachte. Das ist ein Legitimations- und Selbstinterpretationsmuster, das von feministischen Wissenschaftshistorikerinnen als *Naturalisierung* analysiert wurde.

Naturalisierung in der Moderne ist unauflöslich mit der modernen Geschlechterhierarchie verbunden. Der Begriff wird daher im feministischen Diskurs kritisch verwendet. Einen Zugang zum Verstehen dieses Welt- und Selbstinterpretationsmusters der Moderne möchte ich im Folgenden kurz als Beschreibung eines historischen Prozesses der *Säkularisierung* versuchen: Im Mittelalter wurde *Zeit* als ein Teil der Allmacht Gottes begriffen. Zeit war ein Synonym für den lateinischen

---

[1] Der Begriff Souverän, Souveranität stammt von Jean Bodin (1529 – 1596), Hofjurist des französischen Königs, der die staatlichen Hexenverfolgungen juristisch legitimierte, Staatstheoretiker, und erster Geldtheoretiker der Neuzeit. Bodin war es auch, der erstmals in der Neuzeit Geschichte als Staatsgeschichte systematisierte (Franklin 1963,Schultz 1990)

Begriff *säculum* und bedeutete Menschheit (Glasser 1936: 93). Säkularisierung bezeichnet dementsprechend die Trennung der Menschheit von Gott im Prozess ihrer Verzeitlichung. Säkularisierung kann als historischer Prozess verstanden werden, der die gesamten Bereiche der gesellschaftlichen Naturverhältnisse erfasste. In der ausgeprägten modernen Weltauffassung am Ende dieses Säkularisierungsprozesses wird ein auf Natur bezogenes Verständnis von *Zeit als Gattungsgeschichte* der Menschen die Position Gottes ersetzen.

Ausgangssituation für eine solche Beschreibung ist die mittelalterliche Zeitauffassung, in der „Zeit" in Gott ruhte. Sie wurde zur „fließenden Zeit" am Beginn der Neuzeit in der Renaissance, als die Zeit begann, sich um „den Menschen" als Zentrum perspektivischen Sehens herum zu bewegen (Wendorff 1980). Über Ausbildung einer eigenen Zirkulationssphäre, in der die Zeit des Kalenderjahres mit den Bilanzzeiträumen der beginnenden Buchführung, mit den Wechsel- und Kreditgeschäften der Geldhändler, die zunächst nur an bestimmten Feiertagen getätigt werden durften, und schließlich mit den ganzjährig laufenden Börsenkursen der im 17. Jahrhundert gegründeten Börsen überschrieben wurde, entstand eine in mehrfacher Weise definierte und miteinander verbundene „Zeit" (biografische Zeit = Uhrzeit = Kalenderzeit). Im philosophischen Verständnis des 17./ 18. Jahrhunderts fand das Dynamischwerden der Zeit seinen Niederschlag im physikalischen Weltverständnis Newtons, bei dem *Bewegung* zum Grundzustand des unendlich gewordenen Universums wurde, um in der Aufklärung schließlich zu einer von Gott gelösten, unabhängigen Gesetzesmäßigkeit zu werden (ausführlich dazu siehe Schultz 1994).

Die Wende vom christlich-physikalischen zum säkularisiert-modernen Weltbild (19. Jahrhundert) drückte sich in der Abkehr von der Chronologie als Großrahmen von Geschichte aus. Jetzt wurde auf den Grund des chronologischen Jahreszahlenrasters hindurchschauend als „eigentliche Geschichte" die Naturgeschichte entdeckt. Sie wurde über den Artbegriff in ein durch Entwicklungsstufen gekennzeichnetes System verwandter Lebewesen systematisiert (Scheich 1993). Kant spekulierte schon 1790 in der Kritik der Urteilskraft – das war zu seiner Zeit noch wissenschaftlich unbewiesen – dass „gewisse Wassertiere sich nach und nach zu Sumpftieren, und aus diesen, zu Landtieren ausbildeten" (zitiert bei Lepenies 197:38). Voltaire war gegen ein hiearchisches Bild von der Stufenleiter der Entwicklung, gegen eine Hierarchie der Gattungen und Arten (drüber gab es einen lebhaften Disput zwischen den Aufklärern), aber dieses Modell setzte sich durch im Denken von Entwicklung als Gattungsgeschichte.

1.3 Natur und Naturalisierung der Frauen im Produktivitätsparadigma der Moderne

Die Wissenschaft, die diese neue Vorstellung systematisierte, war die Biologie. Sie entwarf Leben als einen Entwicklungsprozess, der als „Gattungen und Arten" gedacht wird, auf deren Spitze die vernünftige Gattung Mensch steht. Die Biologie und die moderne Zeitvorstellung, die „Leben" als Gattungsentwicklung des Menschen denkt, sind deshalb untrennbar zusammen zu denken. Die bedeutendsten, weil am nachhaltigsten wirkenden Aufklärer waren für die Ausprägung der modernen Zeit- und Entwicklungsvorstellung die Biologen Jean-Baptiste Lamarck und später Charles Darwin. Lamarck legte dar, dass Zeit grenzenlos in Natur sei. Dadurch bekam die Zeit Natur-Wurzeln und die Menschengeschichte ihre „tiefere", ihre Naturzeit. Dieses neue Geschichtsbewusstsein systematisierte das Verhältnis von Menschen und Naturentwicklung als eine zeitlich-perspektivische Hierarchie: als Kulturentwicklung, die in Naturentwicklung gründet und zugleich auf ihr aufbaut.

Bis ins 18. Jahrhundert wurde Natur räumlich gedacht als eine „Kette der Wesen", die wie auf einem Tableau horizontal angeordnet waren. Das Universum wurde wie eine immense Bibliothek betrachtet oder wie ein großes Buch, in dem abzulesen war, wie alle von Gott geschaffenen Wesen zueinander stehen. Die Aufgabe der Botaniker war es, die Pflanzen zu sammeln, zu systematisieren und im Tableau einzutragen. Linnés Systematik, die alle Pflanzen nach ihren Geschlechtsmerkmalen in Gruppen einteilte, wurde noch von den Evolutionisten des 18. Jahrhunderts berücksichtigt. Ihr Beitrag zur Transformation des Naturwissens in eine „Geschichte des Lebens" bestand in der Ausprägung der Vorstellung von einer „Stufenleiter der Geschöpfe", nach der sich die Lebewesen entsprechend ihrer von Gott mitgegebenen präformierten Anlagen „auswickeln": Evolution ist das französische Wort für „Auswicklung" und meint die Auswicklung von mitgegebenen (Erb-) Anlagen.

Der Übergang von der vormodernen Naturvorstellung zur evolutionären Naturvorstellung der Moderne wurde durch einen Wechsel der Leitorientierung von den Pflanzen zu den Großprimaten hin vollzogen. Die Botanik war bis ins 18. Jahrhundert für die Medizin und vor allem für die Landwirtschaft orientierend gewesen. Die größten technischen Neuerungen des 17. und 18. Jahrhunderts lagen in Techniken der Bodenurbarmachung und –kultivierung (Kulischer 1976). Im Paradigmenwechsel auf die Primaten hin, in deren Stufenleiter an der Spitze stehend schließlich „der Mensch" eingereiht wurde, drückte sich eine neue Form der Vergesellschaftung aus, die Gesellschaftlichkeit nicht mehr als von Gott gegebene Fülle und größtmögliche Harmonie ansah. Gott wurde jetzt nicht mehr in dem von ihm gegebenen Reichtum erkannt, sondern Reichtum wurde jetzt unabhängig von

Gott als ein säkularisiertes Potenzial gedacht, als ein auf Zukunft ausgerichteter, sich vergrößernder Wert, der in *Entwicklungsaktivität* liegt und von Adam Smith als *Arbeit* gefasst wurde. Damit bekam die Zukunftsvorstellung eine an die Herstellung von Reichtum gebundene Dynamik, deren Triebkräfte als Arbeit, Wert und Geld bestimmt wurden. Bis ins 18. Jahrhundert und noch in der Grundrententheorie der Physiokraten wurde Reichtum demgegenüber als abhängig von den Erträgen der Erde verstanden. Aber schon die Physiokraten begriffen Natur produktivistisch als eine von Gott unabhängige, wertgebende Naturressource.

Parallel zur Ökonomisierung der Erde wurde das weibliche Geschlecht im Produktivitätsmuster als Quelle des Naturhervorbringens gefasst. Weibliche Arbeit wurde als Naturvoraussetzung mit Fortpflanzung, mit kreatürlicher Reproduktion identifiziert. Mit der Vorstellung einer Entwicklung des Lebens als evolutionäre Entstehungsgeschichte der Gattungen und Arten wurden die Frauen als evolutionäres Zwischenglied zwischen dem Geschlechtlichen (ihrer produktivistischen Natur) und dem Gattungsmäßigen (der vernunftgeleiteten Kultur) immer in Beziehung zum Mann als Kulturträger verortet: das heißt die primitive Frau ist der naturale Grund, in dem der primitive Mann seine natürliche Zukunft durch einen Sohn garantiert bekommt, wie der weiße Mann als Garant seiner natürlichen Zukunft eine weiße Frau an seiner Seite hat, die ihm den zukunftsichernden Erben garantiert. Über die evolutionistische Fassung des Artbegriffs, der Frauen und Männern unterschiedliche Entwicklungspotenziale nach dem Natur-Kultur-Schema mitgibt, ist die Differenz zwischen Männern und Frauen als Differenz zwischen einer Entwicklung zur Individualität der Männer und einer „Auswicklung" zum Geschlecht der Frauen vorgegeben. Frauen wurden – vor allem im Zuge der Französischen Revolution wurde dies politisch durchgesetzt – auf ihr Geschlecht reduziert, indem sie von „vernünftiger", von politischer , wissenschaftlicher und künstlerischer Betätigung ausgeschlossen wurden. Die Gebärfähigkeit wurde ihnen als einzige Potenz sozusagen auf den Leib geschrieben, im produktivistischen Wertverständnis als Potenz des „Naturhervorbringens" zugleich produktivistisch und dennoch als Naturressource gefasst. *Frauen wurden dergestalt naturalisiert.*

Die Naturalisierung der Frauen im Produktions- Reproduktionsmuster hat in sozialhistorischer Perspektive gesehen eine entscheidende gesellschaftliche Voraussetzung: die Ausbildung eines naturalisierten Verständnisses von dem Geburtsvorgang und der prokreativen Fähigkeiten der Frauen. Die Historikerin Barbara Duden hat die kulturellen Transformationen des Geburtsvorgangs zu einem „privaten" Geschehen aufgezeigt, die anhand einer Sinnverschiebung in der gesellschaftlichen Vorstellung über das Gebären und Geborenwerden nachvollzogen werden kann. Anhand der von ihr untersuchten Patientinnenprotokolle des Eisenacher Arztes Johannes Storch aus dem 18. Jahrhundert zeigt sie, dass der Begriff „Reproduktion" in den Schriften Storchs nicht vorkommt. Er konnte nicht vorkommen, weil der weibliche Körper noch nicht als Quelle des Naturhervorbringens begriffen wurde (Duden 1987). Das Gebären war im Verständnis des 18. Jahrhunderts noch nicht auf einen ausschließlich körperlichen Vorgang reduziert. Gebären und Geborenwerden wurden als eine gesellschaftliche Übergangsphase begriffen, die durch spezifische Rituale und Feierlichkeiten analog zum Sterben als gemeinsame Praxis und Angelegenheit der Gemeinde praktiziert wurden. Erst ein naturalistisches Verständnis im Muster einer komplementär zur Arbeits- und Wertproduktivität angelegten Naturproduktivität interpretiert den Geburtsvorgang als einen rein körperlichen Vorgang, in dem sich die Naturproduktivität der Frau realisiert. Diese Form der Naturalisierung hat der Frauenkörper heute nicht zuletzt durch gentechnische und andere neue Methoden der Reproduktionsmedizin verloren.

Verwenden wir die Begriffe Produktion – Reproduktion, – dafür sollte der schlaglichtartig beleuchtende Ausflug in die Geschichte dienen – müssen wir uns mit den historische Altlasten dieser Begriffe und den wechselseitigen Verbindungen von biologischen und ökonomischen Zuschreibungen auseinandersetzen. Wir müssen uns fragen, ob Elemente oder Verbindungen dieses alten Produktions-Reproduktionsmusters heute keine Gültigkeit mehr haben oder ob sie vielleicht in neuer Form reproduziert werden.

2. Denaturalisierung: Entgrenzung der Produktions-Reproduktions-Differenz heute

Im Folgenden möchte ich die enge Verbindung zwischen ökonomischen und biologischen Sinngehalten anhand einer ebenfalls nur schlaglichtartig angeführten Begriffsgeschichte der beiden Termini Produktion und Reproduktion verdeutlichen. Dabei beziehe ich mich auf Ausarbeitungen der Biologin Regine Kollek[2], die sie für einen Workshop zur Systematisierung von Wissenschaftsbeständen verschiedener Disziplinen für eine „Forschung zu Gender und Environment" (Kollek 1995) ausgearbeitet hat.

2 Regine Kollek ist Professorin für „Technikfolgenabschätzung der modernen Biotechnologie in der Medizin" in Hamburg. Sie ist bekannt geworden durch zahlreiche erkenntniskritisch fundierte Auseinandersetzungen zu den Grundannahmen und Methoden der „roten Gentechnik" die sie als Mitarbeiterin des Hamburger Instituts für Sozialforschung veröffentlichte.

2.1 *Zur Begriffsgeschichte der Termini Produktion – Reproduktion*

Der Reproduktionsbegriff fand – anders als der bereits im Mittelalter belegte Begriff „production" (von „producere", das bedeutete Hervorbringung) – erst spät Eingang in die Terminologie der Philosophie und der Wissenschaften, nämlich ab ca. 1750. Hegel (1770 – 1831), um nur einen Gebrauch in der Philosophie anzuführen, verwendete den Reproduktionsbegriff bezogen auf die Ganzheit des Lebensprozesses.

In der Ökonomie und Soziologie findet der Reproduktionsbegriff in der zweiten Hälfte des 18. Jahrhunderts eine erste Verwendung, und zwar im ökonomischen System der Physiokraten. „Dieses von Francois Quesnay (1694 – 1774) entwickelte, erste nationalökonomische Lehrsystem postuliert einen geschlossenen ökonomischen Kreislauf und überträgt damit den naturrechtlichen Gedanken von der allem menschlichen Zusammenleben innewohnenden Harmonie auf das Wirtschaftsleben. Da nur die Landwirtschaft einen Reinertrag erzielt, sei auch nur die Grundsteuer gerechtfertigt. Grundbesitzer und Pächter werden als produktive, Handwerk und Handel als unproduktive Klasse bezeichnet. Quesnay's „Tableau économique" ist ein erster Versuch in der Geschichte der politischen Ökonomie, den Kreislauf des gesellschaftlichen Gesamtkapitals und damit den *volkswirtschaftlichen Reproduktionsprozess* als Ganzes darzustellen. So verwendet bezieht sich der Begriff nicht auf eine generative oder physiologische Reproduktion von Individuen, sondern auf die einer *ökonomischen Einheit* (Kollek 1995: 67, Hervorhebungen im Original). Im marxistischen Reproduktionsbegriff wurden nach Kollek die Ansätze Quesnay′s unter Einbeziehung der Bevölkerungstheorie von Malthus weiterentwickelt. Ohne die Marx'sche Kapital- und Werttheorie im einzelnen hier wiederzugeben, ist für ein Verständnis des Marx'schen Reproduktionsbegriffs wichtig, dass er auf die Reproduktion des Kapitals bezogen wird, die Marx als „falsche Form" der Reproduktion von Gesellschaft begreift. In der Medizin hat sich nach Regine Kollek der Reproduktionsbegriff als Bezeichnung für die Fortpflanzung relativ spät eingebürgert, nämlich erst, als seine Bedeutung in der Ökonomie und Geistesphilosophie bereits festgelegt war. In diesen historisch bereits ausgearbeiteten Bedeutungszusammenhang einer „Reproduktion der Gesellschaft" wurde das Verständnis der neuzeitlichen Biologie und Medizin von Fortpflanzung als „Reproduktion" eingefügt.

Schauen wir in einem Zeitsprung auf seine Verwendung in der Medizin und Biologie heute, so ist er von dem Begriff der „Replikation" nicht scharf abzutrennen. „Beide Begriffe nehmen Bezug auf das genetische Material, allerdings wird Reproduktion meistens nur im Zusammenhang mit größeren Einheiten (Zellen, Organismen) verwendet. Seit den achtziger Jahren hat sich der Sammelbegriff der Reproduktionstechnologien etabliert. Die Reproduktionsmedizin umfasst jene

Spezialgebiete der Medizin, die sich mit der menschlichen Fortpflanzung, ihren Störungen und Techniken zu ihrer Behebung befasst. Der Begriff der "Reproduktion" taucht also im Wesentlichen erst dann auf, als die Fortpflanzung der technischen Manipulation, der Rationalisierung zugänglich wird. Hier ist auch die Verbindungslinie zur Bevölkerungspolitik zu ziehen, denn im Zusammenhang mit der Reproduktionsbiologie und der Medizin wird gleichermaßen Wissen für die positive, wie für die negative Beeinflussung von Fortpflanzung zur Verfügung gestellt" (Kollek 1995: 69-70).

Ohne hier noch auf die Ausbildung des Begriffs in der Systemtheorie, dem Autopoiesis-Ansatz der Biologie und in der Psychoanalyse eingehen zu können, die Regine Kollek in ihrer Begriffserläuterung ebenfalls darstellt, möchte ich doch noch kurz ihre Einschätzung des Begriffs hinsichtlich seiner Potenzen für eine kritische Verwendung geben:

Bei genauerer Beleuchtung muss der *vergeschlechtliche Charakter* des komplementär angelegten Reproduktionsbegriffs kritisch gesehen werden. Denn das generative Potenzial, das dieser Begriff ausdrückt, wurde aufgeteilt in einerseits ein Potenzial zur biologischen Reproduktion (das sind Frauen und Natur) und andererseits ein Potenzial zur technischen Reproduktion von Werten, Objekten, Ideen, Informationen, Klonen etc. (das macht die Wissenschaft, die Technik, die Ökonomie, also eher die Männer). Gegen diese techno-biologische Verengung und Aufspaltung müssen sich die Ansätze einer (re-)produktiven Ökonomie wenden. Die Perspektiven einer (re-)produktiven Ökonomie, so kann daher ein erster Versuch einer positiven Fassung lauten, gehen über das „eigentliche Feld" der Ökonomie immer hinaus. Die mit den Frauen verbundenen Potenzen der „natürlichen Reproduktion" und die Potenzen von Natur, sich reproduzieren zu können, sind in einem kritischen Verständnis einer reproduktiven Ökonomie zu reflektieren und mit aufzunehmen.

2.2 Denaturalisierung heute: Technisierung von Natur – Verlebendigung von Technik

Nicht nur durch Reproduktions- und Biotechnologien, an denen Feministinnen der achtziger, neunziger Jahre eine Kritik sozusagen „am eigenen Leibe" entwickelten, sondern auch in neueren Formen der „Verlebendigung der Technik" (Saupe 2002), wie beispielsweise in der neueren Materialentwicklung und der Bionik, wird die Produktions- Reproduktions-Differenz „denaturalisiert". Die Produktion gentechnisch veränderter Organismen (beispielsweise die von gentechnisch verändertem Mais) hat die Reproduktion von Natur zum Inhalt. Die Reproduktion der Menschen wird wiederum durch die Fortpflanzungstechnologien zu einem ökonomischen Vorgang, zur Produktion. Die Produktions-Reproduktions-Differenz wird entgrenzt und im Muster technischer Reproduzierbarkeit „denaturalisiert". Der Bezug auf ein naturalistisch-biologisch gefasstes Reproduktionsverständnis wird durch ein *biotechnisches und technobiologisiertes Reproduktionsverständnis* ersetzt. Das lässt – verfolgen wir hier die These einer wechselseitigen Bedingung von biologischem und ökonomischem Verständnis weiter – das Ökonomieverständnis nicht unberührt. An einem aktuellen Beispiel der ökologischen Ökonomie möchte ich diese These überprüfen: Wie geht das neue, das *technobiologisierte Verständnis* von (Re-)Produktion in neuere Ansätze der Umweltökonomie ein? Spielen die Bedeutungshöfe des Reproduktions- und Produktionsbegriffs überhaupt noch eine Rolle für ein Verständnis ökonomischer Ansätze heute? Können avancierte ökonomische Ansätze, die im Kontext einer neu formierten Globalgesellschaft entstanden sind, völlig ohne Bezug auf „Natur" und auf „Reproduktion" erklärt werden?

2.3 Neue Formen der (Re-)Naturalisierung: das Beispiel „Virtueller Wasserhandel"

Das Konzept „Virtueller Wasserhandel" wird im Zusammenhang von Strategien für eine gerechte und nachhaltige globale Wasserbewirtschaftung und vor dem Hintergrund der Endlichkeit und ungleichen Verteilung von Wasserressourcen diskutiert. Es wurde von Tony Allan 1993/ 1994 entwickelt und im Dezember 2002 auf einem Internationalen Expertentreffen der UNESCO, dem „International Meeting on Virtual Water Trade" in Delft, präsentiert. Auf dem Dritten Weltwasser-Form 2003 fand eine ganze Sektion zu „Virtuell Water Trade and Geopolitics" statt (zum Konzept siehe Hoekstra and Hung 2002; Allan 2003). Für ein Begreifen des Konzeptes ist die Unterscheidung zwischen einem „blauen Wasser", das auch alltagssprachlich als Wasser begriffen wird und einem „grünen Wasser" wichtig. Das „grüne Wasser" ist in Pflanzen gebunden. Es ist das Wasser, das Pflanzen aus dem Boden und über die Aspiration aufnehmen. Es ist das Wasser, das sie zu ihrer Entfaltung, zu ihrem Aufwachsen benötigen. Daher wird dem „grünen Wasser" auch das Wasser zugerechnet, das den Pflanzen über die Bewässerung zugeführt wird. Das Konzept des virtuellen Wasserhandels setzt nun seinen Fokus zunächst auf das grüne Wasser. Vor diesem Hintergrund wird virtuelles Wasser definiert: „Virtual water is the water ‚embodied' in a product, not in a real sense, but in virtual sense. It refers to the water needed for the production of a product". Das Zitat macht deutlich, dass hier die Pflanze nicht in ihrer naturalen Form, sondern schon produktivistisch, als Ergebnis eines Produktionsprozesses, gefasst wird. Im Konzept wird „virtual water" dadurch charakterisiert, dass es zur „Aufzucht der Pflanzen" benötigt wird. Ein Perspektivenwechsel weg von den Pflanzen (weg von Natur, wie sie z. B. in der Botanik beschrieben wird) hin zur

Agrikultur bestimmt schon diesen Blick auf das in Pflanzen gebundene Wasser. Verschärft wird diese *produktivistische Fassung des Wasserbedarfs von Pflanzen* durch eine abstrahierende Verallgemeinerung aller Pflanzen zum „Produkt eines Herstellungsprozesses". In dieses Begreifen von Wasser – einem naturwissenschaftlich als „Stoff" definierten Teil der Natur – gehen Abstraktionen von den besonderen Naturgegebenheiten sowie von den naturalen und sozialen Kontexten der Einbindung und Verwendung dieses Teils der Natur ein. Diese Abstraktion ist dem in der ökologischen Forschung vorherrschenden Blick auf Naturressourcen und „Stoffe" unter dem *Blickwinkel einer Bilanzierung von Naturressourcen* (Stoffstromanalysen) geschuldet.

Ines Weller (1995) hat in ihrer kritischen Diskussion des chemischen Stoff-Begriffs und des Konzeptes der Stoffstromanalyse die mit diesen Begriffen und Konzepten gesetzte *Dekontextualisierung* herausgearbeitet „Der Begriff Stoffstrom verweist auf die biogeochemischen Stoffkreisläufe in der Natur, die modelliert werden, um z. B. den Weg der Elemente Kohlenstoff, Stickstoff oder Sauerstoff durch die Biogeosphäre zu beschreiben. Wichtige Begriffe zur Beschreibung der Stoffkreisläufe sind Fluss, Pool und Durchflussrate. Bilanziert werden Massen-Input und Massen-Output der Stoffe in die verschiedenen Komponenten der Biogeosphäre, den Pools" (Weller 1995: 212).[3] Sie zeigt anhand des Konzeptes der Stoffstromanalyse von de Man (1993), dass einerseits für die Überlegungen eines Stoffstrommanagements die „Akteure" , die an einer Stufe der Wertschöpfungskette beteiligt sind, eine große Bedeutung haben. Denn die ökologischen Innovationspotenziale, die durch den Blick entlang der einzelnen Phasen der Wertschöpfungskette und den darin jeweils entstehenden Stoffeinträgen deutlich werden können, lassen sich nur dann realisieren, wenn die „Schlüsselakteure" der jeweiligen Phase die richtigen Entscheidungen treffen. Ines Weller erkennt nun an diesem Konzept der Stoffströme an, dass es in der Betonung der „Schlüsselakteure" zumindest aufnimmt, dass sich „Stoffströme" nicht – wie der Begriff in mit seinem bildlichen Assoziationshof suggeriert – von alleine fortbewegen, als sei daran kein Mensch beteiligt. Menschen kommen bei diesem Konzept als „Akteure" in den Blick. Aus einer geschlechterkritischen Sicht sei dennoch festzuhalten, dass das Konzept der Stoffströme radikal von den Interessen der Akteure, die nicht „Schlüsselakteure" sind, abstrahiert. Das heißt: die Bedürfnisse und Interes-

[3] Ines Weller zitiert Beispiele für Stoffstromanalysen, die in der ersten Hälfte der 90er Jahre erstellt wurden, beispielsweise für den Cadmiumeintrag in der "alten BRD" , der für das Jahr 1986 3.200 Tonnen Cadmium betragen hat und dessen Herkunft mithilfe einer Stoffstromanalyse ausgewiesen wurde. Als bedeutendster Herstellungs- und Verwendungszweck wurden dadurch die Nickel-Cadmium-Akkus identifiziert, deren Gebrauch dann durch rechtliche Vorgaben reguliert wurde (Weller 1995: 213)

sen der Frauen und Männer, die an den jeweiligen Produktherstellungsphasen mit ihrem Lebensalltag teilnehmen und letztlich die Konsequenzen dieser Produktionsorganisation zu tragen haben, werden in diesem Bilanzierungsansatz ausgegrenzt.

Die Abstraktionen, die den Ansatz der Stoffstromanalyse kennzeichnen, werden im Konzept des „Virtuellen Wasserhandels" noch potenziert. Denn als Bilanzierungseinheit, auf die hin die Input- und Outputgrößen des virtuellen Wassers bilanziert werden, führt das Konzept in der hier diskutierten Form „die Nation" ein. So können anhand der Zugrundelegung von bestimmten Getreidepflanzen und den ihnen zugerechneten Mengen an "virtuellem Wasser" Nettoexportmengen, die beispielsweise die USA, Japan oder andere Länder ausführt, den Importmengen, die das jeweilige Land in Form von in Pflanzen gebundenem virtuellen Wasser einführt, gegenübergestellt werden. Das Ergebnis sind „virtual water balances", die für die USA dank ihrer großen Exportausfuhren an Weizen sehr günstig aussehen, für die semiariden Länder des Nahen Ostens hingegen äußerst negativ. Ein entscheidender Schritt im Konzept des virtuellen Wassers besteht nun darin, eine globale Gesamtdarstellung der „national virtual water trade balances" zu vollziehen. Im Bild des Globus, der „Importbedarfe an virtuellem Wasser" als rote bis hellrosa Zonen ausweist und „Exportüberschüsse an virtuellem Wasser" als hellgrüne bis dunkelgrüne Zonen, werden diese Export-/ Importzonen auf den auf dem Globus abgebildeten Ländern verzeichnet. Der Effekt dieser Visualisierung des Konzeptes ist verblüffend, suggeriert doch schon allein diese Form der Darstellung, die ein vertrautes Muster der Visualisierung von Handelsbeziehungen und damit erreichbaren „Ausgleichungen" darstellt, eine „Lösung", die als Export-/ Importhandel von Nationen angelegt ist. Für die im Konzept angepeilte Lösung der als Ausgangsproblem festgestellten Wassernöte einiger Länder findet jedoch nun ein Perspektivenwechsel auf die Ebene des blauen, des realen Wassers statt. Ein Ausgleich dieser Bilanzen kann in diesem Konzept dadurch erreicht werden, dass die Länder mit großem Bedarf an realem, an blauen Wasser diesen Wasserbedarf reduzieren (können), indem sie „virtuelles Wasser" in Form von Getreideprodukten (oder anderen Pflanzen mit großem Wasserbedarf) aus den Ländern mit Überschuss an virtuellem Wasser einführen. Anstatt ihr reales Wasser für Pflanzenbewässerungssysteme verwenden zu müssen, könnten die Länder mit wenig virtuellem Wasser ihr reales Wasser für die Herstellung anderer Produkte, (Produkte mit wenig Wasserbedarf im Herstellungsprozess) verwenden. Durch diesen Handel könnten sie erreichen, wie eine zusammenfassende Parole das Ziel dieses Konzepts kennzeichnet: „More crop per drop" .

Bezogen auf die Diskussion des Verständnisses von Produktions- und Reproduktionsannahmen steht das Beispiel für eine neue Form der De- und Re-

Naturalisierung, die erst mit der Anwendung der Kybernetik insbesondere in den Modellierungsansätzen der Global Change Forschung möglich geworden ist. „Natur“ wird in dem kurz dargestellten Beispiel zweifach eingeführt: zum Einen – darauf zielt meine Argumentation hinsichtlich neuer Raumvorstellungen – ist die Bezugsgröße „Globus“ selbst eine Form der Naturalisierung, insofern die dem Globus zugerechneten Stoffströme (als CO^2-Ströme genauso wie an virtuellem Wasser) eine Abstraktion von allen Kontexten der ökologischen Einbindung und der menschlichen Verwendungen des Wassers vornimmt (Schultz 1997). Der Blick auf den Globus beinhaltet eine Erkenntnisperspektive der Wahrnehmung, die von außerhalb aus dem All auf den Globus schaut. Die feministische Wissenschaftstheoretikerin Donna Haraway kritisiert diese Erkenntnisperspektive als „Blick von Nowhere“ (Haraway 1996). Es ist der technisierte Blick der erdbeobachtenden Satellitensysteme, der immer eine *Rekontextualisierung* notwendig macht, nämlich die Zurückführung in „situierte“ (Haraway), in reale gesellschaftliche Naturverhältnisse in einem konkreten Gebiet der Erde. Aus den Interessen und Kontexten einer regionalen Ökonomie stellen sich die Möglichkeiten der Realisierung von „More crop per drop“ sehr viel konkreter und auch vielfältiger dar. Beispielsweise könnten unter Beibehaltung der Grundüberlegung des Konzeptes des virtuellen Wasserhandels in der lokalen Agrikultur diejenigen Pflanzen, die eine intensive Wasserbewirtschaftung benötigen (z. B. Tomaten) durch andere, weniger wasserintensive Pflanzen ersetzt werden und es könnten dann wasserintensive gegen nicht wasserintensive Agrarprodukte gehandelt werden. Die Bezugsgröße „Globus“ setzt jedoch immer die Annahme von Durchschnittswerten (so und so viel virtuelles Wasser pro so und so viel Pflanzeneinheit) voraus, die von lokalen und regionalen Gegebenheiten abstrahieren.

Zweitens wird im Konzept des virtuellen Wassers als Tauschkonzept eine Re-Naturalisierung vollzogen, die sich letztlich als *Einsparung von realem Wasser* ausweist und verdient, etwas genauer betrachtet zu werden. Denn im Grunde genommen werden die Getreidepflanzen zuerst zu einem in ihnen enthaltenen „Stoff“ denaturalisiert, der als grünes Wasser quantifiziert und dann als virtuelles Äquivalent gefasst wird. Dabei müsste nun als universelles Äquivalent eines jeden Tausches der ökonomische Allesmesser Geld sichtbar gemacht werden. Das wäre dann Tausch nach den Regeln der Geldwirtschaft, wie er seit Jahrhunderten praktiziert wird: Naturqualitäten werden denaturalisiert, indem sie quantifiziert und auf ein Quantum des universellen Allesmessers Geld bezogen werden. Zum Beispiel: die USA erzielen mit ihrem jährlich zu bilanzierenden Weizenexport so und so viel Geld und Jordanien muss für den Einkauf von Weizen so und so viel Geld einsetzen. Geld, das bei realen Export- Importgeschäften immer im Spiel ist, wird in diesem Konzept jedoch unsichtbar gemacht. Das virtuelle Wasser wird vielmehr in reales Wasser als *Ersparnis an realem Wasser* zurückgerechnet. Die Ökonomie verwandelt sich in eine virtuelle Ökologie. Die Gegenrechnung: So und so viel grünes Wasser kann durch so und so viel Weizenimporte ersetzt werden, stellt eine neue Form der Naturalisierung dar. Anstelle des Geldes erscheint der Weizen oder eine andere pflanzliche Trägerin von „ virtuellem Wasser“ als Wasseräquivalent. Der Tausch erscheint als Naturalientausch, der nicht vom universellen Wertmesser, dem Geld, her gedacht wird, sondern von virtuellen Stoffströmen auf dem Globus. Dies ist ein Tauschgeschäft, das zwar auf den Zusammenhang von Wert – Geld – nationale Export-/ Importbilanzen abzielt, nicht aber den in den modernen Ökonomien herausgearbeiteten *Zusammenhang von Wert und Arbeit* beinhaltet. Menschliche Arbeit wird hier letztlich als „Naturproduktivität“ gemessen, die nur in Form *eingesparter Wasser- (Stoff)Mengen* als Rechenvorgang dargestellt werden kann. Für dieses neue Produktivitätsverständnis liefert im Unterschied zum modernen Denken nicht die historisierte Zeit, also „Entwicklung“, sondern der *geoökonomisierte Raum* die Folie für eine sich abzeichnende Verknappungs- und Einsparungslogik, die schon anhand der „Strukturanpassungspolitik“ des Internationalen Währungsfonds von Feministinnen der neunziger Jahre herausgearbeitet wurde.

Das Produktivitätsmuster eines „Herausarbeitens von Kultur aus Natur“ scheint – dafür steht das naturalisierte Verständnis vom Globus – obsolet. Der Produktionsbegriff der Moderne, der als ein Verständnis von „historischer Entwicklung = Arbeit = Aufbau der Gesellschaft und Weiterentwicklung der Natur“ gefasst werden konnte, scheint heute wirklich historisch überholt zu sein (Schultz 1998). Festzustellen ist eine Verschiebung der symbolischen Eckpunkte des Begreifens auf die Ebene des Räumlich-Materiellen und Stofflich-Energetischen (Schultz 2003) . An das Konzept des virtuellen Wasserhandels, das ich vor diesem Verstehenshintergrund hier in starker Überzeichnung referiert habe, sind viele Fragen zu stellen, von denen ich eine für die weitere Diskussion herausgreifen möchte: Ist das Konzept des virtuellen Wasserhandels nicht auch ein Beispiel für eine *reproduktive Ökonomie*?

3. Zur Frage nach Gestaltungsperspektiven einer reproduktiven Ökonomie

Das Konzept des virtuellen Wasserhandels ist im Kontext der Erarbeitung neuer Instrumente für Nachhaltigkeit entstanden. Es buchstabiert eine Reproduktionsperspektive der Ökonomie aus, die das ökologische Postulat der Nachhaltigkeit aufnimmt: nämlich dazu beizutragen, die Reproduktionsfähigkeit der Natur und die Tragekapazität des Globus zu erhalten. Wasser soll nicht übernutzt werden.

Darüber hinaus nimmt es das Problem der ungleichen Verteilung von Wasser auf und ist – das soll hier deutlich ausgesprochen werden – aus einer Parteinahme für die Länder mit Wasserunterversorgung entwickelt worden. Gleichzeitig ist es ein Beispiel für einen vorherrschenden Trend in der Erarbeitung von „Nachhaltigkeitsstrategien", der darin besteht, durch ökonomische Konzepte und Instrumente mehr Nachhaltigkeit herbeiführen zu wollen. Dabei werden die Postulate der „sozialen Nachhaltigkeit" häufig ausgeblendet. Sie werden in der internationalen Frauenbewegung unter dem Schlagwort der „livelihoods" eingefordert. Die kanadische Feministin Margret Eichler zitiert eine Formulierung von Robinson und Tinkler für ein Verständnis, das die soziale Perspektive der Nachhaltigkeit konkretisiert: „To provide social structures, including sytems of governance, which effectively propagate and sustain values that people want to live by" (Eichler 1999: 183). Auszublenden, wie die Leute in einer bestimmten Gegend/ in einem bestimmten Zusammenhang „zu leben wünschen", betrifft den Kern der in der feministischen Technikdiskussion entwickelten Kritikfigur der „Entkontextualisierung". Nicht zufällig sind es „die Betroffenen", der Lebensalltag der Kleinbauern und der Kleinhändlerinnen, der Hausfrauen, Fischer, Kleingewerbe Betreibenden, der in „situierten" gesellschaftlichen Naturverhältnissen lebenden Menschen, von deren Bedürfnissen und Interessen das Konzept, so wie es hier mit Bezug auf den Globus veranschaulicht wurde,[4] abstrahiert.

Vor diesem Hintergrund halte ich es für nötig, die Perspektiven einer reproduktiven Ökonomie als situierte und kontextualisierte wissenschaftsreflektierte Perspektiven zu entwerfen. Dabei gehe ich jedoch nicht davon aus, die Ergebnisse von Stoffstromanalysen oder der Global Change-Forschung zu ignorieren. Vielmehr sollte der Ausflug in die Geschichte des Imaginären und die veränderten Wahrnehmungen von Raum und Zeit heute verdeutlichen, dass wir den „Bezug auf den Globus" nicht überspringen können. Wir leben in einer Globalgesellschaft, können aber eine nachhaltige globale Gesellschaft aufgrund ihrer Heterogenität, ihrer Vieldimensionalität und Überkomplexität nicht erfassen und vorstellen. Daher kann ich auf dem Stand gegebener Analysemöglichkeiten die Perspektiven einer „Situierung" nur als *Re-Konkretisierung* konzeptualisieren

Als Ansatzpunkt für eine Re-Konkretisierung müssen die Menschen mit in den Blick genommen werden, und zwar nicht aus der Vogelperspektive der Satellitentechnik, sondern als Handelnde und Agierende, die gesellschaftliche Naturverhältnisse gestalten. Die Perspektive der Re-Konkretisierung ist also immer schon

---

[4] Ob das Konzept des virtuellen Wasserhandels nicht auch „rekontextualisiert" werden kann, beispielsweise, indem es als partizipatives Konzept mit Einbezug der Einwohnerinnen und Einwohner einer Region weiter entwickelt wird, müsste ausgelotet werden.

auf Veränderung und aktives Eingreifen in vorhandene Strukturen gerichtet. Die entscheidende Frage für Veränderungen der Ökonomie, des Sozialen, der Technikgestaltung und der Wissenschaften ist dabei, das hat Donna Haraway immer wieder herausgestellt, die Frage CUI BONO: Wem dient diese Veränderung?

Donna Haraway steht in der feministischen Diskussion für eine dekonstruktivistische Sicht auf die Verschmelzung von Wissenschaft, Technik, Ökonomie und staatlicher bzw. Großmächte-Politik zu einer politökonomisch fundierten schlüsseltechnologischen Entwicklung, die sie als *techno sciences* fasst. Deren Entwicklungstendenzen sind vor allem durch zunehmende Abstraktifizierung und Anonymisierung von Zurechenbarkeiten und Verantwortungen gekennzeichnet. Donna Haraway plädiert vor diesem Hintergrund für einer Situierung der Erkenntnisperspektiven und für Akzeptanz gleichberechtigter Partialperspektiven wissenschaftlicher und nichtwissenschaftlicher Erkenntnisgewinnung. ExpertInnen und Laien aus unterschiedlichen Teilkulturen der Gesellschaft sollen sich wechselseitig in ihrer Begrenztheit akzeptieren und aus dieser gemeinsamen Partialerfahrung heraus zusammen Zukunftsgestaltungen entwickeln. Um aus dieser Kritikperspektive auf die *technosciences* Gestaltungsperspektiven ableiten zu können, müssen jedoch Eingrenzungen und Gewichtungen vorgenommen werden, die bei Haraway nur implizit angedeutet sind.

Eine entscheidende Gewichtung , die im Begriff der „livelihoods" ausgedrückt wird, liegt in der Anerkennung, dass es in der politischen Ökonomie um Versorgungsordnungen geht, also *die Versorgung der Bevölkerung* oberste und prioritäre Aufgabe politisch-ökonomischer Entscheidungen bilden soll. Das wäre als Apriori einer reproduktiven Ökonomie zu definieren. Dann ist die Nahrungsversorgung, zu der u. a. auch die Wasserversorgung zugerechnet werden muss, ein basales gesellschaftliches Naturverhältnis, das in globaler Hinsicht als nicht gesichert, als ein Problem ersten Ranges gesehen werden muss. Für die Entwicklung von Gestaltungsperspektiven, die sich auf eine Lösung dieses Problems richten, ist nun die Frage „Cui bono?" durch die Frage: „Wer ist an der Gestaltung beteiligt? Wer hat Entscheidungsbefugnis und Gestaltungsmacht? zu erweitern. Kurz: Wer sind die Akteurinnen und Akteure der Gestaltungsmöglichkeiten? Wobei Donna Haraway allen Beteiligten der gesellschaftlichen Naturverhältnisse, also auch den tierischen, den pflanzlichen, den geologischen Akteuren und Aktanten ein Gestaltungsinteresse – eine „agency" – hinsichtlich ihrer naturalen Reproduktion (siehe Biodiversitätsdebatte) wie auch hinsichtlich der *Reproduktion der gesellschaftlichen Naturverhältnisse* unterstellt.

Ist es nicht ein solcher Blick auf die *„Reproduktion der gesellschaftlichen Naturverhältnisse"*, der Gestaltungsperspektiven für eine reproduktive Ökonomie eröffnet?

Literatur

Allan, J.A (Tony): 2003: Virtual Water: the Water, Food and Trade Nexus – Useful Concept or Misleading Metaphor ? In: Water International, Vol. 28, Number 1, 2003, 4-11.

Duden, Barbara (1987): Geschichte unter der Haut, Stuttgart.

Eichler, Margaret (1999): Sustainability from a Feminist Sociological Perspective: A Framework for Disciplinary Reorientation. In: Becker, Egon, Thomas Jahn (eds.): Sustainability and the Social Sciences. A Cross-Disciplinary Approach to Integrating Environmental Considerations into Theoretical Reorientation, Paris, Frankfurt/ M., London.

Finley, Moses I. (1980): Antike und moderne Demokratie, Stuttgart.

Finley, Moses I. (1986): Das politische Leben in der antiken Welt, München.

Franklin, Julian H. (1963): Jean Bodin ad the 16th Century Revolution in the Methodology of Law and History, New York, London.

Glasser, Richard (1936): Studie zur Geschichte des französischen Zeitbegriffs, München.

Haraway, Donna (1996): Situiertes Wissen. Die Wissenschaftsfrage im Feminismus und das Privileg einer partialen Perspektive. In: Scheich, Elvira: Vermittelte Weiblichkeit. Feministische Wissenschafts- und Gesellschaftstheorie, Hamburg 217-248.

Hoekstra, Arjen/ P.Q. Hung (eds.) (2002): Virtual Water Trade – a Qualification of Virtual Water Flows between Nations in Relation to International Crop Trade. UNESCO-IHE, Delft, Value of Water Series.

Kollek, Regine (1995): Produkte und Reprodukte: Zur Karriere des Reproduktionsbegriffes und zu seinem Stellenwert in der Diskussion um „Gender & Environment". In: Schultz, Irmgard/ Ines Weller: Gender &Environment. Ökologie und die Gestaltungsmacht der Frauen, Frankfurt/ M. 65-75.

Kulischer, Josef (1976): Allgemeine Wirtschaftsgeschichte des Mittelalters und der Neuzeit, Bd. II: Die Neuzeit, München, Wien (5. unv. Auflage).

Lepenies, Wolf (1978): Das Ende der Naturgeschichte. Wandel kultureller Selbstverständlichkeiten in den Wissenschaften des 18. und 19. Jahrhunderts, Frankfurt/ M.

Meier, Christian (1983): Die Entstehung des Politischen bei den Griechen, Frankfurt/ M.

Meier, Christian (1988): Bürger-Identität und Demokratie, in: Meier, Christian/ Paul Veyne: Kannten die Griechen die Demokratie? Berlin.

Saupe, Angelika (2002): Verlebendigung der Technik. Perspektiven im feministischen Technikdiskurs, Bielefeld.

Scheich, Elvira (1993): Naturbeherrschung und Weiblichkeit, Pfaffenweiler.

Schultz, Irmgard (1990): Staatspaternalismus im Kopf und Vatersehnsucht im Herzen? Zum zählebigen Überdauern des Modells des absolutistischen Staates: 7 Thesen anhand Jean Bodins Staatstheorie, In: Schaeffer-Hegel, Barbara (Hg.): Vater Staat und seine Frauen, Pfaffenweiler, 136 ff.

Schultz, Irmgard (1994): Der erregende Mythos vom Geld. Die neue Verbindung von Zeit, Geld und Geschlecht im Ökologiezeitalter, Frankfurt/ M., New York.

Schultz, Irmgard (1997): Zukunftsantizipation am Bild des Planeten Erde. In: Becker, Egon (Hg.): Soziale Ökologie und Sustainable Development, Jahrbuch für sozial-ökologische Forschung 3, Frankfurt/ Main, 37-62.

Schultz, Irmgard (1998): Veränderungen im Denken von Raum und Zeit – Nachhaltige Entwicklung als neue Form der Politisierung des Raumes. In: FreiRäume Heft 10, 1998, 10. Jg. 123-132.

Schultz, Irmgard (2003): „Weil nur zählt was Geld einbringt..." Zur Thematisierung des Zusammenhangs von Frauen – Macht – Geld in der deutschsprachigen Frauenforschung. In: Dackweiler, Regina-Maria, Ursula Hornung (Hg.): Frauen – Macht – Geld, Münster, 56-73.

Thomas, Keith (1988): Vergangenheit, Zukunft, Lebensalter. Zeitvorstellungen im England der frühen Neuzeit, Berlin.

Vernant, Jean-Pierre (1982): Die Entstehung des griechischen Denkens, Frankfurt/ M.

Veyne, Paul (1989): Kannten die Griechen Demokratie? in: Meier, Christian/ Paul Veyne: Kannten die Griechen Demokratie?, Berlin.

Weller Ines (1995): Zur Diskussion der Stoffe und Stoffströme in der Chemie(-politik): erster Versuch einer feministischen Kritik. In: Schultz, Irmgard/ Weller, Ines: Gender & Environment . Ökologie und die Gestaltungsmacht der Frauen, Frankfurt/ Main, 207-218.

Wendorff, Rudolf (1980, 2. Auflage): Zeit und Kultur. Geschichte des Zeitbewusstseins in Europa, Wiesbaden, Opladen.

Unternehmen als (re-)produktive Akteure

Können Unternehmen nachhaltig sein?

Georg Müller-Christ

1. Einführung

Zwischen Praxis und Wissenschaft, aber auch innerhalb der Wissenschaft gibt es eine erhebliche Interpretationsdifferenz über das Wesen der Nachhaltigkeit. In diesem Beitrag wird davon ausgegangen, dass Nachhaltigkeit – wenn sie als ökonomische Rationalität der Substanzerhaltung verstanden wird – durchaus ein klar umrissenes Konzept darstellt, welches mehr Antworten und Gestaltungsempfehlungen erzeugt als das bislang dominierende normative Verständnis von Nachhaltigkeit. Sehr klar lässt sich in dieser Perspektive zeigen, dass Unternehmen nicht allein einen Beitrag zu einer nachhaltigen gesellschaftlichen Entwicklung leisten sollten, sondern vielmehr ihre eigene Nachhaltigkeit verfolgen müssen. Möglich wird diese inhaltliche Fokussierung dadurch, dass Nachhaltigkeit als Rationalität im Umgang mit absolut knappen Ressourcen verstanden wird. In diesem Verständnis können Unternehmen und alle wirtschaftenden Einheiten durchaus nachhaltig sein. Dieser Ansatz wird im Folgenden näher erläutert.

2. Die zentralen Begriffe des ressourcenorientierten Nachhaltigkeitsansatzes

Die rationale Sichtweise von Nachhaltigkeit entsteht, wenn Unternehmen als ressourcenabhängige Systeme modelliert werden, die zur Sicherung ihrer eigenen Überlebensfähigkeit in den permanenten Ressourcenzufluss investieren müssen. Die zentralen Begriffe dieses Ansatzes sind Ressourcen und Nachhaltigkeit.[1]

---

[1] Die Ausführungen sind entnommen aus Müller-Christ (2004). Ausführlich in Müller-Christ (2003a).

2.1 Ressourcenbegriff

Mit dem Begriff der Ressourcen werden gängigerweise natürliche Rohstoffe assoziiert (Synonym). Die Betriebswirtschaftslehre umschreibt darüber hinaus mit Ressourcen alle Hilfsmittel, die zur Produktion von Gütern und Dienstleistungen benötigt werden (Sammelbegriff). Die Managementlehre hat mit dem Resource-based View einen Ressourcenbegriff eingeführt, der eng an den des Erfolgspotenzials angelehnt ist. Zentrale Ressource sind hier die organizational capabilities: Organisationsfähigkeiten, die sich auf den komplexen Märkten in unterscheidbare Kompetenzen ummünzen lassen (abstrakter Begriff).

Der Resource-based View der strategischen Marketinglehre hat bereits den richtungweisenden Schritt getan, das Unternehmen konsequenter von seinen Mitteln her zu denken. Dabei bleibt der Resource-based View jedoch dem Potenzialbegriff noch allzu sehr verhaftet. Worin liegt der Unterschied zwischen dem Potenzial- und dem Ressourcenbegriff? Der Unterschied liegt im Mittelcharakter: Potenziale können nur auf eine bestimmte Wirkung hin gedacht werden. Ganz deutlich wird dies im Terminus Erfolgspotenzial. Der Erfolg als gewünschte Wirkung ist der Ausgangspunkt der Suche nach Potenzialen. Ressourcen dagegen – in Bezug auf ihren Mittelcharakter – werden eher von der Seite der Ursachen oder ihrer Quellen her gedacht. Wenn man nach Ressourcen fragt, schwingt implizit die Frage mit: Wo kommen sie her? Wenn man hingegen nach Potenzialen fragt, schwingt implizit die Frage mit: Was sollen sie bewirken?

Insgesamt wird durch die Ressourcen- und Potenzialorientierung der strategischen Managementlehre das Unternehmen immer mehr von seinen Mitteln und immer weniger von seinen Zielen (Zwecken) her gedacht. Mit anderen Worten: Wenn immer mehr Mittelkategorien als Ressourcen umschrieben werden, scheinen die Quellen der Unternehmensmittel einer besonderen Aufmerksamkeit zu bedürfen.

Mittel lassen sich unterscheiden hinsichtlich der Konkretheit und der Manifestation ihrer Verwertungsvorstellungen und der Eigengesetzlichkeit ihrer Entstehung.

1. *Produktions- oder Leistungsfaktoren* sind konkrete und manifeste Mittel mit einem klaren Verwertungsbezug (Roh-, Hilfs- und Betriebsstoffe, Komponenten, Bauteile, Fertigkeiten usw.). Sie entstehen für das Unternehmen als Güter und Dienstleistungen anderer Wirtschaftssubjekte.

2. *Potenziale* sind weniger konkrete und eher latente Mittel, die in Zukunft einen Zweck erfüllen sollen. Sie entstehen für das Unternehmen, indem vorhandene Stärken auf ihre weitergehende Verwertbarkeit hin untersucht werden.[2]

---

[2] Vgl. Bea/ Haas (2001) S. 110ff.

3. *Ressourcen* lassen sich definieren als abstrakte und/ oder latente wirkungsoffene Mittel. Etymologisch ist es nahe liegend, Ressourcen und ihre Reproduktion immer mitzudenken.[3] Die Quelle (source) der Ressourcen befinden sich zumeist außerhalb des Systems und haben ihre unterschiedlichen Eigengesetzlichkeiten.

Für alle Mittelkategorien lehrt die ökonomische Rationalität der Effizienz, dass diese möglichst sparsam eingesetzt werden sollen, um ein optimales Output/ Input-Verhältnis zu realisieren. Ressourcen werden durch Anwendung der Effizienzrationalität aber nicht reproduziert, sondern ihre Verbrauchsmöglichkeiten nur zeitlich gestreckt (bspw. durch Ökoeffizienz). Soll die Ressourcenbasis beständig erhalten werden, um dauerhaft wirtschaften zu können, bedarf es einer weiteren ökonomischen Rationalität: der Nachhaltigkeit.

2.2 Nachhaltigkeit

Die allgemeine Ressourcenperspektive lenkt den Blick auf die zentrale Bedeutung von Ressourcen – in ihren vielfältigen Erscheinungsformen – für die Lebens-, Funktions- und Entwicklungsfähigkeit von natürlichen und anthropogen-gesellschaftlichen Systemen. Dies gilt sowohl für Gesellschaften als Ganzes als auch für Institutionen als einzelwirtschaftliche Organisationen. Sie hängen von einem beständigen Zufluss an Ressourcen ab, um sich am Leben zu erhalten, ihre Zwecke zu erfüllen und selbstgesetzte Ziele zu erreichen. Da alle offenen Systeme ressourcenabhängige Systeme sind, tauschen sie miteinander Ressourcen aus. Systeme nehmen folglich von ihren Ressourcenquellen Ressourcen auf und geben an andere Systeme Ressourcen ab. Jedes System ist somit abhängig von Ressourcen anderer Systeme und zugleich Ressourcenquelle für andere Systeme. Diese vitalen Ressourcenströme werden immer dann gestört, wenn ein System in seiner Funktionsfähigkeit so behindert wird, dass es als Ressourcenquelle oder ressourcenaufnehmendes System für andere Systeme ausfällt. In dieser Perspektive wird es für Systeme wieder rational, sich für den Erhalt ihrer Ressourcenquellen einzusetzen, indem sie die Eigengesetzlichkeiten ihrer Ressourcenquellen und ressourcenaufnehmenden Systeme beachten.

Derart rücksichtsvolle Beziehungen folgen der Rationalität der Nachhaltigkeit, die verlangt, dass das Verhältnis von Ressourcennachschub zu Ressourcenverbrauch

---

[3] Etymologisch steckt im Wort Ressource das altfranzösische Wort resourdre: sich erheben, erholen. Vgl. Kluge (2002): Etymologisches Wörterbuch der deutschen Sprache.

immer ausgeglichen sein muss, wenn Systeme dauerhaft wirtschaften wollen.[4] Diese – im Übrigen uralte (haushalts)ökonomische Rationalität – tritt nun neben die vorherrschende ökonomische Rationalität der Effizienz. Wer dauerhaft wirtschaften möchte, muss nicht nur die vorhandenen Ressourcen (besser Produktionsfaktoren) effizient einsetzen, er muss zugleich dafür sorgen, dass die verbrauchten Produktionsfaktoren als Ressourcen wieder reproduziert werden.[5] Aus dieser ressourcenorientierten Perspektive ergibt sich ein Unternehmensbild, wie es in der Abbildung 1 dargestellt ist.

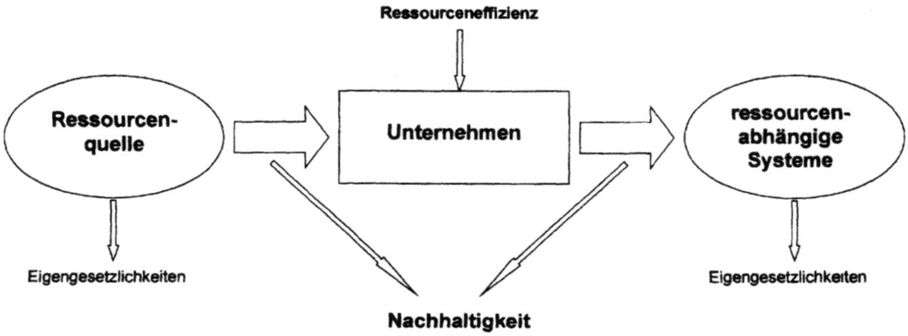

Abbildung 1: Das Unternehmen als ressourcenabhängiges System (Müller-Christ 2003a:. 93)

Wann muss ein wirtschaftendes System sich nachhaltig verhalten? Auslöser, um in betrieblichen Entscheidungen die Nachhaltigkeitsrationalität anzuwenden, ist das Auftauchen absolut knapper Ressourcen. Absolut knapp sind Ressourcen immer dann, wenn der Ressourcenpool Erschöpfungserscheinungen signalisiert oder aber wichtige Ressourcen nicht über Faktormärkte beschafft werden können. Ersteres gilt beispielsweise für die Natur als Senke (ihre Assimilationsfähigkeit ist überstrapaziert) oder aber für die Humanressource Bildung. Über Faktormärkte können grundsätzlich keine immateriellen Ressourcen wie Einstellungen, Vertrauen, Image oder Legitimation beschafft werden.

---

4 Vgl. zu der ausführlichen Herleitung dieses Nachhaltigkeitsverständnisses, welches aus der Logik des Haushaltens abgeleitet wurde Müller-Christ (2001) S. 332ff. Erstmals definiert bei Müller-Christ/ Remer (1999).

5 Der in Wirtschaftspraxis gängige Versuch, Nachhaltigkeit durch eine Steigerung der Effizienz zu erreichen, entpuppt sich in diesem Verständnis als wirkungslos, weil die Ressourcenbasis nicht erhalten wird.

3. Die gängige Perspektive: Nachhaltigkeit als normatives Problem

Die normative Sichtweise bezieht sich auf eine nachhaltige gesellschaftliche Entwicklung.[6] Es geht um die Gerechtigkeit zwischen der heutigen und den kommenden Generationen (intergenerativ) sowie um die Gerechtigkeit zwischen den derzeit lebenden Generationen in der ersten, zweiten und dritten Welt (intragenerativ). Das Grundproblem ist, dass zur heutigen Wohlstandserzeugung in der ersten Welt die globale Ressourcenbasis übermäßig verbraucht wird: Sowohl die Entwicklungsländer als auch die nachfolgenden Generationen haben nicht dieselben Chancen, ihren Wohlstand durch den Verbrauch materieller Ressourcen zu erzeugen, wie sie die westliche Welt hat. Nachhaltigkeit als Lösung dieses Gerechtigkeitsproblems wird als normatives gesellschaftliches Konzept umschrieben.

Unternehmen als Träger der Produktion sitzen in dieser Position leicht auf der Anklagebank. Sie sehen sich dem Vorwurf ausgesetzt, ihre Gewinne nur dadurch erzielen zu können, dass sie ökologische und soziale Kosten externalisieren. Tatsächlich ist es einzelwirtschaftlich rational, Kosten auf Andere zu verlagern; gesamtwirtschaftlich steigt dadurch der Lebensstandard, es sinkt jedoch die Lebensqualität der Gesellschaft. Das Management steht dann vor der Aufgabe, die Externalisierung der ökologischen Kosten zu reduzieren. Der Bogen zwischen der einzelwirtschaftlichen und der gesamtwirtschaftlichen Rationalität soll durch Nachhaltigkeitsnormen hergestellt werden. Diese Sustainability-Diskussion[7] knüpft an eine universalethische Perspektive an: Es ist sittlich-moralisch, wenn die Ressourcen der Welt gerecht zwischen den Generationen aufgeteilt werden. Mit dieser Argumentationslinie sind indes die gleichen Realisierungsprobleme verbunden, wie mit wirtschafts- und umweltethischen Gestaltungsvorschlägen. Warum aber sollte ein Unternehmen sich ethisch verhalten, wenn der betriebliche Erfolg ökonomisch definiert ist? Trotz dieser bislang in der Betriebswirtschafts-lehre noch unzureichend beantworteten Frage wird vielfach geschlussfolgert, dass sich Nachhaltigkeit nur über ethische Motive realisieren lässt: „Ohne ethische Entscheidungsprämissen würde ein Unternehmen niemals die gewaltigen Kosten auf sich nehmen, die es wohl bedarf, eine tatsächlich ressourcensparende Wirtschaftsweise einzuführen.“[8] Gleichwohl wird in der Wissenschaft und Praxis da-

[6] Vgl. zu diesem Kapitel Müller-Christ/ Hülsmann (2003b).

[7] Beispielsweise von der Enquete-Kommission „Schutz des Menschen und der Umwelt“, vom Bundesministerium für Umwelt und Reaktorsicherheit, vom Rat der Sachverständigen für Umweltfragen, vom Bund Umwelt und Naturschutz, vom Umweltbundesamt u.a.m. Ein Vergleich der Studien findet sich bei Jörrissen/ Kneer/ Rink (2001).

[8] Vgl. Matten/ Wagner (1998), S. 61.

von ausgegangen, dass die Handlungsspielräume der Unternehmen, sich an die Anforderungen einer nachhaltigen Entwicklung freiwillig und bewusst anzupassen, relativ gering sind.[9] Von daher ist es verständlich, dass die Veränderung staatlicher Rahmenbedingungen kontrovers diskutiert wird, um auf diesem Weg zu mehr Nachhaltigkeit dennoch voranzukommen.[10]

4. Nachhaltigkeit und rücksichtsvolle Umweltbeziehungen

Die Praxis bewegt sich zum größten Teil in der normativen Semantik der Nachhaltigkeitsdiskussion. So gut wie alle Unternehmen, die im Internet oder in Broschüren Erklärungen zum Thema Nachhaltigkeit abgeben, sprechen von ihrer Verantwortung für die Gesellschaft. Offensichtlich sehen die Unternehmen, dass sie die Beziehungen zu ihren Umwelten rücksichtsvoller gestalten müssen. Ihnen scheint aber bislang unklar zu sein, kraft welcher Begründung sie Rücksicht nehmen sollen. Die Rücksichtnahme aus ethisch-moralischen Gründen setzt zum einen die entsprechende Werthaltung der Entscheidungsträger voraus; zum anderen stabilisiert sie die Zwei-Welten-Theorie von Ethik und Ökonomie, die da kurz gefasst lautet: Ethik als Korrektiv von Ökonomie. Die langen Diskussionen um Wirtschafts- und Unternehmensethik zeigen, dass sich diese Werthaltungen nur schwer in praktisches Handeln umsetzen lassen.

Die Ressourcenperspektive erlaubt eine rationale Begründung für eine rücksichtsvolle Umweltbeziehung von Unternehmen.[11] Inhaltlicher Kern ist die systemische Vernunft: Ein System verhält sich dann rational, wenn es die Auswirkungen seines Handelns anhand der Rückwirkungen auf es selbst kontrolliert. Diese Vernunft ersetzt nicht ethisch-moralisches Verhalten, sie ergänzt es. Eine ethisch-moralische Reflexion der betrieblichen Auswirkungen ist folglich immer dann notwendig, wenn es keine Rückwirkungen – auch keine räumlich und zeitlich versetzten – für das Unternehmen gibt. Die nachfolgende Tabelle gibt die Unterschiede einer normativen und einer rationalen Gestaltung von Umweltbeziehungen wieder.

---

[9] Vgl. für die Praxis Krämer (1996), S. 232, für die Wissenschaft Kurz (1997), S. 98.

[10] Vgl. Schmitt (1998), S. 90.

[11] Vgl. zu diesen Ausführungen Müller-Christ (2003b) und theoretisch vertiefend (2001).

Tabelle 1: Normative und rationale Gestaltung der Umweltbeziehungen im Vergleich (Müller-Christ, G. 2003b: S. 15)

	Normative Gestaltung der Umweltbeziehungen	**Rationale Gestaltung der Umweltbeziehungen**
Anlass	negative Nebenwirkungen	absolute Ressourcenknappheit
Antrieb/ Motiv	Angst vor Imageverlust	Abbau der Ressourcenbasis
Wirkungsrichtung	einseitig	wechselseitig
Wirkungsart	direkt, kurzfristig	indirekt, langfristig
Umweltbild	Anspruchsgruppen	Ressourcenquelle
Erkenntnisproblem	Ernsthaftigkeit und Durchhaltewillen der Anspruchsgruppe	Eigengesetzlichkeit der Ressourcenquelle
Erfolgsmaßstab	Anspruchsabwehr Anspruchsbefriedigung	Funktionsfähigkeit der Ressourcenquelle
Erfolgsbegriff	effiziente Rücksicht	permanenter Ressourcenzufluss
Leitbegriff	Verantwortung (Corporate social responsibility)	Substanzerhaltung
Nachhaltigkeitsverständnis	Einhaltung gesellschaftlicher Normen	haushalten mit Ressourcen
Denkart	pathogenetisch	salutogenetisch

5. Das nachhaltige Unternehmen oder: Was reproduzieren (re)produktive Akteure?

Kann ein Unternehmen nachhaltig sein? Kann ein wirtschaftender Akteur nachhaltig sein? Die Antwort lautet: Er muss es sogar sein, wenn er dauerhaft überleben will. Die ressourcenorientierte Nachhaltigkeitsperspektive führt eine wesentliche Ergänzung zum herkömmlichen Verständnis eines erfolgreichen Unternehmens ein. Bislang wurde in der Managementlehre davon ausgegangen, dass ein Unternehmen dann dauerhaft überlebt, wenn es Gewinne erwirtschaftet. Unter den neuen Bedingungen der sich verbreitenden Tatsache absolut knapper materieller und immaterieller Ressourcen muss ein Unternehmen gewinnorientiert (effizient) und substanzerhaltend (nachhaltig) wirtschaften.[12] Zusammenfassend gilt demnach:

- Ein effizientes Unternehmen setzt seine Produktionsfaktoren sparsam ein.
- Ein nachhaltiges Unternehmen betrachtet seine Umwelten als Ressourcenquellen. (Ressourcen- oder Haushaltsgemeinschaft)
- Ein nachhaltiges System setzt sich dauerhaft für die Reproduktion seiner materiellen und immateriellen Ressourcenbasis ein.
- Ein erfolgreiches Unternehmen verhält sich effizient und nachhaltig.

Ein nachhaltiges Unternehmen hat mithilfe eines Ressourcencontrollings[13] ständig seine Ressourcenbasis im Blick und setzt sich dann für deren Reproduktion ein, wenn die bislang tätigen Ressourcenquellen nicht mehr ausreichend liefern können. Dies bedeutet nicht unbedingt, dass das Unternehmen nun die Ressourcen, die es bislang von seinen Umwelten bezogen hat, selber herstellen muss. In der Praxis kommt diese Übernahme der Ressourcenproduktion beispielsweise dann vor, wenn Unternehmen eine Corporate University gründen, die ihnen die Ressource Bildung erzeugt, die bislang von staatlichen Universitäten geliefert wurde.

Viel entscheidender als die eigene Reproduktion von Ressourcen aber wird es sein, dass Unternehmen ihre Nebenwirkungen auf die Funktionsfähigkeiten ihrer Ressourcenquellen reduzieren, indem sie deren Eigengesetzlichkeiten berücksichtigen. Genau das, was die Wirtschaft für sich beansprucht, müssen Unternehmen auch für ihre Umwelten leisten: einen möglichst störungsfreien Produktionsablauf gewährleisten. Unternehmen als reproduktive Akteure erhalten in einer koevolutionären Perspektive die Produktivität ihrer Umsysteme, weil sie von ihnen abhängig sind. Daimler-Chrysler schreibt auf seiner Homepage: „Denn wir wissen, dass ein Unternehmen nur in einer stabilen und prosperierenden Gesellschaft langfristig erfolgreich wirtschaften kann". Rational ist es deshalb, sich für diese intakte Gesellschaft einzusetzen. Wenn jedes Unternehmen dabei stets die Auswirkungen seines Handelns auf die – vor allem auch langfristigen – Rückwirkungen auf es selbst vor Augen hat, werden die negativen Einwirkungen auf die Gesellschaft reduziert. Unternehmen müssen hierzu Einsicht in die Eigengesetzlichkeiten der Umwelten gewinnen, von denen sie abhängig sind. Und Rücksichtnahme bedeutet im Wesentlichen, Sinn, Maß und Zeit dieser Ressourcenquellen zu berücksichtigen, um deren Funktionsfähigkeit zu erhalten.

---

[12] Vgl. Müller-Christ/ Hülsmann (2003).

[13] Vgl. hierzu Müller-Christ (2003c).

Literatur

Bea, X./ Haas, J. (2001): Strategisches Management. Stuttgart. 3. Aufl.

Jörrissen, J./ Kneer, G./ Rink, D. (2001): Wissenschaftliche Konzeptionen zur Nachhaltigkeit. In: Grunwald, A./ Coenen, R./ Nitsch, J./ Sydow, A./ Wiedemann, P. (Hrsg.): Forschungswerkstatt Nachhaltigkeit. Wege zur Diagnose und Therapie von Nachhaltigkeitsdefiziten. Berlin, S. 33-58.

Krämer, H. (1996): Nachhaltige Entwicklung: Gestaltungsspielraum und Gestaltungswille der Wirtschaft. In: Kastenholz, H.G./ Erdmann, K.-H./ Wolff, M. (Hrsg.): Nachhaltige Entwicklung. Zukunftschancen für Mensch und Umwelt. Berlin et al., S. 217-233.

Kurz, R. (1997): Unternehmen und nachhaltige Entwicklung. In: Ökonomie und Gesellschaft. Jahrbuch 14: Nachhaltigkeit in der ökonomischen Theorie. Frankfurt, New York, S. 78-102.

Matten, D./ Wagner, G.R. (1998): Konzeptionelle Fundierung und Perspektiven des Sustainable Development-Leitbildes. In: Steinmann, H./ Wagner, G. R. (Hrsg.): Umwelt und Wirtschaftsethik. Stuttgart, S. 51-79.

Müller-Christ, G. (2001): Nachhaltiges Ressourcenmanagement. Eine wirtschaftsökologische Fundierung. Habilschrift. Marburg.

Müller-Christ, G. (2003a): Nachhaltiges Ressourcenmanagement oder: Wo ist der Ort der strategischen Initiative. In: Schmidt, M./ Schwegler, R. (Hrsg.): Umweltschutz und strategisches Handeln: Ansätze zur Integration in das betriebliche Management. Wiesbaden, S. 91-123.

Müller-Christ, G. (2003b): Nachhaltige Unternehmensbeziehungen: normativ oder rational? In: UmweltWirtschaftsForum, 11. Jg. Heft 4, Dez. 2003, S. 4-9.

Müller-Christ, G. (2003c): Ressourcencontrolling zur Steuerung des strategischen Umweltschutzes. In: UmweltWirtschaftsForum. 11. Jg. Heft 2, S. 32-36.

Müller-Christ, G. (2004): Strategisches Management: Auch Unternehmen selbst müssen nachhaltig werden. In: Hülsmann, M./ Müller-Christ, G./ Haasis, H. D. (Hrsg.): Betriebswirtschaftslehre und Nachhaltigkeit. Wiesbaden.

Müller-Christ, G./ Hülsmann, M. (2003a): Erfolgsbegriff eines nachhaltigen Managements. In: Linne, E./ Schwarz, M. (Hrsg.): Handbuch nachhaltige Entwicklung. Wie ist nachhaltiges Wirtschaften machbar? Opladen, S. 245-256.

Müller-Christ, G./ Hülsmann, M. (2003b): Quo vadis Umweltmanagement? Entwicklungsperspektiven einer nachhaltigkeitsorientierten Managementlehre. In: Die Betriebswirtschaft, Heft 3 S. 257-277.

Müller-Christ, G./ Remer, A. (1999): Umweltwirtschaft oder Wirtschaftsökologie? Vorüberlegungen zu einer Theorie des Ressourcenmanagements. In: Seidel, E. (Hrsg.): Umweltmanagement im 21. Jahrhundert – Aspekte, Aufgaben, Perspektiven. Berlin 1999, S. 69-88.

Schmitt, D. (1998): Sustainable Development und Unternehmensführung – unternehmerische Verantwortung in der Folge von Rio. In: Steinmann, H./ Wagner, G. R. (Hrsg.): Umwelt und Wirtschaftsethik. Stuttgart, S. 80-92.

Die Region als Ort der (Re)Produktion

Industrielle Reproduktionswirtschaft und regionaler Kontext

Thomas Sterr

1. Produktion als ein nach vorne gerichteter Prozess

Gemäß seiner lateinischen Wurzel kennzeichnet der Begriff der Pro-duktion (lat. pro+ducere) zunächst einmal das Vor-führen bzw. Hervor-bringen von etwas. Er beschreibt damit die Transformation eines Zustandes ex ante in einen andersartigen Zustand ex post. Ein solcher Transformationsprozess kann dabei sowohl materieller als auch immaterieller Natur sein – oder Ausdruck eines wohl abgestimmten Zusammenspiels beider.

Die Bildung von Eisenerzlagerstätten, von Salzstöcken oder vulkanisch bedingten Schwefelakkumulationen sind dabei Ausdruck einer rein materiell (und energetisch) bestimmten mineralischen Produktion, während biosphärische Produktion zusätzlich bereits präziser informationeller Transfers bedarf. Je weiter man den folgenden Strukturbaum zur technosphärischen Produktion hin verfolgt, desto größer wird die Bedeutung von Information für den Produktionsprozess selbst.

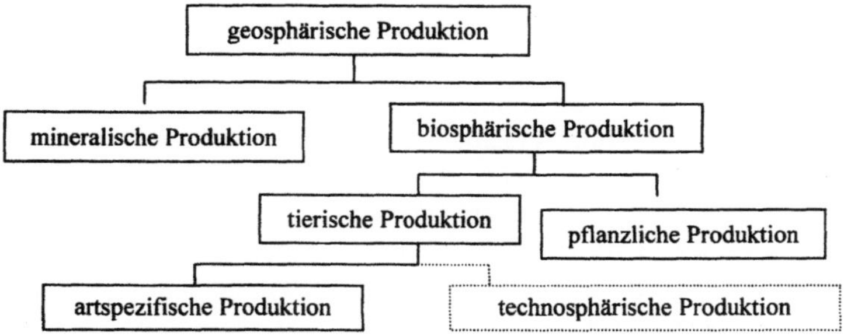

Abb. 1: Hierarchiestufen absichtsloser Produktion im Rahmen terrestrischer Systeme[1]

[1] Sterr (2003a), S. 93.

Die verschiedenen Formen absichtsloser Produktion wurden in obiger Abbildung 1 ergänzt um das punktiert eingetragene Element einer „technosphärischen Produktion“, wie sie durch das absichtsvoll gesteuerte, schöpferische Wirken des Menschen möglich wurde. Sie basiert auf dem mit Bewusstsein ausgestatteten, denkenden Menschen und ist die jüngste Produktionsform, die sich auf unserer Erde im Zuge der Evolution des Lebens entwickelt hat. Der Begriff der Technosphäre steht hierbei für den Raum aller von Menschen kontrollierten Stoff- und Energieströme[2]. Technosphäre konstituiert sich also als materieller Ausdruck eines verstandesgesteuerten zielgerichteten Handelns des Menschen. Sie ist Ausdruck und Ergebnis seines besonderen Strebens und Erfindungsgeistes, der es ihm spätestens mit der rasanten Entwicklung der modernen Chemie ermöglichte, bestimmte Stoffe ganz gezielt gegen unliebsame natürliche Agenzien zu schützen. Die unter seiner Kontrolle stehenden Materialien und Produkte wurden in diesem Sinne ergänzt um Artefakte[3], die sich auch in ihrer Molekularstruktur von den „natürlichen Substanzen“ grundlegend unterscheiden. Die menschliche Technosphäre gewann hierdurch eine besondere Widerstandskraft, ohne deshalb jedoch eine auf sich selbst beschränkte Autonomie erreichen zu können. Tatsächlich ist die Technosphäre nicht mehr als ein über menschliches Schaffen entwickeltes und durch dieses gespeistes „Kunstwerk“, das uns einen besonderen Wohnkomfort im terrestrischen Ökosystemkontext ermöglicht. Dabei war die Entwicklung einer solchen Technosphäre lange Zeit ausschließlich auf finale Zustände, auf gewünschte Endprodukte hin gerichtet, welche möglichst lange und verlässlich aufrecht erhalten bleiben sollten. Die entsprechenden Objekte wurden mit immer raffinierteren und wirksameren Methoden gegen Angreifer aller Art geschützt und erreichten so eine vielfach sehr umfassende und langfristige Immunisierung. Fiel die positive Bewertung eines technosphärischen Gegenstandes durch seinen Besitzer oder Nutzer allerdings weg, so wurde auch die Kontrolle über ihn rasch wieder aufgegeben, d. h. er wurde faktisch wieder der natürlichen Ökosphäre überstellt. Ressourceneigenschaft erhalten nach diesem Transfer allerdings nur diejenigen Stoffe und Stoffgemische, die tatsächlich in den Nahrungs- und Bauplan natürlicher Ökosystemelemente passen. Für die oben beschriebenen Artefakte gilt dies nur in Ausnahmefällen. Die von natürlichen Agenzien nicht angreifbaren Moleküle bleiben damit auch aus der Perspektive der Ökosphäre zunächst einmal unerwünscht, weil unbrauchbar, d. h. sie verlieren damit ihre Abfalleigenschaft auch aus der Sicht natürlicher Systemelemente nicht.

---

[2] Sterr (2003a: 22).

[3] Der Begriff „Artefakte“ steht also für Produkte, Produktkomponenten oder Materialien, die aus der Perspektive der natürlichen Ökosphäre Neuheit enthalten (Sterr 2003a: 29).

Tatsächlich wird die Natur im Zusammenhang mit Entwicklungen der menschlichen Technosphäre zumindest mit drei Arten von Anpassungsproblemen konfrontiert:

1. Das Ausmaß an Massenverlagerungen durch den Menschen hat inzwischen eine von der Natur ex ante nie gekannte Dimension erreicht und wächst weiter an. Dabei setzen sie sich nach wie vor weitestgehend aus abiotischen Materialien zusammen[4], die der Natur wohl bekannt sind, und Entsprechendes gilt erst recht für die Kategorie der Lebensmittel. Gleichwohl ist die Natur aber immer weniger in der Lage, sich dieser Ressourcen auch tatsächlich zu bemächtigen. Und diese Problematik nimmt zu, je großflächiger und voluminöser die infolge von Ressourcenverlagerungen entstehenden lokalen Überschüsse und Defizite werden. Für die Natur erwächst hierdurch ein quantitatives Anpassungsproblem.

2. Gänzlich neu für die Natur ist der Umstand, dass es dem Menschen mit Hilfe der revolutionären Produktionstechniken des aufkommenden Industriezeitalters gelang, in systematischer Art und Weise grundlegend neue Moleküle zu erzeugen. Die über menschliches Handeln bewirkten Stofftransformationen beschränkten sich fortan nicht mehr ausschließlich auf neue Erscheinungsbilder (phänotypische Veränderungen), sondern inkorporierten zunehmend auch genotypische Transformationen, d. h. Umwandlungsprozesse auf der Ebene chemisch-physikalischer Grundbausteine[5]. Faber/ Proops führten in diesem Zusammenhang den Begriff der Neuheit (novelty)[6] ein und schärften hierdurch das Bewusstsein für das Auftreten völlig neuer Baukastenelemente, wie sie in den von Zwilling (1993) beschriebenen „Grundbausteinen des Lebens" bislang nicht vorkamen[7]. Tatsächlich hatte die moderne Chemie die bis dato geltende „Naturkonvertibilität" gezielt und systematisch verletzt und landete gerade hierdurch einen ihrer bahnbrechendsten und entscheidendsten Würfe für die Ausgestaltung unseres heutigen Industriezeitalters. Unter Zuhilfenahme dieser Artefakte konnten in unserer Technosphäre nun völlig neue Güter erzeugt werden, die eben nicht mehr biologisch abbaubar waren und auch von der natürlich vorkommenden Anorganik kaum mehr angegriffen werden konnten. Gleichwohl muss betont werden, dass die für uns zur Selbstverständlichkeit gewordene passive Sicherheit in unserer heutigen Lebenswelt an vielen Stellen ganz entscheidend damit zusammen hängt, dass wir der Natur mit dem

---

4 Siehe hierzu bspw. die von Bringezu und Schütz erstellten inländischen Stoffstrombilanzen für die BRD (Bringezu/ Schütz 1996; Bringezu 1997).

5 Siehe hierzu auch die Ausführungen in Sterr (2003a: 26 ff).

6 Faber/ Proops (1990).

7 Zwilling (1993) S. 26-28.

Element der Neuheit entgegentreten können. Nur so konnten wir uns die heutigen Möglichkeitsräume erstreiten, nur so verbindet sich der Rückgriff auf unsere technosphärischen Errungenschaften tatsächlich mit einem kalkulierbaren Risiko. Gäbe es diese Artefakte nicht, so sähe unsere Zivilisation zumindest ganz anders aus. Denn eine unmerkliche und unkalkulierbare Zersetzung von Sicherheitselementen in Flugzeugen, Zügen, Personenfahrzeugen oder lebenswichtiger Schutzkleidung wäre genauso fatal wie bspw. eine biologisch abbaubare Herzklappe. Und ohne die gegenüber mineralischen Substituten wesentlich leichteren Polymere wäre die heutige Mobilität im Waren- und Personenverkehr schon aus ressourcentechnischen und damit auch aus kostentechnischen Gründen nicht realisierbar. Bei all diesen Entscheidungen müssen wir uns aber auch darüber im Klaren sein, das wir die Natur hier vor ein qualitatives Problem stellen, denn wenn die Natur spätestens nach dem Ende der Konsumphase einen „Demontageauftrag" für technosphärisch nicht mehr erwünschte Produkte erhält, so wird sie ihn nur unzulänglich erfüllen können, weil ihr hierfür die passenden Demontagewerkzeuge fehlen.

3. Beide Prozesse, sowohl die quantitativen als auch die qualitativen, gewinnen ihre besondere Problematik durch die wachsende Geschwindigkeit, mit der sie ablaufen. Während die Evolutionsgeschichte mit dem Phänomen „Neuheit" bis vor wenigen Jahrhunderten allenfalls im Rahmen geologischer Zeitskalen konfrontiert wurde[8], wächst die molekulare Vielfalt heute täglich. Und da Ferntransporte heute so kostengünstig erscheinen wie nie zuvor in der Menschheitsgeschichte, enthält selbst die globalmaßstäbliche Verlagerung von Ressourcen heute keinen wesentlichen Transportkostenfaktor mehr. Selbst so geringwertige Wirtschaftsgüter wie Altpapier sind inzwischen Teil eines globalen Marktes, und Thermoplastabfälle aus deutschen Haushalten werden zunehmend von der VR China nachgefragt. Sie werden dann um den halben Globus verschifft.

Zusammengefasst lassen sich im Verhältnis zwischen Technosphäre und natürlicher Ökosphäre also zumindest drei wesentliche Arten von Anpassungsproblemen konstatieren:

[8] So beispielsweise bei der Entwicklung der Sauerstoffatmosphäre.

Das Problem der umgewälzten *Stoffmengen*	Noch nie im Rahmen der Evolutionsgeschichte wurden so große Mengen an Stoffen umgesetzt und vor allem über so große Distanzen hinweg verlagert. → Für die Systemstabilität im Rahmen der Ökosphäre erwächst hieraus ein *quantitatives Anpassungsproblem.*
Das Problem der *Neuheit*[9]	Noch nie im Rahmen der Evolutionsgeschichte wurden das Ökosystem Erde und seine Subsysteme in derart kurzer Zeit mit einer millionenfachen Vielfalt an neuartigen Substanzen[10] konfrontiert, für die die Natur meist kein passendes Demontagewerkzeug entwickelt hat. → Dies gestaltet sich für die Ökosphäre in erster Linie als ein *qualitatives Anpassungsproblem*, das durch mangelnde Assimilationsfähigkeit des Ökosystems hervorgerufen wird.
Das Problem der *Geschwindigkeit*	Beide Problemdimensionen (vor allem jedoch die Letztere) gewinnen ihre besondere Problematik durch die noch immer wachsende Geschwindigkeit, mit der wir sie täglich vergrößern. → Für die Ökosphäre verbindet sich hiermit ein *zeitliches Anpassungsproblem.*

Abb. 2: Grundlegende Anpassungsprobleme der menschlichen Technosphäre gegenüber der natürlichen Ökosphäre[11]

2. Reproduktion als ein sich wiederholender Prozess

Unsere Erde verfügt über kaum vorstellbar große, aber dennoch endliche Ressourcen. Nur ein Bruchteil von ihnen ist gegenwärtig zugänglich. Weitere Zugänge sind möglich, können jedoch nur unter zusätzlichem Aufwand und dabei auch unter Verwendung zusätzlicher Ressourcen erschlossen werden. Mit abnehmender Konzentration der gewünschten Ressourcen in den angezapften Ressourcenpools steigt c. p. der Ressourceneinsatz pro Outputeinheit, und auch technologischer Fortschritt erlaubt an dieser Stelle nur den Sprung auf ein günstigeres Input-Output-Verhältnis. Mehr als eine temporäre Ressourcenentlastung ist also auch von technischem Fortschritt kaum zu erwarten. D. h. bei grafischer Veranschaulichung erhielte man hier eine Treppenfunktion mit senkrecht absteigenden Treppenabsätzen, aber progressiv aufsteigenden Stufenflächen. Hätte sich die belebte Natur nur mit Ressourcenerschließung und daraus abgeleiteter Produktion be-

[9] Siehe die Ausführungen in Kap. 2.3.2; eine eingehende Behandlung des Begriffs der Neuheit (*novelty*) findet sich in Faber/ Proops (1990).

[10] Hahn (1993: 231) nennt eine Zahl von weltweit ca. 10 Mio. Stoffen, die sich weltweit um weitere 10.000 p.a. erhöht.

[11] Entnommen aus Sterr (2003a: 26).

schäftigt, dann gäbe es sie längst nicht mehr, denn belebte Natur überlebt nicht nur auf Basis zunehmender Effizienz, sondern primär auf Basis ihrer Fähigkeit zur Selbsterneuerung oder Reproduktion. Reproduktion steht dabei für die dauerhafte Wiederholbarkeit bestimmter Prozesse, was im geschlossenen System Erde nur über ein rhythmisches Wechselspiel von Bindung und Entbindung, von Werden und Vergehen, von Auf- und Abbau komplexer Strukturen, von Produktion und Reduktion gewährleistet werden kann. Nur über einen derartigen, zyklisch ablaufenden Mechanismus ist biologischer Stoffwechsel dauerhaft möglich – und damit auch das Leben insgesamt. Erschwerend kommt hinzu, dass ein solches System selbst im Falle seiner prinzipiellen Reproduktionsfähigkeit nur dann funktionstüchtig bleibt, wenn sich Vor-führung (pro-ducere) und Rückführung (re-ducere) im Rahmen bestimmter Toleranzgrenzen verhalten. Reproduktion steht damit für einen Kreislaufprozess, im Rahmen dessen sich Produktions- und Reduktionsprozesse rhythmisch ablösen und hierdurch die Funktionsfähigkeit von Systemen auch bei einem begrenzten Ressourcenvorrat dauerhaft aufrechterhalten[12].

Inwiefern lässt sich unser menschliches Wirtschaften aber tatsächlich als reproduktiv beschreiben? Reproduktiv tätig sind wir Menschen zunächst einmal als Systemelemente der natürlichen Ökosphäre. Im Rahmen unserer Menschnatur essen und trinken wir und verarbeiten dabei bestimmte natürliche Stoffe im Rahmen natürlicher Stoffwechselprozesse, um die meisten von ihnen wenig später bereits wieder freizugeben. Geht es uns selbst hinreichend gut, so sind wir darüber hinaus reproduktiv tätig im Sinne der Arterhaltung, d. h. wir verstehen unsere Nachkommenschaft nicht nur zu zeugen, sondern auch erfolgreich zu hegen und zu pflegen. Um unserer Nachkommenschaft aber tatsächlich den Boden zu bereiten, den auch sie benötigten, um sich zu entfalten und fortzuentwickeln, müssen wir die uns umgebende Naturproduktivität nach Kräften bewahren und unterstützen. Reproduktiven Charakter sollte ferner unsere Haushaltsökonomie tragen, im Sinne einer nachhaltigkeitsorientierten Bewirtschaftung privater Haushalte und des darüber hinaus gehenden sozialen Geflechts. Zumindest diese nicht marktlich abgebildeten Dimensionen unseres menschlichen Wirtschaftens hängen von einer funktionierenden Reproduktionsökonomie „vital“ ab.

[12] Der hier aufgegriffene produktionstheoretische Ansatz folgt einem Anfang der 90er Jahre von Liesegang und Dyckhoff entwickelten Denkmodell, im Rahmen dessen sich Produktion und Reduktion spiegelbildlich gegenüberstehen, um auf diese Art und Weise die Entwicklung einer industriellen Kreislaufwirtschaft zu befördern. Der zum ersten Mal bei Liesegang (1992: 9) auftauchende Begriff einer „nachhaltigen Reproduktionswirtschaft“ steht hier also der Produktionswirtschaft nicht gegenüber, sondern bildet den Erneuerungsmechanismus ab, der sich erst durch Produktion und Reduktion als auf- bzw. abwärtsgerichtete Prozesse einstellt.

Doch wie steht es um reproduktionsorientiertes Verhalten in der Industrie? Angesichts einer weiter ansteigenden Weltbevölkerung und riesiger Nachholbedürfnisse an individuellem und materiellem Wohlstand in Schwellenländern und Ländern der Dritten Welt auf der einen und einem begrenzten Ressourcenvorrat auf der anderen Seite, sollte auch sie die Reproduktion ihrer materiellen Grundlage zur erstrangigen Gestaltungsaufgabe machen. „Industrielle Reproduktionswirtschaft" sollte daher trotz der oben geschilderten zivilisatorischen Sicherheitsbedürfnisse, die eine Artefaktproduktion notwendig erscheinen lassen, sowie anderer Einschränkungen mehr, zu einem zentralen Entwicklungsziel werden. Hierfür ist es allerdings zwingend notwendig, dass Forschung und Entwicklung zukünftig nicht nur Produktion planen, sondern auch Reduktion, um hierdurch neue Verfügbarkeiten herzustellen, von denen wir im Falle einer technosphäreninternen Rückführung in den Produktionsprozess direkt, und im Falle einer nutzungsgerechten Abgabe an die Natur indirekt profitieren. Industrielle Reproduktionswirtschaft steht damit für ein Konzept industrieller Energie- und Stoffkreislaufwirtschaft, das den Auf- und Rückbau technosphärisch erzeugter Objekte in ihrer jeweiligen Beziehung zueinander betrachtet. Sie versteht sich damit als nachhaltigkeitsorientierte Alternative zum gegenwärtig noch deutlich vorherrschenden Stoffdurchflussdenken.

3. Ist eine Reproduktionswirtschaft nach dem Vorbild der Natur möglich und sinnvoll?

Betrachten wir den Funktionsmechanismus natürlicher Ökosysteme einmal mit Gigon, Ellenberg und Haber und beschränken wir uns dabei auf seine elementarste Form[13], so lassen sich unter den belebten Systemgliedern grob drei Arten unterscheiden:

4. Produzenten, die dem Strukturaufbau dienen und in der Natur im wesentlichen durch die Pflanzenwelt repräsentiert sind,
5. Konsumenten, die das von den Pflanzen Produzierte direkt oder indirekt konsumieren und als solche im wesentlichen das Verhalten von Mensch und Tier beschreiben und
6. Destruenten, die das von den Pflanzen Produzierte, bzw. von Mensch und Tier Hinterlassene wieder abbauen und damit neue Verfügbarkeiten für die beiden erstgenannten Funktionsgruppen schaffen.

[13] Siehe bspw. Haber (1992), S. 18.

Tatsächlich sind Pflanzen die einzigen Lebewesen, denen es möglich ist, energiearme anorganische Moleküle über den Prozess der Photosynthese, d. h. mit Hilfe von Licht, zu energiereichen Kohlenhydraten (und Sauerstoff) zu transformieren. Sie können deshalb auch als Primärproduzenten angesprochen werden, die als solche eine lebenswichtige Grundlage für alles andere Leben auf der Erde schaffen. Die Gruppe der Konsumenten lebt von der Produktivkraft der Pflanzenwelt und auch unsere Landwirtschaft ist nichts anderes als die gezielte Instrumentalisierung der Produktionseigenschaften der Pflanzenwelt zum Zwecke menschlicher Bedürfnisbefriedigung. Als drittes Glied in der Kette sorgen schließlich Würmer sowie Bakterien und andere Mikroorganismen dafür, dass die im Zuge von Produktionsvorgängen gebundenen Ressourcen wieder entbunden und in naturbekannte Nahrungsbestandteile transformiert werden. Auch wenn die freigesetzten Ressourcen in Ort und Zeit nicht unbedingt sofort auf eine passgenaue Nachfrage stoßen, so sind damit zumindest die qualitativen Grundvoraussetzungen für einen nächsten Reproduktionszyklus geschaffen.

Lässt man die Entwicklungsgeschichte unserer heutigen Technosphäre einmal Revue passieren, so arbeitete sie zunächst einmal gänzlich mit den gleichen Systemelementen wie die oben beschriebene natürliche Ökosphäre. Graduelle Unterschiede bildeten sich im Laufe der Zeit dahingehend aus, dass das Gestaltungsvermögen des Konsumenten Mensch immer mehr in den Vordergrund trat, und er sowohl gegenüber der oben beschriebenen Pflanzenwelt (Landbau) wie auch gegenüber der Tierwelt (Viehhaltung) bestimmte Selektions- und Zuchtprozesse durchsetzte. Die zunehmende Spezialisierung im Rahmen handwerklicher Tätigkeiten brachte zwar wiederum neue Gegenstände hervor, doch handelte es sich auch hier bis in die allerjüngste Menschheitsgeschichte hinein lediglich um neue Mischungen naturbekannter Substanzen. Daran änderte im Grunde auch die Erfindung von Bronze oder Messing nichts. Technosphärisches Wirtschaften war damit gleichzeitig naturnahes Wirtschaften in dem Sinne, dass ausschließlich mit dem naturbekannten Molekularbaukasten gearbeitet wurde. Auch für zunächst einmal recht komplex und unverwüstlich erscheinende Objekte hatte die belebte und unbelebte Natur längst Demontagewerkzeuge entwickelt, mit Hilfe derer sie der dauerhaften Ressourcenbindung über kurz oder lang erfolgreich entgegenwirkte. In dem Maße wie freigesetzte Ressourcen nicht gleich auf eine entsprechende Nachfrage stießen, entstand aber auch hier Abfall. kann zwar sedimentiert und damit von einer Zugänglichkeit für potenzielle Interessenten abgeschirmt werden, aufgrund seiner ökologischen Passgenauigkeit als potenzieller Nahrungsbestandteil ist er jedoch prinzipiell reintegrationsfähig, d. h. er kann bei geeigneten Umfeldbedingungen ohne Einschränkungen wieder in einen neuerlichen Reproduktionszyklus eingebunden werden.

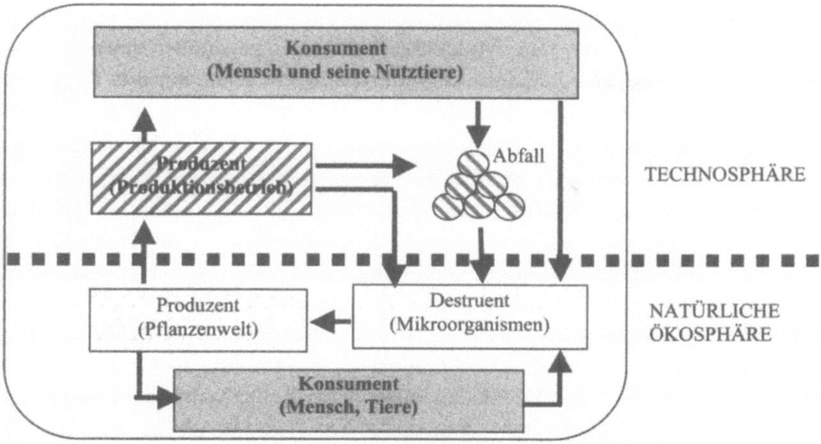

Abb. 3a: Zusammenspiel von Technosphäre und natürlicher Ökosphär im Rahmen eines naturnahen Wirtschaftens

Im Rahmen eines solchen naturnahen Wirtschaftens kann sich die schöpferische Kraft des Menschen zunächst einmal auf die zielgerichtete Erstellung von Konsum- und Investitionsprodukten konzentrieren, die direkt bzw. indirekt der Befriedigung menschlicher Konsumwünsche dienen. Um Kreislaufschließung braucht sich der Mensch nur im Zusammenhang mit lokaler oder zeitlicher Über- oder Unterversorgung selbst zu kümmern, da er sich ganz prinzipiell darauf verlassen kann, dass Destruenten und anorganische Agenzien in ihrer Rückführungsfunktion über kurz oder lang „ganze Arbeit" leisten werden. Probleme für die Systemstabilität der natürlichen Ökosphäre, auf deren Funktionsfähigkeit die Technosphäre vital angewiesen ist, sind hier prinzipiell ausschließlich mengenbedingt[14], was allerdings keine Aussage über deren Schwere darstellt. D. h. nachhaltiges Wirtschaften im Sinne einer dauerhaft möglichen Wirtschaftsweise ist auch bei Beschränkung auf naturnahe Transformationsprozesse nur dann möglich, wenn bestimmte Korridore eingehalten werden, wenn also stoffspezifische Mindestmengen und biologische Mindestpopulationen nicht unterschritten sowie obere Tragfähigkeitsgrenzen nicht überschritten werden.

Mit dem in Abbildung 2 als „Neuheit" eingeführten „Kunststoff" änderte sich die Problematik jedoch auch in qualitativer Hinsicht, da nun neue Objekte in die Technosphäre eingeschleust wurden, deren Neuartigkeit sich eben nicht auf die Ebene der Erscheinungsform beschränkte, sondern bis hin zum Molekularaufbau

---

[14] Siehe hierzu auch die Darstellungen in Abb. 2.

wirkte. Als besonders erfolgreich setzten sich bei der systematischen Entwicklung von Neuheit insbesondere jene Molekülketten durch, gegenüber denen die Demontagewerkzeuge naturbekannter Angreifer komplett versagten und die gegenüber ihrem Nutzer gerade hierdurch einen bislang nicht genannten Grad an Verlässlichkeit demonstrierten. So grundlegend dieser Erfolg für die risikotechnische Absicherung unserer heutigen Zivilisation ist, so elementar sind die Folgen für eine technosphärische Stoffkreislaufwirtschaft. Nun ist die gezielt eingesetzte Neuheit im Idealfall zwar zunächst einmal Produktbestandteil und damit Teil einer unter der Kontrolle des Menschen befindlichen Sphäre, doch spätestens wenn er sein zeitlich beschränktes Interesse am Produkt aufgibt, gibt er in der Regel auch die Kontrolle über den naturfremden Stoff auf. Tritt danach keine unmittelbare Weiternutzung an die Stelle der Erstnutzung, so fällt der Stoff der natürliche Ökosphäre anheim, die damit nichts anzufangen weiß. Der damit entstandene Abfall ist nun nicht mehr lokaler oder temporärer Natur, sondern behält seine Abfalleigenschaft unabhängig von Raum und Zeit bei. Die Technosphäre verliert damit wertvolle Ressourcen und schränkt über die dauerhafte Abfallakkumulation die Funktionsfähigkeit des Gesamtsystems ein.

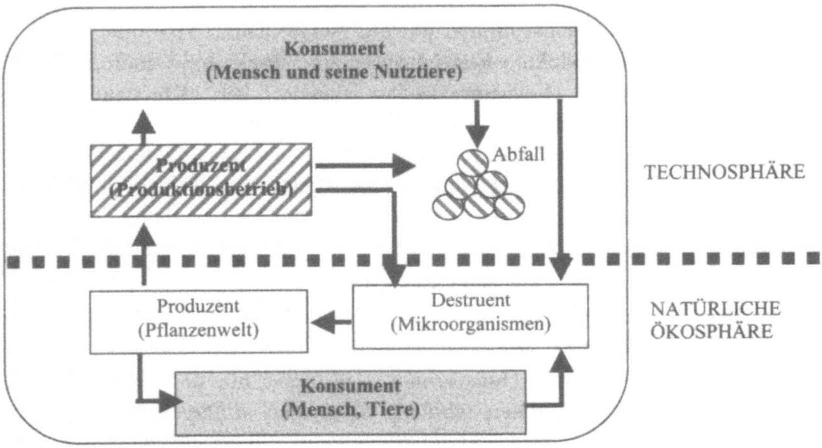

Abb. 3b: Naturfernes Wirtschaften auf der Basis natürlicher Funktionsträger

Nachdem die natürlichen Destruenten hier also zufrieden stellende Antworten schuldig bleiben müssen, kommt auch die Vorbildfunktion der Natur selbst an ihre Grenze. Und gerade die Tatsache, dass ökosphärische Neuheit sich nicht auf eine überschaubare Anzahl von Stoffen beschränkt, sondern tagtäglich um weitere Stoffe erweitert wird, lässt den Versuch einer Wiederherstellung von Naturkonvertibilität im Sinne des von Zwilling beschriebenen Naturwährungssystems[15] als aussichtslos erscheinen. Will der Mensch aber auf Neuheit und die damit verbundenen Sicherheiten, Annehmlichkeiten und Chancen nicht verzichten, so muss er eine neue Art technosphärischer Funktionsträger einführen, deren Leistungskatalog das Versagen natürlicher Destruenten kompensiert: sogenannte Reduzenten. Allerdings müssen auch diese Vertreter eines technosphärischen Reduktionssektors mit wertvollen Ressourcen gespeist werden, die deshalb an anderer Stelle nicht mehr eingesetzt werden können. Entsorgungsunternehmen und andere Recyclingspezialisten sollten deshalb die Arbeit natürlicher Systemelemente nicht auf breiter Front ersetzen, sondern über eine möglichst intensive und wissensgestützte Kommunikation mit ihr ergänzen.

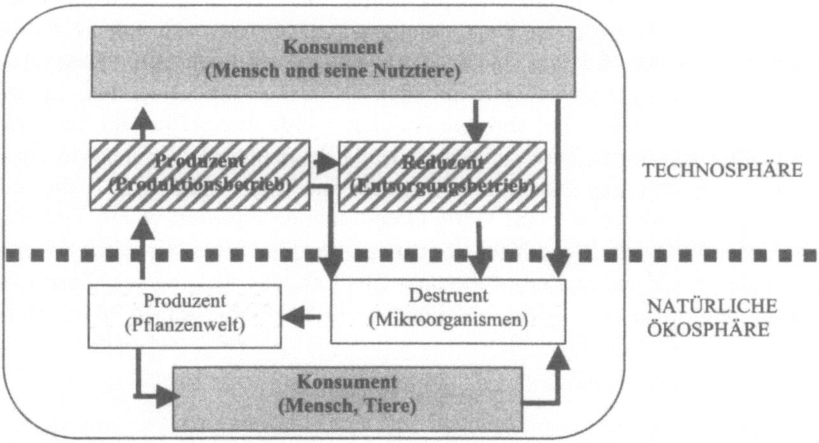

Abb. 3c: Naturfernes Wirtschaften auf der Basis „künstlicher" Funktionsträger

4. Strukturelle Grundlagen einer industriellen Reproduktionswirtschaft

Der Fokus industriewirtschaftlichen Denkens liegt bis heute im Wesentlichen bei produktionswirtschaftlichem Denken im Sinne einer direkten oder indirekten Pro-

[15] Zwilling beschreibt Austauschprozesse in der Natur als ein wohl abgestimmtes Systemverhalten, im Rahmen dessen stets mit „gleicher Münze" bezahlt wird. In seinem Aufsatz über die „Stoffkreisläufe des Lebens" weist Zwilling darauf hin, dass die Natur lediglich 4 Basen von Nukleinsäuren und nicht mehr als 20 Aminosäuren verwendet, die sich „...problemlos ineinander umwandeln und auch unverändert zu neuen Strukturen zusammenfügen lassen." (Zwilling 1993: 26-28).

dukterstellung für den Konsumenten. Eine besondere Ausprägung dieses Denkens ist zumindest historisch plausibel begründbar, indem die Funktionsgruppe technosphärischer Produzenten eigens zur Erfüllung menschlicher Konsumwünsche aufgebaut worden ist, und die negativen Folgen unkontrollierter Emissionen in die natürliche Ökosphäre erst mit mehr oder weniger großer Zeitverzögerung offenbar wurden. Dass man sich auch mit den unerwünschten Outputs unseres Wirtschaftens wesentlich intensiver beschäftigen musste, wurde erst offenbar, als man erkannte, dass die natürliche Ressourcenbasis unseres Wirtschaftens in der natürlichen Ökosphäre infolge dieser produktionsseitigen Beschränkung von Denk- und Lösungsansätzen zunehmend verschmutzte und degradierte (abnehmende Naturproduktivität).

Der daraufhin breit propagierte Ausweg stellte dann allerdings auch nicht die Wirtschaftsweise als solche in Frage, sondern konzentrierte sich auf die Suche nach einem passenden Add-on, das diese Problematik vereiteln sollte. Dieses Additivum hieß Entsorgungswirtschaft im Sinne einer nunmehr geregelten, umfassend organisierten Entsorgung und ihre Aufgabe wurde interpretiert im Sinne einer Befreiung von Sorge. Das dahinter stehende Strukturmodell bestand in einer traditionell dreigliedrigen Produktionswirtschaft im Sinne Gutenbergs[16], die mit der Entsorgungsfunktion um eine vierte Grundfunktion erweitert wurde. Die von zunehmender Stoffvielfalt und Neuheit geprägte Stoffdurchflusswirtschaft schloss nunmehr mit einem neuen End-of-the-pipe-Glied ab, das für eine schadlose Eliminierung der früher oder später anfallenden Abfälle Sorge tragen sollte. Hof-

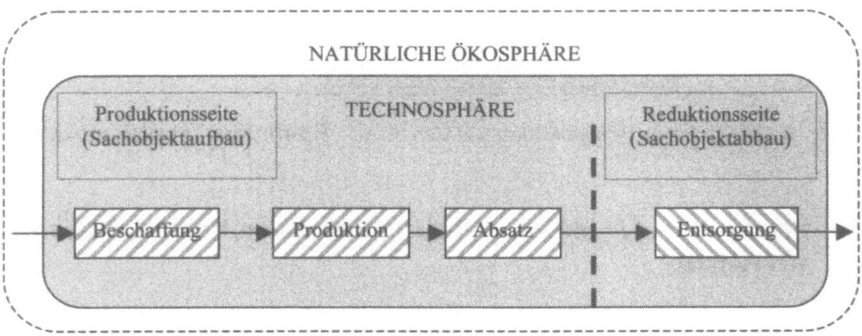

Abb. 4: Produktion und Reduktion im Denkmodell industrieller Stoffdurchflusswirtschaft

[16] Beschaffung – Produktion (Herstellung) – Absatz.

meister spricht hier von einem „abfallwirtschaftlichen Ansatz", der erst am Ende der Stoffumwandlungskette ansetzt und den Stoffeintrag in die Umwelt wichtig nimmt[17].

Die zunehmende Beschäftigung mit der Abfallproblematik und der Frage, wie das stete Anwachsen technosphärisch erzeugter Abfallberge eingedämmt oder gar aufgefangen werden könnte, führte dann zwar zu einem Rückpfeil von der Entsorgungs- zur Beschaffungsfunktion, das Denkmodell selbst änderte sich hierdurch allerdings wenig. Looß spricht hier von Recyclingwirtschaft, die zwar auf Wiedereinsatzmöglichkeiten in der technosphärischen Produktion abzielt, aber eben doch auf einen „Blick vom Abfall her" beschränkt bleibt[18]. Demnach betrachtet auch Recyclingwirtschaft die gesamte Produktionsseite als Faktum, mit der Folge, dass es nur noch um die Frage geht, wie die als gegeben betrachteten Abfälle in weitere technosphärische Nutzungsmöglichkeiten überführt werden können.

Hofmeister fordert deshalb einen „stoffwirtschaftlichen" Zugang, der den gesamten Stoffumsatz in den Blick nimmt und so *„darauf angelegt ist, Prozesse der Rückführung und damit der Reproduktion in das Wirtschaftssystem zu integrieren"* [19], Looß stellt der o. g. Recyclingwirtschaft das Modell einer Kreislaufwirtschaft gegenüber, die in einer ebenfalls gesamtheitlichen Betrachtung bereits bei den der Produktion vorgelagerten Ursachen der Abfallentstehung ansetzen soll[20].

Ziel stoffwirtschaftlichen Handelns wäre somit die abfallfreie Stoffkreislaufführung bei möglichst geringem Ressourcenverbrauch. Auch diese Vision steht freilich der immateriellen Herstellung bestimmter Nutzeneinheiten nach. D. h. industrielle Stoffkreislaufführung wird unter ganzheitlicher Betrachtung erst dann zum Mittel der Wahl, wenn der mit einem bestimmten materiellen Produkt bezweckte Nutzen nicht auch durch eine ökoeffiziente Dienstleistung erzielt werden kann.[21] Denn stoffwirtschaftliches Handeln bedeutet auch im Falle abfallfreier Stoffkreislaufführung nicht abfallfreies Handeln. Tatsächlich bezieht sich die Abfallfreiheit selbst in diesem Idealfall lediglich auf den relativ kleinen Bilanzierungsraum der Produkterstellung selbst, während bereits die vorab notwendige Produktionsmittelproduktion bei dieser Betrachtung im Allgemeinen außen vor bleibt. Und da über kurz oder lang jedes Endprodukt verschleißt oder verbraucht wird, wird die Entstehung von Abfall selbst im oben skizzierten Idealfall ein zeitversetzter Begleiter industrieller Produktion bleiben.

---

[17] Hofmeister (1998b: 12) bzw. wesentlich eingehender: Hofmeister (1998a).

[18] Looß (1998: 16).

[19] Hofmeister (1998b: 12).

[20] Looß (1998: 16f).

[21] Zur ganzheitlichen Produkt- und Servicegestaltung siehe bspw. Tischner (1998).

Handelt es sich bei diesem Abfall um Module, deren Aufbau die Natur aus ihrem altbewährten Molekularbaukastensystem kennt, so steht ihrer Reintegration ins natürliche Ökosystem allenfalls ein Mengenproblem im Wege[22]. Solche lokalen Überschüsse treten in der Natur relativ häufig auf, sie werden jedoch vom Ökosystem selbst durch natürliche Anpassungsmechanismen (bspw. durch Populationserhöhung bei natürlichen Reduzenten) über die Zeit hinweg aufgelöst und, wo dies mangels Zugänglichkeit nicht der Fall ist, als potenzielle Zukunftsressource sedimentiert. Handelt es sich jedoch um Stoffe und Stoffverbünde, die Neuheit oder Toxizität aufweisen, so müssen sie über vergleichsweise ressourcenintensive technosphärische Reduktionsprozesse in „Nahrungsmittelqualitäten" überführt werden. Je naturnäher die Produktionsinputs jedoch sind, und je stärker ihre Naturbelassenheit auch über den Produktions- und Konsumtionsprozess hinweg erhalten bleiben kann, desto besser ist ihre spätere Reintegrationsfähigkeit in natürliche Stoffwechselprozesse. Forschung und Entwicklung in Unternehmen und Wissenschaft sollten sich diese Hilfestellung der Natur gezielt zu Nutze machen und deshalb überall dort zunächst einmal mit der Natur denken, wo sie von deren Betriebsamkeit profitieren kann. Beim Design von Produkten und Produktionsprozessen sollte demnach bereits im Planungsstadium darauf geachtet werden, dass nicht nur ressourcen- und abfallarme Produktionsverfahren zum Zuge kommen, sondern auch der nichtvermeidbare Produktions- Konsumtions- und Reduktionsabfall zum Designgegenstand wird. Zukünftige Abfallentstehung sollte demnach im Sinne der Nachhaltigkeitsförderung bereits bei der Produkt- und Produktionsplanung durchgedacht und im Sinne einer umfassenden Stoffkreislaufwirtschaft unter Einschluss technosphärischer Reduzenten wie ökosphärischer Destruenten bis zu deren Transformation in eine neue Ressource zu Ende gedacht werden. Wechselseitiges Lernen zwischen Produzenten und Reduzenten kann den Informationsbedarf präzisieren und einen entsprechenden Informationsaustausch sachgerecht intensivieren. Liesegang schlägt in diesem Sinne ein Denkmodell vor, welches das Verhältnis von Produktion und Reduktion, d. h. von Strukturaufbau und Rückführung, spiegelbildlich begreift. Er formuliert dabei den Gedanken einer industriellen Reproduktionswirtschaft „in welcher Produktions- und Reduktionsprozesse sich komplementär ergänzen" [23]. Geht man auch weiterhin von den güterwirtschaftlichen Grundfunktionen Gutenbergs aus, so lassen sich aus diesem Gedanken zwei mal drei, d. h. insgesamt 6 derartige Funktionsbereiche aufseiten von Produktion und Reduktion ableiten. Die in Abbildung 4 skizzierte lineare Endzielassoziation wird hierdurch abgelöst und durch ein zyklisch angelegtes

[22] Siehe Abb. 2.

[23] Liesegang (1992: 26); stellvertretend für neuere Veröffentlichungen in diesem Sinne siehe auch Liesegang (1999).

Denkmuster ersetzt. Graphisch übersetzt würde sich eine industrielle Reproduktionswirtschaft demnach wie folgt gestalten:

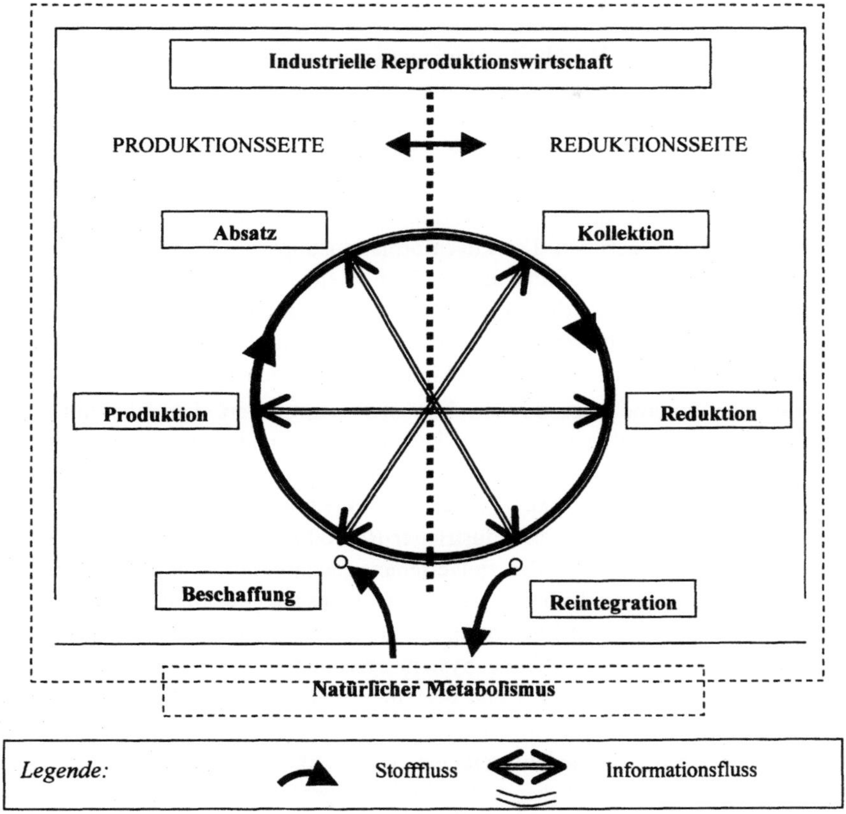

Abb. 5: Produktions-Reduktions-Rad einer industriellen Reproduktionswirtschaft[24]

Nach diesem Modell penetrieren materielle Ressourcen die Technosphäre vor dem Hintergrund technosphärischer Produktionsabsichten, d. h. sie werden über die Phase der Beschaffung dem industriellen Produktionssektor zugeführt. Hiernach werden sie dem Produktionsprozess im engeren Sinne überstellt, im Rahmen dessen ein möglichst hoher Anteil von ihnen zu Konsum- oder Investitionsgütern transformiert wird. Der Funktionsbereich Absatz sorgt im Anschluss hieran dafür,

[24] Modifiziert nach Sterr (1999: 15 bzw. 2003: 92).

dass die Produkte auch die gewünschten Nachfrager finden. Spätestens mit der Beendigung der hier nicht eingezeichneten Konsumphase[25] verkehrt sich die positive Bewertung des Produktes in eine negative, d. h. es entstehen Abfälle, die im Stadium der Kollektion kontrolliert aufgefangen und in der Phase der Reduktion einem zielgerichteten Rückbau unterzogen werden. Im Sinne einer möglichst weitgehenden Erhaltung von Wertigkeiten oder Restkomplexität könnte die Phase der Reduktion unter Umständen auch nur Demontageprozesse enthalten, während in anderen Fällen eine umfassendere biologische oder chemisch-physikalische Retrotransformation vorgenommen werden müsste. Im letzten Abschnitt der Reduktionsphase geht es darum, den Stoff wieder in neue technosphärische Produktionsprozesse zu integrieren. Direkte Informationstransfers zwischen Fachspezialisten aufseiten von Produktion und Reduktion (in Abb. 5 abgebildet durch die Radspeichen) heben die Informationsqualität, fördern so das Gelingen einer ressourcenschonenden hochwertigen Reintegration und stabilisieren das Produktions-Reduktions-Rad als Ausdruck reproduktionswirtschaftlichen Verhaltens.

Technosphäreninterne Reproduktionswirtschaft konzentriert sich dabei auf die in Abbildung 5 dargestellte Radform selbst, die einer hundertprozentig stofflichen Reintegration in neue Produktionszusammenhänge entspricht. Dieser Fall ist mit heutigen Mitteln allerdings kaum je erreichbar, noch ist er allgemein wünschbar[26]. Bricht man die Systemgrenzen industrieller Reproduktionswirtschaft jedoch auch outputseitig auf, indem man das zielgerichtete technosphärische Handeln auf die schadlose Reintegration technosphärisch unerwünscht gewordener Stoffe in die natürliche Ökosphäre ausdehnt, so könnte man von technosphärischer Reproduktionswirtschaft als einem offenen System sprechen, das mit natürlichen Stoffwechselprozessen ganz bewusst und gezielt kooperiert. Technosphärische Reproduktionswirtschaft wäre damit durch eine kreislauforientierte Kette stofflicher Transformationsprozesse gekennzeichnet, die anerkennt, dass sie nur in stetig fruchtbarem Austausch mit den Auf- und Abbauprozessen in der Natur existenzfähig bleibt und diese darum als gleichberechtigten Symbiosepartner auffasst, anerkennt und nutzt.

Die Vision von einer industriellen Reproduktionswirtschaft beschreibt damit technosphärisches Wirtschaften als zyklisch orientierten Wirkmechanismus, im Rahmen dessen sich Auf- und Abbauprozesse zwischen Vertretern von Technosphäre

[25] Entsprechende Darstellungen hierzu siehe bspw. in Sterr (2003a: 112).

[26] Auch Reduktionsprozesse verschlingen wertvolle Primär- und Sekundärressourcen, die damit für die Herstellung gewünschter Produkte nicht mehr zur Verfügung stehen. Unter dem Kriterium einer möglichst weitgehenden Ressourcenschonung sollten sie deshalb nur dann eingeleitet werden, wenn sich der damit verbundene Wiederaufbereitungsprozess als weniger ressourcenintensiv gestaltet als ein alternativ möglicher Primärressourceneinsatz.

und natürlicher Ökosphäre in einer fruchtbaren und langfristig tragfähigen Austauschbeziehung befinden und weiterentwickeln. Da technosphärische Reproduktionsprozesse gerade in ihrer Unvollkommenheit in hohem Maße stoffliche und energetische Ressourcen verschlingen, gilt es die Distanz zwischen unerwünschtem Output und erwünschtem Sekundärinput möglichst klein zu halten. In diesem Sinne geht Reinigen vor Reparieren, Reparieren vor werkstofflichem Verwerten, werkstoffliches Verwerten vor rohstofflichem und Letzteres vor dem Beseitigen im Sinne einer Deponierung oder einer thermisch vollzogenen Eliminierung von Schadstoffpotenzialen. Die folgende Abbildung 6 beschreibt diese Kaskade abschließend nochmals grafisch:

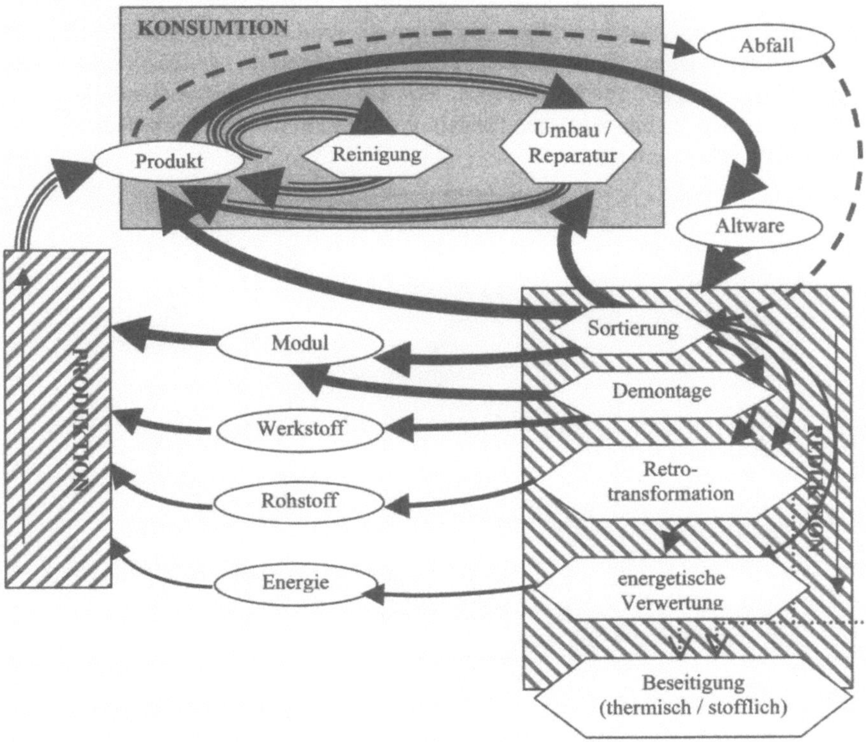

Abb. 6: Umlaufbahnen technosphärischer Stoffkreisläufe[27]

---

[27] Entnommen aus: Sterr (2003a: 234).

5. Akteurssystemische Grundlagen einer industriellen Reproduktionswirtschaft

Die bisherigen Ausführungen zur Gestaltung einer industriellen Reproduktionswirtschaft waren geprägt von einer prozessorientierten funktionalen Sichtweise[28]. Eine solche fokussiert auf Prozesse und Funktionen, die gewährleistet und in einem bestimmten Ablaufschema hintereinander geschaltet sein müssen, damit industrielle Stoffkreislaufwirtschaft sich ihren Weg unter möglichst geringen Reibungsverlusten bahnen kann. Gleichwohl ist industrielle Stoffkreislaufwirtschaft jedoch kein Automatismus, sondern Ergebnis einer ganzen Reihe von Wahlentscheidungen, die bestimmte Entscheidungsträger an bestimmten Punkten getroffen haben. Diese Akteure treffen ihre fallspezifische Wahl vor dem Hintergrund ihres Faktenwissens, ihrer umfeldgeprägten persönlichen Anschauungen, ihrer Akteursbeziehungen, ihrer Interessen. Erst hierdurch erfährt industrielle Stoffkreislaufwirtschaft ihre faktische Gestalt, erst hierdurch werden reproduktionsorientierte Prozesse manifest.

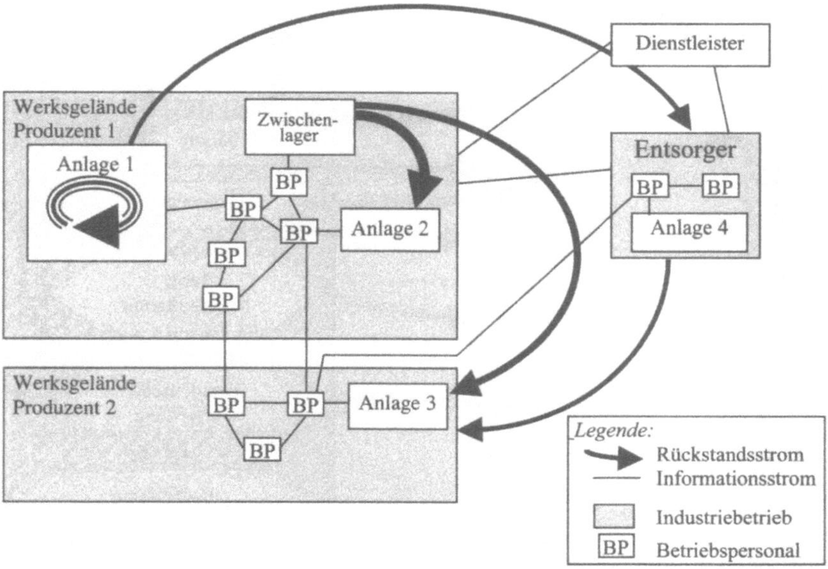

Abb. 7: Stoffkreislaufwirtschaft im akteurssystemischen Kontext

[28] Siehe in diesem Zusammenhang auch die grundlegende Arbeit von Souren (1996) zur funktionalen Betrachtung von Reduktionsprozessen.

Überlegungen zur faktischen Umsetzung industrieller Reproduktionswirtschaft kommen deshalb ohne eine solche akteursorientierte Perspektive nicht aus. Sie ist deshalb auch Gegenstand dieses Abschnittes und wird zunächst einmal durch die Graphik in Abbildung 7 veranschaulicht.

Die Graphik führt einzelne Personen (Betriebspersonal) als Systemelemente eines zunächst einmal betrieblichen Systems (Werksgelände Produzent 1) auf, die durch intensive Beziehungen persönlich oder EDV-technisch miteinander verknüpft sind. Informationelle Beziehungen zu Systemelementen anderer Systeme (bspw. zu Produzent 2) werden dort unterhalten, wo sich beide Seiten hiervon Vorteile versprechen. Die Vorteile müssen dabei um so ausgeprägter sein, je sensibler die Daten sind, die zu ihrer Erlangung weitergegeben werden müssen. Sensible Datenräume sind daher im Allgemeinen von markanten Außenmauern eingeschlossen. Hinzu kommt, dass der Industriebetrieb gegenüber seinem betriebsexternen Raum einen eigenen Rechtsraum darstellt und der Betriebsgrenze auch hierdurch eine besondere Ausprägung verleiht. Die Betriebsgrenze bildet so eine insgesamt sehr deutlich wirksame Systemgrenze zwischen einem informationsdichten, von umfassendem Systemvertrauen geprägten Innenleben und einer Außenwelt, der man zunächst einmal skeptisch gegenübersteht. Man sieht sich deshalb auch genötigt, diese Systemumwelt erst einmal abzuchecken oder fallspezifisch zu kontrollieren, was mit beträchtlichem Kostenaufwand verbunden sein kann.

Gleichwohl muss ein hinreichender Informationstransfer einem materiellen Transfer im Allgemeinen vorausgehen. Dies gilt erst recht beim Umgang mit Abfällen oder Sekundärstoffen, die, ob im Einzelfall nun berechtigt oder nicht, von relevanten Entscheidungsträgern als sensibel eingestuft werden. Die Betriebsgrenze zeigt sich daher als eine Stoff- und Informationsschranke, deren Überwindung mit erheblichen Transaktionskosten verbunden sein kann, was die Bereitschaft zur Durchführung eines solchen grenzüberschreitenden Transfers hemmt. Ein betrieblicher Entscheidungsträger wird darum zunächst einmal alle Möglichkeiten einer anlagen- oder betriebsinternen Wiederverwendung oder -verwertung eruieren, bevor er sich mit seinem Anliegen an externe Dritte wendet. Die zusätzlichen stoffkreislaufwirtschaftlichen Möglichkeiten, die potenzielle Suprasysteme (Industriegebiete, Industrieregionen übergreifende Wertschöpfungsketten, ...) bilden, werden darum c.p. in dem Maße ausgeschöpft werden können, wie tatsächlich eine Verbilligung wirksamer Analyse- und Kontrollmechanismen erfolgt oder eine Substitution von Kontrolle durch Vertrauen stattfindet[29].

[29] Siehe hierzu auch die Ausführungen in Sterr (2003a: 238ff).

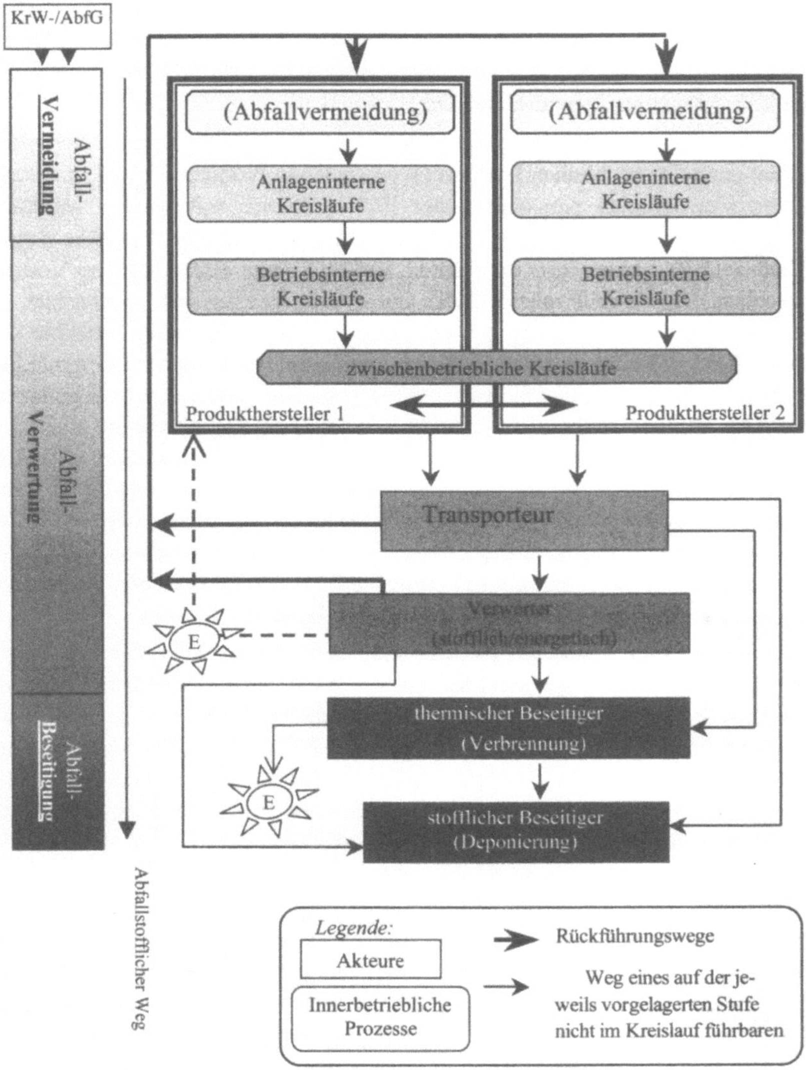

Abb. 8: Akteure, Prozesse industrieller Kreislaufwirtschaft in Verbindung mit den rechtlichen Rahmenbedingungen in Deutschland[30]

[30] Leicht verändert nach Sterr (1997: 69).

Abbildung 8 verbindet die bislang dargestellten Perspektiven miteinander und versucht dementsprechend, eine durch Stoffkreisläufe auf verschiedenen Umlaufbahnen gekennzeichnete industrielle Reproduktionswirtschaft in einer Synthese akteurssystemischer, funktionaler und rechtlicher Faktoren zu skizzieren.

Ein betrieblicher Entscheidungsträger versucht demnach zunächst einmal, die Entstehung unerwünschter Outputs gänzlich zu vermeiden und dort, wo ihm das nicht möglich oder sinnhaft erscheint, nach anlageninternen Rückführmöglichkeiten zu fahnden. Diese hätten für ihn den rechtlichen Vorteil, dass dabei nach der gegenwärtigen Gesetzeslage (§4,2 KrW-/ AbfG) zu keinem Zeitpunkt Abfall entstanden ist und damit auch die Einhaltung abfallrechtlicher Vorschriften keine Anwendung finden kann.

Scheidet eine anlageninterne Rückführung jedoch aus, so sieht sich der betriebliche Entscheidungsträger im Falle unerwünscht entstandener Outputs gleichzeitig auch mit „Abfall" gemäß KrW-/ AbfG konfrontiert, dessen er sich mit möglichst geringem Ressourcenaufwand (Kosten und/ oder Materialien/ Energien) zu entledigen sucht. Seine Suche nach Lösungspfaden wird er dabei zunächst einmal an anderen Produktionsanlagen der eigenen Betriebsstätte fortsetzen, zu denen er dichte, hochwertige EDV-technische und personell verortete Informationskanäle besitzt. Gibt es auch hier kein Weiterkommen, so wird er versuchen, einen ihm geeignet erscheinenden externen Output-Input-Partner gezielt anzusprechen, um sich so zumindest den Kostenaufschlag zu ersparen, der bei Einschaltung eines externen Maklers[31] angesetzt werden müsste. Wenn jedoch auch Letzteres nicht zum gewünschten Erfolg führt, wird er auf externe Recyclingspezialisten zugreifen oder schlussendlich auch Beseitigungsspezialisten in Anspruch nehmen müssen. Selbst für einen rein marktökonomisch handelnden Entscheidungsträger stellen stoffliche oder energetische Beseitiger allerdings nur einen letzten Ausweg dar, weil die mit einem solchen Entsorgungspfad verbundenen abfallrechtlichen Pflichten und Restriktionen hier am höchsten sind und damit gegenüber den weiter oben genannten Entsorgungsverfahren auch den größten Kostenaufschlag erzeugen.

Vor-, Zwischen- und Endprodukthersteller auf der einen sowie Abfalltransporteure, Abfallverwerter und Abfallbeseitiger auf der anderen Seite eines Kreislaufprozesses bezeichnen allerdings nur diejenigen Akteurstypen, die tatsächlich am physischen Stofftransfer selbst teilhaben. Das ihn bestimmende Informationsgeflecht ist demgegenüber weit vielgestaltiger. Tatsächlich stehen diese Industrievertreter

---

[31] Beispielsweise eines Entsorgungsunternehmens, das den Abfall lediglich transportiert und/oder zur Chargenbildung zwischenlagert, bevor es seinerseits an einen ihm bekannten Interessenten auf der Produktionsseite herantritt.

in mannigfaltiger Beziehung mit einem weit breiter aufgestellten Akteursgeflecht, das den Stoffstrom bspw. durch sein Kaufverhalten (Konsumenten), sein Wissen (Forschungseinrichtungen), seine Managementfähigkeiten (Consultants) und seine Leitplankenfunktion (Gesetzgeber) maßgeblich beeinflusst. Industrielle Reproduktionswirtschaft gestaltet sich damit als ein Zusammenspiel verschiedenartigster Akteure, die einen Stoffstrom nicht nur physisch, sondern auch informationell beeinflussen und hierdurch seine tatsächliche Qualität bestimmen. Gerade die Gruppe der in Abschnitt 4 aus rein analytischen Gründen ausgeblendeten Konsumenten bildet hier einen ganz wesentlichen Akteurstyp. Was produziert wird, wird auf Dauer nur produziert, weil es Endkunden gibt, die das Produzierte auch kaufen[32]. In ihrer Hand verläuft die Gebrauchsphase des Produkts und sie bestimmen gleichzeitig, wann und in welcher Qualität das Produkt in eine Reduktionsphase überführt wird. Die Zeitspanne eines industriewirtschaftlichen Reproduktionszyklus bestimmen sie daher ganz wesentlich mit. Nachhaltigkeitsorientiertes Konsumverhalten könnte industriewirtschaftliches Verhalten daher in einem sehr breiten Rahmen beeinflussen und damit auch reproduktiv ausgerichtete Strategien und Verfahren fördern.

Staatliche Reglementierungen können bei dieser akteursorientierten Betrachtung als Bündelungen von Individualinteressen verstanden werden, die der Aufgabe gerecht werden sollen, gesellschaftlich getragene Wertvorstellungen zu untermauern und zu schützen sowie langfristig tragfähige Wirtschaftsprozesse zu fördern. Auch das Kreislaufwirtschafts- und Abfallgesetz (KrW-/ AbfG) setzt in diesem Sinne Akzente, indem es seinen Zweck zunächst einmal in der *„Förderung der Kreislaufwirtschaft zur Schonung der natürlichen Ressourcen"* und im Anschluss daran in *„der Sicherung der umweltverträglichen Beseitigung von Abfällen"* versteht (§1 KrW-/ AbfG). Es zielt damit zum Ersten darauf, dass ein industrieller Akteur seine Wahlentscheidung über die Weitergabe von Abfällen zugunsten kreislauforientierter Prozesse trifft und hierdurch eine möglichst ressourcenschonende Reproduktion von Produktionsinputs eingeleitet wird, und zum Zweiten darauf, dass auch natürliche Reproduktionsprozesse durch toxische Emissionen aus der Technosphäre nicht beeinträchtigt werden.

6. Industrielle Reproduktionswirtschaft im regionalen Kontext

Wir leben in einer zunehmend globalisierten Welt und es ist von daher zunächst einmal naheliegend, auch die industrielle Reproduktionswirtschaft als einen weltumspannenden Prozess von Werden und Vergehen, von Auf- und Abbau, von

32 Wenngleich hier nicht verkannt werden darf, dass es das Marketing im Allgemeinen trefflich versteht, den Konsumenten nahe zu legen, was sie wollen sollen.

Ressourcenbindung und Ressourcenfreisetzung zu verstehen. Veranschaulicht man sich die weit verzweigten Produktions- und Reduktionsnetze industriellen Wirtschaftens, so sieht man sich in dieser Vermutung auch eindeutig bestätigt. Und dennoch wird man gerade auf der Mikroebene eines Industriebetriebes sehr wohl Gegenkräfte feststellen, die teilweise außerordentlich wirksam sind. So erfolgt die Entsorgung industrieller Abfälle auch weiterhin vornehmlich über raumnah verortete und persönlich bekannte Partner, soweit dem Entscheidungsträger solche bekannt sind. Unter den Hauptursachen für dieses Verhalten ist zunächst einmal „persönliches Vertrauen“ zu nennen, das gerade dort wichtig wird, wo besondere Sensibilitäten und Unsicherheiten auftreten. Dies ist an den Schnittstellen zwischen Reduktion und Produktion in besonderem Maße der Fall. Besondere Unsicherheiten treten im Zusammenhang mit Reproduktionsprozessen ganz allgemein deshalb auf, weil sich sowohl Abfälle (→ Transfers vom Produktions- zur Reduktionssektor) (siehe Abb. 5) als auch Sekundärstoffe (→ Transfers von der Reduktions- zur Produktionsseite) in ihren Qualitäten mit vertretbarem Ressourcenaufwand kaum je vollständig beschreiben lassen. Für Rückstandsabgeber beschreibt die Abfallentsorgung daher sensibles Terrain. Eine besondere Sensibilität wird darüber hinaus vom Verhalten von Kontrollbehörden mit deren gesetzlich verankertem Drohpotenzial ausgelöst. Dies gilt insbesondere für Deutschland, wo es im Gegensatz zu manch anderen Ländern mit einer glaubhaft versicherten Sanktionsbereitschaft gepaart ist. Weitere Sensibilitäten rühren aus der besonderen Aufmerksamkeit der ortsnahen Bevölkerung gegenüber industriellen Emissionen aller Art sowie aus öffentlich gemachten Abfallskandalen aus der jüngeren Vergangenheit, die durch zwielichtige Abfallverbringung ausgelöst wurden.

Tatsächlich sind Abfälle das Ergebnis mannigfaltiger Fehlproduktion und weisen deshalb auch variable Zusammensetzungen auf, wobei zusätzliche Verschmutzungen erratisch auftreten können. Werden Abfälle verschiedener Herkunft gemischt, wie dies spätestens bei der Abfallsammlung durch Entsorger zumeist der Fall ist, so verstärkt sich das Informationsproblem. Auch die Zusammensetzung der aus Abfall produzierten Sekundärstoffe kann deshalb vielfach nur mittels gewisser Toleranzbreiten angegeben werden. Primärstoffe haben demgegenüber den wesentlichen komparativen Vorteil, dass sie in aller Regel mit einem äußerst präzisen Beipackzettel an Informationen und Qualitätsgarantien ausgestattet werden können. Besitzen Rückstandsabgeber und Rückstandsannehmer jedoch vergleichsweise gute und vielschichtige Informationen übereinander, wie das bei rückstandsorientierten Produzenten-Produzenten-Beziehungen im Allgemeinen der Fall ist, so eröffnen sich hier auch für die industrielle Reproduktionswirtschaft besondere Chancen.

Die Chancen, passfähige Marktpartner an den Schnittstellen von Produktion und Reduktion zu finden, sind in direkter räumlicher Nachbarschaft allerdings gering. Wo es sie gibt, liegen sie im Bereich des Zufalls. Anders verhalten sich die Dinge im Falle industrieller Ballungszentren oder in Industrieregionen, wo bereits ein Großteil potenziell passfähiger Akteurstypen auch real vertreten ist. Zudem sorgt dort auch die Häufung von Wahlmöglichkeiten (Redundanzaspekt) für eine gewisse planerische Absicherung kreislauforientierter Umorientierungen, weil damit auch bei Wegfall eines wichtigen Schlüsselakteurs noch entsprechende Alternativen offen stehen. Wie Studien in der Industrieregion Rhein-Neckar-Raum unterstreichen[33], erreicht die Problemlösungskapazität für eine Schließung von Stoffkreisläufen innerhalb eines Ballungsraumes von 1-2 Mio. Menschen bereits beträchtliche Ausmaße[34], so dass regionsübergreifende Reduktionsbeziehungen nur für wenige Abfallfraktionen notwendig würden und angesichts der oben geschilderten Sensibilitäten auch Raum hätten. Gleichzeitig zeigen die Studien im Rhein-Neckar-Raum aber auch, dass das Wissen über reduktionsseitige Möglichkeiten in regionaler Nähe gerade bei KMU gegenwärtig nur Teilbereiche umfasst. Zwischen einem tatsächlichen und einem potenziellen industriellen Reproduktionsraum besteht demnach noch eine erhebliche Optimierungslücke.

Macht man sich andererseits Gedanken um die Frage, in welchem Systemraum nachhaltigkeitsorientierte Wirtschaftsformen ihre Auswirkungen zeitigen, so ist die persönliche Betroffenheit innerhalb des industriellen Geschehens direkt am eigenen Arbeitsplatz mit Sicherheit am höchsten, weil man hier von Missständen unmittelbar betroffen wäre. Da der Betrieb jedoch eine eigene Rechtspersönlichkeit sowie einen eigenen Rechtsraum besitzt und seine Mitarbeiter durch ein vielschichtiges Netz von Zuständigkeiten für- und miteinander Verantwortung übernehmen, dürfte die Betroffenheit auch innerhalb der Werksgrenzen schon allein Kraft Amtes nicht wesentlich geringer sein. Geschehnisse am Industriestandort tangieren den Einzelnen bereits weit weniger und ähnliches gilt für den regionalen Umraum. Gleichwohl handelt es sich bei Letzterem in aller Regel um den tagtäglichen Aktionsraum, den Lebensraum der eigenen Familie sowie den mikropolitisch wichtigen Lokal-/ Regionalzeitungsraum. Außerdem liegt hier gewöhnlich auch der tägliche Freizeitraum mit all den sozialen Kontakten, denen man im Zweifelsfall Rede und Antwort schulden könnte. Fasst man die Region selbst tatsächlich als Systemraum im Sinne eines persönlichen und wirtschaftlichen Bezie-

---

[33] BMBF-Projekt REG 06: Aufbau eines nachhaltigkeitsorientierten Stoffstrommanagements in der Industrieregion Rhein-Neckar – und Etablierung der dafür notwendigen intermediär angelegten Kommunikationsnetzwerke“ (1999-2001).

[34] Siehe hierzu bspw. Sterr/ Ott (2004) sowie Sterr (2003a, 2003b).

hungsraumes auf[35], und nicht etwa als administrativ bestimmtes Territorium, so fallen außerhalb der eigenen Region auch Missstände oder besondere Nachhaltigkeitsleistungen nicht mehr so unmittelbar auf den Auslöser selbst zurück, mit der Folge, dass die Wahrnehmung seiner persönlichen Betroffenheit im Allgemeinen rapide abnehmen dürfte. Auf nationaler oder gar internationaler Ebene erwartet der einzelne Entscheidungsträger kaum noch entsprechende Bumerangeffekte, so dass die Gewichtung seiner Entscheidungsdeterminanten von solchen Befürchtungen weitgehend unabhängig sein dürfte.

Verschneidet man nun das bereits weiter oben skizzierte Problemlösungsvermögen einer Systemgemeinschaft mit der persönlichen Betroffenheit ihrer Mitglieder, so könnte man beide Verlaufslinien in eine Graphik eintragen, die die verschiedenen Systemebenen als gemeinsame x-Achse verwendet. Folgt man dabei dem obigen Argumentationsstrang, so würden sich beide Kurven im Bereich der regionalen Systemebene auf relativ hohem Niveau schneiden, was der Region im Sinne von Nachhaltigkeit und industrieller Reproduktionswirtschaft eine besondere Aufmerksamkeit zuteil werden lassen müsste.

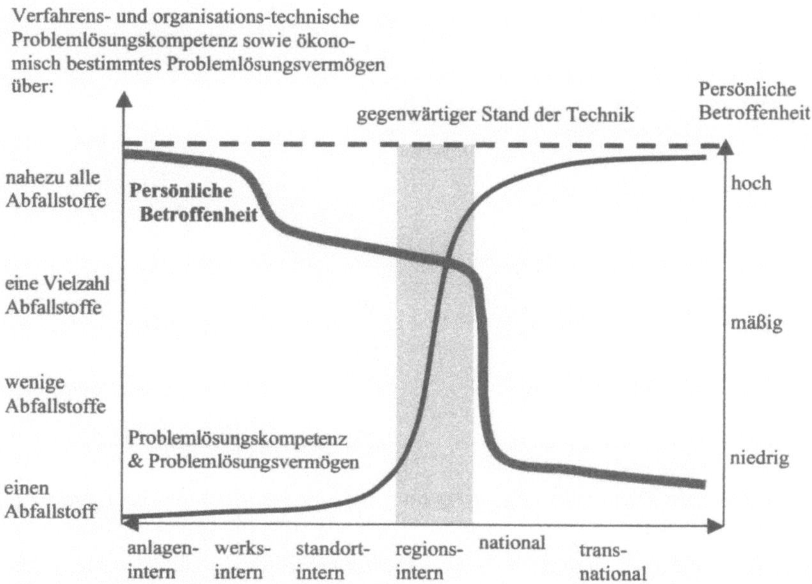

Abb. 9: Abfallstoffliche Problemlösungskompetenz und persönliche Betroffenheit im Raum[36]

[35] Siehe Sterr (2000), Sterr (2003a: 203ff) oder Sterr (2003b).
[36] Entnommen aus Sterr (2003a), S. 356.

Andererseits handelt es sich beim regionalen Raum jedoch auch bereits um ein relativ komplexes Gebilde, welches vielfältige Kompetenzen beherbergt, die aber häufig wenig voneinander wissen. Damit diese tatsächlich auch in einen thematisch fokussierten Austausch treten können, bedarf es geeigneter Kommunikationsforen, die im Falle von Nachhaltigkeitsnetzwerken interorganisational aufgebaut sein müssen.

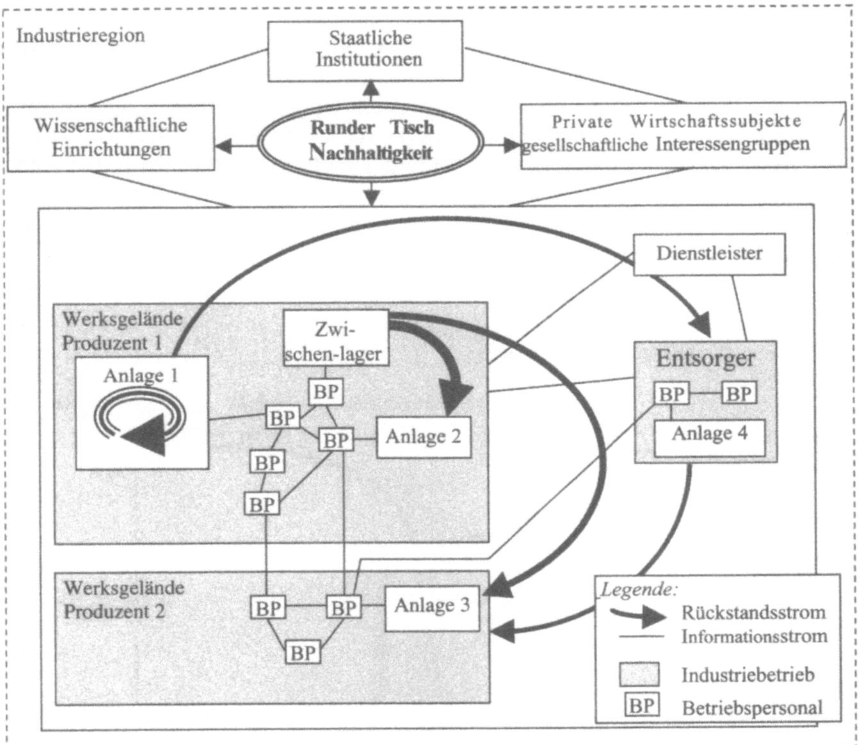

Abb. 10: Regionale Problemlösungskompetenz für eine industrielle Reproduktionswirtschaft[37]

Die bereits in Abb. 7 dargestellten „Stoffstrombeteiligten" könnten hierdurch nicht nur untereinander enger kommunizieren, sondern durch den Austausch mit Vertretern von Politik, Wissenschaft und NGOs weitere Impulse und Feedbacks erhalten, die unter dem Dach eines Nachhaltigkeitsnetzwerks eine besondere Zu-

[37] Entnommen aus Sterr (2003a: 372).

kunftsverträglichkeit versprechen. Geeignete Foren hierfür können Runde Tische sein, wie sie über den Ulmer Arbeitskreis nachhaltige Wirtschaftsentwicklung (unw) schon seit über 10 Jahren durchgeführt werden, es können ausgeprägte Vereinsstrukturen sein, wie im Falle des Modells Hohenlohe, oder auch ein Patchwork von Arbeitskreisen verschiedenster Provenienz, wie sie sich im Rhein-Neckar-Raum in den letzten 10 Jahren entwickelt haben[38].

7. Reproduktionswirtschaft in Natur und Technosphäre

Der Begriff der Reproduktion selbst beschreibt ganz allgemein die dauerhafte Wiederholbarkeit einer Entwicklung bestimmter Strukturen. In seinem klassischen Anwendungskontext wird der Reproduktionsbegriff zumeist auf die Reproduktion der Menschnatur, der Tiere und Pflanzen aus sich selbst heraus angewandt, wodurch sie sich erneuern und zumindest als Art erhalten können. Damit dieser Prozess jedoch funktioniert, bedarf es bestimmter Ressourcen, die nicht in den Organismen selbst liegen, sondern von außen stetig zugeführt werden müssen. Ist dieser Ressourcenvorrat mehr oder weniger eng begrenzt, so ist auch hier ein rhythmisches Wechselspiel von Bindung und Entbindung vonnöten, damit sich dieser nicht erschöpft. Wenn unser Stoffwirtschaften dauerhaft tragfähig sein soll, so muss es sich entweder nahtlos in den natürlichen Metabolismus integrieren oder aber ganz gezielt dafür Sorge tragen, dass der kontrollierten Ressourcenbindung, wie sie in der industriellen Produktion stattfindet, wieder eine ebensolche Entbindung gegenübersteht. Technosphärische Reduktion ist dabei die systemadäquate Antwort unserer modernen Industriegesellschaft zur dauerhaften Bewahrung ihrer materiellen Grundlagen. Reproduktion findet allerdings erst in dem Moment statt, wo es tatsächlich gelingt, einen bestimmten Stoff in einem gleichen oder anderen Produktionsprozess wieder konstruktiv einzubauen und zu nutzen. Dass dies gelingt ist wesentlich davon abhängig, ob das hierfür notwendige Wissen zusammengetragen und miteinander verbunden werden kann. Hier können Nachhaltigkeitsnetzwerke einen wichtigen Dienst leisten, und dies insbesondere dann, wenn es ihnen tatsächlich gelingt, die reproduktionswirtschaftlich relevante Kompetenz und Entscheidungskraft unter ihrem Dach zu versammeln. Sowohl auf der Seite der Problemverursacher als auch auf der der Problemlöser spielen hier die Industriebetriebe eine ganz zentrale Rolle. Was mit ihnen geschieht, ist offen, aber ohne sie geschieht mit Sicherheit nichts. Damit aus der Fülle von Wahlmöglichkeiten tatsächlich Prozesse in Richtung Nachhaltigkeit und Reproduktion zur Anwendung kommen, sind Feedbackmechanismen ganz entscheidend. Ein regionaler Rahmen erscheint hier deshalb sehr günstig, weil umweltrelevante, nachhaltig-

[38] Konkretere Ausführungen zu den Entwicklungen im Rhein-Neckar-Raum siehe Sterr (2003c).

keitsrelevante oder reproduktionsrelevante Entscheidungen in ihren Wirkungen in verhältnismäßig hohem Maße auf die Entscheider zurückfallen und diese damit tendenziell zu entsprechender Rücksichtnahme anhalten. Zudem vermag Vertrauen in diesem Nahbereich Kontrolle zu substituieren und damit insbesondere die Überwindung der kritischen Punkte industrieller Reproduktionswirtschaft, nämlich den Übergang von der Produktion zur Reduktion (Was hab ich da überhaupt für ein Abfall und was wären die Folgen?) sowie von der Reduktion zur Produktion (Welche Gefahren verbänden sich mit der Entscheidung zugunsten eines Sekundärstoffeinsatzes?) zu erleichtern. Handelt es sich bei einem solchen Lebensraum um eine Industrieregion, so sind die Erfolgsaussichten einer industriellen Reproduktionswirtschaft besonders günstig, weil das technologische und wirtschaftliche Problemlösungspotenzial hier vergleichsweise hoch ist und auf beiden Seiten einer Input-Output-Verknüpfung zumeist mehrere Akteure verfügbar wären. Sind auch politische Institutionen und wissenschaftliche Einrichtungen an der Nachhaltigkeits- und Reproduktionsthematik interessiert und hochgradig besetzt, so können auch sie wertvolle, bisweilen sogar entscheidende Beiträge zur Implementierung reproduktionsorientierter Stofftransfers leisten.

Die Tatsache, dass unsere eigene Reproduktionsfähigkeit nicht nur von unseren intrinsischen Fähigkeiten und Anlagen als selbständiger Organismus abhängt[39], sondern auch von der Reproduktionsfähigkeit unserer lebensnotwendigen Ressourcengrundlagen, sollte sich auch in industriewirtschaftlichem Denken und Handeln niederschlagen. Reproduktionsfähigkeit, die die Natur für den Menschen einrichtete, muss der Mensch für die durch ihn gesteuerte Ressourcenökonomie einrichten, damit die Mensch-Umwelt-Beziehung dauerhaft tragfähig bleibt. Der Begriff der Reproduktionswirtschaft sollte deshalb nicht ausschließlich im Domizil der Hauswirtschaft verbleiben, sondern dazu beitragen, dass die dahinter stehenden Kreislaufmechanismen auch in der Industriewirtschaft als „überlebensnotwendige" Wirtschaftsform assoziiert werden. Eine kontextbezogene Präzisierung des Begriffs als „industrielle Reproduktionswirtschaft" schützt dabei dennoch vor Verwechslungen und beschreibt gleichzeitig die Brücke zwischen nachhaltigem Hauswirtschaften und ganz entsprechenden Anforderungen an eine zukunftsverträgliche Industriewirtschaft.

[39] Siehe insbesondere die auch in diesem Buch zitierten Arbeiten zu Natur- und sozial weiblicher Produktivität.

Literatur

Bringezu, Stefan (1997): Jenseits von Deutschland. Die physische Basis unseres Wirtschaftens. Anforderungen und Möglichkeiten einer ökologisch zukunftsfähigen Entwicklung europäischer Regionen. In: Deutschland und Europa. Historische, politische und geographische Aspekte zum 51. Geographentag. Reihe Colloquium Geographicum, Bd. 24; S. 265-285.

Bringezu, Stefan/ Schütz, Helmut (1996): Die Hauptstoffflüsse in Deutschland. In: Müll und Abfall, Lfg. 19/ 96, Ziffer 1408; 20 S.

Dyckhoff, Harald (1996): Produktion und Reduktion. In: Kern/ Schröder/ Weber (Hrsg.): Handwörterbuch der Produktionswirtschaft. Sp. 1458-1468.

Faber, Malte/ Proops, John L.R. (1990): Evolution, Time, Production and the Environment. Springer-Verlag, Berlin, Heidelberg, New York, Tokyo.

Haber, Wolfgang (1992): Landschaftsökologische Erkenntnisse als Grundlage wirtschaftlichen Handelns. In: Seidel, E.: Betrieblicher Umweltschutz – Landschaftsökologie und Betriebswirtschaftslehre, S. 15-29; Gabler-Verlag, Wiesbaden.

Hahn, Jürgen (1993): Abfallwirtschaft im Stoff-Kreislauf: Umweltfreundliche Abfallwirtschaft mit vollständiger Abfallverwertung. In: Marx, Detlef: Aspekte einer raum- und umweltverträglichen Abfallentsorgung. Teil II. S. 230-279.

Hofmeister, Sabine (1998a): Von der Abfallwirtschaft zur ökologischen Stoffwirtschaft: Wege zu einer Ökonomie der Reproduktion. Habilitationsschrift. Westdeutscher Verlag, Opladen.

Hofmeister, Sabine (1998b): Vorsorgen statt entsorgen. Auf dem Weg in eine nachhaltige Stoffwirtschaft ist die Abfallwirtschaft ein Umweg. In: Müllmagazin, Heft 2/ 1998, S. 11-14.

Liesegang, Dietfried G. (1992): Reduktionswirtschaft als Komplement zur Produktionswirtschaft – eine globale Notwendigkeit. Diskussionspapier Nr. 185; Wirtschaftswissenschaftliche Fakultät der Univ. Heidelberg. November 1992.

Liesegang, Dietfried G. (1993): Entwicklungslinien einer industrielle Kreislaufwirtschaft. In: Hanns-Seidel-Stiftung (Hrsg.): Chancen der Umwelttechnologie. Reihe: Politische Studien, 44. Jg., Sonderheft 7/1993, S. 16-29; Atwerb-Verlag KG, Grünwald.

Liesegang, Dietfried G. (1999): Das Konzept einer Reproduktionswirtschaft als Herausforderung für das Umweltmanagement. In: Seidel (Hrsg.): Betriebliches Umweltmanagement im 21. Jahrhundert. S. 181-191; Springer Verlag Berlin, Heidelberg.

Looß, Anneliese (1998): Fortschritt auf Raten. Der Weg von der Recycling- und Kreislaufwirtschaft zur Vermeidung erfordert eine Stoffstromreduktion. In: Müllmagazin, Heft 2/ 1998, S. 15-17.

Souren, Rainer (1996): Theorie betrieblicher Reduktion. Grundlagen, Modellierung und Optimierungsansätze stofflicher Entsorgungsprozesse. Physica-Verlag, Heidelberg, 1996.

Sterr, Thomas (1997): Potenziale zwischenbetrieblicher Stoffkreislaufwirtschaft bei kleineren und mittelständischen Unternehmen. In: Umweltwirtschaftsforum (uwf), Jg.6, H. 4/ 97; S. 68-72.

Sterr, Thomas (1999): Reduktionswirtschaft im Gebäude einer technosphärischen Stoffkreislaufwirtschaft. Diskussionspapier Nr. 290; Wirtschaftswissenschaftliche Fakultät der Universität Heidelberg.

Sterr, Thomas (2000): Konzeptionelle Grundlagen für den Umgang mit dem Regionsbegriff vor dem Hintergrund eines regionalen Stoffstrommanagements. In: Liesegang, Dietfried G./ Sterr, Thomas/ Ott, Thomas (Hrsg.): Aufbau und Gestaltung regionaler Stoffstrommanagementnetzwerke. Reihe: Betriebswirtschaftlich-ökologische Arbeiten (BÖA), Bd. 4, Juni 2000; IUWA Heidelberg.

Sterr, Thomas (2003a): Industrielle Stoffkreislaufwirtschaft im regionalen Kontext. Betriebswirtschaftlich-ökologische und geographische Betrachtungen in Theorie und Praxis. Dissertation. Springer Verlag, Heidelberg 2003.

Sterr, Thomas (2003b): Industrielle Ballungsräume und die regionale Umsetzung nachhaltigkeitsorientierter Handlungsweisen. In: Kluge, Thomas/ Schramm Engelbert: Aktivierung durch Nähe – Regionalisierung nachhaltigen Wirtschaftens. ökom Verlag, München

Sterr, Thomas (2003c): Akteursübergreifender Stoff- und Informationstransfer zur Förderung nachhaltigkeitsorientierter Stoffkreislaufwirtschaft. In: Leisten, Rainer/ Krcal, Hans-Christian (Hrsg.): Nachhaltige Unternehmensführung. Systemperspektiven. S. 383-404; Gabler Verlag, Wiesbaden.

Sterr, Thomas/ Ott, Thomas (2004): The industrial region as a promising unit fopr eco-industrial development – reflections, practical experience and establishment of innovative instruments to support industrial ecology. In: Journal of Cleaner Production (JCP), H. 12 (2004), S. 947-965.

Tischner, Ursula (1998): Design mit Zukunft. Strategien zur Abfallvermeidung erfordern eine ganzheitliche Produkt- und Servicegestaltung. In: Müllmagazin, Heft 2/ 1998, S. 18-23.

Zwilling, Robert (1993): Stoffkreisläufe im Leben. In: Zwilling/ Fritsche (Hrsg.): Ökologie und Umwelt. Ein interdisziplinärer Ansatz. Heidelberger Verlagsanstalt.

„Das Ganze" der Reproduktion im Blick behalten

Was bedeutet das für die Entwicklung von Nachhaltigkeitsindikatoren?

Martina Schäfer

1. Einleitung

Dieser Artikel basiert auf Arbeiten in dem Projekt „Regionaler Wohlstand – neu betrachtet. Der Beitrag der ökologischen Land- und Ernährungswirtschaft zur Lebensqualität."[1]

Das Projekt geht von der Annahme aus, dass der Wohlstand einer Region nicht allein vom materiellen Lebensstandard abhängt, sondern von einer wirtschaftlich, ökologisch, kulturell und sozial ausgewogenen Entwicklung. Es widmet sich der Fragestellung, wie sich Handlungen und Wirkungen beschreiben lassen, die eine derartige mehrdimensionale Entwicklung auf regionaler Ebene unterstützen. Dabei ist es uns wichtig „das Ganze" in den Blick zu bekommen und bisher ungenügend wahrgenommene und anerkannte Beiträge zu zukunftsfähigem Wohlstand in der Region sichtbar zu machen. Hierunter fallen – und das ist eine der Projekthypothesen – u. a. die Nutzeneffekte, die durch reproduktive Tätigkeiten verursacht werden.

Übergeordnetes Ziel des Projektes ist es zu befördern, dass im derzeit auf wenige – vorwiegend ökonomische – Kenngrößen beschränkten Diskurs über Wohlstand und Entwicklung weitere Aspekte eines „guten Lebens" aufgegriffen werden.

Exemplarisch untersuchen wir, mit welchen Tätigkeitsformen die ökologische Land- und Ernährungswirtschaft zu nachhaltiger Entwicklung und Lebensqualität in der Region Berlin-Brandenburg beiträgt.

---

[1] Das Projekt „Regionaler Wohlstand – neu betrachtet" wird in Kooperation vom Zentrum Technik und Gesellschaft (ZTG) der TU Berlin und dem Deutschen Institut für Wirtschaftsforschung (DIW) Berlin bearbeitet und im Rahmen des sozial-ökologischen Forschungsprogramms des bmb+f von 2002 bis 2007 gefördert. Die hier vorgestellten Überlegungen wurden gemeinsam mit Lydia Illge, Benjamin Nölting, Tina Boeckmann und Elke Baranek erarbeitet.

2. Entwicklung eines integrativen Untersuchungsrahmens

Die Entwicklung eines Kriterien- oder Indikatorensystems zur Analyse nachhaltiger Entwicklung in einer Region, einer Kommune oder eines Unternehmens hängt entscheidend davon ab, von welchem Nachhaltigkeitsverständnis ausgegangen wird. Die überwiegende Anzahl von Studien, die versucht haben, nachhaltige Entwicklung für ein bestimmtes Untersuchungsfeld in Form von Indikatoren zu operationalisieren, gehen als Untersuchungsrahmen von dem sog. „Drei-Säulen-Modell" aus und formulieren getrennt Kriterien für die drei Dimensionen Ökologie, Ökonomie und Soziales. Im Gegensatz dazu liegt dem Untersuchungsrahmen des Projekts ein *integratives* Nachhaltigkeitskonzept zugrunde (s. Kap. 2.1).

Zur Entwicklung der konzeptionellen Grundlagen wurden weiterhin das projektinterne Verständnis von Wohlstand als Lebensqualität geklärt (s. Kap. 2.2) und die beiden Konzepte nachhaltige Entwicklung und Lebensqualität in einem Untersuchungsrahmen „zukunftsfähiger Wohlstand" verknüpft. Damit verbindet sich die Erwartung, dass die Gegenüberstellung dieser beiden Konzepte (s. Schäfer et al. 2003) für die Debatte um nachhaltige Entwicklung fruchtbar gemacht werden kann. So kann verdeutlicht werden, an welchen Punkten Spielraum besteht, den Entwicklungskorridor, der durch die Mindestbedingungen nachhaltiger Entwicklung gegeben ist, mit Elementen eines „guten Lebens" zu füllen. Mit diesem Fokus lassen sich bislang „versteckte" oder unterbewertete Seiten von zukunftsfähigem regionalen Wohlstand erfassen und sichtbar machen. Dies trägt unseres Erachtens dazu bei, die Umsetzungschancen des Leitbilds nachhaltiger Entwicklung zu steigern. Die Offenlegung von Zielkonflikten und -kongruenzen beider Konzepte verstehen wir als einen Beitrag zur Weiterentwicklung „normativer gesellschaftlicher Konzepte" (Balzer/ Wächter 2002).

Der Untersuchungsrahmen kann für eine Anwendung in den verschiedensten Bereichen genutzt werden.

2.1 Das Nachhaltigkeitsverständnis des Projekts

Bei der Operationalisierung von nachhaltiger Entwicklung stützen wir uns auf den Ansatz der Helmholtz-Gemeinschaft deutscher Forschungszentren (HGF), einem integrativen Nachhaltigkeitskonzept, das Mindestanforderungen mit globaler Gültigkeit formuliert. Ein solches integratives Konzept weist unserer Meinung nach die folgenden Vorteile gegenüber dem sog. „Dreisäulen-Modell" auf:

- Eine getrennte Operationalisierung impliziert, dass alle drei Dimensionen – und die dort formulierten Ziele – gleichrangig zu behandeln sind. Wir teilen aber das in der Ökologischen Ökonomie (Busch-Lüty, Biesecker, Hofmeister u. a.) formulierte Ökonomieverständnis, nach dem die Sphäre der Ökonomie eingebettet ist in die soziale Lebenswelt und in die natürliche Mitwelt (Biesecker/ Kesting 2003: 13). Ökonomische Ziele sind daher nachgeordnet in dem Sinne zu betrachten, dass eine zukunftsfähige Wirtschaftsweise die globale Befriedigung der Grundbedürfnisse bei Erhalt der natürlichen Ressourcen gewährleisten muss.

- bei einer nach Dimensionen getrennten Betrachtungsweise besteht die Gefahr, dass eine wirkliche Integration der Ziele nicht stattfindet und Wechselwirkungen nicht erkannt werden (Kopfmüller et al. 2001: 119).

Wir schließen uns daher der Sichtweise von Kopfmüller et al. an und präferieren ein Nachhaltigkeitskonzept, bei dem bereits eine Integration auf der Ebene der Ziele erfolgt.

Den gängigen Nachhaltigkeitskonzepten liegt i. d. R. das industrieökonomische Produktionsmodell zugrunde, nach dem unter Arbeit ausschließlich bezahlte Tätigkeiten zur Produktion von Waren und Dienstleistungen (Biesecker/ Hofmeister 2000), also marktförmig vermittelte Tätigkeiten, verstanden werden. Tätigkeiten der Versorgungs-, Eigen- und ehrenamtlichen Arbeit gelangen bei diesem Ökonomieverständnis nicht in den Blick bzw. werden allenfalls unter der Dimension „Soziales" subsumiert.

Im HGF-Ansatz wird das Verständnis von Ökonomie und Arbeit, auf dem die Formulierung des Ziel- und Regelsystems basiert, nicht explizit dargelegt. An einigen Stellen wird zwar auf eine Erweiterung des Arbeitsbegriffs um andere Tätigkeitsformen neben der Erwerbsarbeit verwiesen (Kopfmüller et al. 2001: 203, 207). Im ausformulierten Ziel- und Regelsystem finden sich diese Aspekte jedoch nicht wieder. Im Projekt „Regionaler Wohlstand – neu betrachtet" wird Ökonomie als Einheit von Markt- und Versorgungsökonomie verstanden und die geschlechtliche Arbeitsteilung somit an zentraler Stelle aufgegriffen (Biesecker/ Kesting 2003: 13). Resultat ist ein breiterer Arbeitsbegriff, der unter Einbezug einer feministischen Perspektive Produktion und Reproduktion als Einheit begreift.

Die Modifikationen, die wir am Ziel- und Regelsystem des HGF-Ansatz vorgenommen haben, ergeben sich aus dem Anspruch, dass das geschilderte Verständnis von Ökonomie und Arbeit an dieser Stelle deutlich wird. So erwies sich das von Kopfmüller et al. aufgestellte Ziel „Erhaltung des gesellschaftlichen Produktivpotenzials" (Kopfmüller et al. 2001: 172) aus Projektperspektive als zu einseitig auf Marktökonomie und Produktionsprozesse fokussiert – zumindest sofern nicht an anderer Stelle ein erweitertes Verständnis von Produktion und Produktivität formuliert wird. Stattdessen erfordert zukunftsfähiges Wirtschaften nach unserem Verständnis, den Bereich des Reproduktiven gleichrangig zur Produktion zu behandeln. Die ausschließliche Orientierung an marktvermittelten Tätigkeiten, die sich in dem Begriff „Kapital" widerspiegelt, wird auch an der Regel 2.5 („Nachhaltige Entwicklung des Sach-, Human- und Wissens*kapitals*") deutlich. Aus unserer Perspektive spielt die Erhaltung und Weiterentwicklung von Sachmitteln, Human- und Wissens*potenzial* für reproduktive Tätigkeiten im Zusammenhang mit nachhaltiger Entwicklung eine entscheidende Rolle.[2]

Weiterhin halten wir es in Anlehnung an Held et al. für wichtig, der Bedeutung der Reproduktivität auch im Umgang mit der natürlichen Mitwelt Rechnung zu tragen. Held et al. kritisieren, dass die Ansätze der Operationalisierung von nachhaltiger Entwicklung weiterhin an einer Trennung zwischen Input und Output bzw. Ressourcen und Senken festhalten, obwohl sie in ihrer Kritik an der bisherigen Form der Durchflusswirtschaft übereinstimmen. Die Autor/innen halten dieser Sichtweise entgegen, dass die Produktion auf der Quellenseite und Abbau und Ablagerung auf der Senkenseite untrennbar miteinander verbunden und abhängig voneinander sind. Alle Aufbauprozesse in der Natur beruhen letztlich auf der Wiederverwertung abgebauter und zerlegter Stoffe aus früherer Produktion. Die Verbindung zwischen Abbau und Aufbau wird bei Held et al. als Reproduktion bezeichnet; Produktion ist demnach ohne Reproduktion nicht möglich. Für anthropogene Stoffströme folgt daraus, dass sie von vorneherein mit dem Ziel der Rückführung in den Stoffhaushalt der Natur so gestaltet werden, dass sie zur räumlichen und zeitlichen Diversität der Ökosphäre passen (ebda: 263).

Im Rahmen der Projektfragestellung werden die dargestellten Überlegungen zur Reproduktion der Natur als eine wichtige Erweiterung angesehen. Aus Gründen der Operationalisierung werden die ökologischen Regeln zum Umgang mit Ressourcen und Senken (Regeln 2.1 bis 2.3) jedoch nicht komplett verworfen, sondern in einem ersten Schritt um eine Regel zur Erhaltung und Förderung der Reproduktivität der Natur (Regel 2.4) ergänzt. Im weiteren Verlauf soll überprüft werden, in wie weit eine derartige, parallele Herangehensweise zu zusätzlichem Erkenntnisgewinn führt.

Mit den von uns vorgenommenen Modifikationen resultieren die folgenden Mindestanforderungen an eine global nachhaltige Entwicklung (s. Tabelle 1). Dabei beschreibt die Gesamtheit der Ziele und Regeln unserem Verständnis nach den Handlungsspielraum einer Kultur der Nachhaltigkeit, die ihrerseits eine Grundlage für nachhaltiges Leben und Wirtschaften sowie eine Politik der Nachhaltigkeit bildet.

---

[2] Die gleichberechtigte Berücksichtigung produktiver und reproduktiver Tätigkeiten ist weiterhin im Rahmen der Ausformulierung der Regeln 1.2 (Gewährleistung der Grundversorgung), 1.3 (Selbständige Existenzsicherung), 3.1 (Chancengleichheit im Hinblick auf Bildung, Beruf, Information) und 3.5 (Erhaltung der sozialen Ressourcen) von Bedeutung.

Tabelle 1: Die drei generellen Ziele nachhaltiger Entwicklung

Die drei generellen Ziele nachhaltiger Entwicklung und die ihnen zugeordneten substanziellen Mindestanforderungen (Regeln)			
Generelle Ziele	Sicherung der menschlichen Existenz	Erhaltung des gesellschaftlichen Produktions- und Reproduktionspotenzials[3]	Bewahrung der Entwicklungs- und Handlungsmöglichkeiten
Regeln	1.1 Schutz der menschlichen Gesundheit	2.1 Nachhaltige Nutzung erneuerbarer Ressourcen	3.1 Chancengleichheit im Hinblick auf Bildung, Beruf, Information
	1.2 Gewährleistung der Grundversorgung	2.2 Nachhaltige Nutzung nicht erneuerbarer Ressourcen	3.2 Partizipation an gesellschaftlichen Entscheidungsprozessen
	1.3 Selbständige Existenzsicherung	2.3 Nachhaltige Nutzung der Umwelt als Senke	3.3 Erhaltung des kulturellen Erbes und der kulturellen Vielfalt
	1.4 Gerechte Verteilung der Umweltnutzungsmöglichkeiten	2.4 Erhaltung und Förderung der Reproduktivität der Natur[4]	3.4 Erhaltung der kulturellen Funktion der Natur
	1.5 Ausgleich extremer Einkommens- und Vermögensunterschiede	2.5 Vermeidung unvertretbarer technischer Risiken	3.5 Erhaltung der sozialen Ressourcen
		2.6 Nachhaltige Entwicklung der menschengemachten Sachmittel für Produktion und Reproduktion[5]	
		2.7 Nachhaltige Entwicklung des Human- und Wissenspotenzials für Produktion und Reproduktion[6]	

Quelle: Kopfmüller et al. 2001: 172 und eigene Ergänzungen

2.2 *Das Wohlstandsverständnis des Projekts*

Die Mindestanforderungen nachhaltiger Entwicklung eröffnen einen breiten Handlungsspielraum, setzen aber zugleich bestimmten gesellschaftlichen Entwicklungen und Lebensstilen (insbesondere in den Industrienationen)[7] Grenzen.

[3] Bei Kopfmüller et al 2001: Erhaltung des gesellschaftlichen Produktivpotenzials.

[4] Eigene Ergänzung.

[5] Bei Kopfmüller et al 2001, Regel 2.5: Nachhaltige Entwicklung des Sach-, Human- und Wissenskapitals.

[6] ebda.

[7] Der Lebens- und Wirtschaftsstil in den Industrienationen ist u.a. geprägt durch hohen Ressourcen- und Landschaftsverbrauch und erhebliche Emissionen und Abfälle.

Dies wirft die Frage auf, ob nachhaltige Entwicklung mit einem „guten Leben" vereinbar ist und in welchem Verhältnis beide zueinander stehen. Diese Frage hat zwei Seiten: Zum einen geht es darum, wie ein „gutes Leben" im Rahmen der Mindestanforderungen nachhaltiger Entwicklung aussehen kann, zum anderen, ob es Konflikte und Widersprüche zwischen dem aktuell vorherrschenden Verständnis von einem guten Leben und den Anforderungen nachhaltiger Entwicklung gibt.

Das *Wohlstandsverständnis* des Projektes baut auf dem Konzept der Lebensqualität auf. Lebensqualität ist ein mehrdimensionales Konzept, das sowohl materielle wie auch immaterielle, objektive und subjektive, individuelle und kollektive Wohlfahrtskomponenten gleichzeitig umfasst und das „Besser" gegenüber dem „Mehr" betont (Noll 2000: 8f). In Anlehnung an Allardt (1993) übernehmen wir die drei Oberkategorien „materieller Lebensbereich (having)", „sozialer Lebensbereich (loving)" und den „Lebensbereich der persönlichen Entwicklung und Selbstverwirklichung (being)". Diese erweitern wir um eine vierte Kategorie, mittels der die „Qualitäten einer Gesellschaft" beschrieben werden, die als gesellschaftliche bzw. regionale Bedingungen die Lebensqualität mitprägen.

Anlage 1 gibt einen Überblick über die vier Lebensqualitätskategorien, einschließlich Quellen und Beispielen (siehe auch Schäfer et al. 2003 für eine detaillierte Auseinandersetzung des Forschungsprojektes mit dem Lebensqualitätsansatz und anderen Wohlstandskonzepten).

3. Ableitung eines Kriterienrasters zur Beschreibung des Beitrags von Unternehmen zu „zukunftsfähigem Wohlstand"

Die Entwicklung von Kriterien bzw. Indikatoren kann unseres Erachtens nur kontextbezogen erfolgen. Im Rahmen des Projekts stand als nächster Schritt demnach an, den allgemeinen Untersuchungsrahmen auf die regionale Branche der ökologischen Land- und Ernährungswirtschaft zu übertragen. Da wir den Beitrag einer *Branche* zu nachhaltiger Entwicklung und Lebensqualität betrachten, haben wir es überwiegend mit (zumindest auch) marktförmig agierenden Unternehmen zu tun, in geringerem Ausmaß außerdem mit ausgegliederten oder angrenzenden Vereinen oder Verbänden.

Im Gegensatz zu den Ausführungen von (Müller-Christ/ Hülsmann 2003: 247, s. auch den Beitrag in diesem Band), greift die Annahme, dass ein Unternehmen dann als „nachhaltig" bezeichnet kann, wenn es sein eigenes langfristiges Überleben sichert, aus unserer Sicht zu kurz. In Anlehnung an Peter Ulrich verstehen wir Unternehmen als quasi-öffentliche Einrichtung, die vielfältigen Anspruchsgruppen, wie Arbeitnehmern, Kapitalgebern, Kunden, Staat und Öffentlichkeit gegenüber verantwortlich sind (Ulrich 1997). Neben die Verantwortung für die Art der Produkte oder Dienstleistungen, die es produziert bzw. anbietet sowie den Umgang mit den Mitarbeiter/innen und Kunden tritt demnach außerdem die Verantwortung, einen Beitrag zur Reproduktion des lokalen und regionalen Umfelds zu leisten. Dies umfasst sowohl den Erhalt und die Entwicklung natürlicher als auch menschlicher/ gesellschaftlicher Ressourcen.

Dabei gehen wir in Übereinstimmung mit Biesecker und Kesting (2003: 265 ff) davon aus, dass die Mehrzahl der Unternehmen bereits heute vielfältige Handlungstypen praktizieren. Biesecker und Kesting (ebda: 264) unterscheiden in instrumentell-strategische, kommunikative und vorsorgende Handlungstypen, die mit entsprechenden Kooperationsformen einhergehen. Im Rahmen des Projekts wird angenommen, dass das unternehmerische Wirken sich aus marktförmigen[8] Tätigkeiten und nicht-marktförmigen[9] Tätigkeiten zusammen setzt, wobei die Anteile je nach Unternehmenstyp sehr unterschiedlich sein können und nicht immer eine trennscharfe Unterscheidung möglich ist. Es wird weiterhin von engen Verknüpfungen und vielfältigen Synergien zwischen diesen Tätigkeitsformen ausgegangen.

Ziel des Projekts ist es aufzuzeigen, mit welchen Tätigkeitsformen Unternehmen zu zukunftsfähigem Wohlstand in der Region beitragen. In Anlehnung an Biesecker/ Hofmeister (2000: 15) ist uns bewusst, dass das Vorhaben, Tätigkeitsbereiche und Leistungen sichtbar zu machen, die bisher ungenügend wahrgenommen wurden, die Gefahr birgt, selber die zu überwindenden Trennungen mit- und nachzuvollziehen. Indem wir begrifflich Arbeit von Arbeit zu unterschieden versuchen, gehen wir das Risiko ein, mit den verschiedenen Arbeitsbegriffen unbewusst nicht nur die alte Trennung zwischen „weiblich" und „männlich" sondern auch zwischen reproduktiver und produktiver Arbeit zu transportieren. Biesecker und Hofmeister (ebda: 16) verweisen darauf, dass eine Ökonomie der Reproduktion gerade auf der Einsicht basiert, dass Herstellung und Wiederherstellung, Erhaltung und Gestaltung eine unauflösbare Einheit bilden. Aufgabe des Projektes ist es daher, nach einem analytischen Schritt der Differenzierung zum Zwecke des „Sichtbarmachens" auch aufzuzeigen, inwieweit die unterschiedlichen Tätigkeitsformen miteinander verwoben sind und nur gemeinsam das „Ganze der Arbeit" abbilden.

[8] Aktivitäten der Betriebe innerhalb des Marktes, d.h. sie werden (letztendlich) über Preise entlohnt.

[9] Aktivitäten der Betriebe außerhalb des Marktes.

3.1 Kontextualisierung des Untersuchungsrahmens für die Land- und Ernährungswirtschaft in der Region

Ausgehend von dem breiten Untersuchungsrahmen haben wir für unsere Untersuchung Schwerpunkte formuliert, die auf die Branche und die Region Berlin-Brandenburg zugeschnitten sind. Diese Schwerpunktsetzung basiert auf allgemeinen Recherchen zum Handlungsfeld Land- und Ernährungswirtschaft, dem Einbezug der speziellen Situation in Berlin-Brandenburg sowie dem regelmäßigen Austausch mit Praxispartnern.

Aus den Recherchen resultiert eine Hypothese[10], in welchen Bereichen die regionale Ökologische Land- und Ernährungswirtschaft einen bisher ungenügend wahrgenommen Beitrag zum zukunftsfähigen Wohlstand leistet:

1. Erhalt und Schaffung von Wissen und Fertigkeiten für einen nachhaltigen Umgang mit Natur und Gesundheit (Human- und Wissenspotenzial) vor allem durch
   - die Initiierung informeller Lernprozesse nachhaltiger Lebens- und Wirtschaftsstile,
   - formale Bildungs- und Ausbildungsangebote,
   - die Förderung von kultureller Vielfalt und
   - die Förderung von Reflexivität.

2. Erhalt und Schaffung von Sozialpotenzial und sozialen Ressourcen vor allem durch:
   - die Initiierung und Stärkung ehrenamtlichen Engagements,
   - die Stärkung von Stadt-Land-Beziehungen und
   - den Einbezug von sozial Schwachen und Betreuungsbedürftigen (z. B. psychisch Kranke, Drogenabhängige).

3. Erhalt und Schaffung von (immaterieller) Lebensqualität vor allem durch:
   - die Bereitstellung von als sinnvoll wahrgenommenen Tätigkeiten für die Beschäftigten (Selbstverwirklichung) und
   - Wahlmöglichkeiten und Angebote nachhaltiger Lebens- und Konsumstile bei Ernährung und Freizeit.

4. Ökologische Effekte und Beiträge zur Landschaftsästhetik vor allem durch:
   - die Anbauprinzipien des ökologischen Landbaus (nach EU-Standard),
   - freiwillige Aktivitäten im Umwelt- und Naturschutz, die über den EU-Standard und gesetzliche Vorgaben hinausgehen,
   - Maßnahmen zum Erhalt einer vielfältigen Kulturlandschaft.

[10] Im Rahmen des Projekts wurden weitere Hypothesen dahingehend formuliert, welche Schlussfolgerungen aus einer Erfassung der Wohlstandseffekte gezogen werden können.

Wie oben ausgeführt vermuten wir, dass die nachhaltigen Wohlstandswirkungen in diesen Bereichen durch unterschiedliche Handlungsformen und -motive innerhalb und außerhalb des Marktes geschaffen werden. Daher untersuchen wir neben den marktförmigen Tätigkeiten der Branche auch:

- nicht-marktförmige Tätigkeiten wie ehrenamtliches Engagement in Organisationen, Verbänden und informellen Zusammenhängen (Nachbarschaft),
- die Zusammenarbeit und die Mitwirkung in Netzwerken innerhalb der Bio-Branche und darüber hinaus z. B. mit Politik, Wirtschaft oder sozialen Bewegungen und
- den Einbezug von Konsument/innen und Mitarbeiter/innen.

In Kapitel 4.1 bis 4.4 werden Kriterien dargestellt, die den Beitrag der Unternehmen in diesen Schwerpunktbereichen operationalisieren. Um Wechselwirkungen – Synergien oder Konflikte – mit anderen Bereichen erfassen zu können, wurden auch für die weiteren Nachhaltigkeitsregeln des modifizierten HGF-Ansatzes (s. Tabelle1) „Schutz der menschlichen Gesundheit", „Gewährleistung der Grundversorgung", „Selbständige Existenzsicherung", „Ausgleich extremer Einkommens- und Vermögensunterschiede" und „Chancengleichheit" Kriterien entwickelt, die in Kapitel 4.5 aufgeführt werden.

3.2 Von den Nachhaltigkeitsregeln und Lebensqualitätdimensionen zum Kriterienraster

Funktion der Kriterien

In Anlehnung an Bosshard (Bosshard 2000: 4) stellen Kriterien im Projekt *Aspekte des allgemeinen Leitbilds* – in unserem Fall „zukunftsfähiger Wohlstand" – dar. Dabei erfüllen die vier Schwerpunkte des Projekts die Funktion von Oberkriterien, die durch die Nachhaltigkeitsregeln und Lebensqualitätsdimensionen detaillierter gegliedert werden. Die Formulierung von Unternehmensbezogenen Einzelkriterien erfüllt die Funktion der kontextbezogenen Operationalisierung der Regeln und Dimensionen, in dem der betriebliche Beitrag zu nachhaltigem Wohlstand in Form von Einzelaspekten beschrieben wird.

Beschreibung von Wirkungen versus Aktivitäten

Für die Erstellung des Kriterienrasters war die methodische Frage zu klären, inwieweit sich die Kriterien (und folglich auch die zu entwickelnden Indikatoren) tatsächlich auf den Beitrag der Branche im Sinne einer *Wirkung*sanalyse beziehen können. Die Schwierigkeiten, Wirkungen zu erfassen, erwachsen zum einen daraus, dass die ökologische Land- und Ernährungswirtschaft in Berlin-Brandenburg nur einen geringen Anteil an der Gesamtwirtschaft ausmacht. Folglich sind ihre Effekte auf regionaler Ebene nur schwer wahrnehmbar. Zum anderen muss (branchen- und regionsunabhängig) davon ausgegangen werden, dass die Wirkungen oftmals erst zeitlich verzögert eintreten, wodurch ebenfalls die Erfassung von Ursache-Wirkungsbeziehungen erschwert wird.

Aus den genannten Gründen erscheint es deshalb sinnvoll, von den *Aktivitäten* der Branche auszugehen (auf betrieblicher bzw. aggregierter Ebene) und nachfolgend ihre regionalen nachhaltigen Wohlstandswirkungen abzuschätzen, soweit dies methodisch machbar und mit den gegebenen Ressourcen des Projektes vertretbar ist. Dabei wird oftmals keine Abschätzung in quantitativer Form im Sinne eines „wie viel" möglich sein, sondern eher eine qualitative Beschreibung der Art und Weise der Wirkungen. Ein Ziel des Projektes ist es in diesem Zusammenhang, die methodischen Möglichkeiten und Grenzen einer aktivitätenbasierten Analyse näher zu ergründen.

Inhaltliche Ableitung der Kriterien

Der Zusammenstellung des Kriterienrasters im Projekt liegt eine ausführliche Recherche von Kriterienkatalogen und Indikatorensets und -systemen aus unterschiedlichen Bereichen zugrunde. Es wurde folgende Literatur sondiert:

- Kriterien und Indikatoren für die Bewertung der nachhaltigen Entwicklung von Formen der Landbewirtschaftung
- Kriterien und Indikatoren für die Bewertung der nachhaltigen Entwicklung von Unternehmen
- Kriterien und Indikatoren zur Messung von Sozialkapital
- Kriterien und Indikatoren der Sozialberichterstattung und zur Messung von Lebensqualität

Die Ergebnisse dieser Recherche können an dieser Stelle nicht ausführlich dargestellt werden. In Kapitel 4 wird jedoch jeweils aufgezeigt, an welchen Punkten aus der Literatur wertvolle Anregungen für Kriterien entnommen werden konnten und wo eigener Entwicklungsbedarf deutlich wurde.

4. Kriterienraster

Das Kriterienraster des Forschungsprojektes dient dazu, den Beitrag der ökologischen Land- und Ernährungswirtschaft in Berlin-Brandenburg zum nachhaltigen Wohlstand in der Region aufzuzeigen. Als inhaltliche Grundlage dafür dienen die in Kapitel 2 beschriebenen Konzepte von Wohlstand und Nachhaltigkeit sowie die vier Schwerpunkte Human- und Wissenspotenzial (4.1), Sozialpotenzial (4.2), Lebensqualität (4.3) sowie ökologische Effekte und der Beitrag zur Landschaftsästhetik (4.4).

4.1 Erhaltung und Entwicklung von Wissen und Fertigkeiten für einen nachhaltigen Umgang mit Natur und Gesundheit (Human- und Wissenspotenzial)

Im Gegensatz zum Sozialkapital, das nur durch den Austausch mehrerer Personen entsteht, werden unter Humankapital in der Literatur überwiegend Personen gebundene Fähigkeiten verstanden, während das Wissenskapital nicht Personen gebundenes Wissen in kodifizierter Form (Publikationen, Gesetze etc.) oder nicht kodifizierter Form (Organisationsstrukturen, Institutionen, Traditionen etc.) umfasst (Mohr 1997: 13). Human- und Wissenskapital lassen sich in dem Begriff des Wissens zusammenfassen (Kopfmüller et al. 2001: 243).

Im Rahmen des Projekts verstehen wir unter Human- und Wissens*potenzial* die menschlichen Fähigkeiten und das Wissen, die für einen nachhaltigen Lebensstil notwendig sind. Gerade in dem von uns untersuchten Bereich – der Ernährung – spielen Fähigkeiten und Kenntnisse jenseits des Marktes (z. B. Ernährungs- und Zubereitungswissen) eine ebenso wichtige Rolle wie Fähigkeiten zur Ausübung marktförmiger Tätigkeiten (z. B. Wissen und Erfahrungen über Produktionsprozesse).

Wir gehen damit über das in anderen Untersuchungen formulierte Verständnis hinaus, in denen Human- und Wissens*kapital* betrachtet und vorrangig auf die „wirtschaftliche Leistungsfähigkeit" der Gesellschaft bezogen wird. Diese äußert sich in den Möglichkeiten und Fähigkeiten, Güter und Dienstleistungen in bestimmtem Umfang für den eigenen Bedarf herzustellen als auch in die internationalen Wirtschafts- und Austauschprozesse einbringen zu können (Clar et al. 1997; Kopfmüller et al. 2001: 241). Um unserem abweichenden Verständnis Ausdruck zu verleihen, haben wir anstelle des Kapital- den Potenzialbegriff gewählt.

Das für eine Transformation in Richtung nachhaltige Entwicklung notwendige Wissen lässt sich aus unserer Sicht unterscheiden in:

- Wissen über die Nicht-Nachhaltigkeit der derzeitigen Lebens- und Wirtschaftsweise in den Industrieländern und die Wechselwirkungen zwischen den gesellschaftlichen Teilsystemen (z. B. Ökologie, sozial-kulturelles System, Ökonomie);
- Wissen darüber, welche Schritte und Veränderungen zur Erreichung des Leitbilds nachhaltiger Entwicklung beitragen und Kenntnisse über gesellschaftliche Prozesse, die zur Formulierung von Zielwissen beitragen;

- Wissen und Fertigkeiten/ Qualifikationen, die dafür nötig sind, diese Veränderungen einzuleiten.

Nach Kopfmüller (Kopfmüller et al. 2001: 245) besteht das wesentliche Ziel von Bildungs- und Wissensgenerierung für eine nachhaltige Entwicklung in der Vermittlung und dem Erwerb von Gestaltungskompetenz. Diese ist zu verstehen als Fähigkeit, eine Gesellschaft in aktiver Teilhabe im Sinne nachhaltiger Entwicklung beschreiben und modifizieren zu können (Haan 2000: 13). Als Anforderungen hierfür werden insbesondere die Fähigkeit zu vorausschauendem und vernetztem Denken sowie zu distanzierter Reflexion von Leitbildern, die Kompetenz zu interkultureller Verständigung und Kooperation und die Fähigkeit zu Solidarität und Motivation genannt. (HAAN 2000: 13; López Ospina 2000).

Eine Recherche von Kriterien und Indikatoren für dieses Feld ergab, dass die Erzeugung von Human- und Wissenskapital i. d. R. mit Hilfe der Ausgaben im Forschungs- und Bildungsbereich sowie an dem Anteil von Personen mit höheren Bildungsabschlüssen beschrieben wird (CSD 1996; Kopfmüller et al. 2001; Bundesregierung 2002). Die Bemühungen von Unternehmen zur Entwicklung von Fähigkeiten und Qualifikationen werden i.d.R. daran gemessen, inwieweit den Mitarbeiter/innen die Möglichkeit geboten wird, sich weiterzubilden. Auffällig ist demnach eine Konzentration auf formale Bildungsangebote und – bezogen auf Unternehmen – auf die Angehörigen des Betriebs.

In unserem Projekt möchten wir in einer Erweiterung dieser Perspektive zusätzlich betrachten,

- inwieweit durch Aktivitäten der Unternehmen gesellschaftliches Human- und Wissenspotenzial im Umfeld der Unternehmen (Bevölkerung des Dorfs oder Stadtteils, in dem das Unternehmen tätig ist; Konsument/innen, Touristen etc.) geschaffen wird und
- welche anderen Aktivitäten neben formalen Bildungsangeboten (Seminare, Vorträge etc.) zur Vermittlung von Wissen und Fertigkeiten beitragen.

Diese Erweiterungen halten wir für wichtig, weil wir erstens davon ausgehen, dass Unternehmen, die umwelt- und sozialverträgliche Produkte vertreiben, ein Interesse daran, aber auch eine Verantwortung dafür haben, das Wissen über den gesellschaftlichen Nutzen dieser Produkte über den Kreis der Mitarbeiter/innen hinaus zu erweitern.

Bezogen auf die zweite Erweiterung gehen wir davon aus, dass Wissensvermittlung nicht nur in formalen Bildungseinrichtungen sondern in sehr vielfältigen Formen stattfindet. Gerade wenn man die Erkenntnis berücksichtigt, dass zwischen kognitivem Wissen und der Befähigung zu verändertem Handeln häufig eine Kluft besteht, kommt anderen Formen der Wissensvermittlung eine wichtige Rolle zu. Auch Clar et al. (1997: VIII) betonen, dass die Aneignung von Wissen nicht nur im formalen Bildungssystem, sondern auch nicht-formal während der individuellen Sozialisation sowie integriert im Arbeitsleben und in der Freizeit erfolgt. Wir haben deswegen auch Kriterien aufgenommen, die die Vermittlung praktischer Erfahrungen abfragen, aber auch Aktivitäten, die v. a. der Reflexion und der Anregung von Kreativität dienen. Reflexivität und dafür notwendige Ruhephasen sind aus Sicht einiger Autor/innen wichtige Voraussetzungen dafür, das Handeln regelmäßig zu überprüfen und neuen Anforderungen oder Leitbildern anzupassen (Kopfmüller et al. 1991: 305ff; Mayer-Abich 2003: 186).

Die Kriterien zu diesem Themenbereich sind gegliedert in a) betriebliche Aktivitäten der Aus- und Weiterbildung, b) der Erhaltung, Vermittlung und Weiterentwicklung von kognitivem und Erfahrungswissen c) der Förderung von Reflexivität und d) der Erhaltung von kultureller Vielfalt. Im ersten Schwerpunkt werden formale (Weiter-) Bildungsangebote für Mitarbeiter/innen und Personen des Umfelds benannt. Bezüglich des Angebots von Ausbildungs- und Praktikumsplätzen wurde bereits von einigen regionalen Unternehmen kritisch angemerkt, dass diese zur Gewinnung kostengünstiger Arbeitskräfte missbraucht werden können. Die Rückkopplung mit weiteren Akteuren aus der Praxis wird zeigen, ob ein derartiges Angebot unter den spezifischen Umständen in der Region (starke Abwanderung insbesondere von jungen Leuten; ausgeprägter Lehrstellenmangel) dennoch so wichtig erscheint, dass die damit verbundenen Ambivalenzen von untergeordneter Bedeutung sind. Im Rahmen der qualitativen Interviews besteht die Möglichkeit, derartige – als kritisch erkannte Punkte – zu vertiefen und in diesem Fall die Qualität der Ausbildung genauer zu erfragen.

Unter dem zweiten Schwerpunkt werden Aktivitäten der Vermittlung von Informationen über die Produkte und die ideellen Werte der Branche sowohl in kognitiver Form als auch in Form der Vermittlung von Erfahrungswissen gefasst. Die Kriterien „Leit- oder Demonstrationsbetrieb“ und die „Zusammenarbeit mit Forschungsprojekten“ verweisen darauf, ob das Unternehmen sich in der Weiterentwicklung von Wissen und Erfahrung engagiert.

Wie oben ausgeführt, wird es weiterhin als essenziell angesehen, dass die Unternehmen Phasen der Reflexion vorsehen, um ihre eigene Weiterentwicklung regelmäßig zu überdenken bzw. derartige Erkenntnisprozesse auch in ihrem Umfeld anstoßen. 11 Aktivitäten, die in diesem Zusammenhang eine Rolle spielen, sind

[11] In einem vom Projekt durchgeführten Expertenworkshop wurde die Existenz gemeinsamer Visionen und Leitbilder in der Region oder in der Branche neben Wissen und Sozialkapital als dritte

im dritten Schwerpunkt zusammen gefasst. Die Initiierung künstlerischer Aktionsformen wird v. a. unter dem Aspekt der Vermittlung anderer Formen des Erlebens und „Begreifens" als wichtig erachtet; sie leisten aber auch einen Beitrag zur kulturellen Vielfalt in der Region.

Der vierte Schwerpunkt – der Erhalt von kultureller Vielfalt – wird zum einen daran festgemacht, in wie weit die Unternehmen dazu beitragen, tradiertes Wissen zu erhalten und Möglichkeiten erproben, diese Erfahrungen sinnvoll in der Moderne zu nutzen und weiter zu entwickeln. In den qualitativen Interviews muss an diesem Punkt sicher näher darauf eingegangen werden, um welches Wissen und welche Kenntnisse es an diesem Punkt sinnvoller Weise gehen kann und inwiefern durch tradiertes Wissen z. B. auch Formen der tradierten Arbeitsteilung transportiert werden.

Zum anderen möchten wir den Beitrag zur Erreichung dieses Ziels an der Offenheit für „das Andere" messen – dies kann die Toleranz für andere Kulturen, aber auch für „andere" Menschen (Soziale Randgruppen, Betreuungsbedürftige, Gleichgeschlechtliche Paare etc.) innerhalb derselben Kultur sein.

Tabelle 2: Kriterien für den Schwerpunkt „Human- und Wissenspotenzial"[12]

Lf. Nr.	Kriterium	Art des Betriebs
(Weiter-) Bildungsangebote		
1	gegenwärtiges Verhältnis der Anzahl der Ausbildungsplätze zur Anzahl der Gesamtarbeitsplätze im Unternehmen	LW, VA, VM
2	gegenwärtiges Verhältnis der Anzahl der Praktikumsplätze zur Anzahl der Gesamtarbeitsplätze im Unternehmen	LW, VA, VM
3	Führungen, Vorträge und/ oder Seminare für externe Interessenten werden vom Unternehmen durchgeführt.	LW, VA, VM
4	Mitarbeiter/innen haben die Möglichkeit, an Weiterbildungen teilzunehmen (zu sozial-ökologischer Unternehmensführung, gesunder Ernährung etc.)	LW, VA, VM
Erhaltung, Vermittlung und Weiterentwicklung von kognitivem und Erfahrungswissen		
5	Das Unternehmen veranstaltet (Hof-)feste oder Aktionstage.	LW,VA, VM
6	Das Unternehmen bietet Veranstaltungen zur Ess- Ernährungskultur an.	LW, VA, VM
7	Das Unternehmen ist aktiv tätig in der Weiterentwicklung der Produktions- und Verarbeitungsrichtlinien.	LW, VA
8	Das Unternehmen betreibt aktive Öffentlichkeits- und Pressearbeit.	LW, VA, VM

entscheidende Voraussetzung für eine nachhaltige Entwicklung angesehen (Kanatschnig 12.2.2004, mündlicher Kommentar).

[12] In der Spalte „Art des Betriebs" wird angegeben, an welche Betriebsform (Landwirtschaft (LW), Verarbeitung (VA), Vermarktung (VM) das jeweilige Kriterium angelegt wird.

Lf. Nr.	Kriterium	Art des Betriebs
9	Betriebsleitung oder Mitarbeiter/innen nehmen aktiv an Podiumsdiskussionen und Informationsveranstaltungen teil.	LW, VA, VM
10	Über das Unternehmen gibt es Informationsmaterial (z. B. Broschüre, Webseite etc.).	LW, VA, VM
11	Das Unternehmen arbeitet zusammen mit Forschungsprojekten.	LW, VA, VM
12	Das Unternehmen schätzt seine eigene Vorbildwirkung als sehr hoch, hoch, mittel, schwach, sehr schwach ein.	LW,VA,VM
13	Das Unternehmen vermittelt seine ideellen Unternehmenswerte bei der Gestaltung von Produktinformationen und Marketingmaßnahmen	LW,VA,VM
14	Das Unternehmen ist Leit- oder Demonstrationsbetrieb.	LW
Förderung von Reflexivität		
15	Das Unternehmen ist aktiv im Anstoßen ethischer Diskussionen (Einsatz Gentechnik, Wert von Artenvielfalt etc.)	LW, VA, VM
16	Das Unternehmen ist beteiligt an der Organisation kultureller Aktivitäten (Konzerte, Aussstellungen, Lesungen, Kunstaktionen etc.)	LW, VA,VM
17	Das Unternehmen unterstützt kulturelle Aktivitäten finanziell (Kultursponsoring)	LW, VA, VM
18	Das Unternehmen baut Reflexionsphasen über das betriebliche Handeln und persönliche Zielvorstellungen ein. (z. B. Klausurtagungen, Leitbilddiskussion).	LW, VA, VM
19	Das Unternehmen bietet den Mitarbeiter/innen die Möglichkeit für ein Sabbatjahr, -wochen, -monate.	LW, VA, VM
20	Das Unternehmen tauscht sich mit anderen Unternehmen der Branche oder der Region über gemeinsame Ziele und Visionen aus.	LW,VA,VM
Erhaltung von kultureller Vielfalt		
21	Das Unternehmen ist aktiv in der Erhaltung und Weiterentwicklung traditionellen Wissens	LW, VA, VM
22	Das Unternehmen baut alte Pflanzenarten an oder hält alte Tierrassen.	LW
23	Das Unternehmen verarbeitet alte Pflanzenarten oder alte Tierrassen.	VA
24	Das Unternehmen bietet Produkte aus alten Pflanzenarten oder alten Tierrassen an.	VM
25	Das Unternehmen ist aktiv in der Präsentation handwerklicher Verarbeitung.	LW, VA, VM
26	Das Unternehmen ist aktiv in der Entwicklung neuer Produkte.	LW, VA
27	Das Unternehmen ist aktiv in der Begegnung von Rechtsextremismus und Fremdenfeindlichkeit	LW, VA, VM
28	Das Unternehmen ist aktiv in der Förderung der Toleranz für andere Kulturen (z. B. Jugendaustausch auf dem Hof, Partnerbetriebe im Ausland)	LW, VA, VM

4.2 Erhaltung und Entwicklung von Sozialpotenzial und sozialen Ressourcen

Die Recherche von Indikatoren bezüglich der sozialen Leistungen von Unternehmen (inklusive der Landwirtschaft) ergab, dass hier vorwiegend Kriterien zur Beschreibung der Qualität der Arbeitsbedingungen (Arbeits-/ Gesundheitsschutz,

Möglichkeiten der Mitbestimmung, Möglichkeiten der Weiterbildung, Gestaltung der Arbeitszeiten) und der gleichberechtigten Teilhabe einzelner Bevölkerungsgruppen (Frauen, Behinderte, Migranten) thematisiert werden (imug 1997; Müller/ Kächele 2000; Christen/ O'Halloran-Wietholz 2001). Die Betrachtungsweise beschränkt sich demnach vorwiegend auf die sozialen Leistungen für die Mitarbeiter/innen des Betriebs. Als weiterer Punkt wird in einigen Studien die Qualität des Umgangs mit den Kunden und Konsument/innen aufgenommen. Hierzu gehören Aspekte wie die Qualität der Kennzeichnung und Information über die Produkte, die Qualität des Kundendiensts und die Qualität der Produkte selber (gesundheitlich unbedenklich, risikoarmes und fehlerfreundliches Design etc.) (kompakt: Zukunftsfähige Ernährungswirtschaft: Initialer Nachhaltigkeitscheck; Hoffmann et al. 1997; imug 1997).

Auch auf der internationalen Ebene existieren zum einen Ansätze, in denen Standards für humane Arbeitsplätze formuliert werden (SA 8000; www.bsdglobal.com). Zum anderen wurde im Rahmen der Global Reporting Initiative (GRI) versucht, die Perspektive auf andere Interessensgruppen zu erweitern. Das GRI-Indikatorensystem gliedert sich in die Bereiche „Arbeitspraxis und Arbeitsqualität" (entspricht den Standards der SA 8000), Menschenrechte und Produktverantwortung. Dabei ist die Einhaltung der Menschenrechte v.a. auf betriebliches Engagement im Ausland bezogen (spielt für die Betrachtung der Branche der ökologischen Land- und Ernährungswirtschaft eine untergeordnete Rolle), während sich die Produktverantwortung auf die Erhaltung der Konsumentengesundheit und -sicherheit sowie auf effiziente Überwachungs- und Managementsysteme bezieht (www.globalreporting.org).

Im Rahmen unserer Untersuchung möchten wir über diese betriebs- und produktbezogene Perspektive hinausgehen und zusätzlich untersuchen, mit welchen Aktivitäten die Unternehmen der ökologischen Land- und Ernährungswirtschaft zur Erhaltung und Entwicklung von Sozialpotenzial und sozialen Ressourcen im Umfeld des Betriebs beitragen. Auf die Relevanz dieser Betrachtungsweise verweist u. a. die OECD, die in ihrem Set von Agrarindikatoren den Punkt „Sozialkapital in landwirtschaftlichen oder ländlichen Kommunen" aufnimmt und dabei als Kriterien die Stärke der sozialen Institutionen und freiwilligen Organisationen benennt (OECD 1999). Wir knüpfen damit außerdem an aktuelle Debatten über Corporate Social Responsibility (CSR) von Unternehmen an. Die o. g. Aspekte des sozialverträglichen Umgangs mit Mitarbeiter/innen und Kunden – deren Relevanz nicht bestritten wird – werden teilweise an anderer Stelle des Kriterienrasters thematisiert (Human- und Wissenspotenzial, Chancengleichheit).

Die Sondierung der vorliegenden Ansätze zur Messung von Sozialkapital geschah mit dem Ziel, Anhaltspunkte dafür zu finden, wie soziale Wirkungen der Unternehmen beschrieben oder gemessen werden können, die über die betriebliche E-bene hinaus Effekte für das lokale oder regionale Umfeld erfassen. Das ISOE konzeptualisiert Sozialkapital als die Gesamtheit der in sozialen Beziehungen und anerkannten sozialen Normen enthaltenen sozialen Handlungspotenziale. Es trägt – durch die Aufrechterhaltung sozialer Beziehungen und die Bildung von Vertrauen – einerseits bei zu gewaltfreiem gesellschaftlichen Zusammenleben und zur Reproduktion von Gesellschaften, andererseits ist es auch von zentraler Bedeutung für die Entwicklungsfähigkeit von Gesellschaften (Kopfmüller et al. 2001: 267). Da der Begriff Sozialkapital eine auf marktförmige Austauschprozesse zentrierte Sichtweise impliziert, verwenden wir die Begriffe Sozialpotenzial oder soziale Ressourcen.

In weitgehender Übereinstimmung mit anderen Autoren (Haug 1997; Joye/ Renschler 1996) kommt Bieber (2002) bei einem Vergleich der Messung von Sozialkapital in sechs großen sozialwissenschaftlichen Surveys (Sozio-ökonomisches Panel SOEP, das Wohlfahrtssurvey, Eurobarameter, ALLBUS, das deutsche Sampel der europäischen Wertestudie sowie das Freiwilligensurvey) zu folgenden Oberkategorien der Operationalisierung:

1. Partizipation/ soziales Engagement
2. Wahrgenommene Einflussmöglichkeiten/ Kontrolle
3. Wahrnehmung der Strukturen der Kommune und ihrer Charakteristika
4. Soziale Interaktion, soziale Netzwerke, soziale Unterstützung
5. Vertrauen, soziale Reziprozität, Kohäsion

Punkt c) ist bei der Untersuchung der Leistungen einer Branche nicht relevant sondern betrifft die strukturellen Gegebenheiten von Kommunen. Die wahrgenommenen Einfluss- und Kontrollmöglichkeiten und das politische Vertrauen (Punkt b) können zwar bei den Betrieben abgefragt werden. Da die Antworten aber nicht direkt auf Leistungen des Betriebs oder der Branche zurückführbar sind, sondern eher die Wirkung von Rahmenbedingungen widerspiegeln, eignen sich diese Tatbestände nicht zur Formulierung von Kriterien zur Bewertung betrieblicher Aktivitäten.

Der Themenschwerpunkt „Sozialpotenzial" wird demnach in die Oberpunkte „Partizipation" (a) und „Erhalt der sozialen Ressourcen" (d, e) gegliedert. Dabei werden – in Anlehnung an die Literatur – unter dem ersten Punkt der Einbezug der Beschäftigten und Konsument/innen sowie das unternehmerische Engagement in Vereinen, Organisationen, Verbänden und Netzwerken gefasst. Die Mitgliedschaft oder das aktive Engagement in Vereinen oder Netzwerken werden häufig als Indikatoren für das Vorhandensein von Sozialkapital verwendet. Dabei wird sehr allgemein davon ausgegangen, dass eine hohe Vielfalt der Mitgliedschaft in

Organisationen ein Indiz dafür darstellt, ob in der Gesellschaft die Fähigkeit zur Lösung kollektiver Probleme existiert (Putnam 1993). Mit der Erfassung dieser Organisationsformen wird jedoch noch nichts darüber ausgesagt, welchen qualitativen Beitrag diese Strukturen leisten. Welcher konkrete lokale oder regionale Nutzen ergibt sich durch Vereinstätigkeiten in unterschiedlichsten Bereichen bzw. Aktivitäten von Netzwerken? Was ist der qualitative Mehrwert von partizipativ getroffenen Entscheidungen für den Betrieb, die Kommune oder die Region? Es erscheint daher für das Forschungsprojekt sinnvoll, eine Erfassung des Mitwirkens in derartigen Organisationsformen durch qualitative Interviews zum betrieblichen, lokalen, kommunalen oder regionalen Nutzen dieser Aktivitäten zu ergänzen.

Im Rahmen eines Experten-Workshops wurde zudem kritisch angemerkt, dass bestehende Organisationsformen auch immer einen ausgrenzenden Charakter haben und der Erhaltung des Status quo dienen. *Potenziale* für nachhaltige Entwicklung bestünden häufig gerade da, wo noch keine fest gefügten Organisationsformen existieren. Geraten wurde dazu, insbesondere Zusammenschlüsse näher zu betrachten, die den Austausch zwischen Menschen mit sehr unterschiedlichem Hintergrund ermöglichen.[13] Diese Hinweise werden bei der Konzeption der Untersuchung der Fallbeispiele berücksichtigt. Unter dem Punkt „Erhaltung sozialer Ressourcen" werden Kriterien für die lokale Eingebundenheit des Betriebs und Aktivitäten in informellen Netzwerken aufgeführt.

Tabelle 3: Kriterien für den Schwerpunkt „Sozialpotenzial und soziale Ressourcen"

Lfd. Nr.	Kriterium	Art des Betriebs
Partizipation		
Einbezug von abhängig Beschäftigten und von Kunden		
29	Im Unternehmen gibt es Möglichkeiten der Mitarbeiterbeteiligung an betrieblichen Entscheidungen (z. B. teilautonome Arbeitsgruppen, flache Hierarchien, regelmäßige Strategiegespräche etc.)	LW, VA, VM
30	Im Unternehmen werden die Mitarbeiter/innen über einen festen Lohn hinaus an den Gewinnen beteiligt.	LW, VA, VM
31	Das Unternehmen verfügt über gleichberechtigte Entscheidungsstrukturen und ist als Kollektiv organisiert.	LW, VA, VM
32	Das Unternehmen ergreift Maßnahmen, um Konsument/innenbedürfnisse zu erfassen und einzubeziehen (Befragung, Meckerkasten etc.)	LW, VA, VM

[13] Bettina Bock, mündliche Mitteilung am 12.2.04.

Lfd. Nr.	Kriterium	Art des Betriebs
33	Im Unternehmen gibt es Möglichkeiten der finanziellen Konsument/innenbeteiligung (Betriebsfinanzierung, Anteile, Patenschaften, Arbeitseinsätze)	LW, VA, VM
Stärkung der Zivilgesellschaft und des Gemeinwesens		
34	Das Unternehmen ist aktives Mitglied in Vereinen, ehrenamtlichen Gruppen, Bürgerinitiativen etc.	LW, VA, VM
35	Das Unternehmen hat die Gründung von Vereinen, ehrenamtlichen Gruppen Bürgerinitiativen etc. (mit-) initiiert.	LW, VA, VM
36	Das Unternehmen ist aktiv in ehrenamtlichen Organisationen, um ökologische Ziele zu verwirklichen.	LW, VA, VM
37	Das Unternehmen ist aktiv in ehrenamtlichen Organisationen, um soziale Ziele zu verwirklichen.	LW, VA, VM
38	Das Unternehmen ist aktiv in ehrenamtlichen Organisationen, um kulturelle Anliegen zu verwirklichen.	LW, VA, VM
39	Das Unternehmen unterstützt die Mitarbeiter/innen bei der Wahrnehmung ehrenamtlicher Tätigkeiten.	LW, VA, VM
40	Das Unternehmen unterstützt die Arbeit ehrenamtlicher Organisationen finanziell.	LW, VA, VM
Formelle und informelle Strukturen der Interessensvertretung		
41	Das Unternehmen ist aktives Mitglied in beruflichen Interessensverbänden oder Netzwerken	LW, VA, VM
42	Das Unternehmen hat die Gründung von beruflichen Interessensverbänden oder Netzwerken initiiert.	LW, VA, VM
	Politisches Interesse	
43	Die Betriebsleitung oder die Mitarbeiter/innen des Unternehmens nehmen ein politisches Amt wahr (oder mehrere) bzw. engagieren sich politisch.	LW, VA, VM
Erhaltung sozialer Ressourcen		
Soziales und politisches Vertrauen		
44	Das Unternehmen nimmt die Akzeptanz des Betriebs im Umfeld als sehr gut, gut, mittel, schlecht, sehr schlecht wahr.	LW, VA, VM
45	Das Umfeld nimmt die lokale Einbindung des Betriebs als sehr gut, gut, mittel, schlecht, sehr schlecht wahr.	LW, VA, V M
Informelle Beziehungsnetzwerke		
46	Das Unternehmen unterstützt andere Biobetriebe in der Region in Notlagen.	LW, VA, VM
Strukturen, Instrumente, Potenziale der gewaltfreien Konfliktregelung		
47	Das Unternehmen verfügt über Regelungen/ Instrumente der Konfliktregelung im Betrieb (z. B. regelmäßige Besprechungen, Supervision, Moderation etc.).	LW, VA, VM

4.3 Beitrag zu Lebensqualität in der Region

Bei der Zusammenstellung der Lebensqualitätsdimensionen unterscheiden wir zwischen dem materiellen und dem sozialen Lebensbereich, dem Bereich der persönlichen Entwicklung und Selbstverwirklichung sowie gesellschaftlichen Bedingungen (s. Tabelle I im Anhang).

Ein Abgleich der von uns aus der Literatur zusammen gestellten Lebensqualitätsdimensionen mit den durch Kopfmüller et al. formulierten Nachhaltigkeitsregeln (s. Tabelle 1) ergab, dass einige Dimensionen des materiellen Lebensbereichs (z. B. Ernährung, Gesundheit, Bildung, Umweltqualität) durch die Nachhaltigkeitsregeln bereits abgedeckt sind (entsprechende Verweise finden sich in den Kriterienlisten), während andere für die betrachtete Branche nur von untergeordneter Relevanz sind (z. B. Beitrag zu Transport/ Mobilität, Kinder- und Altenbetreuung und Wohnbedingungen). Nicht zwingend enthalten sind in den Nachhaltigkeitsregeln die materiellen Aspekte Arbeitsbedingungen, soziale Sicherheit und die Vielfalt sozio-ökonomischer Strukturen (Korczak 1995; Noll 1997; Kanatschnig et al. 1999; Krause/ Habich 2000). Für diese Aspekte haben wir daher zusätzliche Kriterien formuliert.

Aus unserer Sicht kann die Nachhaltigkeitsdiskussion jedoch v.a. durch die Aspekte bereichert werden, die in der Lebensqualitätsforschung zur Beschreibung des subjektiven Wohlbefindens, also v.a. immaterieller Aspekte von Lebensqualität, genannt werden (s. Tabelle im Anhang). Im Hinblick auf betriebliche Leistungen scheinen folgende Aspekte von Bedeutung zu sein: Vereinbarkeit des Arbeitslebens mit dem Familienleben, Zeitsouveränität, Möglichkeiten der persönlichen Entwicklung und Selbstverwirklichung, Wertschätzung und Status, Lebensfreude und Lebenssinn. Andere Aspekte des subjektiven Wohlbefindens wie z. B. Freundschaft, Sexualität, Humor, Liebe und Zuneigung sind auf der Ebene betrieblicher Wirkungen i. d. R. nicht relevant. Auffällig ist, dass entsprechende Leistungen der Betriebe sich beim subjektiven Wohlbefinden auf den Kreis der Unternehmensführung und der Mitarbeiter/ innen beschränken und auch nur durch eine direkte Befragung dieses Personenkreises erfasst werden können.

Einen Beitrag zum subjektiven Wohlbefinden im Umfeld des Betriebs stellen Aktivitäten dar, die die regionale Identität befördern, die Möglichkeiten der Freizeitgestaltung erweitern und einen Beitrag zur ästhetischen Gestaltung des Dorfs oder Stadtteils leisten.

Tabelle 3: Kriterien für den Schwerpunkt „Lebensqualität"

Lfd. Nr.	Kriterium	Art des Betriebs
Materieller Lebensstandard		
48	Durchschnittliches Einkommen von Ökolandwirten im Vergleich zu konventionellen Landwirten.	LW
49	Betriebsleiter/innen und Mitarbeiter/innen sind sehr zufrieden, zufrieden, einigermaßen zufrieden, weniger, gar nicht zufrieden mit dem eigenen Einkommen.	LW, VA, VM
50	Betriebsleiter/innen und Mitarbeiter/innen nehmen wahr, dass die Tätigkeit in der Branche eine sehr gute, gute, zufriedenstellende, schlechte, sehr schlechte Alterssicherung gewährleistet.	LW, VA, VM
Arbeitsbedingungen		
51	Geschätzte durchschnittliche Anzahl der wöchentlichen Überstunden der Mitarbeiter/innen im Unternehmen.	LW, VA, VM
52	Stress und Überlastung werden von den Mitarbeiter/innen im Betrieb als sehr hoch, hoch, mittel, gering, sehr gering wahrgenommen.	LW, VA, VM
53	Anteil der Arbeitsplätze im Unternehmen mit flexibler Zeiteinteilung (Gleitzeit, Arbeitszeitkonten etc.).	LW, VA, VM
54	Das Unternehmen organisiert regelmäßig Betriebsausflüge, -feste oder –exkursionen.	LW, VA, VM
55	Im Unternehmen bestehen freundschaftliche Arbeitsbeziehungen.	LW, VA, VM
Vielfalt sozio-ökonomischer Strukturen		
56	Das Unternehmen trägt zur Vielfalt sozio-ökonomischer Strukturen in der Region bei.	Recherche
57	Die Unternehmen der Branche sind in vielfältiger Weise mit anderen Institutionen (Vereinen, Netzwerken etc.) verknüpft.	Recherche
Selbstverwirklichung		
58	Die Betriebsleiter/innen und die Mitarbeiter/innen nehmen wahr, dass ihre Erwerbsarbeit sehr stark, stark, mittel, wenig, gar nicht zur persönlichen Selbstverwirklichung beiträgt.	LW, VA, VM
59	Die Betriebsleitung und die Mitarbeiter/innen nehmen wahr, dass die ausgeübte Arbeit sehr stark, stark, mittel, gering, gar nicht zur Lebensfreude beiträgt.	LW, VA, VM
Kultur und Freizeit		
60	Das Unternehmen trägt zum Freizeitangebot in der Umgebung bei.	LW, VA, VM
Ästhetik		
61	Das Unternehmen legt Wert auf ästhetische Kriterien bei der Gestaltung der Betriebsgebäude/ des Ladens/ der Hofstelle.	LW, VA, VM
Regionale Identität		
62	Das Unternehmen bezieht sich in seinen Image- und Werbemaßnahmen auf die Region.	LW, VA, VM

4.4 Ökologische Leistungen und Beitrag zur Landschaftsästhetik

Für die Recherche von Kriterien zur Bewertung der ökologischen Leistung von Betrieben wurde auf die Literatur zur nachhaltigen Entwicklung der Landwirtschaft und zur nachhaltigen Entwicklung von Unternehmen zurückgegriffen.
In landwirtschaftlichen Bereich liegen umfangreiche Studien dazu vor, welche Formen der Landbewirtschaftung (ökologisch, integriert, konventionell) mit welchen Umweltbelastungen (Boden, Wasser, Luft, klimarelevante Gase etc.) bzw. Folgen für die Artenvielfalt verbunden sind. Dabei liegen für viele Bereiche Ergebnisse über die ökologischen Vorteile des ökologischen Landbaus vor, die auf die dort eingehaltenen Standards zurückzuführen sind (kein Einsatz von synthetischen Pflanzenschutzmitteln und mineralischem Dünger, Einhaltung von Fruchtfolgen, Flächen bezogene Tierhaltung etc.) (u. a.Piorr/ Werner 1998; FiBL 2000; Köpke 2002; NABU 2002; Rahmann 2002; Stokstad 2002; Bundesforschungsanstalten 2003). Im Rahmen unseres Projekts möchten wir auf diesen Untersuchungen aufbauen und uns darauf konzentrieren, die Leistungen für Natur-, Arten- und Umweltschutz zu erfassen, die über den EU-Standard hinausgehen. Wir setzen voraus, dass die durch die EU-Standards bereits festgelegten betrieblichen Leistungen von uns nicht mehr empirisch abgefragt werden müssen. Sie werden dennoch im Kriterienraster aufgeführt, um die Unterschiede zur konventionellen Landwirtschaft deutlich zu machen (gekennzeichnet mit „Richtlinien"). Darüber hinaus erwarten wir, dass es Betriebstypen gibt, die sich durch weiter gehende ökologische Leistungen auszeichnen, während andere Betriebstypen sich an den in den Standards formulierten Minimalleistungen orientieren.
Anregungen für Kriterien zu ökologischen Leistungen konnten aus der Literatur zur umweltverträglichen Unternehmensführung (Hoffmann et al. 1997) und zur Weiterentwicklung des ökologischen Landbaus im Hinblick auf Natur- und Artenschutz (Bosshard/ Oppermann et al. 2002; van Elsen 2002; NABU o.J.; Bosshard./ Oppermann et al. 2002; Wahmhoff 2003) gewonnen werden. Ein weiteres Interesse unserer Untersuchung liegt in dem Beitrag der landwirtschaftlichen Betriebe zur Landschaftsästhetik. Diesbezügliche Kriterien konnten aus einem Projekt übernommen werden, das zum Ziel hatte, die Richtlinien für den ökologischen Landbau in diese Richtung zu erweitern (Bosshard et al. 2002).

Was die ökologischen Leistungen von Unternehmen der Verarbeitung und Vermarktung von Bioprodukten betrifft, so wurde auf die allgemeine Literatur zur nachhaltigen Entwicklung von Unternehmen (Hoffmann et al. 1997) und speziell der Ernährungswirtschaft zurückgegriffen (kompakt 2003; Heincke/ Roesch 2001: 251ff; Umweltbundesamt 1997: 131ff; 2002: 121; Daum 2003). Auffällig an den vorliegenden Studien ist, dass es sich bei der Zielgruppe meist um große, international agierende Unternehmen handelt mit entsprechendem Spielraum für die strukturelle Berücksichtigung von Umweltbelangen und für Investitionen im Umweltbereich, die sich erst mittel- und langfristig amortisieren. Die Rückkopplung mit den eher kleinen und mittleren Unternehmen in der Region wird ergeben, inwieweit das Anlegen dieser Kriterien auch für diese Betriebe sinnvoll ist.

Insgesamt ist uns bei der Formulierung von Kriterien für einzelne betriebliche Maßnahmen wie z. B. der Wasser- und Energieeinsparung oder der Reduktion von Schadstoffen bewusst, dass diese nur eine Auswahl aus der ökologischen Gesamtperformanz der Betriebe darstellen. Die tatsächliche Umweltbelastung, die von den Betrieben ausgeht, könnte vollständig nur mit Hilfe einer betrieblichen Umweltbilanz erfasst werden. Durch die Abfrage einzelner ökologischer Maßnahmen bleiben möglicherweise auch Wechselwirkungen zwischen den Maßnahmen unentdeckt (z. B. bringt eine zusätzliche Maßnahme im Bereich des Artenschutzes erhöhten Energieverbrauch mit sich?). Da die Durchführung von detaillierten Stoff- und Energiebilanzen im Rahmen des Projekts nicht möglich ist, haben wir uns zugunsten der Erfassung einer Bandbreite von Aktivitäten dennoch für diese Vorgehensweise entschieden. Wir gehen dabei davon aus, dass die Ergreifung von Umwelt-, Arten- und Naturschutzmaßnahmen, die über die gesetzlichen Vorschriften und den EU-Standard hinausgehen, auf eine gewisse Grundhaltung des Betriebs zu diesem Handlungsfeld schließen lässt, die sich auch in anderen – von uns nicht untersuchten Bereichen – niederschlägt.

Das Kriterienraster umfasst zunächst Kriterien, die Hinweise auf das Engagement des Unternehmens (Verleihung von Preisen, Mitgliedschaft in entsprechenden Verbänden) bzw. strukturelle Maßnahmen (Nutzung von Bilanzierungsinstrumenten, Veröffentlichung entsprechender Berichte, Benennung von Verantwortlichen für Umweltbelange) im Umweltbereich geben. Da es sich hierbei vorrangig um Kriterien handelt, die im Zusammenhang mit dem Umweltmanagement großer Betriebe formuliert wurden, soll die Relevanz für die Betriebe der regionalen Branche im nächstfolgenden partizipativen Bewertungsschritt geklärt werden.

Unter der Regel, die die Nutzung erneuerbarer Ressourcen thematisiert, werden Kriterien für den Umgang mit den Ressourcen Boden und Wasser aufgeführt. Hierbei wird bei den landwirtschaftlichen Betrieben jeweils unterschieden in die Maßnahmen, die bereits im Rahmen des EU Standards vorgeschrieben sind (gekennzeichnet mit „Richtlinien“) und zusätzliche Maßnahmen. Unter der Nutzung nicht erneuerbarer Ressourcen werden Kriterien zum Umgang mit Energie, mit Verkehr und zum Flächenverbrauch formuliert.

Unter der Regel zur nachhaltigen Nutzung der Umwelt als Senke werden Kriterien hinsichtlich der Reduktion von Abfällen und des Schadstoffausstoßes (einschließlich Abwasser) aufgeführt. Denkbare Strategien hierfür sind das Benutzen schadstoffarmer und recyclebarer Geräte, das Schließen von Stoffkreisläufen und ein verringerter Materialverbrauch. Zu beachten ist hier allerdings, dass diese Senkenbezogenen Strategien keine Umweltverschlechterungen (z. B. durch einen gestiegenen Verbrauch von Energie oder anderen Ressourcen) mit sich bringen dürfen. Folglich müssen die ökologischen Leistungen bzgl. der Ressourcen, der Senke und der Reproduktivität im Zusammenhang betrachtet werden.

Die Kriterien, die die Erhaltung oder Förderung der Reproduktivität der Natur beschreiben, umfassen zum einen die Produktion von naturnahen Rohstoffen und die Berücksichtigung natürlicher Rhythmen (in Form artgerechter Tierhaltung und dem Verzicht auf Maßnahmen zur Beschleunigung oder Verzögerung von Wachstums- und Reifeprozessen). Da für die Betriebe in der Region nicht bekannt ist, inwieweit Maßnahmen ergriffen werden, die über die im Rahmen des EU-Standards formulierten Anforderungen an artgerechte Tierhaltung hinaus gehen, soll dieser Punkt mit Praxisakteuren geklärt werden. Weiterhin werden Kriterien zur Erhaltung der Biodiversität von Arten und Ökosystemen und der kulturellen Funktionen der Natur formuliert. Schließlich kann unter die ökologischen Leistungen noch subsumiert werden, dass der ökologische Landbau aufgrund der im EU-Standard vorgeschriebenen Bewirtschaftungsweise (kein Einsatz gentechnisch veränderter Organismen; kein Einsatz synthetischer Pflanzenschutzmittel) dazu beiträgt, unvertretbare technische Risiken zu vermeiden.

Tabelle 4: Kriterien für den Schwerpunkt „Ökologische Leistungen und Beitrag zur Landschaftsästhetik“

Lfd. Nr.	Kriterium	Art des Betriebs
63	Das Unternehmen hat Auszeichnungen oder Preise für seine Umweltleistungen erhalten.	LW, VA, VM
64	Das Unternehmen ist Mitglied in umweltfreundlichen Unternehmensverbänden (z. B. BAUM, UnternehmensGrün, Futur).	VA, VM
65	Das Unternehmen nimmt externe Umweltberatung wahr.	LW, VA, VM
66	Im Unternehmen sind die Zuständigkeiten für Umweltschutzbelange eindeutig festgelegt (Umweltschutzbeauftrager o.ä.).	LW, VA, VM
67	Das Unternehmen führt Ökoaudit oder Umweltbilanzen durch.	LW, VA, VM
68	Das Unternehmen veröffentlicht Umwelt- oder Nachhaltigkeitsberichte, Umweltbilanzen oder Verpflichtungserklärungen.	LW, VA, VM
Nachhaltige Nutzung erneuerbarer Ressourcen		
Boden		
69	Das Unternehmen ergreift Maßnahmen gegen Bodenverdichtung und Erosion (standortangepasste Fruchtfolgen, Untersaaten) (Richtlinien).	LW
70	Das Unternehmen ergreift zusätzliche Maßnahmen gegen Erosion (z. B. pfluglose Bodenbearbeitung).	LW

Lfd. Nr.	Kriterium	Art des Betriebs
71	Das Unternehmen ergreift zusätzliche Maßnahmen für die Erhaltung/ den Aufbau von Bodenfruchtbarkeit.	LW
Wasser		
72	Das Unternehmen ergreift Wassersparmaßnahmen (Mehrfach-/ Kreislaufnutzung; Nutzung von Regenwasser etc.).	LW, VA
73	Das Unternehmen schützt das Grundwasser durch den Verzicht auf synthetische PSM, mineralischen Dünger und Verzicht auf Massentierhaltung (Richtlinien).	LW
74	Das Unternehmen ergreift zusätzliche Maßnahmen zum Schutz des Grundwassers/ Trinkwassers (z. B. Maßnahmen zur Wasserrückhaltung, Einrichtung Uferrandstreifen, extensiver Einsatz PSM).	LW
Nachhaltige Nutzung nicht erneuerbarer Ressourcen		
Energie		
75	Das Unternehmen trägt zur Erhöhung der Energieeffizienz pro Fläche bei (durch geringeren Einsatz von Primärprodukten) (Richtlinie).	LW
76	Das Unternehmen ergreift Energiesparmaßnahmen (Dämmung Gebäudebestand, gemeinschaftliche Gerätenutzung, energiesparende Geräte und Maschinen, Erhöhung der Effizienz der Beleuchtung und des Heizens etc.).	LW, VA, VM
77	Das Unternehmen erzeugt oder nutzt erneuerbare Energieformen (Solar-, Wind-, Biomasseenergie).	LW, VA, VM
Verkehr		
78	Das Unternehmen ergreift Maßnahmen zur Reduzierung der Transporte.	LW, VA, VM
79	Das Unternehmen unterstützt die Mitarbeiter/innen finanziell in der Nutzung öffentlicher Verkehrsmittel.	LW, VA, VM
Fläche		
80	Das Unternehmen ergreift Maßnahmen zur Verringerung des Flächenverbrauchs.	LW, VA, VM
Nachhaltige Nutzung der Umwelt als Senke		
Schließen Stoffkreisläufe		
81	Das Unternehmen betreibt auf dem Hof Pflanzen- und Tierproduktion.	LW
Verringerung Abfallproduktion		
82	Das Unternehmen nutzt Verpackungen, die umweltfreundlich recyclebar oder wiederverwendbar sind.	VA, VM
83	Das Unternehmen ergreift Maßnahmen zur Reduktion von Produktions- und Verpackungsabfällen.	LW, VA, VM
Verringerung Schadstoffausstoß		
84	Das Unternehmen trägt zur Verringerung von Treibhausgasen durch das Verbot von Massentierhaltung bei (Richtlinien).	LW
85	Das Unternehmen trägt zusätzlich zur Verringerung von Treibhausgasen durch einen Viebesatz < 2 GVE/ ha bei.	LW
86	Das Unternehmen ergreift Maßnahmen zur Verringerung von Luftschadstoff- und Geruchsemissionen, die über die gesetzlichen Vorschriften hinaus gehen.	LW, VA

Lfd. Nr.	Kriterium	Art des Betriebs
87	Das Unternehmen ergreift Maßnahmen zur Verringerung der Abwasserbelastung, die über die gesetzlichen Vorschriften hinausgehen.	VA
88	Das Unternehmen bemüht sich um umwelfreundliche Beschaffung.	LW, VA, VM
Erhaltung und Förderung der Reproduktivität der Natur		
89	Das Unternehmen produziert naturnahe Rohstoffe (z. B. Hanf, Flachs etc.).	LW
90	Das Unternehmen setzt – sofern Gelegenheit – umweltfreundliche Baustoffe ein oder nutzt sie bei der Einrichtung.	LW, VA, VM
Berücksichtigung natürlicher Rhythmen		
91	Das Unternehmen ergreift Maßnahmen zur artgerechten Tierhaltung, die über den EU-Standard hinausgehen.	LW
92	Das Unternehmen verarbeitet Fleisch aus artgerechter Tierhaltung, die über den EU-Standard hinausgeht.	VA
93	Das Unternehmen bietet Produkte aus artgerechter Tierhaltung an, die über den EU-Standard hinausgeht.	VM
94	Das Unternehmen setzt Maßnahmen zur Beschleunigung oder Verzögerung der Wachstums- und Reifeprozesse ein.	LW
Biodiversität (von Arten und Ökosystemen)		
95	Anzahl verschiedener Arten an der Fruchtfolge	LW
96	Das Unternehmen ergreift zusätzliche Maßnahmen zur Erhaltung von Artenvielfalt der Begleitflora und -fauna (Erhaltung Sölle, Anlegen Feuchtbiotope, Anpflanzen Hecken, Bäume, Randstreifen, Nisthilfen etc.).	LW
97	Das Unternehmen ergreift zusätzliche Maßnahmen der beruflichen Praxis, die der Förderung der Artenvielfalt dienen (Mindest-Schnitthöhe, Streifen-/ Flächenmahd, Verzicht auf mehrmalige Mahd von Wegrändern, Feldrainen etc.).	LW
98	Das Unternehmen verwendet Saatgut, das speziell für den Ökologischen Landbau gezüchtet wurde.	LW
Erhaltung der kulturellen Funktionen der Natur		
99	Das Unternehmen trägt mit Maßnahmen zu einer vielfältigen Kulturlandschaft bei (kleine Schläge, Einbringen von Strukturelementen etc.).	LW
100	Das Unternehmen nimmt Aufgaben der Landschaftspflege wahr.	LW
101	Das Unternehmen macht Angebote zur Natur-/ Landschaftserfahrung (Führungen, Naturlehrpfad etc.).	LW
102	Das Unternehmen macht Angebote zu sanftem Tourismus (Wandern, Reiten, Paddeln etc.).	LW
Vermeidung unvertretbare technische Risiken		
103	Das Unternehmen setzt keine gentechnisch veränderten Pflanzen oder Tiere ein (Richtlinien).	LW
104	Das Unternehmen vermeidet die Risiken der Freisetzung von Schadstoffen durch das Verbot des Einsatzes von synthetischen PSM (Richtlinien).	LW, VA

4.5 Operationalisierung der anderen Nachhaltigkeitsregeln

Der letzte Teil umfasst Kriterien für die Nachhaltigkeitsregeln, die nicht im Rahmen der durch das Projekt gesetzten Schwerpunkte behandelt werden. Unter den Regeln „Gewährleistung der Grundversorgung“, „Selbständige Existenzsicherung“ und „Ausgleich extremer Einkommens- und Vermögensunterschiede“ werden einige Kriterien für die ökonomische Leistungsfähigkeit der Unternehmen und Leistungen wie die Bereitstellung von Arbeitsplätzen aufgeführt. Diese Kriterien sind für eine Bewertung des regionalen Nutzens, der von den Unternehmen ausgeht, von hoher Relevanz. Da sich die Betrachtung betrieblicher Wirkungen in bisherigen Studien aber meist auf Kriterien dieser Art beschränkt – und im Rahmen des Projekts gerade darüber hinausgegangen werden soll – wurde die ökonomische Performanz nicht als Schwerpunktthema ausgewählt.

Eindeutig ist – und diese Meinung wurde in zahlreichen Gesprächen mit Praxisakteuren und wissenschaftlichen Experten zum Ausdruck gebracht – dass das ökonomische Überleben des Betriebs gesichert sein muss, damit Spielraum für sozial-ökologische Aktivitäten entsteht. Daher stellt das Projekt in Rechnung, dass die Betriebe zuerst ihr ökonomisches Überleben sichern wollen und müssen. Neben der einzelbetrieblichen ökonomischen Stabilität soll im Rahmen des Projekts der Beitrag der Branche insgesamt zur ökonomischen Stabilität der Region untersucht werden, die als ein Aspekt nachhaltiger Regionalentwicklung angesehen wird. Durch die Betrachtung der Bandbreite betrieblicher Aktivitäten wird es außerdem möglich sein, Hinweise für Synergien oder Konflikte zwischen den einzelnen betrieblichen Bereichen zu finden. Unter welchen betrieblichen Bedingungen entstehen positive Wechselwirkungen z. B. zwischen Aktivitäten im Natur- und Umweltschutz und der ökonomischen Tragfähigkeit des Betriebs und unter welchen Bedingungen stehen sie eher im Konflikt miteinander? Derartigen Fragestellungen soll im Rahmen der Untersuchung der Fallbeispiele Rechnung getragen werden.

In den aufgeführten Regeln zur Grundversorgung und zum Ausgleich extremer Einkommens- und Vermögensunterschiede kommt der globale Anspruch der Nachhaltigkeitsregeln des HGF-Ansatzes zum Tragen. Einige Kriterien thematisieren den Beitrag der regionalen Unternehmen dahingehend, dass die Grundversorgung von Menschen in anderen Regionen – insbesondere in den sog. Entwicklungsländern – gewährleistet ist.

Desweiteren wird in diesem Abschnitt der Beitrag des Unternehmens zu „Chancengleichheit“ mit Hilfe von Kriterien gefüllt. Sowohl hier als auch unter dem Punkt „Existenzsicherung“ werden einige Kriterien für eine explizite Beschreibung der Geschlechterverhältnisse in den Betrieben aufgeführt. Daneben spielt jedoch auch der Einbezug von Langzeitarbeitlosen oder anderen gesellschaftlichen Problemgruppen eine Rolle.

Als weiterer wichtiger Punkt wird in diesem Abschnitt der Beitrag der Unternehmen zur menschlichen Gesundheit thematisiert – ein Thema, das sehr eng mit der Art der Ernährung zusammen hängt. Dass dieses Thema keines der genannten Schwerpunktbereiche darstellt, hängt vor allem damit zusammen, dass entsprechende Zusammenhänge bereits in zahlreichen Untersuchungen behandelt wurden.

Tabelle 5: Kriterien für die weiteren Nachhaltigkeitsregeln

Lfd. Nr.	**Kriterium**	**Art des Betriebs**
Schutz der menschlichen Gesundheit		
Beitrag zu einer gesunden Ernährung		
105	Das Unternehmen trägt zur Minimierung von Schadstoffen/ chemischen Inhaltsstoffen in pflanzlichen und tierischen Lebensmitteln bei. (Richtlinien)	LW,VA
106	Das Unternehmen bietet (Weiter-) Bildungsmaßnahmen im Bereich gesunde Ernährung/ Vollwerternährung etc. an.	LW, VA, VM
107	Verhältnis des Fleischkonsums von Biokäufern zum Fleischkonsum der Gesamtbevölkerung.	Recherche
Beitrag zu einer nicht-gesundheitsschädigenden Landwirtschaft und Verarbeitung		
108	Das Unternehmen trägt dazu bei, dass die Belastung des Trinkwassers mit synthetischen PSM reduziert wird. (Richtlinien)	LW
109	Das Unternehmen trägt dazu bei, dass die Luftbelastung durch Massentierhaltung reduziert wird. (Richtlinien)	LW
110	Das Unternehmen trägt dazu bei, dass der Gehalt hormonartig artig wirkender (endokriner) Stoffe in Lebensmitteln reduziert wird. (Richtlinien)	LW
Gewährleistung der Grundversorgung		
Beitrag zur nationalen/ regionalen Grundversorgung		
111	Erzielte Mengenerträge nach Produktgruppen	LW
112	Erzielter Umsatz pro Mitarbeiter/in	VM, VA
113	Das Unternehmen schätzt, dass es noch sehr hohen, hohen, mittleren, geringen, sehr geringen Spielraum hat, die betriebliche Effizienz bei gleichbleibend umwelt- und sozialverträglichem Wirtschaften zu steigern.	LW,VA,VM
114	Das Unternehmen nimmt Fortbildungen zur Verbesserung der betrieblichen Praxis (Steigerung der Erträge/ Verbesserung der ökonomischen Effizienz) wahr.	LW, VA, VM
115	Anteil regional vermarkteter Lebensmittel	LW, VM
116	Anteil regionaler Rohstoffe	VA

Lfd. Nr.	Kriterium	Art des Betriebs
117	Anteil von regionalen Produkten im Frischwaren-Angebot (differenziert nach Sommer und Winter)	VM
118	Anteil von außereuropäischen Produkten im Angebot	VM
119	Anteil der Flächen, die im Biolandbau zur Produktion von Futtermitteln genutzt werden im Vergleich zum Anteil in der Gesamt-Landwirtschaft	
120	Das Unternehmen trägt zum Zugang zu Bioprodukten im ländlichen Raum bei (z. B. Besuch Märkte, Hofladen).	LW, VA
121	Das Unternehmen trägt zum Zugang zu Bioprodukten für Kinder, Jugendliche und Geringverdienende bei (Aktionen mit Kitas, Schulen, preiswerte Versorgung mit Basisprodukten etc.).	LW, VA, VM
Beitrag zur Grundversorgung in anderen Ländern		
122	Anteil Futtermittelimporte aus EL	LW
Selbständige Existenzsicherung		
gerechte Verteilung Erwerbsarbeit		
123	Anteil beschäftigter Frauen	LW, VA, VM
124	Anteil beschäftigter Frauen in verschiedenen Tätigkeiten	LW, VA, VM
125	Zahl der gesamten Arbeitsplätze pro ha	LW
126	Zahl der gesamten Arbeitsplätze pro 1000 Euro Umsatz	VA
127	Zahl der gesamten Arbeitsplätze pro qm Ladenfläche	VM
128	Anteil Teilzeitarbeitskräfte, Saison- oder Hilfsarbeiter/innen	LW, VA, VM
129	Das Unternehmen beschäftigt Langzeitarbeitslose oder andere Problemgruppen.	LW, VA, VM
130	Indirekter Beschäftigungseffekt der Branche (Anzahl von Arbeitsplätzen im vor- und nachgelagerten Bereich)	Recherche
Gleichberechtigte Möglichkeiten der Existenzsicherung		
131	Anteil Betriebsleiterinnen	LW,VA,VM
132	Das Unternehmen leistet einen Beitrag zur Existenzsicherung von Frauen (Miteigentümerinnen, monetäre Anerkennung Reproduktionsarbeit etc.).	LW
Einflussnahme auf eigene Existenzsicherung		
133	Anteil Einkommen über Transferzahlungen	LW
134	Durchschnittlicher Anteil an Produkten, die konventionell vermarktet werden müssen.	LW, VA
135	Erreichte Preise nach Produktgruppen im Vergleich zu den Preisen derselben konventionellen Produkte	LW, VA, VM
136	Zufriedenheit mit den erzielten Preisen	LW, VA, VM
137	Das Unternehmen verfügt über langfristig verbindliche Handelsbeziehungen (z. B. Abnahmegarantieren).	LW, VA, VM
138	Das Unternehmen schätzt, dass der betriebliche Erfolg sehr stark, stark, mittel, gering, sehr gering von der eigenen Leistung abhängt.	LW, VA, VM
139	Das Unternehmen schätzt, dass der Betrieb mit hoher bis geringer Wahrscheinlichkeit noch länger als 30 Jahre existiert.	LW,VA,VM

Lfd. Nr.	Kriterium	Art des Betriebs
Ausgleich extremer Einkommens- und Vermögensunterschiede		
Ausgleich innerhalb der Nation/ Region/ des Betriebs		
140	In dem Unternehmen existieren Regelungen, die eine gleichberechtigte Einkommensverteilung befördern (z. B. Kollektiv, Hofgemeinschaft, finanzielle Mitarbeiterbeteiligung am Betriebsgewinn).	LW, VA, VM
141	Im Unternehmen werden die gezahlten Gehälter und Löhne offen gelegt.	LW, VA, VM
Ausgleich zwischen IL und EL		
142	Anteil von verarbeiteten Rohstoffen aus fairem Handel	VA
143	Anzahl von Produkten aus fairem Handel im Angebot	VM
144	Das Unternehmen unterstützt Organisationen der Entwicklungszusammenarbeit finanziell oder durch aktive Mitarbeit.	LW, VA, VM
145	Das Unternehmen führt Informationsveranstaltungen im Bereich fairer Handel/ Entwicklungszusammenarbeit durch.	LW, VA, VM
Nachhaltige Entwicklung der menschengemachten Sachmittel für Produktion und Reproduktion		
146	Das Unternehmen nutzt existierenden Gebäudebestand.	LW, VA, VM
147	Das Unternehmen nutzt Maschinen und Geräte gemeinschaftlich mit anderen Unternehmen.	LW, VA
148	Das Unternehmen bietet seine Räume für lokale Treffen, (Weiter-) Bildung etc. an.	LW, VA, VM
Chancengleichheit		
149	Das Unternehmen ergreift Maßnahmen der Frauenförderung.	LW, VA, VM
150	Die Gleichstellung der Geschlechter im Betrieb wird als sehr gut, gut, mittel, schlecht, sehr schlecht wahrgenommen.	LW, VA, VM
151	Reproduktive Tätigkeiten werden im Betrieb sehr gut, gut, mittel, wenig, gar nicht anerkannt.	LW

5. Ausblick

Als nächster Schritt ist eine Diskussion mit Vertreter/innen der Branche darüber geplant, welche Kriterien sie als besonders wichtig oder als eher unwichtig empfinden und welche Kriterien evtl. aufgrund der spezifischen Ausprägung der Betriebe in der Region nicht angelegt werden können (z. B. weil es sich bei den Verarbeitungsbetrieben eher um kleine Unternehmen handelt, die bestimmte Maßnahmen nicht ergreifen können.). Darauf aufbauend soll eine Reduktion des Kriterienrasters für die empirische Phase vorgenommen bzw. entschieden werden, welche Kriterien sich für eine Abfrage als Indikatoren eignen und welche eher in qualitativen Interviews abgefragt werden sollten. Dabei wird seitens der wissenschaftlichen Bearbeiter/innen allerdings darauf geachtet, dass alle Schwerpunktbereiche in der Befragung abgedeckt werden. Je nach Einschätzung der Praxispartner können jedoch unterschiedliche Gewichtungen in der Intensität der Betrachtung vorgenommen werden.

Das Kriterienraster fungiert im weiteren Verlauf als Grundlage für die empirische Befragung der Betriebe in Form von telefonischen Interviews, einer Befragung einer repräsentativen Anzahl von Betrieben per Fragebogen und einer intensiveren Betrachtung einiger ausgewählter Fallbeispiele.

Der Einsatz des Kriterienrasters und die Auswertung der damit gewonnenen Ergebnisse wird zeigen, welche Parameter sich besonders gut eignen, um bisher ungenügend wahrgenommene betriebliche Beiträge zu zukunftsfähigem Wohlstand zu beschreiben. Von den Kriterien, die sich als besonders aussagekräftig erwiesen haben, wird ein überschaubares Indikatorensystem abgeleitet, mit dem auf Entscheidungsträger auf verschiedensten Ebenen mit dem Ziel der Erweiterung bzw. Modifikation bestehender Evaluationssysteme zugegangen werden kann.

6. Zusammenfassung

Bemühungen, „das Ganze" der Reproduktion bei der Formulierung von Nachhaltigkeitsindikatoren in den Blick zu nehmen, beginnen bei der Wahl des Untersuchungsrahmens und des zugrunde liegenden Nachhaltigkeitsverständnisses. Ein Nachhaltigkeitskonzept, das sich bereits bei der Formulierung der Ziele um Integration bemüht, erscheint geeigneter als die getrennte Formulierung von Indikatoren für die Dimensionen Ökologie, Ökonomie und Soziales. Um Nachhaltigkeitseffekte wahrnehmen zu können, die auf reproduktiven Tätigkeiten beruhen, ist bereits auf der konzeptionellen Ebene ein erweitertes Verständnis von Ökonomie und Arbeit notwendig, das die Sphäre der Reproduktion gleichberechtigt einbezieht. Dies bezieht sich sowohl auf die Reproduktion der natürlichen Mitwelt als auch auf die Reproduktion von Gesellschaft, z. B. durch die Stärkung von Human- und Sozialressourcen. Die zusätzliche Verknüpfung des Konzepts nachhaltiger Entwicklung mit dem der Lebensqualität verspricht Möglichkeiten sichtbar zu machen, welche Bestandteile eines „guten Lebens" mit den Mindestanforderungen nachhaltiger Entwicklung vereinbar sind.

Ausgehend von dem Untersuchungsrahmen „zukunftsfähiger Wohlstand" erfolgt die Kontextualisierung auf die regionale Branche der ökologischen Land- und Ernährungswirtschaft zunächst durch eine Schwerpunktsetzung in Form von Hypothesen. Unter Berücksichtigung der vorliegenden Literatur zu Nachhaltigkeitsindikatoren werden Kriterien für den Erhalt und die Schaffung von Human-, Wissens- und Sozialpotenzial sowie für den Beitrag zu Lebensqualität, Landschaftsästhetik und ökologischer Nachhaltigkeit formuliert.

Dabei wird das gesamte Handlungsspektrum der Unternehmen in den Blick genommen: neben den marktförmig vermittelten Aktivitäten sind dies unterschiedlichste Formen der Kooperation und nicht-marktförmig vermittelte Tätigkeiten. Die Bandbreite betrieblicher Wohlstandswirkungen wird nur dann sichtbar, wenn in den Bereichen der Stärkung des Human-, Wissens- und Sozialpotenzials über die betriebliche Ebene (Mitarbeiter/innen, Kunden) hinaus betrachtet wird, welchen Beitrag die Betriebe in ihrem lokalen und regionalen Umfeld leisten. Durch die Erprobung des Kriteriensets in der Region Berlin-Brandenburg sollen Erkenntnisse dahingehend gewonnen werden, welche Indikatoren besonders geeignet sind, um bestehende Evaluationssysteme in Richtung „zukunftsfähiger Wohlstand" zu erweitern.

Literatur

Biesecker, Adelheid/ Hofmeister, Sabine (2000): Vom nachhaltigen Naturkapital zur Einheit von Produktivität und Reproduktivität. Bremen: Universität Bremen (Bremer Diskussionspapiere Nr. 41).

Biesecker, Adelheid/ Kesting, Stefan (2003): Mikroökonomik. Eine Einführung aus sozial-ökologischer Perspektive. München: Oldenbourg.

Bosshard, A./ Oppermann, R./ Reisner, Y. (2002): Vielfalt in die Landschaftsaufwertung! Eine Ideen-Checkliste für Landwirtschaft und Landschaftsplanung.

Bosshard, Andreas (2000): A methodology and terminology of sustainability assessment and its perspectives for rural planning. In: Agriculture, Ecosystems & Environment 77: 29-41.

Bundesforschungsanstalten, Senat der (2003): Bewertung von Lebensmitteln verschiedener Produktionsverfahren. Statusbericht 2003. Bonn.

Bundesregierung (2002): Perspektiven für Deutschland. Unsere Strategie für nachhaltige Entwicklung. Berlin.

Canadian Policy Research Networks (Hg.) (2001): Asking Citizens What Matters for Quality of Life in Canada. A Rural Lens. Quality of Life Indicators Project. Ottawa: Canadian Policy Research Networks.

Christen, Olaf/ O'Halloran-Wietholtz, Zita (2001): Indikatoren für eine nachhaltige Entwicklung der Landwirtschaft. Bd. 3. Bonn: Institut für Landwirtschaft und Umwelt (ilu).

Clar, Günter/ Doré, Julia/ Mohr, Hans (Hg.) (1997): Humankapital und Wissen. Grundlagen einer nachhaltigen Entwicklung. Berlin, Heidelberg: Springer-Verlag (Veröffentlichungen der Akademie für Technikfolgenabschätzung in Baden-Württemberg).

CSD, Commission on Sustainable Development (1996): Indicators of Sustainable Development. Framework and Methodology. http://www.un.org/esa/sustdev/isd.htm.

Csikszentmihalyi, Mihaly (1999): If We Are So Rich, Why Aren't We Happy? In: American Psychologist 54 (10/ 99): 821-827.

Daum, Paul (2003): Lösungsansätze im Lebensmittel-Einzelhandel. In: al., GIERNAU et (Hg.): Nachhaltige Agar- und Ernährungswirtschaft. Berlin: Erich Schmidt Verlag: 143-147.

FiBL, Forschungsinstitut für biologischen Landbau (2000): Bio fördert Bodenfruchtbarkeit und Artenvielfalt. Erkenntnisse aus 21 Jahren DOK-Versuch (Dossier Nr. 1).

Gatersleben, Brigitta C.M. (2000): Sustainable Household Metabolism and Quality of Life. Examining the Perceived Social Sustainability of Environmentally Sustainable Household Consumption Patterns. Groningen: De Regenboog.

Glatzer, Wolfgang (1984): Haushaltsproduktion. In: Glatzer, Wolfgang/ Zapf, Wolfgang (Hg.): Lebensqualität in der Bundesrepublik. Objektive Lebensbedingungen und subjektives Wohlbefinden. Frankfurt: Campus: 366-388.

Haan, G. de (2000): Kompetent für die Gestaltung der Zukunft. Klare Kriterien müssen die Bildung für eine nachhaltige Entwicklung neu fokussieren. In: Politische Ökologie Sonderheft (12): 12-14.

Haug, Sonja (1997): Soziales Kapital. Ein kritischer Überblick über den aktuellen Forschungsstand. Mannheim: Zentrum für Europäische Sozialforschung.

Heincke, Maren/ Roesch, Christina (2001): Ernährung und Landwirtschaft. In: GrundWALD, Armin et al. (Hg.): Forschungswerkstatt Nachhaltigkeit. Berlin: edition sigma: 241-393.

Hoffmann, Johannes/ Ott, Konrad/ Scherhorn, Gerhard (Hg.) (1997): Ethische Kriterien für die Bewertung von Unternehmen. Frankfurt-Hohenheimer Leitfaden. Frankfurt a.M.: IKO.

imug, Institut für Markt – Umwelt – Gesellschaft e.V. (Hg.) (1997): Unternehmenstest. Neue Herausforderungen für das Management der sozialen und ökologischen Verantwortung. München: Vahlen.

Independent Commission on Population and Quality of Life (1998): Visionen für eine bessere Lebensqualität. Basel u. a.: Birkhäuser.

Jacksonville Community Council Inc. (2002): Quality of Life in Jacksonville. Indicators for Progress 2002. http://www.jcci.org/qol/qol.htm (30.04.) (2003).

Joye, Dominique/ Renschler, Isabelle (1996): Social Capital and Local Living: The Example of 4 Swiss Cities. Konferenzpapier für die Konferenz "Conference on Social Capital" in Milano.

Kanatschnig, Dietmar/ Fischbacher, Christa/ Schmutz, Petra (1999): Regionalisierte Fraumentwicklung. Wien: Österreichisches Institut für Nachhaltige Entwicklung.

kompakt: Zukunftsfähige Ernährungswirtschaft: Initialer Nachhaltigkeitscheck. www.kompaktnet.de (2003).

Kopfmüller, Jürgen/ Brandl, Volker/ Jörissen, Juliane/ Paetau, Michael/ Banse, Gerhard/ Coenen, Reinhard/ Grunwald, Armin (2001): Nachhaltige Entwicklung integrativ betrachtet. Konstitutive Elemente, Regeln, Indikatoren. Berlin: edition Sigma (Global zukunftsfähige Entwicklung – Perspektiven für Deutschland; 1).

Köpke, Ulrich (2002): Umweltleistungen des Ökologischen Landbaus. In: Ökologie & Landbau 122 (2/ 2002): 6-18.

Korczak, Dieter (1995): Lebensqualität-Atlas. Umwlt, Kultur, Wohlstand, Versorgung, Sicherheit und Gesundheit in Deutschland. Opladen: Westdeutscher Verlag.

Krause, Peter/ Habich, Roland (2000): Einkommen und Lebensqualität im vereinigten Deutschland. In: Vierteljahreshefte für Wirtschaftsforschung 69 (2/ 2000): 317-340.

López Ospina, G. (2000): Education for Sustainable Development: A Local and International Challenge. In: Prospects 30 (Nr. 1): 31-40.

Mohr, H. (1997): Wissen als Humanressource. In: Mohr, H. (Hg.): Humankapital und Wissen. Grundlagen einer nachhaltigen Entwicklung. Berlin: 13-27.

Müller, K./ Kächele, H. (2000): Nachhaltige Landbewirtschaftung – Anforderungen und Kriterien aus sozialer Sicht. In: VDLUFA (Hg.): Nachhaltige Landwirtschaft, Teil I. VDLUFA-Schriftenreihe 55/ 2000. Darmstadt: 45-71.

Müller-Christ, Georg/ Hülsmann, Michael (2003): Erfolgsbegriff eines nachhaltigen Managements. In: LINNE, Gudrun/ Schwarz, Michael (Hg.): Handbuch Nachhaltige Entwicklung. Wie ist nachhaltiges Wirtschaften machbar? Opladen: leske + budrich: 247-256.

NABU (2002): Ökolandbau schützt Feldvögel. http://www.nabu.de/m09/m09_06/00564.html (26.05.2003).

NABU (o.J.): Argumente, Ökolandbau und Naturschutz. www.NABU.de (02.05) (2003).

Noll, Heinz-Herbert (1997): Wohlstand, Lebensqualität und Wohlbefinden in den Ländern der Europäischen Union. In: Hradil, Stefan/ Immersfall, Stefan (Hg.): Die westeuropäischen Gesellschaften im Vergleich. Opladen: Leske + Budrich: 431-473.

Noll, Heinz-Herbert (2000): Konzepte der Wohlfahrtsentwicklung: Lebensqualität und "neue" Wohlfahrtskonzepte. Berlin: WZB (WZB-Diskussionspapiere. Veröffentlichungsreihe der Querschnittsgruppe Arbeit & Ökologie beim Präsidenten des Wissenschaftszentrum Berlin für Sozialforschung; P00-505).

Noll, Heinz-Herbert (2002): Towards a European System of Social Indicators: Theoretical framework and system architecture. In: Social Indicators Research 58 (2002): 41-87.

Nussbaum, Martha C. (1999): Gerechtigkeit oder Das gute Leben. Frankfurt a.M.: Suhrkamp (edition suhrkamp; 1739).

OECD (1999): Landschaft und Umwelt. Problematik und strategische Ansätze. Paris.

Piorr, Annette/ Werner, Wilfried (1998): Nachhaltige landwirtschaftliche Produktionssysteme im Vergleich: Bewertung anhand von Umweltindikatoren. Bonn (Schriftenreihe des Dachverbandes Wissenschaftlicher Gesellschaften der Agrar-, Forst-, Ernährungs-, Veterinär- und Umweltforschung e.V, Band 28).

Politische Ökologie (1999): Von der Zeitnot zum Zeitwohlstand. Auf der Suche nach den rechten Zeitmaßen. In: Politische Ökologie 17 (Heft 57/ 58).

Putnam, Robert D. (1993): Making Democracy Work. Civic Traditions in Modern Italy. Princeton: Princeton University Press.

Rahmann, Gerold (2002): Biodiversität und Ökologischer Landbau gehören zusammen! In: Katalyse Nachrichten 35 (1/ 2002): 30-32.

Schäfer, Martina/ Nölting, Benjamin/ Illge, Lydia (2003): Zukunftsfähiger Wohlstand. Analyserahmen zur Evaluation nachhaltiger Wohlstandseffekte einer regionalen Branche. Unter Mitarbeit von Tina Boeckmann und Elke Baranek. Nr. 10/ 03 (discussion paper des Zentrum Technik und Gesellschaft (ZTG) der TU Berlin).

Schmuck, Peter/ Sheldon, Kennon M. (2001): Life Goals and Well-Being. To the Frontiers of Life Goal Reaserch. In: SCHMUCK, Peter/ Sheldon, Kennon M. (Hg.): Life Goals and Well-Being. Towards a Positive Psychology of Human Striving. Seattle: Hogrefe and Huber Publishers: 1-17.

Stokstad, Erik (2002): Organic Farms Reap Many Benefits. In: Science 296 (31 May 2002), S. 1589.

Ulrich, Peter (1997): Integrative Wirtschaftsethik: Grundlagen einer lebensdienlichen Ökonomie. Bern u. a.: Haupt.

Umweltbundesamt (1997): Nachhaltiges Deutschland. Berlin: Erich Schmidt Verlag.

Umweltbundesamt (2002): Nachhaltige Entwicklung in Deutschland. Berlin: Erich Schmidt Verlag.

Van Elsen, Thomas (2002): Naturschutz – ein Produkt, sektorale Zusatzleistung oder integraler Bestandteil des Ökologischen Landbaus? In: Wierbinski, N. (Hg.): Naturschutz und ökologischer Landbau. Forschungsbedarf und Forschungsmöglichkeiten. 72. Bonn: BfN: 65-72.

Wahmhoff, Werner (2003): Nachhaltigkeit managen mit Indikatoren. In: al., GIERNAU et (Hg.): Nachhaltige Agrar- und Ernährungswirtschaft. Berlin: Erich Schmidt Verlag: 13-23.

Anhang

Zusammenstellung der Wohlstands- und Lebensqualitätsdimensionen, die dem Forschungsprojekt zugrunde liegen

Zusammenstellung der Wohlstands- und Lebensqualitätsdimensionen		
Oberkategorien	*Aus der Literatur entnommene Wohlstands- und Lebensqualitätsdimensionen*	*Ausdifferenzierung nach:*
1.) Materieller Lebensbereich Grundwert: Materieller Wohlstand	- materielle Ressourcen (Noll 1997) - Arbeitsbedingungen (Noll 1997) - Wohnbedingungen (Noll 1997; Canadian Policy Research Networks 2001) - Ernährung (Korczak 1995; Nussbaum 1999) - Gesundheit (Noll 1997; Jacksonville Community Council Inc. 2002) - Bildung (Noll 2002) - Kinder- und Altenbetreuung (Korczak 1995; Canadian Policy Research Networks 2001) - Transport/ Mobilität (Jacksonville Community Council Inc. 2002; Noll 2002) - Umweltqualität (Korczak 1995; Independent Commission on Population and Quality of Life 1998; Jacksonville Community Council Inc. 2002)	• subjektiv – objektiv • individuell – kollektiv/ regional; • materiell – immateriell • quantitativ – qualitativ
2.) Sozialer Lebensbereich Grundwert: Fürsorge	- Familienleben (Gatersleben 2000; Krause/ Habich 2000) - Freundschaft (Nussbaum 1999; Gatersleben 2000) - Liebe und Zuneigung (Nussbaum 1999) - Sexualität (Nussbajm 1999) - Versorgung durch das soziale Umfeld und die Gemeinschaft (Glatzer 1984)	
3.) Bereich der persönlichen Entwicklung und Selbstverwirklichung Grundwerte: Selbstverwirklichung, Freiheit	- Entwicklungsmöglichkeiten durch Erwerbs-, Versorgungs- und gemeinschaftliche Arbeit (NOLL 1997; Gatersleben 2000) - Soziale Kompetenzen durch Interaktion (Nussbaum 1999; Gatersleben 2000) - Wertschätzung, Ansehen, Status (Gatersleben 2000) - Partizipationsmöglichkeiten (Independent Commission on Population and Quality of Life 1998; Jacksonville Community Council Inc. 2002) - Bildung, Lernen (Independent Commission on Population and Quality of Life 1998; Gatersleben 2000; Jacksonville Community Council Inc. 2002)Zeitverfügbarkeit (Beirat, Politische Ökologie) - Kultur und Freizeit (Korczak 1995; NOLL 2002) Humor und Spiel (Nussbaum 1999)	

Oberkategorien	*Aus der Literatur entnommene Wohlstands- und Lebensqualitätsdimensionen*	*Ausdifferenzierung nach:*
	(Forts.) - Ästhetik (Gatersleben 2000; Jacksonville Community Council Inc. 2002) - Lebensfreude (Csiksuemtmihalyi 1999; Gatersleben 2000) - Lebenssinn, Lebensziele (Nussbaum 1999; Schmuck/ Sheldon 2001) - regionale Identität (Praxisbeirat)	
4.) Gesellschaftliche Bedingungen Grundwerte: Gerechtigkeit, Sicherheit, gesellschaftliche Teilhabe	- Freiheit (Independent Commission on Population and Quality of Life 1998; Krause/ Habich 2000; Canadian Policy Research Networks 2001) - Gerechtigkeit (Independent Commission on Population and Quality of Life 1998; Krause/ Habich 2000) - soziale Sicherheit (Korczak 1995; Krause/ Habich2000) - Partizipationsmöglichkeiten (Independent Commission on Population and Quality of Life 1998; Krause/ Habich 2000; Canadian Policy Research Networks 2001) - Vielfalt sozio-ökonomische Strukturen (Praxisbeirat)	

Lebensbedingungen und regionale Politik – oder: Was Bremer Bürgerinitiativen umtreibt

Jürgen Wendler

Ich möchte diesen Vortrag mit einem Hinweis beginnen, der auf den ersten Blick höchst banal und deshalb überflüssig erscheinen mag: Im Folgenden geht es um Menschen, zuweilen auch um den Menschen schlechthin. Was ihn ausmacht, mit dieser Frage haben sich Denker bekanntermaßen schon vor Jahrtausenden beschäftigt. Wir nennen uns selbst Homo sapiens und drücken damit aus, dass wir uns für vernunftbegabt halten. Dabei bewenden lassen wollen wir es allerdings nicht. Wir sprechen auch vom Homo faber und betonen damit unsere Fähigkeit, Werkzeuge herzustellen. Wir erwähnen den Homo ludens, den spielenden Menschen, und auch den Homo novus, den neuen Menschen, den sich manch einer nach wie vor sehnlichst wünschen dürfte. Und natürlich kennen wir auch den Homo oeconomicus, den ausschließlich von wirtschaftlichen Zweckmäßigkeitserwägungen geleiteten Menschen. Sie werden mir zustimmen, wenn ich sage, dass *der* Mensch, der Mensch schlechthin also, von allem ein bisschen hat, dass also alle genannten Begriffe irgendwo ihre Berechtigung haben. Vielleicht werden Sie mir aber auch zustimmen, wenn ich behaupte, dass heute der Homo oeconomicus im Zentrum des Denkens steht. Ich behaupte zudem, dass er einen Platz einnimmt, der ihm nicht zusteht. Genau dort beginnt für mich das Problem. Und genau das ist auch der Grund, weshalb ich selbst meinen eingangs vorgetragenen Hinweis für alles andere als banal halte.

Indizien für die Richtigkeit der These, dass wir alle zunehmend auf unsere Funktion als Homo oeconomicus reduziert werden, gibt es zuhauf: Selbst ein CSU-Vertreter wie Horst Seehofer oder ein FDP-Politiker wie Gerhart Baum haben inzwischen öffentlich erklärt, dass ihnen die Ökonomisierung der Gesellschaft, wie sie es nennen, große Sorge bereitet. Und der Christdemokrat Heiner Geissler hat den gegenwärtigen Politikern bescheinigt, sie stünden „unter dem Diktat einer Wirtschaftsideologie, die den Beweis des ersten Anscheins für sich hat, aber letztendlich inhuman ist".[1] Gibt es eigentlich noch irgendetwas, das nicht im Sinne des Neoliberalismus unter marktwirtschaftlichen Effizienzkriterien betrachtet wird? Wir sind hier in einer Universität, und das deutsche Universitätssystem, ein in seiner langen Geschichte überaus erfolgreiches, ist eng mit dem Namen Wilhelm von Humboldts (1767-1835) verbunden. Dem preußischen Reformer ging es um das Nebeneinander von Forschung und Lehre, ihm ging es um die Unabhängigkeit der Wissenschaft, und ihm ging es vor allem um Menschenbildung. Und heute? Die Antwort kennen wir alle. Die Ausbildung müsse besser an die Erfordernisse der Wirtschaft angepasst werden, und auch den Transfer des universitären Wissens in die Wirtschaft gelte es zu verbessern: Solche Botschaften werden uns tagein tagaus gepredigt. Welche Menschen da transferieren, ist egal – Hauptsache, sie funktionieren im Sinne der ihnen gestellten technokratischen Aufgabe. Selbst die intellektuelle Presse entblödet sich nicht, unentwegt das Hohelied des Konkurrenzkampfs der Hochschulen zu singen. Dass dabei alles auf der Strecke zu bleiben droht, was keinen unmittelbaren wirtschaftlichen Nutzen verspricht, thematisiert sie nicht. Auf der Strecke bleibt auch die Grundlagenforschung. Ich selbst kenne Naturwissenschaftler, die mir erzählen, dass sie nur noch Anträge für Projekte stellen, deren Ergebnisse sie sowieso schon kennen. Anders sei an Forschungsmittel nicht mehr heranzukommen. Und ohne finanzielle Unterstützung von außen keine Forschung mehr: Diese Lehre ist den Wissenschaftlern erfolgreich eingetrichtert worden.

Längst hat dieses Denken auch die Schule erfasst. Seit dem so genannten Pisa-Schock haben Politiker nichts anderes mehr im Sinn, als die Schulen wettbewerbstüchtig zu machen. „Immer früher, immer schneller, immer mehr" lautet das neue Motto. Englisch wird bereits im Kindergarten gelehrt, das Einschulungsalter soll nach Möglichkeit herabgesetzt werden, und die Schulzeit bis zum Abitur wird verkürzt. Die Wirtschaft fordert Computerkenntnisse, und wir bekommen Schüler, die in ihren Freistunden und Pausen – statt draußen oder miteinander zu spielen – am Computer sitzen und sich in einer virtuellen Spielwelt verlieren. Der Wegbereiter der Französischen Revolution, der Aufklärer Jean-Jacques Rousseau (1712-1778), hat sich nicht von ungefähr viel mit Erziehung befasst. Von ihm stammt dieser Satz: „Wenn er aus meinen Händen hervorgeht, wird er freilich weder Richter noch Soldat noch Priester sein, er wird zuerst Mensch sein."[2] Wer das werden soll, braucht jedoch Zeit. Wir sollten uns

[1] „Die Würde des Menschen ist in Gott verankert", in: Die Zeit, 22.12.2003.
[2] So zitiert nach Reble, Albert (1981): Geschichte der Pädagogik, Frankfurt/M., Berlin, Wien: Ullstein, 148.

werden soll, braucht jedoch Zeit. Wir sollten uns alle fragen, welche Rolle dieses Ideal noch spielen kann, wenn die Entwicklung weiter so verläuft wie zurzeit.

Ich könnte diesen Faden fortspinnen und dabei fast alle Bereiche und Institutionen der Gesellschaft streifen, doch ich will es hier bei einem letzten Hinweis, dem auf die Kultur, bewenden lassen. Auch hier sind die Tage der weitgehenden Zweckfreiheit längst gezählt. Kulturförderung ist nichts anderes mehr als Standort-, sprich Wirtschaftsförderung. Es geht darum, Touristen anzulocken oder überregional von sich reden zu machen. Der Inhalt dessen, was wir gemeinhin unter Kultur verstehen, ist längst zweitrangig.

Zugegeben, dies war eine ziemlich lange Einführung in mein Thema, eine allerdings, ohne die das, was ich über die Bremer Politik, die Lebensbedingungen in dieser Stadt und die Motivation vieler unzufriedener Bürger sagen möchte, weniger gut verständlich wäre. Ich denke, ich kann guten Gewissens behaupten, dass Bremer die Ökonomisierung des Lebens, die ich selbst im Bemühen um größere Genauigkeit als Diktatur des marktwirtschaftlichen Kalküls bezeichnen möchte, noch sehr viel stärker zu spüren bekommen als die Bewohner vieler anderer Städte. Das Handeln Bremer Politiker wird seit Jahren fast ausschließlich von dem Ziel bestimmt, die Wirtschaftskraft zu stärken. Hinzu kommt, dass die Koalition aus SPD und CDU im Verbund mit der Wirtschaftslobby eine derart übermächtige Kraft bildet, dass von einem demokratischen Spiel der Kräfte keine Rede mehr sein kann. Ein großer Teil der Bevölkerung hat das Gefühl, einer Einheitsfront gegenüberzustehen und deren Diktat ausgeliefert zu sein.

Der Senat möchte die Selbstständigkeit des Landes erhalten. Andererseits ist Bremen aber noch höher verschuldet als andere Bundesländer. Auf jedem Bewohner lasten rund 14.500 Euro Schulden. In Hamburg sind es etwa 10.500, im Saarland rund 7000 und in Bayern, dem am wenigsten verschuldeten Bundesland, etwa 2600.[3] Um der Probleme Herr zu werden, hat die große Koalition aus SPD und CDU das Motto „Sparen und investieren“ ausgegeben. Was das Stichwort „Sparen“ bedeutet, erleben die Bürger dieses Bundeslandes seit Jahren hautnah: Schwimmbäder stehen vor der Schließung; Eltern müssen bei der Renovierung von Kindergärten und Klassenräumen selbst Hand anlegen; Schulklassen platzen angesichts fehlender Neueinstellungen von Pädagogen aus allen Nähten; Bera-

[3] Die Angaben stammen vom Deutschen Institut für Wirtschaftsforschung und beziehen sich auf das Jahr 2002.

tungsstellen werden geschlossen und viele öffentliche Flächen nicht mehr gepflegt – besonders dann, wenn sie für auswärtige Besucher, und damit auch aus Sicht der Bremer Politik, weniger interessant sind.

Die gleichen Bürger, die mit ansehen müssen, wie der Staat immer weniger Gemeinschaftsaufgaben wahrnimmt, wie er darüber hinaus öffentliche Unternehmen im grob geschätzten Gesamtwert von rund 2,5 Milliarden Euro[4] verkauft, die der gesellschaftlichen Daseinsvorsorge dienen, erleben auf der anderen Seite, wie die Politik das Geld, also die Mittel, die sie ihr als Steuerzahler zur Verfügung stellen, mit vollen Händen zum Fenster hinauswirft. Bremen hat zur Sanierung des öffentlichen Haushalts für den Zeitraum von 1994 bis 2004 8,5 Milliarden Euro vom Bund erhalten.[5] Statt damit die Schulden zu tilgen, wurde ein Großteil in Investitionen gesteckt. Mag man dies noch für vertretbar halten, so ist die Art, in der dies geschah, bei den Menschen der Stadt in den vergangenen Jahren zunehmend auf Unverständnis gestoßen.

Es wurde nicht gekleckert, sondern geklotzt. Das Geld ging nicht etwa in eine Vielzahl von kleinen, sondern in eine weitaus geringere Zahl von Großprojekten, mit denen Bremen zahlreichen modischen Trends hinterherlief. Bremen sollte, wie andere Städte zuvor, zur Musical-Stadt werden; Bremen sollte eine gigantische Freizeitattraktion bekommen, den Space-Park; und Bremen sollte zu einem Einkaufsparadies mit großen Zentren für Kunden von nah und fern werden. Inzwischen haben wir einmal mehr die Richtigkeit eines alten Satzes erfahren müssen: Wer viel aufs Spiel setzt, kann auch viel verlieren. Aus einigen Projekten ist nicht das geworden, was man sich blauäugig erhofft hatte – mit einer Blauäugigkeit, über die selbst wirtschaftliche Laien von Anfang an häufig nur staunen konnten. Die Bevölkerung muss zur Kenntnis nehmen, dass manche Million auf den Konten irgendwelcher Unternehmer verschwunden ist, ohne dass die Öffentlichkeit jemals auch nur einen Cent davon wiedersehen wird.

---

[4] Hierbei handelt es sich um eine nicht veröffentlichte Überschlagsrechnung des Wirtschaftswissenschaftlers Prof. Dr. Wolfram Elsner von der Universität Bremen. S. W. Elsner, Das Programm hinter dem Programm. Bremens neoliberale Sanierungsstrategie und ihre Folgen für die Stadtgesellschaft, in: Planungsrundschau. Theorie – Forschung – Praxis, Nr. 3/4-2002, 120-138.

[5] Vgl. „Zwischenbilanz der Sanierungspolitik der Freien Hansestadt Bremen", vorgelegt von der Forschungsstelle Finanzpolitik, Prof. Dr. Günter Dannemann, Senatsbeauftragter für überregionale Finanzbeziehungen, November 2003.

Ich will hier nur einen konkreten Punkt benennen: Dass die Nachfrage privater Konsumenten nicht unentwegt steigen und in Krisensituationen möglicherweise sogar sinken wird, müsste eigentlich jeder Wirtschaftsexperte auf der Rechnung haben. Trotzdem wurden ständig neue Einzelhandelsflächen geschaffen. Am Ende mit fatalen Folgen: Die zusätzlichen Verkaufsflächen im Space-Park waren noch nicht einmal fertiggestellt, da wurde bereits öffentlich über den Abriss des Neubaus spekuliert. „Unter einem schlechten Stern": Unter diese Überschrift berichtete die Wochenzeitung „Die Zeit" über den Space-Park, für den Bremen nach Angaben des Blattes knapp 200 Millionen Euro locker gemacht hatte.[6] Die „Weltraumkirmes", wie der Autor den Freizeitpark bezeichnete, erweist sich als Flop.

Nun mögen Sie einwenden, dass es bei der Investitionspolitik um öffentliche Mittel gehe, dass der Einzelne mithin nur mittelbar betroffen sei. Und da Menschen bekanntlich nur dann aktiv werden, wenn sie unmittelbar betroffen sind, wäre nicht zu erwarten, dass es eine nennenswerte Zahl von Bürgern geben könnte, die sich politisch einmischen. Eine Antwort auf diesen Einwand habe ich bereits gegeben: Die Menschen merken nicht nur, dass immer weniger Geld für ihre Belange zur Verfügung steht – sie erkennen auch, dass ein offensichtliches Ungleichgewicht besteht; für die Wirtschaft ist halt immer Geld da.[7] Doch dies ist, wie gesagt, nur eine Antwort auf den Einwand. Die zweite dürfte noch gravierender sein. Die Diktatur des marktwirtschaftlichen Kalküls hat mittlerweile totalitäre Züge angenommen. Man ist ihr nicht nur am Arbeitsplatz ausgeliefert, was die meisten wohl noch akzeptieren würden, sondern auch in Räumen, in denen die Belange der Wirtschaft früher von eher untergeordneter Bedeutung waren. Von den Studenten und Schülern war bereits die Rede, nicht aber vom Privatleben der Menschen, auf das ich nun näher eingehen möchte und das uns noch weiter an die Frage der Motivation Bremer Bürgerinitiativen heranführen wird. Vielleicht mag diese Bemerkung für manchen erstaunlich klingen – aber die Ökonomisierung hat uns an einen Punkt geführt, an dem Bürger auch in ihrem privaten Umfeld immer häufiger mit dem Rücken zur Wand stehen. Und wer mit dem Rücken zur Wand steht, entwickelt erfahrungsgemäß Kampfgeist.

---

[6] „Unter einem schlechten Stern", in: Die Zeit, 12.02.2004.

[7] Dies macht sich nicht nur bei staatlichen Hilfen für einzelne Unternehmen, sondern auch in der Investitions- und Steuerpolitik bemerkbar. Die Steuern auf Unternehmen betrugen bis 1970 etwa vier Prozent des Bruttosozialprodukts, heute hingegen nur noch etwa zwei. Die Einkommensentwicklung trägt dazu bei, das Misstrauen vieler Menschen gegenüber Wirtschaftsführern zu verstärken. Die Einkommen abhängig Beschäftigter sind in Deutschland (preisbereinigt) seit 1975 etwa gleich geblieben; die aus Vermögen und Unternehmen haben sich hingegen knapp verdreifacht. Alle genannten Zahlen aus: Afheldt, Horst (2003): Wirtschaft die arm macht. Vom Sozialstaat zur gespaltenen Gesellschaft, München: Kunstmann, 32, 39.

Wenn heute eine neue Straße gebaut wird oder ein Bolzplatz verschwindet, bedeutet das nicht mehr das gleiche wie vor 20, 40 oder gar 100 Jahren. Um wieder auf Bremen zurückzukommen: Noch Mitte der fünfziger Jahre machten besiedelte, das heißt für Wohnen, Arbeiten oder Verkehr genutzte Flächen, nur rund ein Drittel der bremischen Gesamtfläche aus. Ende der sechziger Jahre waren es noch immer weniger als 40 Prozent. Heute jedoch liegt ihr Anteil bereits bei rund 56 Prozent.[8] Wenn der Senat weiterhin so viele neue Siedlungsflächen auswiese wie in der jüngsten Vergangenheit, wäre ganz Bremen im Jahre 2069 verplant und zugebaut. Wenn Bremer heute für den Erhalt einer Wildnis kämpfen, ist es gewöhnlich die letzte weit und breit. Wenn sie sich dafür stark machen, dass ein Bolzplatz nicht der geplanten Wohnbebauung weichen muss, gibt es auch für ihn oftmals weder im engeren noch im etwas weiteren Umfeld Ersatz. Und noch etwas muss betont werden: Wer Haus- oder Wohnungsbesitzer ist, dem wird die neue Straße oder das neue Baugebiet möglicherweise auch deshalb ein Dorn im Auge sein, weil mit ihm der Wert seines eigenen Besitzes sinkt. Solche Leute sehen sich unter Umständen in ihrem Gefühl bestärkt, dass Touristen und auswärtige Investoren alles, die Bremer selbst aber immer weniger gelten.

Wenn Bürger aktiv werden, tun sie das – wie gesagt – sicherlich fast immer in erster Linie, weil sie persönlich betroffen sind. Und Gründe, persönlich betroffen zu sein, gibt es – das dürfte deutlich geworden sein – derzeit in Bremen mehr als genug. Eine Initiative wehrt sich dagegen, dass die Wildnis im Umfeld der Universität dem Technologiepark geopfert werden soll; andere wenden sich gegen den Ausbau von Straßen; und wieder andere fürchten, dass sich die Verbrennung von Müll auf einem Fabrikgelände (Bremer Woll-Kämmerei) in ihrer Umgebung negativ auf ihre Lebensqualität auswirken könnte. Alle Initiativen folgen zweifellos auch egoistischen Zielen – doch es bei dieser Feststellung bewenden zu lassen hieße zugleich, einen Großteil des Problems zu verkennen. Erlauben Sie mir abschließend, dass ich am Beispiel der Bürgerinitiative, in der ich selbst mich engagiere, kurz schildere, wie Bürger von scheinbar einfachen Fragestellungen zu immer komplexeren Zusammenhängen gelangen können.

Ausgangspunkt unseres Engagements war die Ansiedlung einer neuen privaten Universität, der International University Bremen (IUB), auf einem extrem großzügigen ehemaligen Kasernen-Gelände. Diese Ansiedlung war von der Bevölkerung begrüßt worden. Auf Kritik stieß aber von Anfang an der Plan, eine zwi-

[8] Statistisches Bundesamt 2002 sowie „Auch in Bremen wächst der Flächenverbrauch", in: Weser-Kurier, 21.03.1998.

schen Wohngebieten gelegene Sportanlage, die an das Gelände der Universität angrenzt, zu opfern, um dort zusätzlich Forschungsbetriebe anzusiedeln. Als die Pläne zur Aufgabe der Sportanlage konkrete Gestalt annahmen, bekamen mehr und mehr Menschen im Umfeld das Gefühl, dass es sich im Grunde um einen skandalösen Vorgang handelte. Die so genannte Privatuniversität erhielt vom Bremer Senat dreistellige Millionensummen geschenkt, während derselbe Senat der Bevölkerung zumuten wollte, mit riesigen Gebäudekomplexen vor der Nase zu leben, die ganze Wohngebiete und damit auch private Besitztümer entwertet hätten – und das, obwohl an anderer Stelle im engeren und weiteren Umfeld der Universität genügend Flächen für die Forschungsbetriebe zur Verfügung stehen. Während die Universität zudem stets betonte – und dies auch durch die Anlage ihres Geländes demonstrierte –, dass sie den jungen Menschen in ihren Mauern ein locker gestaltetes, exklusives Umfeld bieten wolle, hatte – und hat übrigens nach wie vor – dieselbe Universität kein Problem damit, einem Ortsteil mit fast 6000 Bewohnern die letzte nennenswerte öffentliche Freifläche, um die handelt es sich nämlich bei der Sportanlage, zu nehmen. Was die Ökonomisierung der Gesellschaft bedeutet, die Fixierung des Bremer Senats auf wirtschaftliche Zwecke, aber auch die Rücksichtslosigkeit von allein an ihrem Eigennutz orientierten Unternehmen, wurde vielen Menschen schlagartig bewusst.

Und je mehr wir uns damit beschäftigten, auf desto mehr Ungereimtheiten stießen wir. Ich will Sie nicht mit Details langweilen, möchte aber noch zwei Dinge ansprechen. Uns wurde klar, dass die Vertreibung von Sportlern, insbesondere von Kindern und Jugendlichen, aus einem Ortsteil, in dem ein Fünftel der Bewohner unter 18 Jahre alt ist, einen gesellschaftspolitischen Skandal darstellt. Wird nicht unentwegt betont, dass die heutigen Kinder auch auf Grund von Bewegungsmangel zu dick sind? Jedes fünfte Kind leidet unter Übergewicht, und bis zu 60 Prozent der Heranwachsenden weisen Haltungsschwächen auf.[9] Wer kann dann allen Ernstes auf die Idee kommen, einem Ortsteil die einzige Sportanlage zu nehmen? Und in welcher Gesellschaft leben wir eigentlich, wenn Politiker mit großer Selbstverständlichkeit akzeptieren, dass ausländische Studenten, die nur für ein paar Jahre in Bremen sind, das Beste vom Besten bekommen, während der eigene Nachwuchs zur Verfügungsmasse wird? Der zweite Punkt schließlich betrifft die Desillusionierung, die wir hinsichtlich der Fähigkeit maßgeblicher Politiker erlebten, andere als vordergründige wirtschaftliche Zusammenhänge zu überblicken beziehungsweise zu berücksichtigen. Die Bebauung einer kleinen Fläche von we-

[9] Presse-Service der Deutschen Gesellschaft für Physikalische Medizin und Rehabilitation, August 2003.

nigen Hektar hätte Bremen sehr teuer zu stehen kommen können, denn mit den angrenzenden Wohngebieten wären zugleich die attraktivsten Wohnlagen der Stadt überhaupt abgewertet worden. Und welche Stadt kann sich diesen Fehler heute noch erlauben?

Doch immerhin: Mittlerweile hat die Politik Zugeständnisse gemacht. Die Sportanlage wird nur noch als „langfristige Optionsfläche" zur Erweiterung der Universität angesehen. Dennoch ist die Auseinandersetzung um das Gelände noch längst nicht beendet. Politik und rücksichtslose Wirtschaftslobbyisten haben es geschafft, eine Reihe von bislang weitgehend unpolitischen Bürgern extrem zu politisieren. Für die Demokratie kann dies nur ein Gewinn sein. Um noch einmal zum Ausgangspunkt dieses Vortrags zurückzukommen: Wir haben erfahren, dass es lohnend sein kann, sich nicht zu ducken, sondern den aufrechten Gang zu praktizieren – und mit dem hat schließlich alles angefangen: Ehe der moderne Mensch entstand, gab es den Homo erectus, den aufrecht gehenden Menschen. Und wenn wir ins Lexikon schauen, finden wir dort immer noch unter dem Stichwort „moderner Mensch" nicht etwa den Homo oeconomicus, sondern den Homo sapiens, das vernunftbegabte Wesen. Uns ist dies Ansporn und Verpflichtung zugleich. Bei unserem weiteren Tun richten wir uns an einem Satz aus, den der amerikanische Soziologe Norman Birnbaum in seinem Buch „Nach dem Fortschritt" formuliert hat und den ich hier abschließend zitieren möchte: „Eine Gesellschaft ist kein Markt, und Bürger sind keine Kostenfaktoren."[10]

[10] Birnbaum, Norman (2003): Nach dem Fortschritt. Vorletzte Anmerkungen zum Sozialismus, Stuttgart, München: Deutsche Verlags-Anstalt, 458.

Die Vielfalt von Arbeit als kooperative (Re)Produktion

„Dagindeling“

Local experiments in the Netherlands with new daily routine arrangements and their political implications

David Mol and Jannie Roemeling

1. Introduction

Over the past ten years the living patterns of men and women in the Netherlands have changed radically. A growing number of women want jobs. A growing number of men want to share the care of their children. Unfortunately, society's infrastructure is still based on the traditional breadwinner model whereby the man works, and the woman cares. The number of places available in day care centres used to be far below the European average. If you were combining tasks you stood a 10% chance of finding a facility or service open during day-time. Moreover, the opening times of child care and school are hardly adjusted to standard working times. Dutch society has a typical 9 to 5 culture during which time the bulk of all professional activities are concentrated. The shop opening hours are the most restricted of the EU and the school hours are different from almost all the other EU countries: from 8.30 till 12.00 and from 13.00 till 15.00. Parents are responsible what happens with their children during lunch time.

Reconciliation of work and family life is more and more a theme in the Dutch society. There is not only an emancipation factor in the story, but also a growing economical interest. In 2015 more than 70.000 people are needed to replace elder workers in two sectors of the society: care and education. Both sectors are crucial for the quality of a modern society. Looking to the "part-time work factor" in the Netherlands, it's more than 100.000 people for these sectors. But every year there are about 200.000 newcomers with a diploma entering the labour market, from university till the lowest level. One of the conclusions is that the society needs better facilities to make it easier to combine work and private life.

The social infrastructure in the Netherlands is still insufficiently geared to the needs and wishes of men and women in modern society who combine work and care. People are looking for flexibility: in work, shop opening hours, facilities, schools, child care, care for elderly parents, living and transport. It is not just the government (local, regional or national) that is responsible for this. Citizens themselves and employers, project developers, shop owners or providers of facilities are also responsible.

How can a traditional social infrastructure be changed such that the combination of work and care becomes easier? This question formed the basis for the 140 experiments that were started in March 1999 in the Daily Routine Incentive Program. This program took a period of 4 years. The result: a broad range of inventive as well as successful solutions for a better reconciliation of work and family life. The slogan for these developments was:

"The Netherlands are ready for new arrangements."

The results of the experiments were used for proposals for new governmental and local politics. The chosen model was successful. The experimental way is an approach for social renewal. In 2003 and 2004 three series of new experiments and projects for implementation started. And in summer 2004 altogether more than 240 experiments were started.

2. Facts and figures

The family pattern in The Netherlands is changing. The number of households is growing.

Table 1: Number of households in The Netherlands (source: CBS statline)

1990	6 million
2003	7 million
2020	7.9 million
2053	8.3 million

The traditional family (parents and 1 or 2 children) is decreasing and the number of single households is increasing: 1990: 29 % of all households, 2003: 34 % and 2020: 39% (CBS Statline). Also the percentage of female workers without a child is growing (figures from 2004): 60 years old: 11 %, 45 years old: 17 % (with higher education 25% and with lower education 9%) and the estimation of women of 30 years old: 20%. About 20 % of all women has 1 child, about 50% 2 children and about 30% 3 or more children.

The number of people between 20 and 64 with a paid job of more than 12 hours and for more than 12 hours involved in care tasks at home is growing form 14% in

1975 till 36% in 2000. More women than man are combining tasks: 79% and 36%. About 77% of women and 75% of men like to share in an equal way care tasks at home. But the reality at home is different.

The combination of care tasks and paid work between men and women is different in families with or without children and between families with young children and older children. When children are young, the female partner in the household has more care tasks than the male partner: between 1.3 and 2 times more. The conclusion is that the division between tasks in the households in Dutch families can be improved. That's the aim of the Dutch government in a special multi media-campaign *Men taking the lead.*

The majority in the Netherlands is convinced of the independent economical position of women when they don't have children: fulltime 87% and part-time 22%. When a women has schoolchildren, 85% of women and 80% of men mean that they are able to have a paid job. Only 7% of working mothers with children like to work fulltime.

Several surveys show a growing equality in the division of work and care tasks at home between men (62%) and women (55%) for the next ten years. In one research project of the Social and Cultural Planning Bureau, published October 2004, 43% of the men and 38% of women has the estimation that in 2020 men has the same role in the household as women. But the idea that men will be responsible for all the care tasks at home is not widely spread: women 6% and men 4%. There is a growing tendency by women and men (F 61% and M 54%) who like to see the same division in work and care in the households.

People needs facilities to make it easier to combine work with care tasks at home: more (financial) accessible childcare facilities, more parental leave facilities, more facilities for (tele-)working at home and more flexibility in working times. About 80% has the idea that in 2020 there will be more opportunities and more flexibility to make it easier to combine tasks.

Opening hours of facilities like shops, post offices, city halls, medical care, are quite traditional, as can be seen in this schedule, produced by the Social and Cultural Planning bureau. The main difference between 1980 and 2001 is the lunch break. And most working times are also based on the 9 till 5 model. If you work full-time, for example, you have barely a 10% chance of finding a post office, town hall or medical facilities open.

Opening times commercial services, Netherlands, 1980 en 2001

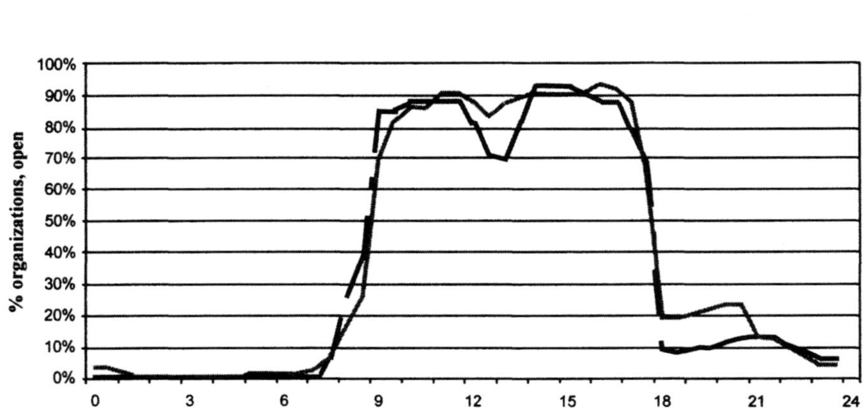

Abbildung 1

3. The Netherlands are behind

The scope of the problem became increasingly clear during the mid nineties. The percentage of women participating in the labour market was increasing rapidly. Until that point, this percentage had been small compared with other EU countries. But they are catching up. Remarkably, almost 70% of all women work part-time. The Netherlands are EU-champion in part-time work. This is probably caused to some extent by the lack of facilities like child care. In the early nineties there were quite a number of aspects why the combination of work and family life proved difficult in the Netherlands.

In 1996 the government appointed a committee to map out the problem. Its detailed recommendation was published two years later: more child care, more facilities for task-combining women and men, more flexible working hours, a different set-up of space and a better alignment of times. To kick-start the change in a relatively short period of time, the Ministry of Social Affairs and Employment introduced the Stimuleringsmaatregel Dagindeling (Daily Routine Incentive Scheme), which took effect in the spring of 1999 and would run for 4 years. The government made available just under 30 million euro for 140 experiments in the field of daily routine.

The key question was: how can we organise the social infrastructure of the society such that people will find it easier to combine work and family life, so that people can make choices in their life course. A second question was how to organise labour conditions and facilities to make it easier, especially for women, to be active at the labour market. During the next few decades all labour is needed in order to run the economy and to keep social structures as healthcare and education alive and accessible for everyone.

4. Co-operation between new partners

There are seven policy areas in the incentive scheme and key themes:

- *work to measure* (more flexibility in working hours, more facilities in firms etc);
- *care to measure* (more childcare, special attention for elder working men and women who take care for their ill parents or other ill relatives etc);
- *day arrangements* (a better combination of care, school and free time activities offered between for example 7 a.m. and 7 p.m.);
- *services to measure* (accessible house cleaning service, the development of small scale entrepreneurship in franchise formulas);
- *time to measure* (a better coordination between working times and opening times, local time agencies just like in Germany and Italy);
- *space to measure* (special planning based on the needs of "task combining households", facilities like school, childcare, medical care, cultural and sport facilities etc brought together in the hart of living quarters or in multifunctional buildings);
- *rural area to measure* (special attention for small scale facilities and services in the rural areas where 6 of the 16 million inhabitants are living).

The Daily Routine Project Bureau, part of the Ministry of Social Affairs, implements the incentive scheme. The selection of experiments is based on the themes and their distribution across the country, the ratio urban-rural areas, and diversity. Very important are the forms of cooperation between new partners. This is one of the conditions for subsidy. These new alliances in particular appear highly successful and stimulate crossing traditional policy borders.

An active Daily Routine Steering Group – introduced by the cabinet – provided the government with invited and uninvited advice and acted as the 'daily routine ambassador'. This steering group comprised, amongst other things, executives from business, former members of government, and representatives from social groups, such as migrants.

5. Bottom-up approach

The incentive scheme has a bottom-up approach. After all, citizens know best what they need to be able to align their work and care: instead of basing the implementation on the offer-based solutions provided by civil servants or existing facilities, the citizen's demand is the key focus. Innovation of a society can be achieved bottom-up only. The strategy to use experiments in an interactive manner for innovation of policy seemed to work.

Since the exchange of experience between the experiments is crucial, similar experiments are grouped in so-called focus groups. The participants meet three times per year to exchange the knowledge and experience gained, to discuss bottlenecks, to learn from each other's mistakes and to celebrate successes. The meetings generate a great deal of policy input. Bottlenecks in legislation and regulation, which obstruct the necessary innovation, are recorded and placed on the agendas of the departments involved. If necessary, the Project Bureau's consultants assist the experiments to solve the problems.

6. Communication is policy making, policy making is communication

Communication has always played a key role. A special website (www.dagin[-]deling.nl and now www.emancipatieweb.nl) and newsletters are reaching and informing an ever-increasing group of interested parties. In order to create an innovative policy, one has to communicate.

The broad publicity campaigns on television and in newspapers (from 2000 till 2003) present solutions to bottlenecks in daily routines. The stifling agenda has become a recognisable symbol. The theme of daily routine and the possible solutions for bottlenecks in work and private life are extensively discussed in a special popular magazine *Toptijd (Top time)*. Almost one million copies of the magazine are published and distributed amongst subscribers of woman's and lifestyle magazines. The first copy was published in 2002, the second one in 2003, the third in 2004. An intense used, interactive website was part of the project *Toptijd*.

Special attention was focussed on migrant people in relation to work – private balance. Not only in the experiments but also in a special, widely spread magazine *Wereldtijd* (World Time).

The experiments received input from specialised research, for example on leisure, time, health care, services and international best practices. The research projects were done by Universities, specialised bureaus and the Social and Cultural Planning Bureau. An interesting research project was *The effect of culture* in firms and companies. A better work – private life balance would save a few billion euros on national macro level. One aspect is related to the reduction of sick leave. In a lot of governmental organisations and private firms female workers are about 50% more ill than male workers. Recent research, done by TNO Arbeid in 2004, shows that the disturbance of the work – private life balance plays an important role. The minister of Social Affairs and Employment mentioned – in May 2004 – that the costs for these extra leave are about 1.5 billion a year in the Netherlands.

7. On the policy agenda

The experiments' outcome is incorporated into the policy agenda of departments, local governments, consultative boards and social partners during the running time of the Daily Routine program. Broad schools, day arrangements, child care, sport and out-of-school care, specific contract and working hours in labour organisations, informal care, spatial planning, time, liveability in rural areas: the Daily Routine Project Bureau plays an active role in all of these.

Studies carried out by, amongst others, the Social and Cultural Planning Bureau and a special monitor show that two thirds of the experiments have lasting results or are continued independently. Nine experiments were cancelled prematurely. More than 1000 organisations co-operated in the 140 experiments. The experiments came into direct contact with almost 4000 organisations and 70,000 people. The experiments produced 400 concrete products: manuals, expositions, videos, websites, models and instruments, checklists for a different set-up of spatial planning, teaching programmes and publications.

The Daily Routine program brought up enough ideas to implement on local level, in firms and on the level of government. In fact the change of the social infrastructure on order to facilitate men and women in the combination of work and private life is one of the aims for the next years.

8. How to proceed from here?

After exactly four years, the incentive scheme was concluded on 24 March 2003 with a regional tour, a conference and publications on the results in a range of pamphlets. A lot remains to be done, however, as changing a culture takes time. The process to embed the results in policy and to implement them further has not yet been completed. For example, a lot remains to be done in businesses as regards the balance work/ family life for employees and the introduction of flexible working hours.

The Ministry of Social Affairs and Employment is bringing the outcome of the experiments to the attention of the other ministries. Vice versa, the ministry is increasingly invited to contribute its expertise during the concrete preparation of policies. Remarkable, for example, is the application from the Ministry of Traffic to contribute to a solution of the mobility problems.

Preparations are going on to implement the results of the Day Arrangements experiments on community level: cooperation between school, childcare and free time activities under one, local ''umbrella'', if possible in a multifunctional building, centrally located in the living quarters. Starting from 2005 about €100 million from ESF sources will be put in these projects on local level.

Within the framework of the ESF-3 programme (Global Grants for Local Social Capital) new daily routine and life course experiments will be started from 2002 to 2007. € 24 million will be used for implementation and local experiments to deepen the experiences and to find more solutions for problems in combining work and family life. About 140 projects are financed in three rounds. In 2005 a fourth round will start.

With the Ministry of Agricultural started a close cooperation looking for small scale facilities to combine work and family life in the country site. Six of the sixteen million Dutch inhabitants live there. But most of the facilities like childcare, public transport, medical services, schools, etc are based on the scale of the cities. Distance and lack of facilities make it more difficult to create a better balance between work and private life. Special action is needed, as described in the social pillar of the policy paper *Agenda Vitaal Platteland* (Agenda for a vital countryside) published in spring 2004 by the Ministry of Agriculture. During the next few years a special incentive program will stimulate good practices on the basis of the experiments daily routine.

The analysis of the 140 experiments shows on "meta-level'' that 'Time' is a key issue in a better balance between work and family life. And the time infrastructure in the Netherlands is based on a typical 9-5 model as mentioned before. On the website www.tijdsbesteding.nl of the Social and Cultural Planning Bureau an animation shows the traditional use of time in The Netherlands: almost everyone wakes up around 7.30, spends time in the traffic jump between 8.00 and 9.00, has a short lunch at 12.00, dinner at 18.00 and goes to sleep between 22.30 and 23.00. Never more than 1/ 3 of the population is at work. There is a sharp division between the traditional working days and the "free family days" Saturday and Sunday.

In 2004 the theme 'Time' will play a key role in about 75 new projects and experiments. On the basis of experiences from Italy, Germany and France the aim is to make the (local) society a little more flexible in working hours and opening hours. Four departments are involved in a program to improve the opening times of public and semi-public facilities during the next few years and to adapt these times to the needs and wishes of the modern "task combining" consumers. The results of these time experiments and projects will be published at the first Dutch national time conference, planned for April 2005. A policy paper of the government (autumn 2004) will put all these developments on the national and local political agenda.

Altogether more than € 218 million will be used to implement and to stimulate a better work – private balance. At one hand it has to do with the improvement of the quality of daily life for parents and children, for working singles. On the other hand it's the basis for a healthy labour market policy. One of the targets of the policy of the Dutch government is for example a female labour participation of 65% in 2010 (in jobs of more than 12 hours a week). Another aim is the reduction of the group workers who like to combine work and care but it doesn't work out in practice with 25% in 2009.

8.1 What next?

Cultural change takes time. Anchoring the results in policy and implementing it is a long drawn-out process. For example, a lot more can be done in business to assist work-life reconciliation for staff, for instance with good childcare, introduction of flexible working hours and more consideration for time policies. There is also a task for the government. Not just in other ministries, but also at lower levels of government, business and social organisations.

During the last few years the government implemented a lot of new work and care arrangements (see the table at the end of the text).

8.2 From no choice to choice: determining your life story

One perspective for viewing time problems in a mutual context is people's lives. If daily routine is a question of time problems in the here and now, with a life story, the distribution of activities over time, in other words life planning, head the agenda. The default life story in the Netherlands is on the way out. Government policies will have to take account of people's individual choices for living their lives as they want much more than it does now. In the default life story, only one activity was central. This also differed for men and women: learning, work or care duties. The 'culture of combination' now has an excellent chance. For people with children, every working day is therefore 'rush hour'.

8.3 Consolation

One consolation for the time pressure experience in the middle phase of life is the objective of the life story arrangement that is being worked on in The Netherlands. By saving leave and time, people in the rush hour of their lives can more easily work less, while having more time to do paid work when less time is required for care duties. Through all this runs the need for greater participation of women in the labour market. This is sorely needed, for instance to meet the growing demand in the education and welfare sectors. Furthermore, a large group of women with a low level of education who do not work outside the home are very willing to work part-time. But the conditions must be right: the ability to combine work and care duties through modified working hours, good childcare with flexible hours and little loss of time travelling from home to work. An effective and flexible daily routine, as well as more options in the 'rush hour' of life, is therefore increasingly necessary for the Dutch economy to function properly.

The Netherlands are busy making new arrangements to facilitate the combination of work and family life. It's not only important to improve the quality of daily life, but it makes it easier for men and – specially – for women to enter the labour market. And that's, looking for the future, not a luxury.

Contact and More Information:

Daily Routine Project
Department for Co-ordination of Emancipation Policy
Ministry of Social Affairs and Employment
PO Box 90 801
2509 LV The Hague, The Netherlands
e-mail: dagindeling@minszw.nl
phone: 0031 – 70 333 5889
website: www.emancipatieweb.nl

The Netherlands: Work and care leave arrangements

Leave arrangements of Work and Care Act	*Provisions*
Maternity leave	16 weeks of paid maternity leave, starting six weeks for the expected confinement date till 10 weeks after. The benefit is paid by the General Unemployment Fund.
Short-term care leave	A (conditional) entitlement to a maximum of ten days partially paid care leave per year in order to care for a sick (foster) child living at home, a sick partner or a parent.
Emergency leave	An entitlement to a short time leave, with salary, when the employee cannot work because of very exceptional personal circumstances. If taken in conjunction with short-term care leave, the emergency leave terminates after one day.
Leave saving/ life course arrangement	Tax facilities enabling workers to reserve salary and days off in order to take up paid leave later. The possibilities for saving time or money now for paid leave later during the life course will be extended. The specific construction of this so called life course arrangement will be negotiated with the social partners in the first half of 2004; the arrangement will come into force in 2006.
Holiday legislation	Enlargement of the opportunities to save holidays in order to take up paid leave later.
Adoption leave	An entitlement to four weeks (collective) paid adoption leave for both parents adopting a child, or for both foster parents if it is clear from the start that the child will be joining the family permanently.
Birth leave	An entitlement to two days paid birth leave for the partner (male or female) of the woman who has given birth.
Parental Leave	Unpaid leave on a part time basis for a continuous period of up to sixth months to care for a child under the age of 8. If the employer agrees, it is possible to take the parental leave in parts (3 maximum).
Additional parental leave for multiple births	An entitlement to take parental leave for each child in the event of a multiple birth.
Childcare	A new Basic Childcare Provision Act which will improve the regulation concerning the financing, parental contribution and quality of childcare. The number of childcare places has been doubled in the past 4 years. Substantial increase in collective bargaining agreements on childcare.

„Leben ist nicht nur Erwerbsarbeit ...“

Ergebnisse eines transnationalen Frauenprojektes im Kontext von lokalen Nachhaltigkeits- und Agenda 21-Prozessen

Daniela Gottschlich

Im Herbst 1998 ist an der Philipps-Universität in Marburg unter der Leitung von Christina Schachtner eine Feldforschungsstudie gestartet worden, in der das innovative Potenzial von Frauen, die sich in Deutschland in der lokalen Agenda 21 engagieren, untersucht wurde. Dabei ging es u. a. um die Frage, inwieweit die lokalen Prozesse zur Zukunftsgestaltung und die gewählten Aktionsformen der Akteurinnen als Antworten auf neoliberale Globalisierungseffekte zu begreifen seien (Schachtner, 2001: 123). Als These stellte die Forscherinnengruppe auf, dass die transnationale Vernetzung lokaler Frauenprojekte eine adäquate Antwort auf die globale Vernetzung von Arbeits- und Kapitalmärkten wäre. Solche Netzwerke fanden sie bis Ende der 1990er Jahre jedoch nicht vor, allenfalls hätten einzelne Frauen aus den Projekten, die sie untersuchten, internationale Kontakte geknüpft (ebd.: 129).

Gut fünf Jahre später sieht die Situation etwas anders aus: In der deutsch-niederländischen Grenzregion der Euregio[1] ist ein solches Frauennetzwerk entstanden. Das Frauen-Euregio-Projekt/ Vrouwen-Euregio-Projekt *„Leben ist nicht nur Erwerbsarbeit. Zur Neudefinition und Umverteilung aller vorhandener Arbeit“*, dessen Entwicklung und Ergebnisse ich in meinem Beitrag vorstellen werde, ist meines Wissens das erste transnationale Agenda 21-Frauen-Projekt, an dem deutsche Frauenorganisationen beteiligt sind.

---

[1] Das 13.000 km² große Grenzgebiet der „Euregio“ mit rund 3,2 Millionen EinwohnerInnen umfasst in Deutschland folgende Gebiete: Teile Niedersachsens (Landkreis Grafschaft Bentheim, Landkreis und Stadt Osnabrück, Teile des südlichen Emslandes) und Teile Nordrhein-Westfalens (Stadt Münster, Kreis Borken, Kreis Coesfeld, Kreis Steinfurt, Kreis Warendorf) und in den Niederlanden die Provinz Gelderland (Regio Achterhoek), die Provinz Overijssel (Regio Twente, Teile Noordoost-Overijssels), die Provinz Drenthe (Gemeinde Coevorden). Insgesamt arbeiten 140 deutsche und niederländische Mitgliedskörperschaften (Gemeinden, Städte, Kreise) in der Euregio zusammen.

1. Das Frauen-Euregio-Projekt „Leben ist nicht nur Erwerbsarbeit. Zur Neudefinition und Umverteilung aller vorhandener Arbeit“

Die Idee, die Diskussion über die `Zukunft der Arbeit´ aus feministischer Perspektive in dem deutsch-niederländischen Gebiet der Euregio zu führen, entstand im Januar 2001 auf einer Frauen-Agenda 21-Tagung in Osnabrück mit dem Titel „Jede Arbeit zählt“. Ursprünglich sollte der gemeinsame grenzüberschreitende Austausch im September 2002 beginnen – und damit unmittelbar in den Kontext des Rio-plus-10-Prozesses und des Weltgipfels für nachhaltige Entwicklung in Johannesburg gestellt werden. Da diese Zeitplanung nicht leistbar war, fanden von Januar 2003 bis Januar 2004 fünf Diskussionsveranstaltungen innerhalb der Euregio – in Enschede, Münster, Osnabrück, Gronau und Hengelo – statt, die jeweils von 80-100 Frauen besucht wurden. Ausgangspunkt der Veranstaltungsreihe waren die Kritik am herrschenden, zu engen Arbeitsverständnis und der Wunsch, ein gemeinsames Forum zu schaffen, um Fragen zu diskutieren wie:

- Welche Konzepte, die in Deutschland und in den Niederlanden in den letzten Jahren diskutiert wurden, sind tragfähige Lösungen. die heraus aus der `Krise der Arbeit´ samt ihrer derzeitigen unzulänglichen Organisation, Gestaltung und Verteilung führen?
- Welche grundlegenden Veränderungen sind notwendig für ein selbstbestimmtes Leben und Arbeiten von Frauen und Männern beiderseits der Grenze?
- Was können wir als europäische Nachbarinnen voneinander lernen?

Schauen wir uns nun Verlauf, Ziele und Ergebnisse der transnationalen Zusammenarbeit an, so wird meines Erachtens deutlich: Das Frauen-Euregio-Projekt stellt einen transformativen Gestaltungsraum dar, in dem sich Aktivitäten ‚von unten' für eine nachhaltige regionale Entwicklung bündeln. Auf inhaltlicher, auf politisch-strategischer und auf räumlich-struktureller Ebene lässt sich das Frauen-Euregio-Projekt daher durchaus als eine mögliche Antwort auf die Schattenseiten der nicht geschlechtsneutral verlaufenden neoliberalen ‚*Glokalisierungsprozesse*'[2] verstehen, die demokratische Gestaltungsmöglichkeiten zunehmend einschränken. Inwieweit die transnationale Vernetzung einen dauerhaften Zuwachs an Gestaltungsmacht der lokalen Frauengruppen für sozial-ökologische Transformationsprozesse im Allgemeinen und zur Unterstützung einer kooperativen Gestaltung

---

[2] Die aus dem politikwissenschaftlichen Bereich der Internationalen Beziehungen stammende Wortschöpfung ‚Glokalisierung' verbindet Prozesse der ‚Globalisierung' und ‚Lokalisierung', um das Ineinandergreifen und die Wechselwirkungen globaler bis lokaler Dynamiken der gegenwärtigen Transformationsprozesse begrifflich auszudrücken.

aller Arbeitsformen im Besonderen bedeutet, wird sich jedoch erst im Nachfolgeprozess des Projektes in der Auseinandersetzung mit AkteurInnen aus Wirtschaft und Politik zeigen.

2. Organisationsform, VeranstalterInnen und TeilnehmerInnen

Ursprünglich als People-to-People-Projekt geplant ist das Frauen-Euregio-Projekt im Rahmen des arbeitsmarktpolitischen INTERREG III Programms mit 25.000 DM zum Zeitpunkt der Antragstellung zur Hälfte von der Euregio gefördert worden. Die Gegenfinanzierung in gleicher Höhe wurde anteilig von den ProjektpartnerInnen in Münster, Osnabrück und der Netzwerkstadt Twente geleistet. Als unterstützender Projektträger konnte das Bildungswerk ver.di in Osnabrück gewonnen werden.

Initiatorinnen und Veranstalterinnen waren drei Frauendachorganisationen aus deutschen und niederländischen Städten der Euregio: der Frauen Agenda 21 Arbeitskreis Osnabrück, das FrauenAktionsBündnis Münster, der Frauenrat (Vrouwenrad) der Netzwerkstadt Twente. Insgesamt sind in den drei Zusammenschlüssen Frauen aus über 50 Organisationen (z. B. Agendagruppen, autonome und bürgerliche Frauengruppen, Kirchen, Gewerkschaften, Hochschulen etc.) aktiv.

Zu den TeilnehmerInnen gehörten Frauen im Alter von ca. 30 bis 70 Jahren mit in den unterschiedlichsten Lebenshintergründen: Allein und in Partnerschaft lebende Frauen, mit und ohne Kinder, mit und ohne akademischem Hintergrund, erwerbstätige und erwerbslose Frauen, Frauen in Erziehungszeit, Familienarbeit und Pflegearbeit, Rentnerinnen, ‚ehrenamtlich' engagierte Frauen, Frauen in finanziell abhängigen und unabhängigen bzw. gesicherten und ungesicherten Arbeits- und Lebensverhältnissen und auch einige interessierte Männer.

3. Entstehungszusammenhang und Selbstverständnis

Das Knüpfen dieses Frauennetzes von unten begann von Osnabrückerinnen, die Frauen aus Münster nach Osnabrück einluden. Beide Frauengruppen hatten sich im Rahmen der Agenda-Prozesse in ihren jeweiligen Städten mit dem Themenkomplex „Das Ganze der Arbeit, Existenzsicherung, Verteilung von bezahlter und unbezahlter Arbeit" auseinandergesetzt. Die Münsteraner Frauen nahmen den Faden auf und stellten ihrerseits den Kontakt zum Frauenrat der Netzwerkstadt Twente her, der die Frauenräte der Städte Enschede, Hengelo, Borne, Almeo vereint. Seit Herbst 2001 hat es gemeinsame Vorbereitungstreffen gegeben, teilweise mit mehr als 20 Frauen, bis sich schließlich ein kleinerer Kreis von Frauen aus allen beteiligten Städten als Koordinierungskreis zusammenfand, der dann auch den Antrag bei der Euregio stellte und die fünf großen Diskussionsveranstaltungen von Januar 2003 bis Januar 2004 inhaltlich und organisatorisch vorbereitete.

Das Frauen-Euregio-Projekt wird von den beteiligten Frauen selber als ein Ergebnis der Vernetzung und konsequenten Fortführung der lokalen frauenpolitischen Nachhaltigkeitsarbeit auf der regionalen und transnationalen Ebene verstanden. Die Frauen aus Twente, Münster und Osnabrück verbindet die Überzeugung, dass eine andere Organisation unserer Arbeitswelt nötig ist, um ‚Wohlstand' für alle Menschen zu erreichen, der ökologisch verträglich, sozial- und geschlechtergerecht ist. Von deutscher Seite wird das Frauen-Euregio-Projekt unmittelbar in den Kontext der Agenda 21 gestellt. Das auf Partizipation, Dialog und Konsensfindung ausgerichtete politisch-strategische Handlungsverfahren von Agenda-Prozessen wird von den Akteurinnen verknüpft mit der inhaltlichen Forderung, Fragen nach der zukünftigen Gestaltung von Arbeit mit Diskursen über Nachhaltigkeit und Geschlechtergerechtigkeit zusammenzubringen. Beeinflussungs- und Umsetzungsmöglichkeiten für diese Forderungen sehen die deutschen Initiatorinnen auf regionaler Ebene. *Regionalisierung* bildet einen zentralen Schwerpunkt sowohl bezogen auf die frauenpolitische Vernetzung über nationale Grenzen hinweg, als auch bezogen auf das ökonomische Anliegen, in der eigenen Region „das Verhältnis von Wochenmarkt und Weltmarkt neu zu bestimmen" (Scurell 1998: 10) und in einen gemeinsamen Dialog darüber zu treten, wie Frauen (und Männer) in der Euregio leben und arbeiten wollen. Die Niederländerinnen hingegen beziehen sich nicht auf die in den Niederlanden eher unbekannte Agenda 21 der UN-Konferenz in Rio de Janeiro 1992. Sie verorten das Frauen-Euregio-Projekt zwar auch im globalen Nachhaltigkeitskontext, nehmen jedoch die Frauenkonferenz in Peking und die Rio-Folgekonferenz in Johannesburg 2002 zum Ausgangspunkt. Stärker als die deutschen Frauen betonen die Niederländerinnen den friedens- und europapolitischen Gedanken des Projektes und das Sich-Kennenlernen und Von-Einander-Lernen.

4. Ziele und Inhalte des grenzüberschreitenden Austausches in der Euregio

Im Zentrum der gemeinsamen deutsch-niederländischen Diskussion, die über ein Jahr lang öffentlich auf fünf Veranstaltungen in der Euregio geführt wurde, standen:

1. die Beschäftigung mit Fragen rund um die „Krise der Arbeit" aus Frauenperspektive, die Notwendigkeit eines nachhaltigen Arbeitsverständnisses;

2. der Vergleich der aktuellen Situation der Arbeit, der politischen Rahmenbedingungen und gesetzlichen Grundlagen in Deutschland und den Niederlanden;
3. die Vorstellung und Diskussion vorhandener Zukunftsmodelle, die Ansatzpunkte zur Überwindung der Krise der Arbeit bieten, aus frauenpolitischer Sicht;
4. die Erarbeitung einer gemeinsamen Resolution auf der letzten Sitzung am 24. Januar 2004 – „So möchten wir in der Euregio leben und arbeiten" – die aus fünf Forderungen für ein selbstbestimmtes und abgesichertes Leben und Arbeiten besteht.

a) Bereits während des Vorbereitungsprozesses hat es 2002 eine inhaltliche Auseinandersetzung mit dem Themenkomplex ‚Krise der Arbeit' und eine eigene Standpunktbestimmung innerhalb der Koordinierungsgruppe gegeben, die sich im Verlauf der Veranstaltungen konkretisierte bzw. durch die Beiträge der Referentinnen untermauert wurde.

Die Krise der Arbeit ist für die am Projekt beteiligten Frauen vor allem eine *Verteilungskrise* von bezahlter und unbezahlter Arbeit, von Zeit und Geld, zwischen Frauen und Männern, „MigrantInnen" und Nicht-MigrantInnen, ArbeitnehmerInnen und ArbeitgeberInnen, zwischen Nord und Süd, Ost und West. Diese Krise ist ferner gekennzeichnet durch

- die ausschließliche Wahrnehmung von Arbeit als Erwerbsarbeit;
- Massenerwerbsarbeitslosigkeit, Existenzangst, Armut, sozialen Ausschluss;
- Doppel- und Mehrfachbelastung gerade von Frauen, Schwierigkeiten der Vereinbarkeit von Familie und Beruf für Männer sowie von Beruf und Familie für Frauen;
- die Trennung von produktiven und reproduktiven Arbeiten und damit verbunden die Ausblendung und Abwertung von unbezahlten Sorge- und Pflegearbeiten, die durch neoliberale Globalisierungspolitik zunehmen;
- Demokratiemangel;
- krankmachende Bedingungen am Arbeitsplatz (Mobbing, Konkurrenzdruck, Folgen von Flexibilisierungs- und Rationalisierungsprozessen etc.);
- ungesicherte Beschäftigungsverhältnisse (working poor, Nichteinhalten von Sozialstandards) bzw. geringfügige Beschäftigungsverhältnisse (als "Zuverdienst" und damit Barriere für den ersten Arbeitsmarkt vor allem für Frauen in Deutschland);

- Umweltzerstörung durch nicht-nachhaltiges Wirtschaften;
- die Anhäufung von immer mehr Reichtum in wenigen Händen;
- weltweite (militärische) Konflikte (vgl. Bildungswerk ver.di, 2004: 8f.).

Angesichts dieser Probleme plädiert das Frauen-Euregio-Projekt für ein anderes – nachhaltiges und geschlechtergerechtes – Arbeitsverständnis. Ausgehend von einem breiten Verständnis aller vorhandenen Arbeit, das Erwerbsarbeit, Versorgungsarbeit, Eigenarbeit, freiwillige Gemeinwesenarbeit umfasst, müssen bisherige Strukturen und Organisationsformen von Arbeit verändert werden– so die Position der beteiligten Frauen. Sie beziehen sich in ihren Ausführungen auf die zentrale These des Vortrages von Adelheid Biesecker[3]: „Unser gegenwärtiges Arbeitskonzept ist nicht zukunftsfähig, weil es die reproduktiven Tätigkeiten von den produktiven Tätigkeiten trennt. Die Trennung ist die Hauptursache für die ökologische Krise und die Krise der Reproduktionsarbeit. Denn diese Trennung beinhaltet gleichzeitig eine Abwertung dieser reproduktiven Funktionen und langfristig eine Zerstörung. Wollen wir Arbeit für eine zukunftsfähige Gesellschaft gestalten, so bedeutet das, diese Trennung zu überwinden und den Produktionsprozess von vornherein als (Re)Produktionsprozess zu gestalten. Zukunftsfähigkeit bedeutet: das (Re)produktive so zu gestalten, dass die Produktivitäten von menschlicher Arbeit und ökologischer Natur dauerhaft erhalten bleiben. Fragen der Aufwertung von weiblicher Sorge-Arbeit sowie *der Neuverteilung* der verschiedenen Tätigkeiten sind somit nicht nur Fragen der Gerechtigkeit, sondern auch und vor allem Fragen einer zukunftsfähigen (Re)Produktivität" (Biesecker, 2003: 1). Ein solches Modell vom „Ganzen der Arbeit", das sich die Frauen des Euregio-Projektes zu Eigen machen, passt ihres Erachtens „nicht zum Verständnis von Arbeit als Produktionsfaktor und Beschäftigung". Arbeit verstehen sie „als menschliche Tätigkeit zur Lebenserhaltung und Lebensgestaltung. Inhalte der Arbeit betreffen die Nutzung, Erschließung, Bereitstellung, Sorge und Pflege materieller und menschlicher Ressourcen zum Wohle der Einzelnen und ihrer Mitmenschen. D. h., der Mensch und die Natur stehen im Mittelpunkt der Sinnhaftigkeit von Arbeit. Sie sind nicht 'Faktoren' im Produktionsprozess" (vgl. Bildungswerk ver.di, 2004: 9).

b) Eine Bestandsaufnahme des *Ist-Zustandes* in beiden Ländern leisteten die Referentinnen Prof. Dr. Janneke Plantenga (NL) und Dr. Wiebke Buchholz-Will (D) auf der Einführungsveranstaltung in Enschede im Januar 2003. In Anlehnung an

[3] Adelheid Biesecker hielt im Rahmen der dritten Euregio-Veranstaltung im Mai 2003 in Osnabrück den Hauptvortrag „Das Ganze der Arbeit" und stellte Thesen vor, die im Kontext des Netzwerkes „Vorsorgendes Wirtschaften" und der dortigen theoretischen Arbeit entstanden sind.

die Einführungsreferate wurden vor allem die folgenden Aspekte verglichen und diskutiert: 1. Bezahlte Arbeit – Vereinbarkeit von Beruf und Familie, 2. Unbezahlte Arbeit – Verteilung zwischen den Geschlechtern, 3. Eigenständige Existenzsicherung. In den Niederlanden gibt es seit 1996 ein Teilzeitgesetz. In keinem anderen europäischen Land ist Teilzeit so gut geregelt und geschützt, wie in den Niederlanden. Auch ArbeitgeberInnen haben Teilzeit als selbstverständliches Instrument der unternehmerischen Planung entdeckt. Teilzeitarbeit wird – anders als in einigen anderen europäischen Ländern – nicht mit "Beschäftigung in Randpositionen" oder minderwertiger Arbeit assoziiert. Deutlich mehr Männer als in Deutschland nutzen die Möglichkeiten zur Arbeitszeitreduzierung, wenngleich auch in den Niederlanden das Modell des Volldieners (Mann) und der Zuverdienerin (Frau) damit insgesamt nicht aufgehoben ist. In den Niederlanden wie in Deutschland sind vor allem Frauen für die unbezahlte Sorgearbeit zuständig. Ein Vergleich der sozialen Sicherungssysteme zeigt jedoch, dass die strukturelle Verwurzelung des Familienernähermodells wie auch die Dominanz der Erwerbsökonomie in Deutschland ausgeprägter als in den Niederlanden ist. Mit der AOW, der allgemeinen erwerbsarbeitsunanhängigen Volksversicherung, erhält jede Person in den Niederlanden ab 65 Jahren eine Existenzsicherung, die über Sozialhilfeniveau liegt[4]. Abgeleitete, Abhängigkeiten schaffende und geringe Rentenansprüche entfallen und machen eine Lebensplanung möglich, die ein Stück unabhängiger von der hauptsächlichen Orientierung an Erwerbsarbeit ist.

c) Einen ersten Schritt zur gemeinsamen Resolution bildete im Verlauf des Frauen-Euregio-Projektes die Vorstellung und Diskussion vorhandener Zukunftsmodelle. Die Initiatorinnen hatten die Konzepte deshalb ausgewählt, weil sie alle einen umfassenden Arbeitsbegriff zugrunde legen und Ansatzpunkte zur Überwindung der Krise der Arbeit bieten. Unter den Fragestellungen „Was finden wir an dem Modell gut? Welche Kritik haben wir daran? Was ist uns im Hinblick auf unsere eigenen Vorstellungen von Leben und Arbeiten wichtig" wurden im Einzelnen folgende Beiträge[5] aus frauenpolitischer Sicht diskutiert:

- das niederländische „Kombinationsmodell" – vorgestellt von Prof. Dr. Janneke Plantenga (NL);
- „Triade der Arbeit" (Katholische Arbeitnehmerbewegung) – vorgestellt von Ortrud Harhues (D);

[4] Alleinstehende bekommen ca. 880 Euro, Paare bekommen pro Person ca. 606 Euro. Jede(r) niederländische ArbeitnehmerIn zahlt 14% des Brutto-Arbeitslohns in diesem Fond ein, der an alle über 65 Jahre bezahlt wird.

[5] Die einzelnen Beiträge finden sich in der Gesamtdokumentation und können im Internet als pdf-Datei unter www.bw-verdi.de bzw. www.euregio.de heruntergeladen werden.

- „Konzept der Mischarbeit“ (Wissenschaftszentrum Berlin für Sozialforschung/ Hans-Böckler-Stiftung) – frauenpolitisch kommentiert von Dr. Christel Degen (D);
- „Das Ganze der Arbeit“ (Netzwerk Vorsorgendes Wirtschaften) – vorgestellt von Prof. Dr. Adelheid Biesecker (D);
- „Balance der alltäglichen Arbeit“ (Niederländische Kommission zur Tageseinteilung6) – vorgestellt von Mathilde van den Brink (NL).

d) In der letzten Sitzung am 24. Januar wurde schließlich eine gemeinsame Resolution erarbeitet: „So möchten wir – Frauen und Männer – in der Euregio leben und arbeiten“, die aus fünf Forderungen für ein selbstbestimmtes und abgesichertes Leben und Arbeiten besteht. Wirtschaftswachstum, „Beschäftigung um jeden Preis“, (Erwerbs)Arbeitszeitverlängerung werden als Krisenkonzepte abgelehnt. Die gegenwärtige neoliberale Politik führe nur zu weiterer Zerstörung der natürlichen Mitwelt und verschärfe die Spaltung der Gesellschaft in wenige Reiche und viele Arme und die hierarchischen Geschlechterverhältnisse. Um einen notwendigen sozial-ökologischen Transformationsprozess einzuleiten müsse bei allen anstehenden Entscheidungen in Politik und Wirtschaft „Das Ganze der Arbeit“ – einschließlich Zeit und Geld – in den Blick genommen und das Verhältnis von Leben und Arbeiten (Versorgungs-, Erwerbs-, Eigen- und freiwillige Gemeinwesenarbeit) neu gestaltet werden (vgl. Bildungswerk ver.di, 2004: 17).

5. Resolution des Frauen-Euregio-Projektes: So wollen wir leben und arbeiten!

In der Resolution des Frauen-Euregio-Projektes wird betont, dass die nachfolgenden Forderungen nicht isoliert, sondern im Zusammenhang zu betrachten sind; sie ergänzen einander bzw. bauen aufeinander auf.

„1. Wir wollen eine andere, geschlechtergerechte Verteilung von bezahlter und unbezahlter Arbeit, von Zeit und Geld.“

Kern dieser Forderung ist die Kritik an der gegenwärtigen geschlechtshierarchischen Arbeits- und Einkommensverteilung – die u. a. bedeutet, dass Frauen ca. 2/3 der unbezahlten und 1/3 der bezahlten Arbeit leisten und Männer ca. 1/3 der unbezahlten und 2/3 der bezahlten Arbeit – und der Wunsch nach Veränderung. Sichergestellt werden soll die Möglichkeit „der selbstbestimmten Teilhabe und Mitgestaltung aller Menschen an Erwerbsarbeit, Versorgungsarbeit, freiwilliger

[6] Vgl. dazu auch den Beitrag von Jannie Roemeling und David Mol in diesem Band.

Gemeinwesenarbeit und Eigenarbeit sowie ihr Recht auf Muße". Als ersten Schritt zur Veränderung fordern die Frauen des Euregio-Projektes in Anlehnung an das niederländische Kombinationsmodell eine neue gesellschaftliche Norm: die 30 Stundenwoche für bezahlte Arbeit. Die von ArbeitgeberInnenseite in die Diskussion gebrachte 40-bzw. 42-Stunden-Woche ohne Lohnausgleich lehnen sie strikt ab, eine solche Arbeitszeitverlängerung verhindere eine stärkere Beteiligung an der unbezahlten Arbeit, stabilisiere das Ernährermodell und führe zu höherer Erwerbsarbeitslosigkeit. Eine flexiblere tägliche und wöchentliche Arbeitzeitreduzierung dagegen könne die Zahl der Erwerbsarbeitslosen reduzieren helfen, die vorhandene, immer weniger werdende bezahlte Arbeit ließe sich zwischen mehr Menschen aufteilen, Gesundheit und Wohlbefinden würden allgemein steigen. Die gesellschaftlich notwendige, unbezahlte Arbeit, die jetzt vorwiegend von Frauen – oft zusätzlich zur Erwerbsarbeit – geleistet wird, könne dann gerecht auf Frauen und Männer verteilt werden (vgl. Bildungswerk ver.di, 2004: 17f.). Die erste Forderung rezipiert damit deutlich die einhellige Position aller in der Veranstaltungsreihe vorgestellten Zukunftsmodelle, dass eine gleichberechtigte Teilhabe an allen Arbeitsarten eine radikale Arbeitszeitverkürzung voraussetzt. Ausdrücklich weisen die Projektfrauen jedoch darauf hin, dass Arbeitszeitverkürzung allein nicht ausreicht: „Insgesamt braucht eine Gesellschaft, die sich am Aufbau einer nachhaltigen Arbeitsorganisation orientiert, eine gerechte Verteilung von Zeit *und* Geld für alle Formen notwendiger menschlicher Arbeit" (ebd.: 18, Herv. D.G.).

„2. Wir fordern Rahmenbedingungen, die eine Neustrukturierung der Arbeitsverteilung unterstützen und die auf Dauer die Vereinbarkeit aller Formen gesellschaftlich notwendiger Arbeit sicherstellen."

Aus Sicht der Euregio-Projektfrauen wird es Zeit, „dass Männer unbezahlte Versorgungsarbeit übernehmen". Sie wollen nicht, dass die Umverteilung dieser Arbeitsart *zwischen* Frauen anhält: „Häufig sind es derzeit Frauen aus unteren Gesellschaftsschichten bzw. Migrantinnen aus Ländern des Südens und Ostens, die ungeschützt und schlecht bezahlt nun einen Teil der häuslichen Versorgungsarbeit für privilegierte Deutsche oder NiederländerInnen übernehmen". „Statt sozioökonomischer Strukturen, die zum einen die traditionelle Rollenverteilung zwischen Männern und Frauen verfestigen und zum anderen die Hierarchien zwischen Frauen unterschiedlicher Schichten und ‚ethnischer Zugehörigkeiten' vergrößern", fordern die Frauen „Strukturen, die es möglich machen, Beruf sowie Versorgungs- und freiwillige Gemeinwesenarbeit tatsächlich miteinander zu vereinbaren". Ausgangspunkt ist dabei die Ablehnung von Zwang – in bewusster Abgrenzung zur gegenwärtigen ‚Zumutbarkeitsdebatte'. Nachhaltige Rahmenbedingungen müssen vielmehr „eine selbstbestimmte Wahl ermöglichen". Dazu gehören laut der zweiten Forderung u. a.:

- „qualitativ gute, verlässliche und bezahlbare Betreuungsangebote für Kinder jeden Alters (z. B. das Prinzip der BREDE SCHOOL, Horte, Kinderkrippen und Kindertagesstätten, Ganztagsschulen etc.);
- abgestimmte Öffnungszeiten von Institutionen und Dienstleistungsunternehmen (Behörden, Stadtverwaltung, Banken, Handwerksbetrieben) unter Berücksichtigung der Interessen und Bedürfnisse aller Beteiligten;
- ein gut ausgebauter öffentlicher Nahverkehr sowie eine Infrastruktur, die sich an Sorgearbeit und kurzen Wegen orientiert und darüber hinaus öffentliche Angebote für Versorgungsarbeit (städtische Kantinen, Häuser für haushaltsbezogene Dienste und Einrichtungen für Eigenarbeit) bereitstellt."

Um zu einer anderen Verteilung der unbezahlten Arbeiten zwischen den Geschlechtern zu kommen, seien zudem erforderlich:

- „solidarische Partnerschaften auf individueller Ebene;
- neue gesellschaftliche Rollen- und Leitbilder für „gute" Frauen/ Mütter und Männer/ Väter;
- strukturelle Anreize (wie z. B. den „Papamonat" in Schweden);
- eine Veränderung der Einstellung bei „ArbeitgeberInnen" und „KollegInnen", denn solange die Fixierung auf den Mann als den bevorzugten „Arbeitnehmer" auf dem Arbeitsmarkt vorherrscht, wird eine stärkere Beteiligung der Männer an der familiären Versorgungsarbeit blockiert;
- ein Umdenken in Richtung Nachhaltigkeit und Geschlechtergerechtigkeit, das schon im Kindergarten beginnt und die Inhalte unseres Bildungssystems bestimmt: So sollten z. B. alle Formen gesellschaftlich notwendiger Arbeit im Unterricht behandelt werden. Zu einer nachhaltigen Bildung gehört auch die Entwicklung und Erfahrung von Solidarität und Gemeinsinn" (Bildungswerk ver.di, 2004: 19f.).

„3. Wir wollen eine eigenständige soziale Sicherung für jede Person."

„Statt ‚ungesicherter Beschäftigungsverhältnisse' und des Zwangs zu schlecht- und unterbezahlter Erwerbsarbeit für immer mehr Menschen, wollen wir existenzsichernde Einkommen und soziale Absicherung. Unsere Forderung nach gerechten Löhnen und Gehältern beinhaltet einerseits die Forderung nach einem garantierten Mindestlohn in der Erwerbsarbeit, andererseits eine Thematisierung von

Reichtum und die Diskussion über Maximal-Gehälter. Wir brauchen einen neuen Gesellschaftsvertrag, einen neuen gesellschaftlichen Konsens, der die sozialen Grundrechte und die Würde des einzelnen Menschen ins Zentrum rückt. Wir kritisieren, dass die sozialen Sicherungssysteme auf Erwerbstätigkeit beruhen. Wir möchten daher eine verstärkte Diskussion anregen über ein existenzsicherndes Grundeinkommen für alle, das nicht an Erwerbsarbeit gebunden ist, sondern an das Existenzrecht eines jeden Menschen qua Geburt. An der Finanzierung dieses Grundeinkommens könnten alle Einkommensarten steuerlich (z. B. Einkommen aus Lohnarbeit, selbständiger Arbeit, Kapital, Immobilien) beteiligt werden" (ebd.: 20) – so lauten die sich anschließenden Ausführungen zur Konkretisierung der Forderung, die deutlich den Einfluss der Position der Katholischen Arbeitnehmerbewegung, aber auch des Vorsorgenden Wirtschaftens widerspiegeln.

Ich zitiere deswegen den genauen Wortlaut so ausführlich, weil über diese Forderung auf der Abschlussveranstaltung am längsten diskutiert worden ist und sie von allen Forderungen die umstrittenste war: Von uneingeschränkter Zustimmung (Altersarmut, von der vor allem Frauen betroffen sind, und Kinderarmut können so endlich verhindert werden), über eingeschränkte Zustimmung (Grundeinkommen o. k., aber Verpflichtung zum gemeinschaftlichen Engagement) bis hin zur klaren Ablehnung von einigen wenigen niederländischen Teilnehmerinnen (das niederländische Sozialsystem sei noch gut, sie wollen keine kommunistischen Verhältnisse, vielmehr müsse ein Anreiz zur Erwerbsarbeit bestehen bleiben, die Gefahr des Missbrauchs sei groß, da der Mensch nicht gut genug sei) reichten die Meinungen bei der Diskussion. Dennoch wurde diese Forderung gemeinsam verabschiedet, da das Argument, trotz kontroverser Ansichten über dieses wichtige Thema eine breite gesellschaftliche Diskussion zu führen, die meisten Frauen überzeugte. Diese um Ausgleich bemühten Formulierungen wurden in den obigen Text zum Teil nachträglich eingefügt. Die überwiegende Mehrheit der Frauen teilte jedoch erstens die Ansicht, dass die Einführung eines Grundeinkommens „die Entscheidungsfreiheit der Menschen erhöht, wie und wann sie in ihrem Leben die verschiedenen Arbeitsbereiche wahrnehmen und verbinden wollen". Sie stimmten zweitens damit einem Bild vom Menschen zu, der aktiv an der Gestaltung von Gesellschaft teilhaben will. Da es nicht an Arbeit an sich, sondern an bezahlter Arbeit mangele, könne ein Grundeinkommen verhindern helfen, „dass (viele) Frauen (und immer mehr Männer) Erwerbsarbeit unter unmenschlichen Bedingungen annehmen müssen, wie es zur Zeit weltweit, regional und zunehmend auch lokal der Fall ist" (ebd.: 21f.). Ein solches Verständnis schafft politischen Raum für die Frage: Welche Art von Arbeit wir wollen.

„4. Wir fordern eine nachhaltige Gestaltung von Lebens- und Arbeitswelt, die sich an ethischen, versorgungswirtschaftlichen Prinzipien orientiert und die Qualität aller Formen von Arbeit sichert"

Diese vierte Forderung verknüpft ganz explizit die `Zukunftsgestaltung der Arbeit´ mit Nachhaltigkeit und Geschlechtergerechtigkeit und stellt den Bezug zur Agenda 21 und der Aktionsplattform der Weltfrauenkonferenz in Peking her. Deren zentrale Botschaft, dass bestehende Probleme nur gelöst werden können, „wenn wir sie integrativ betrachten und soziale, ökologische, ökonomische, politische und kulturelle Fragen gleichermaßen berücksichtigen", wird hier aufgegriffen. Entsprechend beinhaltet für das Frauen-Euregio-Projekt „nachhaltiges Arbeiten [...] immer die Einhaltung sozial-ökologischer Standards, Gesundheitsschutz, Geschlechtergerechtigkeit sowie Fragen nach sinnvoller Arbeit, der Mitbestimmung darüber, was, wann wie unter welchen Bedingungen produziert wird und die Möglichkeit zu lebenslangem Lernen" (Bildungswerk ver.di, 2004: 22). Statt z. B. Lohnverzicht und erhöhten Arbeitsbelastungen werden gerechte Arbeitsbedingungen gefordert, „damit Qualität, Preis und Zufriedenheit mit dem Produkt und der Arbeit erreicht werden". Bereits eingangs hatte ich erwähnt, dass nachhaltig leben und arbeiten in der Euregio für die beteiligten Frauen auch heißt, „das Verhältnis von Wochenmarkt und Weltmarkt neu zu bestimmen: Es muss u. a. darum gehen, vor Ort die WirtschaftsakteurInnen, d. h. ProduzentInnen und KonsumentInnen, zu vernetzen und Ver- und Entsorgungskreisläufe (wieder) herzustellen und gleichzeitig die Zusammenhänge von lokaler und globaler Gerechtigkeit zu berücksichtigen (z. B. durch Stärkung von Fair-Trade-Initiativen)" (ebd.).

Anlehnend an das Netzwerk Vorsorgendes Wirtschaften und die Ausführungen zum ‚Ganzen der Arbeit' von Biesecker stellt auch das Frauen-Euregio-Projekt die herrschenden Prinzipien der Marktökonomie in Frage und fordert die Orientierung an anderen Handlungsprinzipien (Vorsorge statt Nachsorge, Kooperation statt Konkurrenz, Orientierung an dem für das gute Leben Notwendigen statt der Orientierung am Profit). Das Ganze der Ökonomie sei so zu gestalten, „dass sowohl unsere eigene menschliche, soziale als auch die ökologische Fähigkeit zur Selbst(re)produktion überall auf der Welt erhalten bleibt". Dafür bedarf es nicht nur eines anderen Politikverständnisses, notwendig wird auch ein neuer „Rationalitätsbegriff des Erhaltens und Gestaltens: So kann eine nachhaltige Wirtschaft entstehen, die nicht zerstört, um Gewinn zu machen, sondern die Bedürfnisbefriedigung aller Menschen in den Mittelpunkt stellt" (ebd.: 23).

„5. Von guten Beispielen lernen: Alternative, lebensnahe Formen von Wirtschaften existieren bereits und müssen sichtbar gemacht und gestärkt werden."

Die fünfte Forderung reflektiert die Überzeugung, dass das Aufzeigen von bereits bestehenden Alternativen entscheidend für Veränderungen ist. Weitere kleine Schritte (inklusive der eigenen Verhaltensänderung) und neue kleine Gesellschaftsverträge können so unterstützt werden. Möglichkeiten der Einflussnahme sehen beteiligten Frauen u. a. darin:

- „als KonsumentInnen Firmen durch Kauf unterstützen, die ökologische, soziale, geschlechtergerechte Standards berücksichtigen und andere meiden (boykottieren);
- Bestehende alternative Formen von Wirtschaften müssen vorgestellt und stärker etabliert werden (z. B. Nachbarschaftshilfe, Tauschringe, Genossenschaften), damit weitere folgen und aufgebaut werden;
- andere Handlungsformen, wie z. B. die kooperative Nutzung von Eigentum (z. B. Car-Sharing, Umsonstläden „Geben & Nehmen", Direkt-Tausch-Treffen, gebrauchte (Kinder)Kleidung und Spielzeug weitergeben etc.) müssen gewohnten Praktiken gegenübergestellt werden, damit deutlich wird: Wir können anders handeln;
- gute Beispiele müssen herausgestellt und öffentlich gemacht werden (z. B. familienfreundliche Betriebe, Öffnungs- und Betreuungszeiten, ökologisches Wirtschaften, „Gelbe Seiten" für Frauen-Netzwerke etc.), damit sie immer mehr Menschen zur aktiven Mitgestaltung und Nachahmung anregen" (ebd.:23f.).

Insbesondere in dieser letzten Forderung entfaltet sich die transnationale Bedeutung der Projektarbeit: Mit ihrem eigenen Projekt leisteten die Frauen Pionierarbeit und unterstreichen damit wirkungsvoll, wie viel Gutes von europäischen Nachbarn zu lernen ist. Als nachahmenswerte Beispiele nahmen sie einige Projekte in die Resolution auf, die von der niederländischen Regierung aktiv gefördert worden sind im Rahmen der „Balance der alltäglichen Arbeit"/ Kommission Dagindeling:

- die „Handwerker des neuen Stils", die sich durch das genaue Einhalten der individuell abgestimmten Termine auszeichnen; die Einführung eines Bürgertages mit Öffnungszeiten verschiedenster Institutionen, Geschäfte, Ärzte etc. bis 21 Uhr einmal in der Woche in Amersfoort („Zeit nach Maß");
- das Angebot erwerbsarbeitsnaher Versorgungseinrichtungen in reinen Industrie- und Gewerbegebieten in Almelo („Raum nach Maß");

- betriebliche Regelungen, dass Konferenzen nie vor 10.00 Uhr beginnen, flexibles Arbeitszeitmanagement, verstärktes Angebot von Telearbeit („Erwerbsarbeit nach Maß“);
- Einsatz von Hausmeistern für einen ganzen Wohnbezirk in Nijmegen, so dass ältere Leute länger zu Hause wohnen bleiben können („Versorgung nach Maß“);
- Schulen mit zusätzlichem Freizeitangebot (Kultur, Sport, Musik) durch PädagogInnen für Eltern und Kinder nach schwedischem Modell („Betreuung nach Maß“);
- ein betriebliches Dienstleistungszentrum, das auf Bestellung Einkäufe, Gartenarbeiten und anderes für die MitarbeiterInnen übernimmt („Dienste nach Maß“);
- ein Pendelbusprojekt in Drenthe, um Kinder an Freizeitangeboten teilnehmen lassen zu können, ohne das die Eltern die Begleitfahrten privat organisieren müssen; das Gemeindehaus auf dem Weg zum Servicezentrum („Maßarbeit für ländliche Gebiete“).

6. „REICHLICH LEBEN ... statt ARBEIT POOR ...“ [7] – Fazit und Ausblick

Frauenbewegungsakteurinnen über all auf der Welt betonen, dass die Wechselwirkungen und Bedeutung der gegenwärtigen globalen Prozesse für nationale, regionale und nicht zuletzt lokale Politiken eine „Rekonstruierung des politischen Raumes“ (DAWN[8], zit. n. v. Braunmühl/ v. Winterfeld, 2003: 4) erfordern. Erste Anstöße für einen solchen Prozess lassen sich meines Erachtens im vorgestellten Frauen-Euregio-Projekt erkennen.

Die Initiatorinnen haben die transnationale Vernetzung bewusst zum Ausgangspunkt ihres gemeinsamen Nach- und Weiterdenkens für eine nachhaltige und geschlechtergerechte Gestaltung des ‚Ganzen der Arbeit‘ gemacht. Neben der Rezeption des ‚eigenen‘ nationalen, wissenschaftlich-geprägten Diskurses zu ‚Nachhaltigkeit – Geschlechtergerechtigkeit – Zukunft der Arbeit‘ flossen durch den grenzüberschreitenden Austausch neue Perspektiven und gelebte Erfahrungen aus beiden Ländern in die gemeinsame Resolution ein. Über alle Unterschiede hinweg ist es im Frauen-Euregio-Projekt gelungen, einen gemeinsamen Konsens zwi-

---

[7] „REICHLICH LEBEN statt ARBEIT POOR“ war das Motto des Frauen-Euregio-Projektes.

[8] Die Abkürzung DAWN steht für das Netzwerk „Development Alternatives with Women for a New Era“

schen einer Vielzahl unterschiedlichster Frauen(gruppen) zu erreichen. Der Wunsch einer Initiatorin „Wir müssen viele sein, wir müssen repräsentativ sein, um politisches Gewicht zu erlangen" ist sicherlich zu einem Teil erreicht worden. Unter dem gemeinsam erarbeiteten theoretischen Dach soll die Spurensuche für schon bestehendes und auszubauendes nachhaltiges Wirtschaften in der Euregio fortgesetzt werden.

Die Frauen des Euregio-Projektes haben im Rahmen der Veranstaltung immer wieder betont, dass sie die Vision einer anderen, zukunftsfähigen Gestaltung von Leben und Arbeit mit vielen Nichtregierungsorganisationen, kritischen WissenschaftlerInnen, Gewerkschaften, feministischen und kirchlichen Gruppen teilen (vgl. Bildungswerk ver.di, 2004: 17). Zum Folgeprozess des Projektes gehört daher auch, den alternativen Vorstellungen, die das gegenwärtige nicht nachhaltige Modell von Wirtschaften und Arbeiten herausfordern, weiterhin *Stimme* und *Raum* zu geben. Zu einer weiteren und vertiefenden Auseinandersetzung mit den aufgestellten Thesen rufen die beteiligten Akteurinnen daher nicht nur ihre eigenen Verbände, Gewerkschaften und kirchliche Gruppen auf, sondern auch ArbeitgeberInnenverbände, politische Parteien und parlamentarische Gremien. In allen Städten sind die Forderungen stellvertretend für die lokale politische Ebene den (Ober)BürgermeisterInnen übergeben worden. Die Münsteranerinnen haben explizit einen BürgerInnenantrag (§ 24 GO, NRW) gestellt – mit der Bitte um Beratung und Umsetzung der Forderungen aus dem Frauen-Euregio-Projekt im Rahmen der städtischen Kompetenzen. Geplant ist ein Treffen aller Beteiligten nach einem Jahr, um über Erfolge bzw. Misserfolge zu berichten und weitere Vorgehensweisen zu verabreden.

Ob Transformationsprozesse im Sinne der Ergebnisse des Frauen-Euregio-Projektes eingeleitet, unterstützt und forciert werden, hängt gewissermaßen an einem komplexen Knäuel an Voraussetzung. Lediglich zwei sollen hier abschließend erwähnt werden: Erstens ist es wichtig, das entstandene Netzwerk der frauenpolitischen Arbeit abzusichern und um weitere wichtige AkteurInnen zu erweitern, um die gesellschaftliche Auseinandersetzung um nachhaltige, geschlechtergerechte Inhalte, Ziele und Normen politischer und ökonomischer Entwicklungen auf die Tagesordnung zu setzen. Dazu bedarf es der institutionellen und finanziellen Unterstützung. Die bisherige Projektarbeit ist mit einem sehr geringen Finanzvolumen geleistet worden. Sie war nur möglich durch einen sehr hohen Anteil unbezahlter freiwilliger Arbeit der Beteiligten, die in diesem Umfang auf Dauer nicht zu leisten ist und vor dem Hintergrund der eigenen politischen Forderungen nur im Rahmen einer strukturell abgesicherten, kooperativen aufeinanderbezogenen Gestaltung der verschiedenen Arbeitsarten sinnvoll sein kann.

Zweitens sind für Transformationsprozesse daher Fragen der aktivierenden, staatlichen Unterstützung relevant. Die Analyse des Beispiels und des Erfolgs der Kommission Dagindeling, die im niederländischen Sozial- und Arbeitsministerium angesiedelt ist, macht dies deutlich. Im Falle des Frauen-Euregio-Projektes wäre zudem ohne die anteilige Finanzierung durch die Euregio der gemeinsame politische Diskussionsraum möglicherweise gar nicht entstanden. D. h. aber gleichzeitig, dass es um eine „Re- bzw. Neukonstruktion von Staatlichkeit“ gehen muss, die der geforderten Transformation von Macht- und Herrschaftsverhältnissen Rechnung trägt, um ein selbstbestimmtes und abgesichertes Leben und Arbeiten für Frauen und Männer – nicht nur in der Euregio – zu ermöglichen.

Literatur

Biesecker, Adelheid (2003): Zukunftsmodell 3 – „Das Ganze der Arbeit“ im Konzept „Vorsorgendes Wirtschaften“, Vortrag im Rahmen des Frauen-Euregio-Projektes am 24.5.2003 in Osnabrück, (www.bw-verdi.de).

Bildungswerk ver.di (Hrsg.) (2004): „Leben ist nicht nur Erwerbsarbeit. Zur Neudefinition und Umverteilung aller vorhandenen Arbeit“ – Ergebnisse und Resolution des Frauen-Euregio-Projektes, Osnabrück, 2004 (www.bw-verdi.de).

Buchholz-Will, Wiebke (2003): „Frauenerwerbsarbeit in Deutschland – anhaltende Krise mit kleinen Fortschritten“, Vortrag im Rahmen des Frauen-Euregio-Projektes am 25.1.2003 in Enschede, (www.bw-verdi.de).

Gottschlich, Daniela (Red.) (2001): Jede Arbeit zählt! Chancen zur Neugestaltung der Arbeit im 21. Jahrhundert – Dokumentation der Tagung 26./27.01.2001, Osnabrück

Plantenga, Janneke (2003): Leben ist nicht nur Erwerbsarbeit – gut leben und auch arbeiten, Vortrag im Rahmen des Frauen-Euregio-Projektes am 25.1.2003 in Enschede, (www.bw-verdi.de).

Schachtner, Christina (2001): Fraueninitiative vor Ort: Gestaltungsversuche im Kontext der Globalisierung, in: Sturm, G. u. a. (Hrsg.): Zukunfs(t)räume. Geschlechterverhältnisse im Globalisierungsprozess, Königstein/ Taunus, S. 120-137.

von Braunmühl, Claudia/ von Winterfeld, Uta (2003): Global Governance. Eine begriffliche Erkundung im Spannungsfeld von Nachhaltigkeit, Globalisierung und Demokratie, hrsg. v. Wuppertal Institut, Wuppertal Paper Nr. 135, Wuppertal.

Chancen reproduktiver Arbeit in schrumpfenden Regionen

Babette Scurrell

1. Einführende Gedanken – Absurditäten aktueller Entwicklung

Beginnen wir mit den Symptomen der gegenwärtigen Situation:

Arbeitnehmer, die älter als 50 sind, haben kaum noch Chancen eine Arbeitsstelle zu finden, das Renteneintrittsalter aber wird auf 67 Jahre erhöht. Schwarzarbeit ist eine Tätigkeit, für die weder Steuern noch Sozialabgaben abgeführt werden. Schwarzarbeit ist aber Erwerbsarbeit, die existenzsichernd nicht nur für die Arbeitnehmer, sondern auch für viele kleine Unternehmen ist.

In ihrer aufstrebenden Phase haben sich Deutschlands Tauschringaktivisten mit der Überlegung beschäftigt, im drohenden Falle der Forderung nach Steuerzahlungen für Tauschringleistungen diese Steuer in Form der Tauschwährung oder in Naturalien und Dienstleistungen zu zahlen. Wir sind – so argumentierten sie – eine demokratische Wirtschaftsform und fühlen uns dem Gemeinwesen verpflichtet, aber wir können unseren Beitrag für die Allgemeinheit nur in unserer Form des Wirtschaftens leisten.

Wenn das Arbeitsamt erfährt, dass Arbeitslose mehr als 15 Stunden pro Woche ehrenamtlich tätig sind, kann ihnen (und es wurden Fälle bekannt, in denen das getan wurde) das Arbeitslosengeld gesperrt werden, denn sie stehen dem Arbeitsmarkt nicht zur Verfügung. Dass die ehrenamtliche Tätigkeit Teil der Arbeitssuche, Qualifizierung für den Arbeitsmarkt und manchmal sogar Schaffung des eigenen zukünftigen Arbeitsplatzes, also eigentlich Unternehmertum ist, kommt nicht in Betracht.

In Sachsen-Anhalt hat das neue Gesetz über die Kinderbetreuung dazu geführt, dass Kinder, bei denen nicht beide Eltern voll erwerbstätig sind, nur noch für 5 Stunden täglich die Kindereinrichtungen besuchen können. Die dadurch überflüssig werdenden Erzieherinnen-Arbeitszeiten wurden gekürzt, um Gehaltskosten zu sparen. Die Wiederaufnahme einer Vollzeit-Erwerbstätigkeit (überwiegend „natürlich" der Mütter) ist heute aufgrund des Mangels an Kinderbetreuungsplätzen nicht gewährleistet.

„Bis August führte der Verein Shia das Strukturanpassungsprojekt „Leihomas" durch. Mit der Begründung, dass diese Tätigkeit zu einer Selbständigkeit führen könnte, hat das Arbeitsamt diese Maßnahme beendet. Zehn Frauen ab 55 Jahre waren zuletzt beschäftigt, hatten im Rahmen des Landesprogrammes „Aktiv zur Rente" eine sinnvoll Beschäftigung gefunden. Der Vorstand des Shia-Vereins hat den Fall jetzt dem Sozialgericht zur Entscheidungsfindung vorgelegt." (Kaufhold 2004)

Dieses Sammelsurium von Absurditäten und von Beschreibungen nur noch als Satire vorstellbarer Wirklichkeiten habe ich als Einleitung in mein Thema gewählt, weil mir keine gängigen Begriffe mehr zur Verfügung stehen, um die Chancen reproduktiver Arbeit zu beschreiben, die ich sehe. Sprache ist eine sehr zählebige Institution, die der Wahrnehmung von Krisen und der Veränderung des Handelns sowie dem damit verbundenen Wandel einer Vielzahl anderer Institutionen entgegensteht. Wenn Sie mit mir die Chancen reproduktiver Arbeit entdecken wollen, müssen Sie alle Lehr- und Wörterbücher vergessen und sich in der Gesellschaft und ihrer Auseinandersetzung mit der natürlichen Mitwelt auf die Suche nach dem Nicht-Eindeutigen zwischen Arbeit und Tätigkeit, zwischen Erwerb und Existenzsicherung, zwischen Produktion und Reproduktion, zwischen Haushalt und Markt, zwischen Ehrenamt, Nachbarschaftshilfe und Unternehmertum aufmachen.

Wer ist beispielsweise ein Wirtschaftspionier? Der Mitgesellschafter der Schülerfirma, die Dienstleitungen bei Informations- und Kommunikationstechnologien für kleine Unternehmen anbietet? Die Frau, die zu ihren eigenen zwei Kindern drei weitere als Tagesmutter in ihren Haushalt aufnimmt? Der Ingenieur, der auf der Grundlage seiner ersten Patente eine Firma gründet? Die Gruppe von Lokalpatrioten, die ein denkmalgeschütztes Gebäude kauft, saniert und bewirtschaftet, gerade noch rechtzeitig, bevor die Denkmalschutzbehörde in die Knie geht und dem Abriss zustimmt?

Wenn alle kaufkräftige Nachfrage längst gestillt ist und noch viele Bedürfnisse unbefriedigt bleiben; wenn die Ladenregale voll sind, die Dienstleistungsanbieter nicht ausgelastet und doch viele Wünsche offen und viele Arbeiten unerledigt bleiben, wird es höchste Zeit, sich das Gesamtsystem, die Verknüpfungen von Natur, Gesellschaft und Ökonomie anzusehen.

Ein Wort noch dazu, warum ich die Chancen reproduktiver Arbeit in schrumpfenden Regionen zu finden glaube:

Die Schrumpfungsprozesse in den ostdeutschen Regionen haben auf sozialökonomische Entwicklungen aufmerksam gemacht, die sich – mit Variationen – in vielen entwickelten Industrieregionen wiederholen (werden). Wirtschaftliche, gesellschaftspolitische und demographische Prozesse haben den Wachstumspfad verlassen. (Göschel 2003: 8)

Für Ostdeutschland kann man die Abfolge beschreiben:

- stagnierende, sozialistische, industrielle Wirtschaft,
- gesellschaftspolitischer Kollaps,
- wirtschaftlicher Absturz in die kapitalistische hoch industrialisierte Wirtschaft während ihres Wandels zur hoch technisierten Dienstleistungswirtschaft
- bei gleichzeitigem drastischen Wandel des generativen Verhaltens und starken Wanderungsprozessen.

Die Abfolge mag in Grad und Reihenfolge in verschiedenen Regionen unterschiedlich sein; Politik, Wirtschaft und Demographie üben je nach Konstellation unterschiedlichen Einfluss aufeinander aus. Dass aber die Marktwirtschaft mit ihren heutigen Bedingungen und Folgen den generellen Trend zur Herausbildung schrumpfender Regionen unterstützt, kann belegt werden. (Oswalt 2003)

Unter reproduktiver Arbeit verstehe ich die Arbeit zur Wiederherstellung der Produktionsvoraussetzungen im weitesten Sinne. Betrachtet man diese Wiederherstellung aus der Perspektive der Nachhaltigkeit, so richtet sie sich auf

- den „Erhalt der Evolutionsfähigkeit der natürlichen Mitwelt“
- den „Erhalt der Gesellschaft durch Partizipation, Demokratie und Gerechtigkeit“ und
- den „Erhalt der Wertschöpfungsfähigkeit bei Orientierung an gesellschaftlichen Bedürfnissen“(Biesecker/ Kesting 2003: 190).

Diese drei Dimensionen der Reproduktion sind nicht widerspruchsfrei zu integrieren. Ob und wie es gelingt, ist immer eine Frage des Experimentierens und Aushandelns von Interessen. Bedeutsam ist, ob sich für diese Art von Experimenten und Aushandlungen bereits Handlungsmuster herausbilden, ob Institutionen am Entstehen sind. Denn, so schreiben Biesecker und Kesting weiter: „... dort, wo es um die Frage der Gestaltung von nachhaltigem Wirtschaften geht, [machen wir uns] auf die Suche nach Möglichkeiten der Institutionalisierung von vorsorgendem Handeln in den verschiedenen Handlungszusammenhängen der Ökonomie sowie nach neuen institutionellen Arrangements ..., in denen sorgendes/ vorsorgendes wirtschaftliches Handeln und vorsorgend-verantwortliche Kooperationen Raum haben.“ (ebd.: 192)

Eine schrumpfende Region mit so radikalen Veränderungen in den Lebensbedingungen muss aber ein Ort sein, an dem sich neue institutionelle Arrangements bilden. Denn bei grundsätzlich veränderten Bedingungen können die Institutionen auf Dauer nicht unverändert bleiben. Dies begründet meine Auffassung, dass in schrumpfenden Regionen Chancen für die Institutionalisierung reproduktiver Arbeit zu finden sind und sie in Ansätzen bereits heute bestehen.

2. Regionale Prozesse – Beispiele für ungenutzte Chancen reproduktiver Arbeit

Wenden wir uns nun einigen Schilderungen regionaler Prozesse zu, um die Suche zu beginnen.[1]

In Wolfen-Nord betrachteten wir im Rahmen des Projektes „Zukunft der Arbeit und nachhaltiges regionales Wirtschaften" (Zarewi) vor allem arbeitsmarktpolitisch geförderte Arbeit, in einer Situation, in der Erwerbsarbeit in Unternehmen und bei öffentlichen Arbeitgebern nur für ungefähr die Hälfte der erwerbsfähigen Bevölkerung vorhanden ist.

Uns interessierten die arbeitsamtsgeförderten Tätigkeiten im sozialen und kulturellen Bereich (Frauenkommunikationszentrum, Bürgerverein, Werkstätten für öffentliche Eigenarbeit), denn die Groß-ABM in Abriss und Sanierung von Firmen oder in Umweltprojekten (Bergbaubrachensanierung und Aufforstung) gingen zu Ende und versprachen auch kaum Hinweise auf zukunftsfähige Wirtschaftsformen.

Für die Beschäftigten in diesen Kultur- und Sozial-ABM war die Tätigkeit vor allem ihre Erwerbsarbeit, aber sie waren sich der doppelten Abwertung – ABM einerseits und „Frauen und anderes Gedöns" andererseits – sehr wohl bewusst. Es war immer eine Übergangslösung, nur in Ausnahmefällen (Leiterin des Frauenkommunikationszentrums – Landesförderprogramm) war eine längerfristige oder unbefristete Anstellung gegeben.

Im Kreativzentrum (einer Werkstatt für öffentliche Eigenarbeit) gab es besonders in der ersten Phase schwierige Arbeitszeitdiskussionen: Die Werkstätten müssen nachmittags und abends offen sein, der Projektträger als große ABM-Gesellschaft hatte aber DDR-Industriearbeitszeiten (6.30 Uhr – 15.15 Uhr). Hier erodierte die Institution des „Normalarbeitstages" nicht in einem Arbeitsklima mit hohen intel-

[1] Die Beispiele wurden während der Arbeit in den Projekten „Industrielles Gartenreich" der Stiftung Bauhaus Dessau und „Zukunft der Arbeit und nachhaltiges regionales Wirtschaften" gesammelt. Vgl. dazu „Industrielles Gartenreich" (1996/1999) sowie „Zukunft der Arbeit und nachhaltiges regionales Arbeiten", Abschlussbericht Oktober 2002.

lektuellen Herausforderungen und intrinsischer Motivation und auch nicht im Zusammenhang mit der Sicherung des Arbeitsplatzes durch Ausgleich von Marktschwankungen. Hier wurde eine befristete, abgewertete Tätigkeit flexibilisiert.

Viele der Beschäftigten waren bereit, über die Erwerbsarbeitszeit hinaus für das Projekt tätig zu sein. Die Ursachen dafür waren – mit unterschiedlicher Gewichtung:

- Interesse an der Tätigkeit, Verständnis für ihre zeitlichen Bedingungen, Verantwortung für die übernommene Aufgabe,
- die Chance, das Projekt als zukünftigen Arbeitsplatz zu sichern (nur wenn das Projekt überlebt, kann man von ihm wieder beschäftigt werden),
- Freundschaften, die aus den Arbeitszusammenhängen entstanden. Das bewirkt, dass man dann zusammenhält und es auch Spaß macht.
- Die Chance sich für eine Wiedereinstellung nach einem weiteren Jahr Arbeitslosigkeit zu qualifizieren (wenn ich mich gut führe, holen die mich vielleicht wieder).

Und so findet man in diesen Tätigkeitsfeldern immer wieder Personen, die auch während der nachfolgenden erneuten Arbeitslosigkeit für „ihre" Projekte tätig sind. Zum Teil wird diese Tätigkeit durch erneute Arbeitsamtsmaßnahmen (z. B. ¼ Jahr Weiterbildung) eher behindert.

Die Wertschätzung der Tätigkeit durch die Nutzer war für die Beschäftigten wichtig. Die meisten Beschäftigten (überproportional Frauen) kamen aus einer Industrietätigkeit und kannten sorgende und kulturell-gestaltende Tätigkeiten nicht aus der Erwerbsarbeit, sondern „nur" (?) aus Haushalt und Freizeit. Diese drei Institutionen standen für sie lange unvermittelbar nebeneinander. Nicht im Denken, sondern in der notwendigen Veränderung des Handelns wurden sie durchlässiger, wurden Zusammenhänge sichtbar und begann – unreflektiert –, was ich aus Sicht der interessierten Wissenschaftlerin vorsichtig als ein Zusammenwirken von Produktion und Reproduktion bezeichnen möchte.

Dabei ist Produktion in diesem Dienstleistungssektor für mich die „Herstellung" der Beratungsleistung, die Vorbereitung der Veranstaltungen, auch die Anleitung und Motivation gestalterischen Tätigwerdens. Reproduktion als (auch erweiterte) Wiederherstellung der Voraussetzungen schließt neben der Qualifizierung und Motivierung der Beschäftigten auch die Festigung der Projekte und Organisationen und die Veränderung der „Kunden" ein.

Aber diese Wertschätzungen und auch die Veränderungen, die sie nach und nach auslösten, waren kein Ausgleich für die gesellschaftliche Nichtachtung, die sich zum einen in der niedrigen Bezahlung, mehr noch aber in der Tatsache ausdrückt, dass es eben „keine richtige Arbeit“, sondern ABM war. Gleichzeitig disqualifiziert die Erfüllung sozialer und kultureller Aufgaben in ABM die Aufgaben selbst und darüber hinaus auch das ehrenamtliche Engagement. Und umgekehrt: Wer soziale, kulturelle (auch ökologische und Bildungs-) Aufgaben ehrenamtlich erledigt, vernichtet ABM-Stellen.

Hier haben wir ein Beispiel für gleich zwei Teufelskreise:

1. Nicht dafür ausgebildete Frauen erledigen in schlecht bezahlter „Ersatzarbeit“ sorgende Tätigkeiten. – Hört sich das wie „innovative Dienstleistungsgesellschaft“ an?

2. Da in ABM zusätzliche Aufgaben, schmückendes Beiwerk sozusagen, erledigt werden, sind die sozialen, kulturellen usw. Aufgaben nicht notwendig, dürfen nichts kosten, brauchen auch nicht erledigt zu werden. Wer „so was“ ehrenamtlich macht, macht dann auch nichts, was Anerkennung verdient – da helfen alle Sonntagsreden und auch die Diskussion über den Ersatz des Zivildienstes durch Ehrenamt nicht. Und wenn andererseits das alles so wichtig ist, wie in den Sonntagsreden dargestellt, warum werden die Personen, die es machen wollen, dann nicht wenigstens mit schlecht bezahlter Ersatzarbeit in ihrer Existenzsicherung unterstützt, sondern sollen sich richtige Arbeit suchen, wo es keine gibt, und ehrenamtlich trotzdem diese Aufgaben erfüllen. – Hört sich das an wie „Stärkung der Zivilgesellschaft“?

Beides hört sich natürlich erst einmal nicht so an. Aber hier bieten Menschen für Existenzsicherung und Teilhabe sorgende Kooperation und kulturelle Gestaltung an. Das ist ein wahrhaft neuartiger Dienst, den sie der Gesellschaft leisten! Doch wir verfügen nicht über die notwendigen institutionellen Arrangements in Wirtschaft und Gesellschaft, um diese Leistungen nutzbringend zueinander zu fügen.

Dadurch können die Chancen reproduktiver Arbeit für die individuelle Existenzsicherung und die Stärkung der Gemeinwesen nicht genutzt werden.

Setzen wir die Suche nach Chancen reproduktiver Arbeit in einem zweiten Untersuchungs- und Interventionsfeld des Projektes „Zukunft der Arbeit“ fort: Es ging um die Möglichkeiten der Schaffung von Erwerbsarbeit durch Auf- und Ausbau eines nachhaltigen Tourismus.

Ansätze dafür bestanden auf Grund der kulturhistorischen Bedeutung und landschaftlichen Schönheit der Region, aber die Kooperation zwischen allen Akteuren war schlecht und erlaubte es nicht, die kritische Masse für eine erfolgreiche Entwicklung zu erreichen. Die Interventionen im Einzelnen darzustellen, würde zu weit führen. Aber ich will an Hand der strategischen Idee darstellen, wie eine

„vorsorgend-verantwortliche Kooperation“ (Biesecker), die sich auf verschiedene Arbeitsformen stützt, eine nachhaltige regionale Wirtschaft fördern kann.

Vor allem musste es gelingen, die Kooperation zwischen den drei Weltkulturerbestätten[2] und dem Biosphärenreservat „Mittlere Elbe“ nicht nur zu intensivieren, sondern auch in Verantwortung für alle touristischen Anbieter und Entwicklungspotentiale auszurichten. Diese vier bedeutenden Akteure sind einander auf Grund der sehr verschiedenartigen Angebote keine Konkurrenten. Aber ihre gemeinsame Ausstrahlung kann so groß sein, dass Touristen, die für mehrere Tage kommen, nicht nur ihr Hauptziel, sondern auch andere Angebote nutzen. Dafür ist es aber notwendig, die Kooperation viel weiter auszudehnen. Der kulturwissenschaftliche Anspruch der UNESCO-Weltkulturerbestätten muss dann mit den „profanen“ Forderungen der Touristiker nach Zeitplänen, Veranstaltungsterminen, Erreichbarkeit und Versorgung vermittelt werden. Ein solches flächendeckendes Kooperationsnetz von der Pensionswirtin bis zur Museumspädagogin des Bauhauses, vom Historiker der Lutherhalle bis zum Kutscher am Wörlitzer Bahnhof in einer Qualität aufzubauen, die sowohl den touristischen Ansprüchen als auch den Normen nachhaltiger Regionalentwicklung entspricht, erfordert die Einbettung der tourismuswirtschaftlichen Aktivitäten in das regionale Gemeinwesen und die natürliche Mitwelt.

Der Tourismus darf also weder seine wirtschaftlichen, noch seine soziokulturellen und ökologischen Voraussetzungen zerstören.

Das eröffnet Chancen für vielfältige – auch reproduktive – Arbeitsformen.

In den unmittelbar betroffenen Branchen wie Übernachtungs- und Gastgewerbe aller Größenordnungen und Qualitätsstufen, Marketing, Logistik und Gästeführung bis hin zu Museumspädagogik wird verantwortliches Handeln gegenüber Partnern und Konkurrenten, gegenüber Nachbarn und Naturräumen wichtig, um das eigene Potential nicht zu untergraben.

Aber auch weit in andere Branchen hinein könnten Entwicklungsimpulse gesetzt werden: zur ökologischen Landwirtschaft/ Landschaftspflege und Nahrungsmittelproduktion, zu Bildungsunternehmen und mediengestützter Information, zu Transportunternehmen vom Kremser bis zum Bus, vom Fahrrad bis zu Reitpferd und Kutsche, zum Handwerk und Baugewerbe, insofern es sich dem Erhalt der historischen Bauten widmet.

In allen diesen Branchen treten neben produktiven verstärkt reproduktive Arbeiten auf, wenn sie am Ziel des Erhalts der kulturellen und ökologischen Qualitäten

[2] Stiftung Luthergedenkstätten in Sachsen-Anhalt, Kulturstiftung DessauWörlitz, Stiftung Bauhaus Dessau

ausgerichtet werden. Eine Strategie für eine nachhaltige Regionalentwicklung, die auf Tourismus aufbaut, muss aber neben dem reproduktiven Aspekt des (vor-) sorgenden Umgangs mit den Natur- und Kulturreichtümern auch nach den wirtschaftlichen Voraussetzungen und Folgen fragen. Hier sahen wir auf Grund der vorgefundenen Situation die Schwierigkeiten.

Die Arbeit im Tourismussektor wird in öffentlichen Einrichtungen (Museen, Stiftungen, Tourismusämter, Fremdenverkehrsverband) geleistet oder in privaten Dienstleistungsunternehmen (Hotels, Fahrradverleih usw.) oder von Selbständigen und als Zusatzjob (z. B. Studenten als Gästeführer). Die öffentlichen Mittel reichen nicht, um die Attraktivität und Kapazität der touristisch interessanten Einrichtungen aufrechtzuerhalten oder gar auszubauen, die Auslastung der Gastronomie- und Beherbungsunternehmen ist schlecht, die Selbständigen können nicht ausschließlich von diesen Einkommen leben. Von Seiten der Landesregierung wird dieses Potential bis heute als vernachlässigbar gering und nicht finanziell förderwürdig eingeschätzt, während die kommunalen Verwaltungen und der Regierungspräsident viel Aufmerksamkeit und immer wieder auch Geld für diese Entwicklung aufgewendet haben. Der Teufelskreis zwischen geringer Nachfrage – notwendiger Angebotsverbesserung – ungenügendem Start- und Investitionskapital – wenig Verbesserungen – gering bleibender Nachfrage usw. lässt sich nur durch Kooperation, Bündelung der Ressourcen, unbezahlte Arbeit, ungewöhnliche Verknüpfungen und Organisationsformen ausgleichen.

Doch dadurch entstehen wiederum neue Handlungsmuster, deren Verfestigung, Akzeptanz und Einordnung in das bisherige Institutionengefüge allerdings noch nicht gelungen ist:

Nebenerwerb, prekäre Beschäftigungsformen, Zweit- und Teilzeitarbeit, Unternehmensgründungen aus der Arbeitslosigkeit heraus bei ungenügendem Eigenkapital und mangelnder Bereitschaft von Banken und öffentlicher Hand, das Risiko mitzutragen, gemeinnützige GmbHs bei Kulturvermarktung und Bildungsangeboten – all diese Formen sind betriebswirtschaftlich schwer planbar. Jeder Unternehmensberater wird abraten, jeder Steuerberater Schwierigkeiten haben, wie gemischte Einkommen aus Erwerbsarbeit, Nebenerwerb, Arbeitslosengeld, Sozialhilfe, Unternehmensgewinn, Einnahmen aus freiberuflicher Tätigkeit, Einnahmen aus Vermietung u.ä. in jeglicher Kombination einerseits rechtlich korrekt zu deklarieren sind, andererseits aber solches Einkommen doch eine stimulierende, motivierende Wirkung behält und zur Akkumulation zur Verfügung steht. Welche Arbeits- und Betriebsformen entstehen, wenn Hausfrauen Zimmer vermieten und die Nachbarin gegen Bezahlung Eier und Marmelade aus der Eigenproduktion an die Pensionswirtin liefert? Wo beginnt die Schwarzarbeit, wenn in kleinen Heimatmuseen oder von Vereinen getragenen Häusern/ Sammlungen sowohl Hobby-

Museumsführer als auch ABM-Personal und Gästeführer als Freiberufler arbeiten? Ist das Wettbewerbsverzerrung? Wer nimmt dann wem Erwerbsarbeit weg und wer schafft neue? Ist Interessenausgleich denkbar?

Beispielhaft für diesen Wirtschaftsbereich sind die Erfahrungen der "agentur reisewerk", die aus einem ABM-Projekt der Stiftung Bauhaus Dessau hervorging. Das Zarewi-Forschungsprojekt führte 1999 als Teil des Einstiegs in das Themenfeld Kulturtourismus ein Interview mit den vier durch Projektförderung bezahlt arbeitenden MitarbeiterInnen der „agentur reisewerk“ durch. Nach zwei/ drei weiteren Beratungsgesprächen für eine Existenzgründung brach der Kontakt allerdings ab. Aber immer wieder, wenn es um wirtschaftliches Unternehmertum ging, fragten wir uns an diesem Beispiel: Warum wurde der Absprung in die Selbständigkeit nicht gewagt? Es gab ausgearbeitete, getestete Reiseangebote, es gab Erfahrungen mit der Zielgruppe, es gab nach jahrelanger Arbeitslosigkeit nichts zu verlieren. Aber offensichtlich war es zu ungewöhnlich, gegen den Rat eines Experten, ohne das überall besprochene Startkapital, ohne sichere Aussicht auf Einkommen, nach jahrelangem „Training als abhängig Beschäftigte“ ein solches Unternehmen auf die Beine zu stellen (s. Kasten).

Für die ökonomische Dimension der Nachhaltigkeit, den „Erhalt der Wertschöpfungsfähigkeit bei Orientierung an gesellschaftlichen Bedürfnissen“(Biesecker/ Kesting 2003: 190) wird es notwendig sein, für solche Situationen neue institutionelle Arrangements zu finden.

In den vergangenen zwei Jahren begannen Entwicklungen in diese Richtung durch die Kooperation der vier UNESCO-Stätten, die Aktivitäten des inzwischen mit der Wirtschaftsförderungsgesellschaft verschmolzenen Fremdenverkehrsverbandes, ein Projekt im Rahmen der BMBF-Förderung „Lernende Regionen“ und ein Projekt im Rahmen des EQUAL-Programms des Europäischen Sozialfonds. Ob es wirklich gelingen wird, die reproduktiven Arbeiten zum Erhalt der Natur- und Kulturschätze so mit einem marktwirtschaftlichen Tourismus zu verbinden, dass Nachhaltigkeit erreicht wird, ist immer noch offen. Der zweifelhafte Vorteil der Krisenregion besteht darin, dass ihre Akteure behutsam vorgehen müssen, weil sie keine touristischen Großanlagen und Events betreiben können und dass sie in neuen Arrangements handeln, weil alte, erprobte nicht zur Verfügung stehen.

Aus den Erfahrungen in Wolfen-Nord und im Tourismus-Bereich entstand der Input für das dritte Interventionsfeld des Forschungsprojektes: Wir versuchten, die Erfahrungen mit der Arbeitswelt in der Region den Akteuren der Wirtschaftsförderung widerzuspiegeln, deren Handlungsweise dazu in Beziehung zu setzen und mögliche andere Muster von Wirtschafts- und Strukturförderung zu finden.

Protokoll über das Gespräch mit der agentur reisewerk am 10. November 1999

Auszüge zum Stichwort: Nachhaltigkeit und Existenzsicherung

- Nachhaltigkeit:
- Führungen, Reiseangebote entwickeln, die Bestand haben, die in verschiedenen Zusammensetzungen immer wieder gezeigt werden können
- Initiativen und andere regionale Partner werden einbezogen, um den Tourismus auf eine breite Basis zu stellen, das Gezeigte auch zu verwurzeln
- die Gegebenheiten der Region werden aufgespürt, respektiert, verarbeitet, genutzt für die touristischen Konzepte
- Vorhandenes nutzen
- kleinere Infrastrukturen beleben, z.B. kleine Gaststätten und Pensionen für Verpflegung und Übernachtung, damit Regionalentwicklung betreiben, wirtschaftliche Vielfalt stützen
- Bildungstourismus (Volkshochschulprogramm)
- ökologische Angebote: Vernetzung von Eisenbahnstrukturen (Dessau-Wörlitzer Eisenbahn und Grubenbahnen), Fahrradtouren
- Vermarktung ist *das* Problem

Arbeit/Existenzsicherung:

- Tauscharbeit oder „ehrenamtlich" für andere Initiativen („auch so kleine Krauter wie wir"), aber unser Finanzer guckt da sehr drauf, dass wir nichts umsonst machen – Einwurf der FinanzerIN: finanzielle Grundlage muss vorhanden sein! – alles freiwillig geht nicht
- bekommen degressive Projektförderung aus dem Programm „Eigenständige Regionalentwicklung" dazu Mittel aus SAM/ABM (für P... und M... Verlängerung der SAM beantragt, für H... und K... neue SAM)
- neue Förderaussicht: „Elbeband" – Landes-Tourismus-Förderung
- ABER: sich so die Existenz zu sichern: mit verschiedenen Förderungen, abwechselnd mit Weiterarbeiten bei Arbeitslosigkeit ist Ausnahme/Nische
- Gespräch mit Unternehmensberater über das reisewerk: wirtschaftlich nicht tragfähig / kennen ein Beispiel „Reisepavillon", hat aber noch andere Geldquellen
- für Aufträge auf guten Willen des Amtes für Kultur und Tourismus angewiesen
- wo sie solche „Arbeits-Schlängeleien" bei Personen kennen, werden diese aus Familieneinkommen gesichert, die sind dann Absicherung für Einstiege und Umstiege
- es gibt die Klugheit sich durch solche eigenartigen Sachen die Existenz zu sichern
- Tauschring ist eine feine Sache [P... war beim Aufbau des Dessauer Tauschrings sehr engagiert], aber er bezahlt nicht die Miete ...
- Mischformen, die man organisieren muss, wären nötig – K...: scheitert daran, dass Deutschland so monetär orientiert ist (in anderen Ländern einfacher)

Das schlug fehl. Entweder man verstand nicht, warum wir uns mit unseren Sozial- und Kulturprojekten immer wieder in die Wirtschaftsdiskussion einmischten oder man benannte uns Förderprogramme für Existenzgründung und Kleinunternehmen, die aber den „Schlängel"-Bedingungen „unserer" Akteure nie Rechnung tragen konnten. Außerdem verstanden wir uns nicht als Projektberater, sondern wollten eine Diskussion über neue Wege der Wirtschaftsförderung, neue Institutionen zur Förderung des Unternehmertums.

In der Region wurde zwischen 1990 und 2000 jeder neu geschaffene Chemiearbeitsplatz mit durchschnittlich 1 Mill. DM öffentlicher Mittel gefördert. Neben der wirtschaftspolitischen wurde auch mit der arbeitsmarktpolitischen Förderung viel öffentliches Geld ausgegeben. Da liegt die Reaktion der Akteure nahe: „Das kann doch nicht alles falsch gewesen sein!" Da wartet man lieber noch ein bisschen auf die Wirkung und versucht auch noch mal mehr vom Gleichen. Doch ein sozioökonomischer Strukturwandel hin zu nachhaltigem Wirtschaften wurde nicht eingeleitet.

Nur bei einigen Akteuren beginnt ein Umdenken hinsichtlich der Strategien der Wirtschaftsförderung. Nach und nach versucht man, bestehende Unternehmen in ihrem Bestand und langsamen Erweiterungen zu unterstützen, kleine Investitionen mit gleicher Aufmerksamkeit zu begleiten wie die großen. Aber noch immer gibt es völlige Unkenntnis über die sozio-kulturellen und bürgerschaftlichen Hintergründe der Entstehung von Erwerbsarbeit. Noch immer werden die Chancen reproduktiver – auch nicht erwerblich geleisteter – Arbeit für die produktive Erwerbsarbeit nicht erkannt.

3. Bau- und Wohnprojekte – Beispiele für genutzte Chancen reproduktiver Arbeit

Neben diesen Ergebnissen der Projektarbeit sind es Erfahrungen aus Bau- und Wohnprojekten in einer schrumpfenden Stadt, die uns weiteren Aufschluss über die Chancen reproduktiver Arbeit geben können. Das scheint paradox, aber die gute Kenntnis dieser Projekte ermöglicht es mir, auf einige Details mit übergreifender Bedeutung aufmerksam zu machen.

In Dessau gibt es eine Gruppe engagierter Architekten und Stadtplaner, denen es gemeinsam mit ein paar Freunden gelungen ist, Unterstützung für den Erhalt und die Umnutzung von alten Gebäuden zu organisieren. Dadurch wurde Arbeit im Baugewerbe (teilweise arbeitsamtsgefördert) erhalten, Bauschutt sowie energie- und materialintensiver Neubau vermieden, die kulturelle Identität der Stadt gestärkt und „soziales Kapital" gebildet. Die sozialkulturelle Bedeutung solcher Projekte kann gar nicht überschätzt werden, aber interessant ist, dass auch die ökologischen Belange besser berücksichtigt wurden als bei der Sanierung eines ähnlichen Gebäudes durch die öffentliche Hand. So wurde der Wörlitzer Bahnhof als Eingangsgebäude des Umweltbundesamtes „totalsaniert“: Er bekam ein neues Dach, einschließlich neuem Dachstuhl, wo das Auswechseln einiger Balken und Latten sowie das Umdecken plus weniger neuer Ziegel gereicht hätte; die Fassade wurde abgestrahlt, statt Altes alt aussehen zu lassen und am Ende klagte man über die unermesslich höheren Kosten der Altbausanierung gegenüber dem Neubau.

Wie gelingt also der Erhalt alter Gebäude durch Bürgerprojekte und wie wird in dem Zusammenhang reproduktive Arbeit organisiert?

Erstes Beispiel: die Koch´sche Eisenwarenhandlung. Das denkmalgeschützte Wohn- und Geschäftshaus aus dem Jahr 1889 liegt in unmittelbarer Nähe des Bahnhofes und des zukünftigen Amtssitzes des Umweltbundesamtes. Das Gebäude steht seit einigen Jahren als Zeugnis der frühen Industriekultur Dessaus und wegen seiner im maurischen Stil errichteten Jugendstilfassade unter Denkmalschutz. Es wurde Anfang der 1990er Jahre von der Treuhandanstalt verkauft und drohte nach dem Konkurs der Käuferfirma zu verfallen. Die Wohnungsgenossenschaft DAKSBAU eG (der Name war ursprünglich ein Akronym für Dessauer Arbeitsgemeinschaft Kooperativer Selbsthilfe: Bau) wurde 1998 für den Erwerb des Gebäudes gegründet. Die Genossenschaft kaufte die Immobilie beim dritten Zwangsversteigerungstermin für 250.000 DM aus der Konkursmasse und begann nach etlichen Entrümpelungsaktionen und der Sicherung des durch Brand geschädigten Daches im Herbst 1999 mit der sogenannten „Pionierbesiedelung“.

Für den Kauf stand neben den Genossenschaftsanteilen der 12 Gründungsmitglieder ein erster durch Hypothek gesicherter Kredit der GLS Genossenschaftsbank eG zur Verfügung. Die sechs Nutzungseinheiten (Wohnungen, Büros und ein Atelier) hatten noch einen sehr geringen Standard und waren in Eigenarbeit und Nachbarschaftshilfe hergerichtet. Sie erbrachten die ersten Mieteinnahmen und sicherten den Planungsvorlauf für die Sanierung des Haupthauses, der Dächer und Fassaden, die im Mai 2000 begann. Seit Oktober 2001 sind 16 Mieteinheiten (Wohnungen, Büros und Vereinsräume) bezogen. Am Tag des Offenen Denkmals 2002 konnte die Genossenschaft ca. 300 Gästen das Haus und die Ergebnisse der Arbeit präsentieren. Neben der denkmalgerecht sanierten Gebäudehülle und den nach Mieterwünschen hergerichteten Wohnungen und Arbeitsräumen gehören zum Ergebnis auch kulturelle Veranstaltungen wie Theateraufführungen, Vollmond-Partys und Hermesfest sowie die Regenwassernutzungsanlage und seit Anfang 2004 ein solares Bürgerkraftwerk, das gemeinsam mit anderen Bürgern von einigen Genossenschaftsmitgliedern betrieben wird.

Die betriebswirtschaftliche Rechnung präsentiert einerseits, was ich unter neuen institutionellen Arrangements verstehe und zeigt andererseits, dass es noch keine wirklichen Institutionen, verfestigte, akzeptierte Handlungsmuster sind. Dies macht das Handeln zu einem Experiment und oftmals schwierig.

Die aufwändige Organisation und das Management dieser Prozesse wurde von den Genossenschaftern ehrenamtlich betrieben. Neben gemeinschaftlicher Eigenarbeit in den Hilfsprozessen der Bauphasen und bei Reparaturen gibt es Eigenleistungen der Mieter, die auf zehn Jahre mit der Miete verrechnet werden. Mit einem Stammkapital von 150.000 DM wurde durch die Unterstützung der GLS Gemeinschaftsbank, der Bürgschaftsbank für Sozialwirtschaft und 19 privater Bürgen eine Investition von 1,6 Mio. DM ermöglicht. Zwölf arbeitslose Bauarbeiter wurden für acht Monate von der bauausführenden Firma beschäftigt. Arbeitsamt und das Land Sachsen-Anhalt förderten die denkmalgerechte Sanierung.

- Als Wohnungsunternehmen mit etwa der Hälfte gewerblicher Mieter,
- als Genossenschaft nicht nur im Mitgliedergeschäft tätig sowie
- als am Markt handelndes Unternehmen mit sozialen, ökologischen und kulturellen Zielsetzungen

fällt die DAKSBAU durch jedes Raster der Wirtschaftspolitik und keines ihrer Instrumente ist anwendbar.

War es schon schwierig, eine Bank zu finden, die erst 12 gerade gewordenen Genossenschaftern 150.000 DM Kauf- und gleich darauf den inzwischen 17 Genossenschaftern noch 450.000 DM Baukredit plus Abwicklung des KfW-Kredits gibt, so schien es über Monate geradezu unmöglich, eine Bürgschaftsbank oder entsprechend viele private Bürgen für dieses Vorhaben zu finden.

Dies ist eine Grunderfahrung, wenn es um Institutionen für eine reproduktive Wirtschaft geht: Wir brauchen ein völlig verändertes Bankenwesen, von dem sich die existierenden Banken aufgrund von Basel II momentan eher entfernen. Die GLS-Bank hat nicht nur diese Kredite gegeben. Sie hat es einigen Personen über das Instrument einer Leihgemeinschaft überhaupt erst ermöglicht, Genossenschaftsmitglied zu werden, indem sie der Genossenschaft das Stammkapital dieser Mitglieder auf einmal zur Verfügung stellte und diese Genossenschafter als gesamtschuldnerisch haftende Gruppe über mehrere Jahre ihren solcherart kreditierten Genossenschaftsanteil an die GLS zurückzahlten. Die GLS hat neben der stark wertgeminderten Immobilie Privatbürgschaften in Höhe von jeweils 500 bis 5.000 DM als Sicherheit für 150.000 DM Kaufkredit akzeptiert. Die Bürgschaftsbank für Sozialwirtschaft hat den Baukredit verbürgt, obwohl die DAKSBAU – wie oben beschrieben – nach den herkömmlichen Kategorien weder ein „richtiger Unternehmer“ noch ein soziales Projekt ist. Es ist das Engagement solch ungewöhnlicher Organisationen und Personen, das neue Institutionen für reproduktive Arbeiten entstehen lässt, aber es ist auch die Notwendigkeit reproduktiver Arbeiten, die die Suche nach neuen Institutionen anregt. Weil aus städtebaulichen und ökologischen Gründen das Haus erhalten werden sollte, wurden reproduktive Arbeiten ausgeführt und entsprechende Handlungsformen ge- und erfunden.

Damit wird die normative Ausrichtung ökonomischen Handelns am Ziel der Reproduktion zur Voraussetzung nachhaltiger Entwicklung, aber auch zum Motor für die Neuerfindung von Institutionen.

Dass dies kein Einzelfall ist, belegt in Dessau ein zweites Projekt: Das Schwabehaus, über dessen Erhaltung oder Abriss in der Öffentlichkeit mehr als zwei Jahre sehr kontrovers diskutiert wurde. Die Eigentümerin, eine Immobilien- und Baufirma, erklärte die Sanierung des Denkmals für wirtschaftlich unzumutbar. So gab der Stadtrat Anfang September 1998 seine Zustimmung zum Abriss des Hauses, wenn sich bis zum 31. Oktober kein Investor für das Haus finden würde. Das in knapp acht Wochen entwickelte tragfähige Sanierungs-, Nutzungs- und Finanzierungskonzept des daraufhin gegründeten Vereins wurde in einer Sondersitzung des Dessauer Stadtrates vorgestellt und nach anfänglicher Skepsis mit deutlicher Mehrheit gebilligt. Das Finanzierungsmodell für die Sanierung des Hauses wurde vervollständigt und Förderung beantragt. Mit Hilfe einer Sammelbürgschaft von 78 Einzelpersonen ("Bürger bürgen für das Schwabehaus“) gelang es, einen Kredit der GLS Gemeinschaftsbank abzusichern. Haus und Grundstück wurden von der Firma käuflich erworben. Die Mitglieder und Freunde des Schwabehaus e.V. haben in zahlreichen Arbeitseinsätzen insbesondere die malermäßige Ausgestaltung und die Aufarbeitung der historischen Holzbauteile im Inneren des Gebäudes übernommen. Mieter und Nutzer des Hauses sind Vereine und Initiativen sowie drei Läden. Seit Juni 2001 kümmert sich ein Projektassistent um das kulturelle Leben im Hause und ist zugleich Ansprechpartner für alle Nutzer. Sowohl die im Haus ansässigen Vereine als auch Gäste nutzen das Haus als einen Ort voller Möglichkeiten. Eine Vielzahl von Veranstaltungen (Theater, Kino, Haus- & Hoffeste) haben innerhalb kürzester Zeit das Schwabehaus zu einem festen Bestandteil aktiver Stadtteilkultur gemacht. (www.schwabehaus.de)

Neben diesen beiden Projekten verfügt Dessau noch über ein Wohnprojekt des Vereins „Selbsthilfe-Initiative für Alleinerziehende“, das im Zuge der EXPO 2000 entstand und ein bürgerschaftliches „Riesenprojekt“, die Sanierung und Umnutzung der Schultheiss-Brauerei, einer Industriebrache von 3,4 ha mit 35.000 qm Bruttonutzfläche. Der Erfahrungsaustausch mit vergleichbaren Initiativgruppen aus anderen Städten zeigte, dass zumindest die Verwaltungshürden bei Planung und Bau in Dessau nicht mehr so hoch liegen, wie anderswo. Im Dessauer Planungsamt wundert man sich nicht mehr, wenn eine Handvoll Bürger auftaucht und ein altes Gebäude erwerben und umnutzen will. Institutionen beginnen, sich zu verändern: ein Immobilieninvestor kann sehr unterschiedliche „Gestalt“ annehmen ...

4. Neue, institutionelle Arrangements für reproduktives Arbeiten – Ansatzpunkte und Forschungsfragen

In beiden hier beschriebenen Projekten verknüpfen sich ehrenamtliches Engagement, Versorgungs- und Eigenarbeit mit Handeln am Markt. In beiden Projekten wird auf diese Art Geld aus der globalisierten Marktwirtschaft in eine reproduktive Gemeinwesenswirtschaft umgelenkt, um Aufgaben zu erfüllen, die mit dem Markt als Regulationsmechanismus nicht zu erfüllen wären. Das wirft neue Fragen für Wissenschaft und Experiment auf:

- Kann man einen Algorithmus für die Ermöglichung marktwirtschaftlich nicht realisierbarer Problemlösungen entwickeln?
- Ergibt sich daraus eine Möglichkeit der Verknüpfung regionaler und globaler Kreisläufe, so dass eine sozial und ökologisch effiziente Arbeitsteilung und „verantwortlich sorgende Kooperation“ auf dem jeweils passenden räumlichen Niveau gefunden werden kann?
- Wie kann die Entwicklung neuer institutioneller Arrangements dafür gefördert werden?

In diesen Zusammenhang gehört auch die Vermutung, dass uns eine bessere Kenntnis der informellen Finanzwirtschaft (damit bezeichne ich das Verleihen und Borgen von Geld im Familien- und Freundeskreis zu nicht-marktlichen Bedingungen) in die Lage versetzen könnte, den Zusammenhang informeller, gemeinnütziger Kapitalakkumulation zu öffentlichen Interessen und wirtschaftlichen Prozessen in einer Kommune oder Region besser zu steuern. Statt dieser sehr begrenzten informellen Formen könnte ein öffentliches Arrangement entstehen (vielleicht den britischen Credit Unions oder dem italienischen Genossenschaftssystem vergleichbar), in dem nicht nur der „Erhalt der Wertschöpfungsfähigkeit bei Orientierung an gesellschaftlichen Bedürfnissen“ gewährleistet ist, sondern auch eine öffentliche Diskussion über „Bedürfnisse“ überhaupt erst möglich wird.

So könnten auch „verschwundene“ Wirtschaftsformen wieder sichtbar werden. Denn viele der hier beschriebenen Handlungsweisen sind sowohl wirtschaftspolitisch nicht bekannt, nicht gewollt, nicht unterstützt, als auch im Bewusstsein der Menschen nicht als „Wirtschaft“ präsent. Trotzdem wird auf diese Weise die Nutzung von Ressourcen zur Bedürfnisbefriedigung organisiert und ein Bedarf gedeckt, der sich entweder nicht als zahlungsfähige Nachfrage am Markt äußert oder durch marktvermitteltes Wirtschaften gar nicht befriedigt werden kann. Nach welchen Rationalitätsgesichtspunkten diese Wirtschaftsformen effektiv und ob sie ökologisch effizient sind, ist meines Wissens nicht geprüft worden, eben weil sie nicht als „Wirtschaft" betrachtet werden.

Hier entstehen m.E. neue Forschungsfragen[3]. Aus solchen Untersuchungen könnte konkreteres Wissen über die existenzsichernden Verknüpfungen von Hausarbeit, Eigenversorgung und gegenseitiger Hilfe gewonnen werden. Diese Verknüpfungen reichen bis in den öffentlichen Raum[4] hinein. Es sind Verbindungen dieser Bereiche untereinander und zur formellen Wirtschaft. Dann erst können Aussagen darüber getroffen werden, welche Formen in welchen Zusammenhängen sozial und ökologisch sinnvoll sind. Damit würden zum einen Voraussetzungen geschaffen werden, um die Bedeutung nicht marktvermittelter Wirtschaftsformen für das gute Leben zu entdecken und sie öffentlich bewusst zu machen. Andererseits kann aber auch nur im Wissen um informelles Wirtschaften eine Vielfalt von Arbeits- und Wirtschaftsformen erhalten bleiben und ihre sinnvollste Kombination wirtschaftspolitisch gestaltet werden.

Literatur

Baier, Andrea/ Bennholdt-Thomsen, Veronika/ Holzer, Brigitte (2000-2002): Ansätze regionalen Wirtschaftens in der ländlichen Gesellschaft: Die Warburger Börde, gefördert vom BMBF im Rahmen des Förderschwerpunktes: „Modellprojekte für nachhaltiges Wirtschaften Innovation durch Umweltvorsorge – Regionale Ansätze nachhaltigen Wirtschaftens"; http://www.nachhaltig.org/itps/reg12fr.htm.

Biesecker, Adelheid/ Kesting, Stefan (2003): Mikroökonomik. Eine Einführung aus sozial-ökologischer Perspektive, München: Oldenbourg Verlag.

Göschel, Albrecht (2003): Deutschland schrumpft – was heißt das für die Städte und das Wohnen?, in wohnbund informationen 4/ 2003, Mitgliederzeitung des wohnbund e.v.

Industrielles Gartenreich (1996/ 1999), Hg.: Stiftung Bauhaus Dessau, Berlin: expose Verlag

Kaufhold, Sylke: Anlaufstelle nicht nur für die Minifamilie, in: Mitteldeutsche Zeitung, 16.1.2004

Oswalt, Philipp (2003): Schrumpfung ist städtebaulich kaum zu steuern, in: Das Parlament, Nr. 37, Hg.: Deutscher Bundestag.

www.schwabehaus.de

Zukunft der Arbeit und nachhaltiges regionales Wirtschaften: Nachhaltiges Wirtschaften als Lern- und Selbstorganisationsprozess regionaler Akteure. Umsetzung und Wirkung beispielhafter

---

[3] Das legen auch die Erfahrungen aus den Untersuchungen in der Warburger Börde nahe. Besonders interessant scheint mir ein Vergleich der Verknüpfung von formellen und informellen Wirtschaftsformen zwischen dörflichen und städtischen Regionen in Ost- und Westdeutschland, um die verschiedenen Traditionen als Möglichkeiten erkennen zu können. Vgl. dazu Baier et al. 2000-2002

[4] z. B. als gemeinsame Wohnumfeldverbesserung, kostenlose oder kostendeckende Kultur- und Sportangebote im Wohnquartier und soziale Unterstützung über Familiengrenzen hinaus.

Praxisprojekte in einer altindustriellen Region Ostdeutschlands; Abschlussbericht, Dessau, Oktober 2002, gefördert vom BMBF im Rahmen des Förderschwerpunktes: „Modellprojekte für nachhaltiges Wirtschaften Innovation durch Umweltvorsorge – Regionale Ansätze nachhaltigen Wirtschaftens".

Produzenten und Konsumenten als (re)produktive Akteure

„...vom Konsumenten aus“

Zur Bedeutung von Kooperation zwischen KonsumentInnen und ProduzentInnen für nachhaltigere Produktions- und Konsummuster

Ines Weller

In dem folgenden Beitrag möchte ich zeigen, dass der programmatische Anspruch „vom Konsumenten aus“ (Weinzierl 2003: 49) und von Konsumentinnen aus zu denken aktuell im Diskurs über nachhaltige Produktions- und Konsummuster zunehmend an Bedeutung gewinnt. Damit könnten auch grundlegende Fragen nach den Möglichkeiten, Formen und Schwierigkeiten der Kooperation zwischen ProduzentInnen und KonsumentInnen in den Blick geraten. Diese werden in der Forschung und Debatte zu *Nachhaltigkeit und Gender* schon seit längerem thematisiert, in die allgemeine Debatte über nachhaltigere Produktions- und Konsummuster haben sie jedoch trotz der programmatischen Forderung nach einer stärkeren Berücksichtigung der KonsumentInnen bislang noch kaum Eingang gefunden.

1. Aus Sicht der Forschung zur Nachhaltigkeit und Gender haben die Wechselbeziehungen zwischen Produktion und Konsum sowie eine verstärkte Ausrichtung am privaten Konsum eine hohe Bedeutung.

In der Forschung zu Nachhaltigkeit und Gender wird die Stärkung der Gestaltungsmacht privater KonsumentInnen in der Produktentwicklung und -gestaltung sowie das Zusammendenken von Produzieren und Konsumieren für nachhaltigere Produktions- und Konsummuster schon seit den 1990er Jahren, als die Forschung noch auf Frauen und Umwelt fokussierte, gefordert. Sie findet sich z. B. in der Studie zu Frauen und Müll von Monika Weiland und Irmgard Schultz. Dort wird sie angesichts der geschlechtsspezifischen Arbeitsteilung und Zuweisung von Verantwortung für die private Abfalltrennung bezogen auf die Frage nach mehr Mitgestaltungsmöglichkeiten für Frauen bei der Entwicklung und Gestaltung der Verpackung von Produkten (Schultz/ Weiland 1991). Die Forderung nach einem

Zuwachs an Gestaltungsmacht und Einflussmöglichkeiten der privaten Konsumenten und Konsumentinnen bei der Produktentwicklung und –gestaltung sowie nach dem Zusammendenken von Produktion und Konsum greift insbesondere die folgenden beiden Stränge feministischer Theorie und Genderforschung auf und stellt Verbindungen zu den Debatten einer nachhaltigeren Gestaltung von Produktion und Konsum her.

Dabei handelt es sich *erstens* um die feministische Auseinandersetzung mit der geschlechtlichen Codierung und dichotomen Struktur gesellschaftlicher Natur- und Geschlechterverhältnisse. Die feministische Kritik richtete sich auf die mit der Etablierung der neuzeitlichen Wissenschaft einhergehende Aufspaltung gesellschaftlicher Bereiche, die sich auch auf die Felder Produktion und Konsum erstreckt. Grundlegend für ihre Dichotomisierung war die Annahme von Wissenschaft und Gesellschaft, dass nur im Bereich der Produktion (Erwerbs-)Arbeit geleistet wird, während die Arbeit im Bereich der privaten Reproduktion und des Konsums als Nicht-Arbeit galt. In ähnlicher Weise wurde nur für die Produktion von einer (ökonomischen) Wertschöpfung ausgegangen, während der Konsum als ein Bereich angesehen wurde, in dem nur verbraucht, nichts hergestellt und insofern keine Werte geschaffen würden. Damit einher gingen und gehen unterschiedliche gesellschaftliche Bewertungen der Produktion(ssphäre) und der Reproduktion(ssphäre) insofern, dass sich die gesellschaftliche Anerkennung und Aufmerksamkeit lange Zeit vorwiegend auf die Produktion richtete. Wenngleich sich diese strikte Trennung, die ursprünglich noch direkt mit dem Ausschluss von Frauen aus dem Bereich der Produktion und dem Ausschluss von Männern aus dem Bereich der Reproduktion verbunden war, heute langsam auflöst, spiegelt sie sich noch immer im wissenschaftlichen, gesellschaftlichen und politischen Denken und Handeln wider und lässt sich auch in dem Diskurs über nachhaltige Produktions- und Konsummuster aufzeigen (siehe z. B. Schultz 1998, Weller 2004).

Dies ist beispielsweise daran zu erkennen, dass noch heute in der Umwelt- und Nachhaltigkeitsforschung das Wissen über den privaten Konsum als ein Bereich, der jahrelang eher im Schatten der Aufmerksamkeit lag, vergleichsweise begrenzt ist. Die Wissensdefizite betreffen weniger das Kaufverhalten – hier liegen durchaus Daten über Kaufmotive und Kaufentscheidungen für nachhaltigere Produkte und Dienstleistungen vor – als vielmehr das private Nutzungsverhalten. Insbesondere über den konkreten Umgang mit Produkten und Technologien im Alltag fehlen gesicherte Erkenntnisse. Die „terra incognita" des privaten Konsums äußert sich beispielsweise darin, dass kaum Wissen über die stofflich-materiellen Veränderungen von Produkten im Verlauf der Nutzung und über die nutzungsbedingten Schadstoffemissionen zur Verfügung steht. So wissen wir kaum etwas darüber, welche Problemstoffe in welchem Ausmaß aus den in den privaten

Haushalten verwendeten und gelagerten Produkten und Technologien emittiert werden, wie die Emissionen von dem konkreten Nutzungsverhalten beeinflusst werden und wie sich dies auf die jeweilige Innenraumbelastung auswirkt. Als ein weiterer „blinder Fleck", der ebenfalls die anhaltende Trennung zwischen Produktion und Konsum sowie die geringe Wahrnehmung des Konsums verdeutlicht, ist auf das Wissensdefizit über den Zusammenhang zwischen Produktgestaltung, Nutzungsmustern und Umweltbeanspruchungen zu verweisen. So fehlen beispielsweise Kenntnisse darüber, ob und inwiefern das alltägliche Nutzungsverhalten, u. a. in Hinblick auf Nutzungsdauer und Nutzungsintensität, von der jeweiligen Produktgestaltung beeinflusst wird, z. B. der Umgang mit Bekleidungstextilien von den verwendeten textilen Stoffen, ihrer Veredlung und ihrer Verarbeitung, und wie sich dies wiederum auf den Umweltverbrauch und die Umweltbelastungen entlang des gesamten Life Cycles von Textilien auswirkt (ausführlicher siehe Weller 2004).

Das Zusammendenken von Produktion und Konsum führt insgesamt zu Fragen und Probleme, die bislang nur wenig untersucht werden. Es macht deutlich, dass die strikte Trennung zwischen Produktion und Konsum obsolet ist und verweist vielmehr auf Gemeinsamkeiten, z. B. dass ProduzentInnen nicht nur herstellen, sondern auch konsumieren, und dass KonsumentInnen nicht nur konsumieren, sondern über ihren Konsum auch etwas herstellen. Es geht damit auch um die Wiederentdeckung des „Produktiven im Reproduktiven" und des „Reproduktiven im Produktiven" (siehe den Beitrag von Hofmeister in diesem Band).

Ein *zweiter* wesentlicher Bezugspunkt für die Debatte zu Nachhaltigkeit und Gender und ihre Orientierung an dem privaten Konsum und der Gestaltungsmacht privater KonsumentInnen ist die Forschung zu Technik und Geschlecht (siehe z. B. Wajcman 2002). Diese verweist u. a. auf den zentralen „gender gap" zwischen Technikentwicklung/ –gestaltung und Techniknutzung: während Technologie- und Produktgestaltung noch immer weitgehend in den Händen männlicher Ingenieure, Techniker und Naturwissenschaftler liegt, finden Frauen sich überwiegend in der Rolle der TechniknutzerInnen. Aus der anhaltend geringen Beteiligung von Frauen an der naturwissenschaftlich-technisch geprägten Produktentwicklung und –gestaltung resultiert die Diskussion über die damit verbundenen Folgen für die Entwicklungsrichtungen und Gestaltungsprinzipien von Produkten und Technik. Die Frage, wie sich die Geschlechterverhältnisse inhaltlich in die Technikgestaltung einschreiben, resultiert aus der feministischen Kritik an dem Objektivitätspostulat von Naturwissenschaft und Technik. Dieses hat das Selbstverständnis von IngenieurInnen jahrelang insofern geprägt, dass in den Technikwissenschaften davon ausgegangen wurde und häufig noch wird, dass die Entwicklung und Ge-staltung von Produkten sich an einer reinen Sachlogik und allein an den Naturgesetzen ausrichte und damit unabhängig sei von dem subjektiv und institutionell geprägten Erfahrungs- und Wertehintergrund derjenigen, die im Bereich Forschung und Entwicklung arbeiten.

Hier hat die feministische Technikkritik – und andere wie die sozialwissenschaftliche Technikforschung – aufgezeigt, dass in die Produktentwicklung und -gestaltung sehr wohl die jeweiligen Kontexte und Wertvorstellungen der IngenieurInnen einfließen und dabei häufig implizit und unbewusst der eigene Erfahrungskontext unzulässig verallgemeinert wird. Dies bedeutet angesichts von vergleichsweise homogen zusammengesetzten Entwicklungsgruppen im Bereich der technischen und naturwissenschaftlichen Forschung und Entwicklung – männlich, mittleres Alter, überdurchschnittliches Einkommen, gesund, wenig eigene Erfahrungen mit Versorgungsarbeit -, dass Anforderungen aus anderen Erfahrungswelten an Produkte und Technologien weniger selbstverständlich in den Blick geraten. Wo es unmittelbar einleuchtet, dass in Produkte der jeweilige Erfahrungskontext ihrer Entwickler konkret Gestalt annimmt und zur Ausgrenzung bestimmter NutzerInnengruppen mit ihren spezifischen Anforderungen führt, zeigen die Diskussionen über die Notwendigkeit, seniorengerechte Produkte zu entwickeln. Der Einsicht, dass die subjektiv geprägten impliziten Annahmen über die NutzerInnen und ihre Anforderungen an die Endprodukte und damit auch die Nachfrage nach diesen mitbestimmen, trägt die industrielle Forschung und Entwicklung seit einigen Jahren vermehrt Rechnung. Um Nachfragepotenziale besser erschließen zu können, werden nach dem Diversity Konzept zunehmend heterogene Entwicklungsteams zusammengestellt. Diese sollen ein möglichst vielfältiges, dem potenziellen Kundenkreis entsprechendes Spektrum an Lebensformen, Lebenslagen und Einstellungen repräsentieren, um zu gewährleisten, dass sie in die Produktentwicklung und -gestaltung mit einbezogen werden können.

Für die Diskussion über nachhaltige Produktions- und Konsummuster sind in diesem Zusammenhang Hinweise interessant, dass sich aus der Dominanz der „Ingenieurperspektive" möglicherweise Tendenzen zum „over-engineering" von Produkten und Technologien wie Waschmaschinen oder PC´s ergeben. Entsprechend ausgestattete Produkte scheinen den technisch-ökonomisch geprägten Vorstellungen von Entwicklungsingenieuren über eine „gute Technik" eher zu entsprechen und ihrer Orientierung an dem Ausreizen technischer Machbarkeit entgegen zu kommen (Greif 2000). Dass dies aber nicht unbedingt den in der Nutzung und Anwendung geforderten und verwendeten Eigenschaften der Produkte entspricht, zeigt eine Untersuchung am Beispiel des Haushaltsgeräts Mikrowelle (Cockburn/ Ormrod 1997). Danach bestand bei der Neu- bzw. Weiterentwicklung dieser Geräte ein wesentlicher Teil der Innovation in der Verbesserung der Automatik, worin nach der Studie von Cockburn und Ormrod vor allem die technische Begeisterung der Entwicklungsingenieure zum Ausdruck kam. Diese Produkteigenschaften wurden von den NutzerInnen selbst als weniger wichtig eingeschätzt und bei der Anwendung auch selten in Anspruch genommen. Sie gehen jedoch mit erhöhten Umweltbeanspruchungen sowohl bei ihrer Herstellung als auch bei ihrer Nutzung einher.

Zusammenfassend stellen sich aus Sicht der Forschung zu Nachhaltigkeit und Gender insbesondere folgende Herausforderungen an die Entwicklung und Gestaltung nachhaltigerer Produktions- und Konsummuster:

- Erforderlich erscheint ein grundlegender Perspektivwechsel zwischen Produktion und Konsum insofern, dass sich die Produktentwicklung stärker auf die Entwicklung von Angeboten für einen nachhaltigen Konsum ausrichtet und dabei von den Interessen, Ansprüchen und Handlungsmöglichkeiten privater KonsumentInnen ausgeht (Weller et al. 2002). Daraus lässt sich zum einen ein erheblicher Forschungsbedarf über die Konsumphase von Produkten sowohl in Hinblick auf die sozioökonomischen Rahmenbindungen, Handlungskontexte und Nutzungsmuster als auch in Hinblick auf die stofflich-materiellen Transformationsprozesse und ihre Folgen ableiten. Zum anderen würde dies auch eine inhaltliche Perspektivenerweiterung in Hinblick auf die Frage nach den (re)produktiven Qualitäten von Produkten bedeuten.

- Unterstrichen wird die Notwendigkeit eines Technological Empowerment: Dies umfasst sowohl einen Machtzuwachs für Frauen und ihre angemessene Partizipation als Ingenieurinnen und Technikerinnen in der technisch-naturwissenschaftlichen Forschung und Entwicklung als auch die Stärkung der Einflussmöglichkeiten privater Konsumenten und Konsumentinnen auf die Entwicklung und Gestaltung von Produkten und Technologien. Dies verweist auf die gravierenden strukturellen Ungleichheiten und Asymmetrien zwischen Produktion und Konsum und ihren jeweiligen Akteuren, den ProduzentInnen und privaten KonsumentInnen. Und es lenkt den Blick auf den engen Zusammenhang zwischen Partizipation und Empowerment.

2. Die neueren Debatten über nachhaltigere Produktions- und Konsummuster unterstreichen die hohe Bedeutung der Konsumphase, bleiben aber auf halbem Wege stehen.

In den neueren Debatten und Forschungsansätzen zu nachhaltigeren Produktions- und Konsummustern ist zunächst ebenfalls eine verstärkte Hinwendung zur Konsum- und Nutzungsphase und der Frage nach den Anforderungen und Handlungskontexten privater KonsumentInnen zu erkennen. Private KonsumentInnen werden nicht mehr nur als diejenigen verstanden, die über ihre Nachfragemacht nachhaltigere Konsumalternativen unterstützen können und sollen und deswegen vorwiegend als Zielgruppe für Informations- und Aufklärungsstrategien zur Beeinflussung des Kaufverhaltens wahrgenommen werden. Es wird vielmehr häufiger wie in dem im Titel erwähnten Zitat betont, die Entwicklung und das Angebot nachhaltigerer Produkte und Dienstleistungen an den Anforderungen der KonsumentInnen auszurichten. Grundsätzlich schließt sich an die Anforderung, von den KonsumentInnen aus zu denken, die Frage an, wie nachhaltigere Produkte und ihre Vermarktungsstrukturen gestaltet sein müssen, um besser in die alltäglichen Handlungsroutinen privater KonsumentInnen eingebunden werden zu können. Damit werden KonsumentInnen zur Informationsquelle über Nutzungsmuster und die Möglichkeiten und Grenzen nachhaltiger Produkte.

Wesentlich für diese neue Akzentuierung der Debatten über nachhaltige Produktions- und Konsummuster sind ohne Zweifel die anhaltenden Akzeptanz- und Umsetzungsdefizite im Bereich nachhaltiger Konsumangebote, die in der Regel noch immer zu den Nischensegmenten gehören und nur die kleine Gruppe der ökologisch hoch motivierten KonsumentInnen erreichen. Die inhaltliche Bedeutung der Konsumphase und der Anforderungen der privaten KonsumentInnen lässt sich darüber hinaus grundsätzlich auch in anderen Konzepten der Forschung über eine nachhaltigere Gestaltung von Produkten erkennen.

So ergibt sich die Notwendigkeit einer stärkeren Berücksichtigung der Anforderungen von KonsumentInnen zumindest programmatisch beispielsweise aus den Konzepten zum ökologischen und nachhaltigen Design von Produkten. Hier findet sich in den unterschiedlichen Ansätzen weitgehend übereinstimmend die Forderung, sich an dem Nutzen und der Funktion von Produkten zu orientieren (siehe z. B. Tischner et al. 2000). Damit müssten eigentlich auch die KonsumentInnen und ihre Nutzungsanforderungen bzw. die Frage in den Blick geraten, welche mehr oder weniger impliziten Annahmen über das Nutzungsverhalten die Entwicklungsingenieure leiten, inwieweit diese zu verallgemeinern sind und für welche NutzerInnengruppen sie zutreffen. Dieser Aspekt wird bislang aber vor allem im Kontext der Forschung zu Nachhaltigkeit und Gender eingebracht, in den Debatten über nachhaltige Produktions- und Konsummuster wird er kaum thematisiert, obwohl er sowohl für die Akzeptanz und das Nachfrageverhalten privater KonsumentInnen als auch für die Realisierungschancen der angestrebten ökologischen Ziele der ökologisch verbesserten Produkte von erheblicher Bedeutung ist. Beispielsweise wird in den Konzepten für ein ökologischeres Produktdesign unter Nutzen- und Funktionsorientierung häufig als ein maßgebliches Kriterium die Langlebigkeit von Produkten angeführt und hiervon durch die effizientere Nutzung von Ressourcen ein Beitrag zur Ressourcenschonung erwartet. Die Realisierung der damit angestrebten Umweltentlastung hängt jedoch erheblich davon ab, inwieweit die auf Langlebigkeit ausgerichteten Produkte tatsächlich länger genutzt werden. Das bedeutet, dass zunächst genauer zu überprüfen ist, ob und für welche Produkte und KonsumentInnen dieses Kriterium tatsächlich Gewicht hat und inwieweit es ihr Nutzungsverhalten bestimmt. Beispielsweise ist angesichts der geringen Trage- und Nutzungsdauer von Bekleidungstextilien in der Alltagspraxis zu hinterfragen, ob und für welche textilen Produkte die Ausrichtung auf Langlebigkeit ökologisch Sinn macht, zumal sie häufig mit der Verwendung persistenter Textilchemikalien erzielt wird.

Zusätzliche Bedeutung erhält das Nutzungsverhalten der privaten KonsumentInnen durch die Ergebnisse vieler Ökobilanzen von Gebrauchsprodukten wie Autos, PC's und Textilien. Sie kommen zu dem Ergebnis, dass auf die Nutzungsphase relevante Anteile des Ressourcenverbrauchs und der Umweltbelastungen entfallen (Zusammenfassung bei Weller 2004). Wenngleich diesem Befund allgemein zuzustimmen ist, ist allerdings auch hier zu fragen, welche Annahmen über das Nutzungsverhalten in die Berechnung der jeweiligen Ökobilanzen eingehen. Hier zeigt die Analyse verschiedener Ökobilanzen, dass das Ausmaß und der Anteil der nutzungsbedingten Umweltwirkungen erheblich von dem jeweiligen Nutzungsverhalten abhängen (Weller et al. 2002). So berechnet beispielsweise eine Ökobilanz für den VW Golf, dass 80% des Energieverbrauchs des gesamten Life Cycles (Herstellung, Nutzung, Abfallphase) auf die Nutzung entfällt. Diese Berechnung basiert auf der Annahme einer jährlichen Fahrleistung von 15.000 km und einer Nutzungsdauer von 10 Jahren (Volkswagen AG 1996). Geht man dagegen von jährlich 5.000 km bei gleicher Nutzungsdauer aus, dann berechnet sich der Anteil der Nutzungsphase auf 32% des gesamten Energieverbrauchs. An diesem Beispiel lässt sich zum einen erkennen, dass die jeweiligen Annahmen über die Nutzungsmuster ganz erhebliche Auswirkungen auf die Ergebnisse über die Verteilung der Umweltwirkungen auf die verschiedenen Phasen des Life Cycles und damit auch auf die Zuweisung von Umweltverantwortung für die jeweiligen Akteure haben. Zum anderen verdeutlicht es, dass Hersteller auch Verantwortung für die Nutzungsphase insofern haben, dass ihre Produkte so gestaltet sein müssten, dass sie nachhaltigere Nutzungsmuster unterstützen. Woraus wiederum folgt, dass sie hierfür ein genaueres Wissen über die Nutzungsmuster ihrer Produkte benötigen.

Programmatisch haben Kooperation und Partizipation auch in den unternehmensbezogenen Debatten über Nachhaltigkeit und in vielen Wirtschaftsunternehmen, die sich dem Leitbild Nachhaltigkeit verpflichtet haben, einen hohen Stellenwert. Partizipation wird in Unternehmen zum einen betriebsintern verstanden und umgesetzt. Ziel ist die Beteiligung von MitarbeiterInnen an und der Einbezug ihres Wissens in den produktions- und/ oder produktspezifischen Umgestaltungsprozessen in Richtung Nachhaltigkeit, es ermöglicht damit Einflussnahme auf die Gestaltung von Produktionsprozessen und Produkten. Zum anderen richtet sich Partizipation in Betrieben insbesondere auf den Dialog mit verschiedenen Stakeholdern wie Umwelt- und Verbraucherverbänden, Gewerkschaften und anderen zivilgesellschaftlichen Akteuren. Beispielhaft hierfür lassen sich die Stakeholderdialoge der Waschmittelindustrie anführen, die bereits eine lange Tradition aufweisen. Bezogen auf konkrete Probleme wie Enzyme in Waschmitteln oder Gewässerschutz tritt die Waschmittelbranche dabei mit anderen gesellschaftlichen Gruppen in den Dialog (Behrens et al. 2004). Eine aktuelle Bilanz über diese Form der Partizipation von Unternehmen kommt aber zu dem Schluss, dass sie von Unternehmen vor allem zur Lösung, Vermeidung und Antizipation von Konflikten mit Stakeholdern, aber nur wenig „zur gemeinsamen Gestaltung" genutzt würden (Hage/ Hoffmann 2004: 10).

Kooperationen bei der Entwicklung und Gestaltung nachhaltiger Produkte und Dienstleistungen scheinen bisher überwiegend im business-to-business Bereich umgesetzt zu werden. Umweltbezogene Kooperationen finden selbstverständlich zwischen verschiedenen Unternehmen statt, z. B. mit dem Ziel der Vergabe eines Umweltzeichen, der Substitution von Problemstoffen oder dem Aufbau von Recyclingstrukturen. Und sie lassen sich auch zwischen Unternehmen und anderen Stakeholdern beobachten wie z. B. die Kooperation zwischen Greenpeace und dem Hersteller eines FCKW-freien Kühlschranks zeigt. Beispiele für erfolgreiche business-to-consumer-Kooperationen in der Produktentwicklung und -gestaltung, d. h. zwischen ProduzentInnen und privaten KonsumentInnen, lassen sich dagegen kaum finden. Die Beteiligung privater KonsumentInnen an der Produktentwicklung und -gestaltung hat bislang in die betriebliche Praxis kaum Eingang gefunden. Die Einbindung privater KonsumentInnen erfolgt vor allem in Hinblick auf die Überprüfung der Akzeptanz neuer Produkte und Angebote, beispielsweise in Form von Kundendialogen, die Versandhausunternehmen durchführen, um die Erfahrungen ihrer Kunden mit dem Angebot eruieren und eventuelle Probleme erkennen zu können.

Eine gestaltungsorientierte Einbindung privater NutzerInnen und der konkreten nutzungsbedingten Anforderungen in die Produktentwicklung und –gestaltung, d. h. kooperative Prozesse zwischen ProduzentInnen und privaten KonsumentInnen, ist für den Bereich der betrieblichen Forschung und Entwicklung meines Wissens bislang nicht zu beobachten[1]. Sie wurde und wird zunächst in einigen

[1] In der Informatik sieht dies anders aus, hier werden durchaus die zukünftigen NutzerInnen als ExpertInnen für die zu leistenden Anforderungen in die Entwicklung neuer Software eingebunden.

wenigen ersten Forschungs- und Modellprojekten überprüft (Schramm et al. 2000, Hage/ Hoffmann 2004). Diese verweisen einerseits auf die Potenziale, die für die Produktentwicklung und –gestaltung durch die Einbindung von alltagsbezogenem Nutzungswissen eröffnet werden können, und verdeutlichen andererseits erheblichen konzeptionellen und methodischen Forschungsbedarf in Hinblick auf die Umsetzungsmöglichkeiten und –schwierigkeiten kooperativer Prozesse zwischen ProduzentInnen und privaten KonsumentInnen.

Insgesamt ist dem Diskurs über nachhaltige Produktions- und Konsummuster ein ambivalenter und zwiespältiger Umgang mit der Konsumphase und den privaten KonsumentInnen zu entnehmen: Auf der einen Seite erhalten beide programmatisch eine hohe Bedeutung, auf der anderen Seite gibt es jedoch deutliche Umsetzungsdefizite in Hinblick auf eine stärkere Berücksichtigung von KonsumentInnenperspektiven, die Konsumphase erscheint insbesondere konzeptionell unterbelichtet. Die Debatte bleibt damit aus Sicht der Forschung zu Nachhaltigkeit und Gender auf halbem Wege stehen, was sich auch darin äußert, dass der erhebliche Forschungs- und Entwicklungsbedarf, der mit der Forderung nach einer verstärkten Orientierung an den KonsumentInnen einhergeht, kaum formuliert wird.

Dieser Forschungsbedarf wird dagegen von einer ganz anderen Seite, dem Forschungsdialog Futur, hervorgehoben. Der Forschungsdialog wurde vom Bundesministerium für Forschung und Bildung 2001 als partizipativer Prozess mit dem Ziel eingerichtet, die zukünftig relevanten Forschungsthemen zu identifizieren und daraus Empfehlungen für die Forschungsprogramme des BMBF abzuleiten. Hier kristallisierte sich als ein Zukunftsthema heraus, das im Jahr 2004 vertieft bearbeitet werden soll: „Bedarfsgerechte Innovation durch Kundenintegration. Neue Kooperationsformen in der Produktentwicklung“. Im Mittelpunkt soll das Zusammenspiel zwischen Kunden und Unternehmen stehen, als Forschungsbedarf wird u. a. explizit auf die Entwicklung von Verfahren zur frühzeitigen Einbindung von NutzerInnen und KundInnen sowie von Methoden zur Produktideenfindung und Produktentwicklung (z. B. Experimentierlabore, Rapid Prototyping Verfahren) formuliert (www.futur.de). Hier steht allerdings primär nicht das Ziel nachhaltiger Produktions- und Konsummuster, sondern die Entwicklung markförmiger und nachfragefähiger Produkte im Vordergrund. Insofern bekräftigt der Forschungsdialog Futur, dass die Einbindung von KundInnen und NutzerInnen in die Gestaltung von Produkten günstige Voraussetzungen dafür schaffen kann, dass sie tatsächlich auf die erforderliche Nachfrage stoßen.

Dennoch ist allein durch die Einbindung von Kundenwünschen noch nicht gewährleistet, dass nachhaltigere Produkte und Dienstleistungen von Herstellern entwickelt und angeboten werden. Hierfür müssen noch weitere Voraussetzungen gegeben sein: Mit Blick auf die Entwicklung und Gestaltung nachhaltigerer Produkte scheint mir insbesondere ein wechselseitiger Lern- und Gestaltungsprozess zwischen ProduzentInnen und privaten KonsumentInnen erforderlich, der sich nicht allein auf die Diskussion von Anforderungen an Produkte bezieht, sondern auch die Diskussion über die Umsetzungsmöglichkeiten dieser Anforderungen – stofflich, materiell, technisch, konstruktiv, gebrauchsbezogen – und ihre Folgen für Ressourcenverbrauch und Umweltbelastungen einbezieht. Für solch kooperative Prozesse ist u. a. zu überlegen, wie zwischen der technisch-ökonomisch geprägten Logik der Produktion und der gebrauchsbezogenen Logik der NutzerInnen vermittelt werden kann, wie und von wem das hierfür nötige Übersetzungswissen zur Verfügung gestellt werden kann, wie mit den strukturellen Ungleichheiten in der Gestaltungs- und Definitionsmacht zwischen Produktion und Konsum umzugehen ist und wie die Einflussmöglichkeiten privater KonsumentInnen im Sinne eines Empowerments gestärkt werden können. Unabdingbare Voraussetzung für einen solchen gemeinsamen Lernprozess ist seitens der ProduzentInnen Transparenz über ihre Produktionsverfahren und Produkte.

Abschließen ist daher festzuhalten, dass sich die Anzeichen verdichten, die für eine zunehmende Bedeutung der Kooperation zwischen ProduzentInnen und privaten KonsumentInnen gerade auch mit Blick auf die Gestaltung nachhaltigerer Produktions- und Konsummuster sprechen. Hierfür sind jedoch noch viele offene Fragen zu beantworten und ein kritisches Hinterfragen eingespielter Denk- und Handlungsmuster sowohl von ProduzentInnen als auch von KonsumentInnen erforderlich.

Literatur

Behrens, Torsten/ Koplin, Julia/ Seuring, Stefan/ Schneidewind, Uwe (2004): Mit Stakeholderdialogen voran, in: Ökologisches Wirtschaften 1/ 2004, 16-17.

Cockburn, Cynthia/ Ormrod, Susan (1997): Wie Geschlecht und Technologie in der sozialen Praxis gemacht werden, in: Irene Dölling/ Beate Krais (Hrsg.): Ein alltägliches Spiel. Geschlechterkonstruktion in der sozialen Praxis, Frankfurt am Main: Suhrkamp Verlag, 17-47.

Greif, Moniko (2000): Ansätze feministischer Technikkritik – die männliche Monokultur in der Technik ist nicht nur ein Frauenproblem, in: Christine Wächter (Hg.): Frauen in der technologischen Zivilisation, München, Wien: Profil Verlag, 29-48.

Hage, Maria/ Hoffmann, Esther (2004): Partizipative Produktentwicklung. Die Chance für nachhaltige (Unternehmens)Entwicklung? In: Ökologisches Wirtschaften 1/ 2004, 19-20.

Schramm, Engelbert/ Empacher, Claudia/ Götz, Konrad/ Kluge, Thomas/ Weller, Ines (2000): Konsumbezogene Innovationssondierung. Neue Produktgestaltung durch die Berücksichtigung von ökologischen Nutzungsansprüchen. BMBF-Vorhaben „Entwicklung einer neuen Methode zur ökologischen Produktinnovation", Studientexte des Instituts für sozial-ökologische Forschung, Nr. 7, Frankfurt/ Main.

Schultz, Irmgard (1998): Umwelt- und Geschlechterforschung – eine notwendige Allianz, ISOE-DiskussionsPapiere 2, Frankfurt/ Main.

Schultz, Irmgard/ Weiland, Monika (1991): Frauen und Müll. Frauen als Handelnde in der kommunalen Abfallwirtschaft, Frankfurt/ Main: IKO – Verlag für interkulturelle Kommunikation.

Tischner, Ursula/ Schmincke, Eva/ Rubik, Frieder/ Prösler, Martin (2000): Was ist EcoDesign? Ein Handbuch für ökologische und ökonomische Gestaltung. Herausgegeben vom Umweltbundesamt Berlin, Frankfurt/ Main: Verlag form GmbH.

Volkwagen AG (1996): Sachbilanz eines Golf, Wolfsburg.

Wajcman, Judy (2002): Gender in der Technologieforschung, in: Ursula Pasero/ Anja Gottburgsen (Hrsg.): Wie natürlich ist Geschlecht. Gender und Konstruktion von Natur und Technik, Wiesbaden: Westdeutscher Verlag, 270-293.

Weinzierl, Hubert (2003): Eine Denkblockade überwinden. Wissensmanagement als Kernelement einer Politik des nachhaltigen Wirtschaftens, in: Gudrun Linne/ Michael Schwarz (Hrsg.): Handbuch Nachhaltige Entwicklung. Wie ist nachhaltiges Wirtschaften machbar? Opladen: Leske + Budrich, 47-51.

Weller, Ines (2004): Nachhaltigkeit und Gender: Neue Perspektiven für die Gestaltung und Nutzung von Produkten, München: ökom verlag.

Weller, Ines/ Hayn, Doris/ Schultz, Irmgard (2002): Geschlechterverhältnisse, nachhaltige Konsummuster und Umweltbelastungen, in: Ingrid Balzer/ Monika Wächter (Hrsg.): Sozialökologische Forschung. Ergebnisse der Sondierungsprojekte aus dem BMBF-Förderschwerpunkt, München: ökom verlag, 431-452.

Ernährungskultur als Handlungsfeld reproduktiver Ökonomie

Eine ökonomische Betrachtung in kulturwissenschaftlicher Absicht und Perspektive

Reinhard Pfriem

> „Gesellschaftskritik ist weniger ein praktischer Abkömmling wissenschaftlichen Wissens als vielmehr der gebildete Vetter der gemeinen Beschwerde. Wir werden gewissermaßen auf natürliche Weise zum Sozialkritiker, indem wir auf der Grundlage der bestehenden Moralauffassungen aufbauen und Geschichten von einer Gesellschaft erzählen, die gerechter ist als die unsere, aber niemals eine völlig andere Gesellschaft.“ (Michael Walzer)

1. Zur Heranführung: was meint eigentlich reproduktive Ökonomie?

Der mit dem Titel der Bremer Tagung von Adelheid Biesecker u. a. wieder auf den Tisch gelegte Begriff der reproduktiven Ökonomie hat eine Geschichte, ist freilich auch alles andere als selbstverständlich. Bekanntlich entstammt der Begriff der Ökonomie gerade einem gedanklichen Zusammenhang, bei dem die Reproduktion so etwas wie der Kern ist: die Erforschung der Gesetze des (antiken) Hauses bzw. Haushalts erfolgt ja aus keinem anderen Interesse als demjenigen, seine Reproduktion zu sichern. Es bedurfte also fundamentaler gesellschaftspraktischer und in Verbindung damit auch theoretischer Veränderungen, um einen Begriff von reproduktiver Ökonomie nicht von vornherein als bloße Wortverdoppelung erscheinen zu lassen. Insbesondere für diejenigen, die den Begriff der reproduktiven Ökonomie verwenden, liegen diese Veränderungen in der Verselbständigung der Ökonomie zu einem gesellschaftlichen Teilsystem, das sich innerhalb der funktionalen Ausdifferenzierung von Teilsystemen in modernen Gesellschaften nicht nur zum dominanten aufgeschwungen hat, sondern mit dessen Dominanz auch zerstörerische Folgen für andere wesentliche Elemente von Welt einhergehen. Sich selbst gerade deshalb nicht als Ökonom, sondern als Kritiker der (Politischen) Ökonomie verstehend hatte Karl Marx diese Beobachtung bereits zu Beginn der modernen industriekapitalistischen Epoche mit der Feststellung auf den Punkt gebracht, die kapitalistische Industrie zerstöre selbst die Springquellen allen Reichtums, die Erde und den Arbeiter.

Die Fundamentalkritik an den zerstörerischen Implikationen des industriekapitalistischen Wachstums ist also so alt wie dieses selbst. Sie hat fast 150 Jahre zum einen ihre Nahrung in theoretisch und/ oder politisch von Marx inspirierten Positionen gefunden, bezogen auf das Phänomen und Problem der Zerstörung von nichtmenschlicher Natur hatte und hat es eine Vielzahl durchaus auch konservativer, nämlich schutz- und bewahrungsorientierter Strömungen gegeben, und darüber hinaus wurde die Verselbständigung des Ökonomischen in der modernen Welt oder der Entfremdung zwischen ihrer materiellen und ihrer geistig-kulturellen Seite seither in einer Vielzahl von literarischen, theoretischen, politischen usw. Publikationen behandelt.[1]

Übergreifende politische Bewegungen und ihre literarischen und theoretischen Artikulationen vor allem im letzten Viertel des 20. Jahrhunderts haben in vielfältiger Weise versucht, den Zusammenhang zwischen kapitalistischer Ausbeutung bzw. weiterhin bestehenden oder sogar wieder wachsenden sozialen Ungleichheiten in den frühindustrialisierten Ländern, globaler Ausbeutung der Länder des Südens durch den frühindustrialisierten Norden und der modernisierten, aber immer noch einseitigen Geschlechterdifferenz auf einen Nenner zu bringen. Eine wichtige Verschiebung der 1968 ff. explizit linken und theoretisch marxistisch dominierten Gesellschaftskritik zu derjenigen, die die ökologische Bewegung und auch verschiedene grüne Parteien und Gruppierungen speist, die 1980 ff. entstanden sind, besteht nun darin, die konzeptionelle Ausarbeitung und auch praktische Erprobung positiver Alternativen für dringend erforderlich zu halten, statt sie mit dem Verweis auf zukünftige Gesellschaftsformationen negativ zu diskriminieren.[2]

In diesem Sinne bleibt der Begriff der reproduktiven Ökonomie als Kritik einer solchen Ökonomie, die Reproduktion eher verhindert als befördert, nicht nur der negativen Kritik verhaftet, sondern will auch mindestens auf Potenziale verweisen, Ökonomie (wieder) reproduktiver gestalten zu können.

Dualistische Gesellschaftstheorien linker Provenienz, wie sie die geistige Entwicklung und die generierten Theorien des 20. Jahrhunderts wesentlich mitprägten, ließen mit Unterschieden eigentlich immer die Vorstellung mitlaufen, die Arbeiterklasse, die Völker des Südens, die Frauen ... würden die Dinge schon ordentlich regeln, wenn man sie nur ließe. Die Entwicklung der internationalen Ar-

---

1 Als nichtmarxistische Quelle hierfür sei stellvertretend benannt Polanyi 1978.

2 Obwohl zahlreiche Umweltgruppen und -initativen auch weiter beim bloßen Nein stehen geblieben sind...

beiterbewegung zum stalinistischen Kommunismus widerlegte mindestens rückblickend solche Euphorien sehr früh[3], die Entlassung vormals kolonialistisch bzw. imperialistisch unterdrückter Gebilde in politische Unabhängigkeit führte analog zu ähnlichen Einsichten. Und hinsichtlich der Geschlechterdifferenz ergibt sich, was man(n) heute auf mancher feministisch geprägten Tagung sich (noch) nicht auszusprechen traut und hier doch gesagt werden soll: Frauen als solche sind auch nicht besser als Männer.

In der in der avancierteren Diskussion heute für notwendig gehaltenen Rekursivität von Handeln und Struktur gibt es nicht länger die an sich Guten[4], also auch nicht prädisponierte soziale Kräfte dafür, das Bessere auf dieser Welt durchzusetzen. Eine (wieder?) reproduktive Ökonomie hat keine quasi natürliche soziale Basis, die ihr zum Siege verhelfen könnte.

Gleichwohl hat in den letzten ein bis zwei Jahrzehnten der Gedanke des Reproduktiven bzw. des Substanzerhalts für das menschliche Wirtschaften auf dieser Welt neue Nahrung bekommen. Die regulative Idee nachhaltiger Entwicklung von Wirtschaft und Gesellschaft, die zunächst 1987 über den Brundtland-Report[5] und dann deutlich massiver über die UN-Konferenz für Umwelt und Entwicklung (UNCED) 1972 in Rio de Janeiro weltweit popularisiert wurde, fordert nicht weniger als den Übergang zu solchen Wirtschafts-, Arbeits- und Lebensmodellen, die global auf diesem Erdball übertragbar sind. Ausgangsbefund dieser regulativen Idee ist die Einsicht, dass es dafür (im Sinne von Tiefe und Reichweite) nachhaltiger Korrekturen vor allem in den frühindustrialisierten Ländern bedarf. Es scheint der menschlichen Natur zu entsprechen, Neigungen zu homogenisierendem und technischem Umsetzen zu entwickeln. Nur so ist jedenfalls in der Rückschau zu erklären, dass in den ersten Jahren nach Rio Konzeptionen des Umweltraums Furore machten, die von der Idee ausgingen, man könnte bestimmten Ländern oder Regionen dieser Welt spezifische Umweltverbräuche zurechnen.

Solche homogenisierenden und technischen Neigungen gehen freilich in der Echtzeit gesellschaftlicher Verhältnisse nie auf. Nirgendwo lässt sich dies so deutlich beurteilen wie bei den internationalen politischen Bemühungen, westliche Demokratie und Lebensart in Teile der Welt zu exportieren, die davon vermeintlich noch nicht beglückt sind. Daß der brutal geköpfte US-Amerikaner Nicholas Berg im Irak selbständig unterwegs war, um geeignete Plätze für Masten eines Handynetzes auszukundschaften, ist dafür ein makabres Symbol.

---

[3] S. zur Verarbeitung dessen in Deutschland etwa das Frankfurter Institut für Sozialforschung. Dazu Wiggershaus 1986.

[4] Die Multitude von Hart und Negri ist ein jüngerer, sicher nicht letzter, aber bemerkenswert hilfloser Versuch der Weiterführung im Prinzip linken dualistischen Denkens, s. Hardt/ Negri 2002.

[5] Deutsche Fassung in Hauff 1987.

Nicht nur aus dem von Beginn an negativen Lehrbeispiel der US-amerikanischen Invasion im Irak können wir lernen, dass zukunftsfähige Entwicklung auf dieser Welt (und insofern ganz grundsätzlich auch eine reproduktive Ökonomie) die respektierende Berücksichtigung regionaler und kultureller Diversitäten erfordert. Das lässt sich rückbeziehen auf einen angemessenen Gesellschaftsbegriff und eine angemessene Gesellschaftstheorie des 21. Jahrhunderts.

Der Respekt vor kultureller und regionaler Vielfalt als conditio sine qua non einer erfolgreichen Nachhaltigkeitspolitik könnte ja noch betrachtet und bedauert werden als Problem der Umsetzung dessen, was eigentlich richtig ist. Aber was ist eigentlich richtig? Das Übertragbarkeitskriterium nachhaltiger Entwicklung[6] steckt dafür nur Grenzen ab, markiert gleichsam Risiko- und Problemzonen, in denen die kulturell und regional frei gewählte Verfolgung von Wirtschafts-, Arbeits- und Lebensmodellen unter globalen Gesichtspunkten problematisch erscheint. An der freien Wahl vermag dieses Kriterium nichts zu ändern. Seit Beginn der jüngeren Ökologiedebatte wissen wir, dass unter den Bedingungen der Moderne eine Öko- (oder Nachhaltigkeits-)Diktatur kein gangbarer Weg mehr sein kann.

Neben dem Respekt vor kulturellen und regionalen Diversitäten und der Anerkennung des Prinzips der freien Wahl gibt es allerdings noch einen tiefer liegenden Grund dafür, Gesellschaftsbild und Gesellschaftstheorie heute auf einer prinzipiell pluralistischen (= nicht dualistischen und schon gar nicht homogenisierenden) Analyse aufzubauen: die vergangenen 150 Jahre Fabrikgesellschaft mögen in den frühindustrialisierten Ländern zwar viele lock-ins, d. h. Verriegelungen und Restriktionen für weitere Entwicklungen geschaffen haben[7], wir erleben jedoch derzeit einen solchen strukturellen – und kulturellen! – Wandel von Wirtschaft und Gesellschaft, dass nichts richtiger ist als der scheinbar so triviale Satz: Die Zukunft der Menschheit ist prinzipiell offen.[8]

2. Für eine kulturwissenschaftliche Blickwende

Wie seit Jahrzehnten immer wieder wurde auch auf der Bremer Tagung, die dieser Band dokumentiert, an einigen Stellen in großer Allgemeinheit eine andere Ökonomie gefordert (gemeint war eine andere Ökonomik im Sinne einer anderen (Welt-)Sicht von Ökonomie). Das erscheint in grober Form hilflos, trotz aller

[6] Zu dessen Begründung und zur Kritik der gängigen Drei-Säulen-Semantik des Nachhaltigkeitsdiskurses s. Paech/ Pfriem 2002.

[7] Das ist eine wichtige Denkfigur im Rahmen der Evolutorischen Ökonomik. Vgl. Lehmann-Waffenschmidt/ Reichel 2000.

[8] Das habe ich zuletzt genauer ausgeführt in Pfriem 2004 b, s. dort insbesondere auch S. 335.

ebenfalls seit langem bekannter Argumente wie der Ausgrenzung gesellschaftlicher Arbeiten wie Hausarbeit und Kindererziehung oder auch ehrenamtlicher gesellschaftlicher Aktivitäten, die nicht zufällig vor allem von Frauen durchgeführt werden.[9] Kaum weniger hilflos, wenn auch in den Machtverhältnissen des etablierten Wissenschaftsbetriebes besser abgesichert, erscheint allerdings bei näherem Hinsehen der Verweis auf die bestehende Ökonomik. Natürlich ist es falsch so zu tun, als handle es sich bei den ökonomischen Wissenschaften nach wie vor um ein homogenes theoretisches Feld. Aber auch etwa die Neue Institutionenökonomik, die Spieltheorie und die Evolutorische Ökonomik sind den Beweis, Diversität und Wandel gesellschaftlicher Kulturen angemessen konzeptionell verarbeiten zu können, zur Hauptsache bis heute noch schuldig geblieben.

Konzentriert auf die für die meisten Beteiligten heimische Fachdisziplin der Betriebswirtschaftslehre haben wir von einer Forschergruppe an der Carl von Ossietzky Universität Oldenburg deshalb jüngst das Forschungsprogramm „Perspektiven einer kulturwissenschaftlichen Theorie der Unternehmung“ in Buchform veröffentlicht.[10] Wir haben darin[11] ausführlich begründet, inwiefern wir eine kulturwissenschaftliche Blickwende ökonomischen Denkens als die für das 21. Jahrhundert angemessene erachten. Nach unserem Dafürhalten ist es auch kein Zufall, dass wir uns damit in eine offenkundig stärker werdende Strömung einreihen.[12]

In dem programmatischen Band unserer Oldenburger Forschergruppe ist die Begründung einer kulturwissenschaftlichen Blickwende aus der Kritik ökonomischer, insbesondere unternehmensbezogener Theorieansätze abgeleitet. Nur minderheitlich[13] wird die Herausforderung nachhaltiger Entwicklung traktiert. Wie wir in unserer jüngsten Arbeit vor allem in dem dreijährigen Forschungsprojekt „summer – Sustainable Markets Emerge“ im Auftrag des Bundesforschungsministeriums herausgefunden haben, erfordert allerdings gerade der Umgang mit der Herausforderung Nachhaltigkeit, die kulturelle Dimension des Wirtschaftens als wesentlich zu erkennen.

Von Unternehmen angebotene Produkte und Dienstleistungen sind kulturelle Botschaften.[14] Bei der Generierung neuer Märkte (etwa in den Bereichen Gesundheit,

---

[9] Ich erlaube mir, auf entsprechende Debatten auf dem von mir mitorganisierten Bielefelder Kongress vor mehr als 20 Jahren hinzuweisen, s. Berger/ Müller/ Pfriem 1983.

[10] Forschungsgruppe Unternehmen und gesellschaftliche Organisation (FUGO) 2004.

[11] Insbesondere in der von Beschorner/ Fischer/ Pfriem/ Ulrich verfassten Einleitung dieses Bandes

[12] Neben zahlreichen Sammelbänden kulturwissenschaftlicher Provenienz, auf die wir im FUGO-Band Bezug nehmen, sei für die Wirtschaftswissenschaften besonders hingewiesen auf Blümle u. a. 2004.

[13] s. Paech 2004 und Pfriem 2004.

[14] Vgl. Karmasin 1993.

Ernährung, Bio- und Gentechnik) geht es wesentlich um Fragen unserer weiteren Lebensgestaltung im 21. Jahrhundert. Nehmen wir die sechs Praxispartner unseres Projektes:

- wie wir nicht nur mit der Kühlung, sondern insgesamt der Besorgung und Aufbewahrung unserer Lebensmittel umgehen (Bosch-Siemens Hausgeräte),
- wie weit es uns gelingt, den Papierverbrauch auf nachhaltige Waldbewirtschaftung zu stützen (mohnmedia),
- in welchem Ausmaß Verkehrsmittelinnovationen zu einer umweltverträglicheren Gestaltung innerstädtischer Mobilität beitragen können (velotaxi Berlin),
- wie Internet-Intermediäre zur Entwicklung und Festigung neuer unternehmerischer Existenzen beitragen können (projektwerk Hamburg),
- wie unter auf billigen Neubau programmierten Verhältnissen ökologisches Bauen und Wohnen gestärkt werden kann (Institut für Bauen und Wohnen Ostfriesland),
- wie durch Netzwerkverbund ein leistungsfähiges ökologisches Möbelprogramm in seinen Absatzperspektiven gestärkt werden kann (KonnexX in Baden-Württemberg),

all dies sind natürlich auch Fragen von Technik und Organisation, in ihrem Erfolg freilich abhängig von den symbolischen Bedeutungen, also kulturellen Wertsetzungen, die ihnen strategieentwickelnde Anbieter auf der einen, Befriedigung und Genuss suchende Konsumenten auf der anderen Seite zuweisen.[15]

Kultur, Nutzungssystem und Technik sind insofern miteinander verschränkt, zum anderen aber auch als einzelne Handlungsdimensionen zu unterscheiden. Die kulturelle Dimension, das Nachhaltigkeitsprinzip der Suffizienz, betrifft dabei nicht wie häufig gemeint nur die Konsumentenseite (postmaterieller Wertewandel u.ä.), sondern ebenso die anbietenden Unternehmen. Wie Unternehmen wie Nike, Microsoft, aber auch Manufactum und andere in Deutschland vorführen, schaffen Unternehmen symbolische Welten als wesentliche Grundlage ihres Markterfolgs. Dass nachhaltig gefertigte Kleidung schön, dass nachhaltige Ernährung genussvoll, dass nachhaltiger Umgang mit Mobilität Ausdruck von Lebensqualität ist – solche Kombinationen auf der symbolischen Ebene herbeizuführen, ist die große Herausforderung für Unternehmen auf dem Wege zu nachhaltiger Entwicklung.

[15] Näheres zu summer ist zu finden bei www.summer-net.de, wo auch die vier Basisstudien als ausführliches wissenschaftliches Ergebnis herunter geladen werden können. Der integrierende Endbericht erscheint noch in Buchform.

(Nachhaltige) Produkt-Markt-Strategien (von Unternehmen) lassen sich mit anderen Worten als Strategien der In-Wert-Setzung in bezug auf die Qualität der Befriedigungsmodalitäten bestimmter Bedürfnisse beschreiben. Der Bedürfnisfeld-Ansatz der Nachhaltigkeitsforschung[16] könnte vermutlich neue heuristische Kraft entfalten, wenn er in diesem Sinne kulturwissenschaftlich erweitert würde. Bezogen auf den historisch gewachsenen Charakter der modernen ökonomischen Wissenschaften transportiert eine kulturwissenschaftliche Blickwende neben der Aufmerksamkeit für Diversität und Wandel noch eine weitere Veränderung: die „dichten Beschreibungen"[17] einer kulturwissenschaftlich inspirierten Untersuchung sind dicht gerade in bezug auf die nicht auflösbare Verflechtung beteiligter Akteure. Es mag zunächst methodisch nur Nachteile schaffen, führt aber zu einer angemesseneren Untersuchung, wenn wir die ökonomische Analyse nicht länger auf vermeintlich isolierte und deshalb isolierbare Nutzenmaximierungsstrategien einzelner ökonomischer Akteure beziehen, sondern gerade die rekursive Beziehung ökonomischer Interaktionen zum Betrachtungsgegenstand machen. Erst in dieser Rekursivität und Interaktivität realisieren sich die kulturellen Aufladungen der In-Wert-Setzungsprozesse, die für die Bedingungen der Möglichkeiten nachhaltiger Entwicklung von fundamentalem Belang sind.

Eine nachhaltig oder auch sozialökologisch orientierte Lebensweise wird häufig als Leben nach Verbotsgrundsätzen denunziert. Das trifft allerdings nur zu im Maße von Unwissen oder Verdrängung – beides ist nichts anderes als selbstverschuldete Unmündigkeit im strengen Aufklärungssinne von Kant. Dem Wissenden und nicht Verdrängenden wird aber z. B. nur das Fleisch schmecken, das nicht aus Formen der Tierhaltung stammt, unter denen die Tiere leiden und sich gegenseitig quälen.

Mit den Kategorien von Wissen und Unwissen verharren wir in der kognitiven Dimension. Nach den vorliegenden Erfahrungen reicht das nicht, wissen wir doch genug um menschliche Bereitschaften, Tiere oder auch (s. zuletzt Irak 2004) Menschen auf sadistischste Weise zu foltern. Es bedarf also auch anderer menschlicher Handlungs- und Verhaltensdimensionen dafür, sich selbst wohler dabei zu fühlen, wenn die Folgen des eigenen Handelns für andere positiv sind. Mein eigenes Plädoyer geht in diesem Sinne dahin, den kulturwissenschaftlichen Ansatz auch so zu verstehen, dass er absichtsvoll die nicht bloß kognitiven Handlungs- und Verhaltensdimensionen der Menschen thematisiert. Mit Routinen und Regeln, die nicht bloß als Ergebnisse individualisierter Rationalkalküle interpretiert werden können,

[16] Vgl. Mogalle 2001.
[17] Dieser Begriff stammt von Geertz (1987).

kann ein kulturwissenschaftlicher Ansatz hier direkt etwa aus der Evolutorischen Ökonomik[18] oder aus der Strukturationstheorie von Anthony Giddens[19] schöpfen.

Mit dem Verweis auf nicht-kognitive Dimensionen menschlichen Handelns und Verhaltens haben wir allerdings noch keine genügend präzise Klärung für den Umgang mit der Herausforderung Nachhaltigkeit geschaffen. In der Moderne ist nämlich „modern geworden", für die menschlichen In-Wert-Setzungsprozesse keinen anderen Maßstab als seriös anzuerkennen als die menschlichen Interessen selbst.[20] Das spiegelt sich in der jüngeren (unternehmens- und wirtschafts-) ethischen Debatte zu Ökologie bzw. Natur, wo solche In-Wert-Setzung von nirgendwo anders herkommen zu können scheint als vom Menschen selbst. Aus dem vordergründig und trivial unwiderlegbaren Befund, dass wir Menschen nur als Menschen beobachten und wahrnehmen können, wird eine Anthropozentrik konstruiert, nach der alles, was Natur und Welt bewegt, zu dem gemacht wird, „was die Menschen von ihrer Natur aus bewegt"[21], und vor allem festgehalten, der Subjekt- und Selbstzweckcharakter der Natur sei „bloßer Schein".[22]

Die Faszination an Phänomenen nichtmenschlicher Natur als etwas Anderem, selbstgesetzlich Fremdem, nicht schon für uns Instrumentalisiertem lässt sich historisch, kulturell und ebenso philosophisch-theoretisch auch anders fassen: „Der Eindruck ‚versehrbarer Integrität',... der die Naturdinge als ‚unantastbar' erscheinen lässt, kann verstanden werden als aus der Erfahrung einer Aura resultierend, die jedes Naturschöne umgibt und die ihm den Charakter von etwas Verletzlichem verleiht. Denn die Sprache durch Zeichen, durch Numina, enthält wie jede Sprache auch Gestimmtheit, so dass auch auf der Natur die Aura einer Gestimmtheit liegt, die von unseren eigenen, persönlichen Stimmungen unabhängig ist (wenngleich sie auch mit ihnen übereinstimmen kann)."[23]

Mir erscheint nun bemerkenswert, dass der bisherige Nachhaltigkeitsdiskurs bei weitem nicht so viele ethisch-moralische Überlegungen und ästhetische Reflektionen hervorgerufen hat wie die Auseinandersetzung mit der ökologischen Krise im engeren Sinne, obwohl doch zu vermuten steht, dass es in beiden Diskursen um denselben Problemhorizont geht, nämlich die Frage nach der Regulation der

---

[18] S. die Beiträge in Beschorner/ Pfriem 2000.

[19] Giddens 1984.

[20] In der rationalistischen Ausprägung moderner Wissenschaften gehen, gerade in der Ökonomik, dabei schon die menschlichen Leidenschaften verloren, s. zur Auseinandersetzung damit Hirschman 1977.

[21] Seel 1996: 102.

[22] Birnbacher 1980: 130 ff.

[23] Theobald 2004: 40.

gesellschaftlichen Naturverhältnisse.[24] Umgekehrt verzichtet der gerade zitierte ganz aktuelle Text von Theobald, aus dem die kritische Bezugnahme auf Seel und Birnbacher stammt, völlig auf den Begriff der Nachhaltigkeit.

Ist der Begriff der Nachhaltigkeit schon zu weit weg von grundlagenkritischer Reflektion in Richtung kurzfristig machbarkeitsgetriebener Politik- und Strategieentwicklung? Wirkt die Tatsache, dass der Begriff der Nachhaltigkeit scheinbar so beliebig instrumentalisiert werden kann, selbst für die schlichtesten überkommenen unternehmerischen Wachstumsstrategien[25], eher abschreckend dafür, ihn hinreichend kritisch und radikal zu verwenden?

Rees als einer derjenigen, der sich nicht abschrecken lässt und nicht Ökologie oder gesellschaftliche Naturverhältnisse, sondern Nachhaltigkeit in kritischen Widerspruch setzt zu gegebenen ökonomischen und politischen Bedingungen, mündet in seinen jüngeren Überlegungen wie viele im eher Appellativen. Mit: „Der Pfad der menschlichen Entwicklung konvergiert noch nicht mit jenem der Nachhaltigkeit“[26] schließt er seinen Artikel und weiß zu den Bedingungen möglicher Veränderungen nach einer recht scharfsinnigen Analyse kaum mehr zu sagen als eine halbe Seite vorher: „Im Angesicht der Tatsachen die heutigen nichtnachhaltigen Praktiken gedankenlos fortzusetzen, wäre ein Akt kollektiver Dummheit kolossalen Ausmaßes.“[27]

Solche Beschimpfungen und normativen Amokläufe aller Art helfen bekanntlich nicht weiter. Natürlich brauchen wir gleichwohl Parteilichkeit, unter sowohl offeneren als auch unsichereren Entwicklungsbedingungen von Wirtschaft und Gesellschaft vermutlich mehr denn je. Um des Erfolgs willen sollten wir freilich im akademischen wie im alltagspraktischen Felde eine kulturwissenschaftliche bzw. kulturalistische Blickwende vornehmen. Die Auseinandersetzung mit der regulativen Idee nachhaltiger Entwicklung, so meine These, vermag die Überwindung gängiger ökonomischer wie soziologischer Theoriemuster zu befördern: „Schließlich existiert zum Modell des homo oeconomicus und dem des homo sociologicus jedoch noch eine weitere Alternative. Wenn man den Informationsgehalt der beiden Muster der Handlungserklärung aus Interessen bzw. Normen anzweifelt, bleibt als dritte Möglichkeit die Erklärung der fraglichen Verhaltensweise über den Weg einer Rekonstruktion der kollektiven Wissensordnungen, Deutungs-

---

[24] Vgl Görg 2003. Böhme/Schramm haben schon 1985 den Begriff der Reproduktion von Natur als gesellschaftlicher Aufgabe vorgeschlagen.

[25] Ich werde nie vergessen, wie auf einer Tagung von Helge Majer in Ulm 1997 der nach mir vortragende Geschäftsführer IBM Deutschland meinte, er sei auch für Nachhaltigkeit, nämlich das nachhaltige Wachstum von IBM.

[26] Rees 2002: 30.

[27] Rees 2002: 30.

schemata und symbolischen Codes, in die der Akteur eingebettet ist, mithin ein *kulturtheoretisches* Muster der Handlungserklärung."[28] Damit es hierbei kein Missverständnis gibt: diese Einbettung ist nicht erneut im Sinne einseitiger Abhängigkeit ökonomischer Akteure von ihren Handlungsbedingungen zu verstehen, sondern in eben dem rekursiven, dass die Handlungsbedingungen von den Akteuren permanent reproduziert, also auch modifiziert werden.

3. Ernährung als Bedürfnisfeld spezifisch gewachsener wie veränderbarer kulturell-ökonomischer Konfigurationen

Mein Oldenburger Lehrstuhl für Allgemeine Betriebswirtschaftslehre, Unternehmensführung und Betriebliche Umweltpolitik (www.laub-net.de) führt in Partnerschaft mit dem für Absatz und Marketing bis Ende 2005 im Auftrag des Bundesforschungsministeriums ein Projekt durch, das exemplarisch bezogen auf die Region Ostfriesland versucht, über Analysen von Interventionen in alltägliches Ernährungsverhalten Erkenntnisse über mögliche Veränderungen von Ernährungskultur(en) zu generieren. (www.ossena-net.de)

Weitgehend kompatibel mit der in der Betriebswirtschafts- und Managementlehre bekannten Auffächerung des Kulturbegriffs[29] kann für das Bedürfnisfeld Ernährung eine ganze Reihe von Kulturdimensionen unterschieden werden, etwa:

- Verhalten (Konsum- und Essverhalten),
- Institutionen (institutionalisierte Verhaltensweisen wie z. B. Rollenarrangements oder Rituale),
- Werte und Normen (Einstellungen und Verhaltensweisen, z. B. Nahrungstabus und Tischsitten),
- Mentalitäten (Empfindungsweisen, Genussdispositionen u. ä.),
- Symbole (mit Nahrungsmitteln und Ernährung verbundene Zeichen und kulturelle Muster),
- Wissen und Diskurse (vorhandene Kenntnisse über Ernährung und deren diskursive Austragung),
- Artefakte und Technologien (Ess- und Kochwerkzeug, Küchentechniken und –architekturen etc.).[30]

---

[28] Reckwitz 2000: 95.

[29] S. Schein 1985, zu den funktionalistischen Anfängen s. Peters/ Waterman 1983, zu einer dezidiert funktionalismuskritischen Betrachtung s. Jochheim 2002.

[30] Vgl. zu einem kultursoziologischen Blick auf Ernährung auch Setzwein 2004.

Ernährung gehört zu den fundamentalen Lebensvollzügen des Menschen schon als biologischem Wesen und ist gerade deshalb in ihrer konkreten Ausprägung Ausdruck menschlicher Kultur(en). Das völlig knappe Gründungsmanifest der internationalen Bewegung von Slow Food[31] schließt 1989 mit den Worten: „Fast Life hat im Namen von Produktivität und Rendite unser Leben verändert und bedroht unsere Umwelt. Slow Food ist die richtige Antwort darauf. In der Entwicklung des Geschmacks und nicht in seiner Verarmung liegt die wahre Kultur. Und hier kann der Fortschritt dank einem internationalen Austausch von Geschichten, Wissen und Projekten seinen Anfang nehmen. Slow Food sichert uns eine bessere Zukunft. Slow Food ist eine Idee, die viele befähigte Anhänger braucht, damit aus der (langsamen) Regung eine weltweite Bewegung wird, deren Symbol eine kleine Schnecke ist."[32]

Sehr absichtsvoll und im Sinne der bisher schon gemachten Ausführungen versucht das Ernährungskultur-Projekt OSSENA die Anbieter- und die Nachfragerseite zusammenzuführen, um gerade den kulturell aufgeladenen ökonomischen Interaktionen zwischen beiden Seiten aufklärend auf die Spur kommen zu können. Deshalb besteht das Projekt aus insgesamt sechs Modulen, je drei auf einer der beiden Seiten.

3.1 Modul Landwirtschaft

An Stelle des verbreiteten Selbstbildes als Rohstoffproduzent soll den Landwirten ein Selbstverständnis als Erzeugern von Lebensmitteln nahe gebracht werden. Dies schließt u. a. ein, Wissen über ernährungskulturelle Hintergründe, Ernährungsgewohnheiten und Verbrauchertrends zu vermitteln. Zum anderen ist vorgesehen, landwirtschaftliche Betriebe bei der besseren Erschließung von Vermarktungswegen zu unterstützen, ihnen etwa konkrete Strategien der Direktvermarktung anzubieten und sie an Netzwerke wie z. B. Lieferverbünde anzukoppeln, die die Abnahme regionaler Qualitätsprodukte sichern.

3.2 Modul Handel

Partner ist hier mit COMBI Naturwert das regional orientierte Qualitätsprogramm einer Lebensmittelmarktkette. Daneben ist zum Vergleich ein Direktsortimenter einbezogen. Weil der Handel mit seiner Stellung im Distributionssystem eine ernährungskulturelle Vorauswahl für den Konsum an Nahrungsmitteln trifft, sind experimentelle Maßnahmen in der Preis- und Sortimentsgestaltung vorgesehen (z. B. Preisschwellenexperimente, Sortimentsentwicklung, Werbeaktionen), um

[31] Slow Food e.V. Deutschland ist Partner des OSSENA-Projektes.

[32] Abgedruckt bei Petrini 2003: 16.

ein tragfähiges, integriertes Marketingkonzept für regionale Qualitätsprodukte zu entwickeln.

3.3 Modul Gastronomie und Großverbraucher

Im Bereich der Gastronomie ist auf Betreiben des nachhaltigkeitsorientierten ostfriesischen Unternehmensnetzwerks ONNO e.V. unter dem Namen OSTFRIESLAND KULINARISCH inzwischen ein Kooperationsnetzwerk geschaffen worden, über das regionale Qualitätsprodukte verbreitet werden sollen. Für den Bereich Gemeinschaftsverpflegung ist vorgesehen, den Speiseplan ausgewählter Einrichtungen täglich durch eine regionale Spezialität zu ergänzen.

3.4 Modul Aktionen im öffentlichen Raum

Mehr als andere Module verdeutlicht dieses den spezifischen Zusammenhang zwischen Forschung und praktischer Intervention, der mit diesem Projekt betrieben wird. Im Projektzeitraum, also bis Ende 2005, finden acht möglichst jahreszeitlich ausgerichtete Ostfrieslandmahle statt, die insbesondere der jeweils lokalen Öffentlichkeit in einer angenehmen Verbindung von Essen, Trinken, Information und Kommunikation verdeutlichen sollen, dass Regionalität, Saisonalität und ökologische Qualität wesentliche Elemente genussvoller Ernährung sind und die (Wieder-)Aneignung einschlägiger Alltagskompetenzen auf jeden Fall lohnt. Vier Zukunftsmahle für Multiplikatoren und Experten widmen sich nach der übergreifenden Projektpräsentation besonderen Themen wie der Ernährung sowohl der älteren Menschen wie der Kinder und Jugendlichen, eines versucht die Idee von slow cities in der Region zu verankern, womit slow food international versucht, seine Philosophie eines genussreichen und qualitätsvollen Lebens über den Ernährungsbereich hinauszutreiben. Als Ergänzung zum in Ostfriesland bereits über eine längere Tradition verfügenden Musikalischen Sommer wird ein Kulinarischer Sommer organisiert, der in besonderer Weise Erzeuger und gastronomische Verarbeiter von Lebensmitteln zusammenbringt.

3.5 Modul Schule/ Pädagogik

Das Vermögen über entsprechende Alltagskompetenzen und die sinnliche Freude darüber im eigenen sozialen Raum sind wichtige Voraussetzungen dafür, mit dem Lebensbereich Ernährung so umzugehen, wie aus dem Gründungsmanifest von Slow Food zitiert. Zahlreiche Untersuchungen belegen des weiteren, dass wie in anderen Lebensbereichen auch in der kindlichen und frühen Jugendphase wesentliche kulturelle Orientierungen und Dispositionen für das weitere Leben auf den Weg gegeben werden. Einen entsprechend großen Stellenwert hat dieses Modul in dem Projekt. Mit neun Klassen an vier Schulen – fünf Gesamtschulklassen des 7. und 8. Schuljahres und vier Grundschulklassen des dritten und vierten Schuljahres – werden nicht nur Unterrichtseinheiten in der Schule organisiert, sondern auch außerschulisches Lernen auf Bauernhöfen durchgeführt, um die Kinder und Jugendlichen in ihrem eigenen Ernährungsverhalten und in ihrem Wissen über Ernährung zu irritieren und dafür aufzuschließen, dass es auch anders geht.

3.6 Modul Haushaltspanel und Evaluation

Mehr als vierzig Haushalte werden über zwei Jahre hinsichtlich ihres ernährungskulturellen Verhaltens beobachtet, begleitet und betreut. Sie führen Haushaltsbücher, und die Beobachtung und Evaluation ihres Verhaltens ist ein wichtiges Element der Analyse in Richtung von Bedingungen der Möglichkeit von Verhaltensänderungen. Die Haushalte sind über die Schulen rekrutiert, die ihrerseits nach der Nähe von COMBI-Läden ausgesucht wurden. Höfe mit Direktvermarktung sind ebenso in der Nähe wie Betriebe der Gastronomie aus dem ONNO-Netzwerk (Ostfriesland kulinarisch). Alle Haushaltsmitglieder sind zu den Ostfrieslandmahlen eingeladen. Nicht wenige sind beschäftigt bei dem Volkswagen-Standort Emden, damit einem der wichtigen Großverbraucher im Gesamtdesign des Projektes.

Wie aus der Beschreibung der Projektmodule ersichtlich wird, sind die Aufgaben für einen Zeitraum von 2,5 Jahren immens. Das Projekt wird sicher nur Früchte tragen in dem Maße, in dem es gelingt, einen Teil der Aktivitätselemente durch regionale Selbstorganisation nach Projektende auf eigene Füße zu stellen als auch neue Projekte zur Weiterarbeit in bestimmten Gebieten zu akquirieren. Für den theoretischen Zusammenhang dieses Textes ist vor allem wichtig: wir haben es bei dem Bedürfnisfeld der Ernährung (und bei allen anderen gesellschaftlichen Bedürfnisfeldern auch, das ist ja im Grunde die Pointe) mit historisch gewachsenen, folglich kontingenten und veränderbaren kulturell-ökonomischen Konfigurationen zu tun.

Ich möchte also gern diesen Begriff der kulturell-ökonomischen Konfigurationen für die (u. a. bedürfnisfeldspezifische) künftige nachhaltigkeitsorientierte und sozialökologische Forschung als besonders brauchbar vorschlagen, weil er

- die Verschränkung kultureller Dispositionen und Entwicklungsmuster mit ökonomischen sowohl Interessenkonstellationen als auch Rationalkalkülen zum Ausdruck bringt,
- verlangt, die Vielfalt von Wirtschafts-, Arbeits- und Lebensmodellen zunächst einmal anzuerkennen und ernst zu nehmen,

- nicht zuletzt durch den Plural die historische Kontingenz, Gewachsenheit und Veränderbarkeit spezifischer gesellschaftlicher Bedürfnisbefriedigungsweisen verdeutlicht.

Das führt uns dazu, einen für das 21. Jahrhundert angemessenen Begriff von Gesellschaft weiter zu präzisieren.

4. Gesellschaft als Plattform des Wettbewerbs unterschiedlicher imaginärer Bedeutungen

Wenn wir uns hinreichend deutlich gemacht haben, dass die Entwicklung der menschlichen Gesellschaften nicht irgendeiner objektiv vorgegebenen Richtung folgt, sondern wirklich prinzipiell offen ist, stellt sich natürlich erst recht die Frage, welche Kräfte eigentlich wie auf diese Entwicklung einwirken und dann letztendlich auch praktisch die Frage beantworten, inwiefern die hinreichende Reproduktionsfähigkeit bzw. Nachhaltigkeit gesichert werden kann.

Nach den bisher gemachten Ausführungen bietet es sich an, die moderne Gesellschaft als eine Art Plattform zu verstehen, auf der sich verschiedene kulturell-ökonomische Konfigurationen im Wettbewerb um Geltung oder gar um Hegemonie befinden. Wie haben wir uns das Entstehen und insofern auch das Ressourcenpotential dieser kulturell-ökonomischen Konfigurationen vorzustellen? In einem nicht-intentionalen Sinne stehen selbstverständlich handelnde Kollektive, Gruppen und Individuen dahinter, die am Zustandekommen solcher Konfigurationen sowohl mitgewirkt haben als auch durch sie wesentlich geprägt werden. Für dieses „Dahinterstehen" scheint mir der auf Castoriadis zurückgehende Begriff der gesellschaftlichen imaginären Bedeutungen immer noch der präziseste zu sein: „Selbstredend sind die gesellschaftlichen Dinge keine ‚Dinge'; gesellschaftliche Dinge, und zwar diese, sind sie nur, insofern sie gesellschaftliche Bedeutungen ‚verkörpern' oder, besser gesagt, abbilden und darstellen. Die gesellschaftlichen Dinge sind das, was sie sind, nur aufgrund der Bedeutungen, die in ihnen unmittelbar oder mittelbar, direkt oder indirekt Gestalt annehmen."[33]

Es unterstreicht den Charakter der politischen Philosophie von Castoriadis, dass der Begriff der imaginären Bedeutungen gerade auf solche „gesellschaftlichen Dinge" bezogen wird, die vermeintliche Invarianzen darstellen und häufig einseitig nach der Seite von Sachzwängen interpretiert werden, nicht zuletzt das System der Ökonomie. Im Sinne einer prinzipiellen Nichtabhängigkeit von Sachzwängen sind für Castoriadis „die ‚Ökonomie' und das ‚Ökonomische' zentrale gesellschaftliche imaginäre Bedeutungen, die sich nicht auf ‚etwas' beziehen, sondern

[33] Castoriadis1984: 582.

die umgekehrt den Ausgangspunkt darstellen, von dem aus zahllose Dinge in der Gesellschaft als ‚ökonomisch' vorgestellt, reflektiert, behandelt beziehungsweise zu ‚ökonomischen' gemacht werden."[34]

Natürlich konstatieren wir ein Hineinragen traditionaler Wertesysteme in die Moderne einschließlich der allgemeinen Vorstellung, es müsste so etwas geben wie objektive Triebkräfte gesellschaftlicher Entwicklung, die der Einsicht in die prinzipielle Offenheit des geschichtlichen Prozesses im Wege stehen. Weil jede geschichtliche Epoche vom Ineinanderfließen alter und neuer Ideen gekennzeichnet ist, muß es auch nicht verwundern, dass unter unseren Augen immer wieder Versuche unternommen werden, unsere Wahrnehmungen in überkommene dualistische, messianische oder sonstige Zwangsjacken zu stecken. Insofern gibt es noch nicht einmal eine Garantie dafür, wann und in welchem Umfang sich die Einsicht durchsetzen wird, dass die (post-)moderne Gesellschaft aus sozialen und kulturellen Feldern besteht, auf denen unterschiedlich nachhaltige imaginäre Bedeutungen im Wettbewerb um kulturelle Hegemonie oder zumindest kulturelle Geltung stehen. Gleichwohl konstatieren wir unter der Decke alter zu starrer Gedankenwelten, dass sich ein solcher Wettbewerb soziokultureller Deutungsmuster, strategischer Programme (Handlungsoptionen) und normativer Orientierungen entfaltet. Das angesprochene Bedürfnisfeld Ernährung ist ein prominentes Beispiel dafür, mit welcher Komplexität die verschiedensten Einflussfaktoren auf die weiteren Entwicklungsbedingungen kulturell-ökonomischer Konfigurationen einwirken.

Die mit Castoriadis ins Feld geführten gesellschaftlichen imaginären Bedeutungen dürfen handlungstheoretisch nicht kurzgeschlossen werden, als ob sie fast rationalen menschlichen Intentionen entspringen würden, Gesellschaft so und so verstehen und einrichten zu wollen. Im spannungsreichen Gefüge zwischen ökonomischen, kulturellen und anderen Komponenten gewinnt für die Frage, welche Veränderungen möglich sind, gegen alle Theorien, die das menschliche Handeln eher zu eliminieren suchen, wieder erneut an Bedeutung, was dem Handeln von Akteuren eigentlich zuzutrauen ist. Das bringt uns dazu, den Begriff der sozialen Nachhaltigkeit anders anzugehen, als gemeinhin üblich.

Wir können dazu (diesmal zustimmend) an Rees anknüpfen, der den zunehmenden Zerfall regionaler Ökosysteme mit Vermehrung der sozialen Entropie und dem Zusammenbruch der Zivilgesellschaft verknüpft.[35] In dramatischem Ausmaß findet gegenwärtig im Irak ja genau dieses statt. Unter Bedingungen, wo Entlassung in die Autonomie in geradezu klassischer kolonialistischer und imperialistischer Manier so definiert wird, dass als eigenständiger Regierungschef nur je-

[34] Castoriadis 1984: 592.
[35] Rees 2002: 31.

mand in Frage kommt, der der Invasionsmacht in den Kram passt[36], kann von sozialen und gesellschaftlichen Fähigkeiten dafür, ein Land oder eine Region dieser Welt auf den Pfad nachhaltiger Entwicklung zu führen, gar keine Rede sein. Mehr noch: in der konkreten Situation erschiene es in der Tat als Luxus, solches zum Thema zu machen.

Neben anderen negativen Effekten hat die gängige Drei-Säulen-Semantik der Nachhaltigkeit dazu beigetragen, dass bis dato mit dem, was soziale Nachhaltigkeit heißen könnte, mit einer erstaunlichen theoretischen und praktischen Hilflosigkeit umgegangen wird. In dem additiven Verständnis des Drei-Säulen-Modells geht es, so weit nicht nur abstrakte Ideen von Verteilungsgerechtigkeit traktiert werden, häufig bis hinunter zur kleinsten lokalen Ebene darum, beliebig spezifische[37] Forderungen sozialpolitischen Charakters gleichsam in das Buch eines lokalen Agendaprozesses einzutragen.

Glokalisierung, wenn man denn versuchen wollte, sie als Gegenkonzept zu einseitig neoliberaler Globalisierung zu fassen, könnte als das Bemühen um eigene und eigenständige Entwicklung dergestalt beschrieben werden, dass dieser Prozess nicht nur weltoffen, sondern aktiv multikulturell orientiert betrieben wird. Ganz handfest bedeutet das dann weniger die Entwicklung beliebig spezifischer sozialpolitischer Forderungen als vielmehr die Stabilität und zukunftsbezogene Entwicklungsfähigkeit des jeweiligen gesellschaftlichen Zusammenhangs (Region, Volk, Land etc.).

Soziale Nachhaltigkeit lässt sich für Regionen, Völker, Länder etc. in diesem Sinne über den Set an dafür nötigen Fähigkeiten definieren, die Bedingungen und Möglichkeiten der eigenen Entwicklung selbst zu beobachten, zu beschreiben und u. a. vor dem Horizont der Herausforderung Nachhaltigkeit zu verändern. Es gibt also bezogen auf kollektive Akteure so etwas wie Entwicklungsfähigkeit in Richtung Nachhaltigkeit, wo das, was Nachhaltigkeit ist, nicht von vornherein feststeht, sondern im Gegenteil über den Entwicklungsprozess kontinuierlich generiert wird. Der Kulturbegriff markiert im Grunde den Rahmen, innerhalb dessen die nötigen Selbstbeobachtungen, Selbstbeschreibungen und Veränderungen stattfinden. Das verdiente, genauer ausgearbeitet zu werden.

---

[36] Das war die US-amerikanische Position. Es darf als Erfolg gewertet werden, dass diese sich nicht ganz durchsetzen konnte.

[37] aus lokaler Sicht natürlich nicht beliebige, sehr wohl aber aus übergeordneter.

5. Wenn Ethik im 21. Jahrhundert zu einer Frage der Kultur geworden ist: was bleibt uns dann?

Zeitliche Markierungen sind immer vereinfachend und von daher nie nur richtig. Trotzdem möchte ich die vor wenigen Jahren stattgefundene Jahrhundertschwelle zum Anhalts- und Markierungspunkt dafür nehmen, dass das Hineinragen im Grunde vormoderner Wertesysteme, die mit dem Anspruch allgemein gesellschaftlicher Verbindlichkeit daher kamen, inzwischen in deutlichem Schwinden begriffen ist, auch im Schwinden begriffen sein muss angesichts der pluralisierenden und pluralistisch getriebenen Ansprüche, die aus den gesellschaftlichen Wirklichkeiten zunehmend gestellt werden.

Das hat Folgen für unsere Stellung zum wirtschafts- und unternehmensethischen Diskurs. Ein Grunddilemma auch der wirtschafts- und unternehmensethischen Debatte besteht darin, für das 21. Jahrhundert weiterhin die Setzung moralischen Handelns als abstraktem isolierbaren Handlungstypus vornehmen zu wollen. Daraus resultiert geradezu zwangsläufig die Versuchung, in der einen oder anderen Richtung für die Beziehung von Wirtschaft und Ethik ein Unterdrückermodell zu entwickeln.[38]

Weder ein Individuum noch eine Organisation vermag aber nach dem Motto zu handeln: jetzt mal alles vergessen, was ich für richtig oder schön halte, jetzt moralisch anständig handeln. Moralisch am moralischen Handeln ist „nur“ die mitlaufende moralische Konnotation der selbst vertretenen imaginären Bedeutungen, nichts sonst. Ethik ist in diesem wohlverstandenen Sinne zu einer Frage der Kultur geworden.

Das kann man bedauern. Aber: unter Verweis auf was sollen wir die Verfechter und Fürsprecher der Dieter-Bohlen-Gesellschaft moralisch verurteilen oder als unanständig bezeichnen? Zur Kritik daran haben wir keine anderen Instanzen mehr als unsere eigenen sozialen Praktiken und kulturellen Lebensmodelle.[39] Diese sind im Vergleich zu metaphysischen Wertsystemen die nachhaltigsten, weil von uns selbst authentisch generiert und vertreten. Von ihnen her kritisieren wir die Träger und Akteure der Dieter-Bohlen-Gesellschaft nicht länger als unanständig, sondern einfach als abgrundtief erbärmlich und primitiv, als materiell besser ausgestatteten Teil der kulturellen Verelendung via Fast Food und TV, deren negatives Gewicht in frühindustrialisierten Ländern das materieller Verelendung heute bereits zu übersteigen droht.

---

[38] Ich habe das kürzlich genauer ausgearbeitet in Pfriem 2004 a.

[39] Dazu lohnt sich u. a., erneut auf Bourdieu (1993) zuzugreifen, nur unter Absehung von dessen noch eher orthodox gebliebenen klassentheoretischen Annahmen.

Nachhaltigkeit ist also auch eine Frage von Bildung und Kultur im klassischen Kantschen Sinn des Aufbruchs aus selbstverschuldeter Unmündigkeit. Daraus darf selbstverständlich nicht folgen, die anderen zu beschimpfen oder der Dummheit zu zeihen (s. meine obige Rees-Kritik), eher, nach den kulturellen Anschlussbedingungen und –möglichkeiten von Nachhaltigkeitsstrategien zu fahnden – theoretisch wie praktisch.

Diskussionen über Coopetition[40] haben ökonomisch und gesellschaftlich das Nachdenken über das Verhältnis von Konkurrenz und Zusammenarbeit neu angeregt. Daraus ließe sich vielleicht eine Vorstellung von Wettbewerb gewinnen, die nicht von der Idee des Niederringens im Geiste der Standardisierung getragen ist (wie der klassische kapitalistische Konkurrenzgedanke), sondern vom Gedanken des Respekts vor der Vielfalt, weil diese die Voraussetzung für interne und externe Innovationen ist, ja für Lernen und Entwicklung überhaupt. Ein kulturbewusstes Management (mit den Worten von Klaus Fichter aus einer Präsentation des Projektes summer):

- nimmt nicht nur die eigenen Werthaltungen und Überzeugungen ernst, sondern auch jene der Kunden und Partner,
- fragt nach der kulturellen Anschlussfähigkeit und Aktivierungsfähigkeit von Ideen, Technologien und Konzepten,
- versteht Kreativität als interaktiven Prozess, in dessen Verlauf Werthaltungen und Einschätzungen kontinuierlich identifiziert und (re)interpretiert werden müssen.

6. Ausklang

Reproduktive Ökonomie wie die verwandte regulative Idee nachhaltiger Entwicklung von Wirtschaft und Gesellschaft werden mit den hier niedergelegten Gedanken vor allem als strategische Suchprozesse von ökonomischen Akteuren betrachtet. Eine solche Herangehensweise kann zwangsläufig nicht unparteilich bleiben, weil die eigene Analyse ja nichts anderes ist als eine im Ergebnis parteiliche Organisation des eigenen strategischen Suchprozesses. Kultur zu markieren heißt immer, sich selbst zu markieren, und sich selbst zu markieren heißt immer, Position zu beziehen.

---

[40] S. jüngst Miklis 2004.

Literatur

Berger, J./ Müller, J./ Pfriem, R. (Hrsg.) (1983): Zukunft der Arbeit: Wege aus Massenarbeitslosigkeit und Umweltzerstörung, Bielefeld.

Beschorner, Th./ Pfriem, R. (Hrsg.) (2000): Evolutorische Ökonomik und Theorie der Unternehmung, Marburg.

Birnbacher, D. (1980): Sind wir für die Natur verantwortlich? In: Ders. (Hrsg.): Ökologie und Ethik, Stuttgart.

Blümle, G./ Goldschmidt, N./ Klump, R./ Schauenberg, B./ von Senger, H. (2004): Perspektiven einer kulturellen Ökonomik, Münster.

Böhme, G./ Schramm, E. (Hrsg.) (1985): Soziale Naturwissenschaft. Wege zu einer Erweiterung der Ökologie, Frankfurt/ M..

Bourdieu, P. (1993): Sozialer Sinn. Kritik der theoretischen Vernunft, Frankfurt/ M..

Castoriadis, C. (1984): Gesellschaft als imaginäre Institution. Entwurf einer politischen Philosophie, Frankfurt/ M..

Forschungsgruppe Unternehmen und gesellschaftliche Organisation (FUGO) (Hrsg.) (2004): Perspektiven einer kulturwissenschaftlichen Theorie der Unternehmung, Marburg.

Geertz, C. (1987): Dichte Beschreibung. Beiträge zum Verstehen kultureller Systeme, Frankfurt/ M..

Giddens, A. (1984): Die Konstitution der Gesellschaft, Frankfurt/ M..

Görg, Ch. (2003): Regulation der Naturverhältnisse. Zu einer kritischen Theorie der ökologischen Krise, Münster.

Hardt, M./ Negri, A. (2002): Empire. Die neue Weltordnung, Frankfurt/ M..

Hauff, V. (1987): Unsere gemeinsame Zukunft. Bericht der Brundtland-Kommission, München.

Hirschman, A. (1977): Leidenschaften und Interessen. Politische Begründungen des Kapitalismus vor seinem Sieg, Frankfurt/ M..

Jochheim, S. (2002): Von der Unternehmenskultur zum Netzwerk von Subkulturen, Marburg.

Karmasin, H. (1993): Produkte als Botschaften, Wien.

Lehmann-Waffenschmidt, M./ Reichel, M. (2000): Kontingenz, Pfadabhängigkeit und Lock-In als handlungsbeeinflussende Faktoren der Unternehmenspolitik, in Beschorner, Th./ Pfriem, R. (Hrsg.): Evolutorische Ökonomik und Theorie der Unternehmung, Marburg.

Miklis, M. (2003): Coopetitive Unternehmungsnetzwerke, Marburg.

Mogalle, M. (2001): Management transdisziplinärer Forschungsprozesse, Basel/ Boston/ Berlin.

Paech, N./ Pfriem, R. (2002): Mit Nachhaltigkeitskonzepten zu neuen Ufern der Innivation, in: UmweltWirtschaftsForum, 10. Jg., Heft 3, Heidelberg.

Paech, N. (2004): Nachhaltige Entwicklung als kulturelle Herausforderung, in: FUGO (Hrsg.): Perspektiven einer kulturwissenschaftlichen Theorie der Untenehmung, Marburg, 341-374.

Peters, T./ Waterman, R.H. (1983): Auf der Suche nach Spitzenleistungen. Was man von den bestgeführten US-Unternehmen lernen kann, Landsberg.

Petrini, C. (2003): Slow Food. Genießen mit Verstand, Zürich.

Pfriem, R. (2004): Unternehmensstrategien sind kulturelle Angebote an die Gesellschaft, in: FUGO (Hrsg.): Perspektiven einer kulturwissenschaftlichen Theorie der Untenehmung, Marburg, 375-404.

Pfriem, R. (2004 a): Das Schmutzige ist das Saubere – Jenseits der vermeintlichen Reinheiten von Moralökonomik und Diskursethik (von Liberalismus und Idealismus), in: ders.: Unternehmen, Nachhaltigkeit, Kultur. Von einem, der nicht auszog, Betriebswirt zu werden, Marburg, 179-214.

Pfriem, R. (2004 b): Ein pluralistisches Feld von Governancekulturen – Ideen zur Vermittlung von ethisch-moralischen Handlungsdimensionen mit dem vorgängigen ökonomischen Verständnis der Steuerung von Unternehmen, in: ders.: Unternehmen, Nachhaltigkeit, Kultur, 333-364.

Polanyi, K. (1978): The Great Transformation, Frankfurt/ M..

Reckwitz, A. (2000): Die Transformation der Kulturtheorien. Zur Entwicklung eines Theorieprogramms, Weilerswist.

Rees, W. E. (2002): Nachhaltigkeit: Ökonomischer Mythos und ökologische Realität, in: Natur und Kultur, Jg. 3/ 1, 3-34.

Schein, E.H. (1985): Organizational Culture and Leadership: A Dynamic View, San Francisco/ London.

Seel, M. (1996): Eine Ästhetik der Natur, Frankfurt/ M..

Setzwein, M. (2004): Ernährung als Kulturphänomen – Kultursoziologische Zuwegungen in das Bedürfnisfeld der Ernährung, in: FUGO (Hrsg.): Perspektiven einer kulturwissenschaftlichen Theorie der Untenehmung, Marburg.

Theobald, W. (2004): Mythos Natur, in: Information Philosophie 2/ 2004, Lörrach, 38.45.

Wiggershaus, R. (1986): Die Frankfurter Schule. Geschichte, theoretische Entwicklung, politische Bedeutung, Frankfurt/ M..

Jenseits der Binarität von Reproduktion und Produktion

Personenbezogene Dienstleistungen als prokreative Arbeit

Barbara Thiessen

Das Private ist weitgehend eine Leerstelle in den Arbeits- und Wirtschaftswissenschaften. Auf der Suche nach einer Ökonomie, die nicht allein auf das Herstellen, sondern auch auf das Wieder-Herstellen und Werden zielt, führt jedoch am privaten Haushalt kein Weg vorbei. Zu untersuchen sind private Konsum- und Ernährungsmuster (vgl. Pfriem in diesem Band) ebenso wie Bezüge zwischen Bedarfen privater Haushalte und Perspektiven für nachhaltige Herstellungsprozesse (vgl. Weller in diesem Band). Dabei wird deutlich, dass der Blick auf den Haushalt geprägt ist durch vielfältige Vorannahmen und Kodierungen, die auf binäre Strukturierungen verweisen. Wenn nun im Folgenden personenbezogene Dienstleistungen vor dem Hintergrund des sozioökonomischen Strukturwandels in den Blick genommen werden, soll daran auch die Bedeutung binärer Kodes einbezogen werden.

Der Haushalt ist in den Bereichen Erziehung und Pflege, Versorgung, Betreuung und Beratung („care work", vgl. Eckart 2000, Feministische Studien 2000) sowohl in herstellender als auch nachfragender Position. Durchwebt ist das Dienstleistungsgefüge von Geschlechterkodierungen sowie Achsen sozialer und ethnischer Differenz. Diese wirken meist abwertend und daher in ökonomischer Hinsicht entwicklungshemmend. Unter dem Blickwinkel von Nachhaltigkeit – nicht zuletzt als sozialem Chancenausgleich – werden im Folgenden aktuelle Tendenzen und mögliche Perspektiven für personenbezogene Dienstleistungen diskutiert. Erkenntnistheoretisches Ziel ist es, jenseits der Binarität von Produktion und Reproduktion neue Ansätze zu entdecken. In einem ersten Schritt werden gegenwärtige Entwicklungen im Dienstleistungssektor aus der Perspektive privater Haushalte diskutiert. Gefragt wird zweitens nach Care Work und personenbezogener Dienstleistung hinsichtlich theoretischer Impulse und Professionalisierungspotenziale für ein Feld klassischer Frauenerwerbsarbeit. Schließlich werden Eckpunkte für nachhaltige Konzepte von personenbezogenen Dienstleistungen vorgeschlagen.

1. Tertiarisierung von unten: Prekäre Beschäftigung im Privathaushalt

Die Trennung der wissenschaftlichen Analyse von Märkten auf der einen Seite und privaten Haushalten als Orte alltäglicher Lebensführung auf der anderen erscheint vor dem Hintergrund des gegenwärtigen Strukturwandels revisionsbedürftig. Die Dienstleistungsentwicklung wird insbesondere durch veränderte Bedarfe privater Haushalte initiiert und verstärkt. Mit dem Wandel privater Lebensformen und durchgreifender Individualisierungsprozesse hat die Nachfrage nach Dienstleistungen im privaten Bereich deutlich zugenommen. Im Einzelnen lassen sich folgende Ursachen benennen (vgl. Thiessen 2004):

- die steigende Erwerbstätigkeit von Frauen in Westdeutschland und die ungebrochene Erwerbsbeteiligung von Frauen in Ostdeutschland,
- die unveränderte geschlechtshierarchische Arbeitsteilung zwischen Männern und Frauen im Privaten,
- die steigende Anzahl allein Erziehender,
- die unzureichende Bereitstellung öffentlicher Angebote zur Kinderbetreuung und haushaltsentlastender Dienste im Hinblick auf die Vereinbarkeit von Beruf und Familie,
- die demografischen Veränderungen durch die steigende Anzahl älterer Menschen.

Die veränderten Bedarfe von Haushalten lassen sich einerseits an veränderten Konsummustern ablesen (Tiefkühlkost, Convenience-Produkte, Mikrowelle), sie zeigen sich jedoch insbesondere an gestiegener Nachfrage nach haushaltsentlastenden und personenbezogenen Diensten. Einen geregelten Markt gibt es jedoch hierfür nicht.

Da weder wohlfahrtsstaatliche Modelle noch private Arbeitsteilung den Freisetzungsprozess berufstätiger Frauen ermöglichen, wird zunehmend durch eine Umverteilung der Alltagsarbeit *zwischen* Frauen die weibliche Erwerbsarbeit abgefedert. Neben Großmüttern, Nachbarinnen und Freundinnen kommen dabei mehr und mehr bezahlte Kinderfrauen, Au-Pair-Mädchen sowie Haushaltshilfen und Seniorenbetreuerinnen zum Einsatz: Es zeichnet sich eine Fülle von Variationsmöglichkeiten eines weiblichen, zumeist informellen Netzwerkes ab (Friese 1995). Entscheidend sind schicht- und ethnizitätsbezogene Kriterien. Auffallend häufig findet die bezahlte Arbeit im städtischen Mittelschichthaushalt statt und sie wird überwiegend von Migrantinnen übernommen. Hier zeigt sich eine neue „internationale Arbeitsteilung zwischen Frauen" (Rerrich 1993).

Aktuelle und verlässliche Zahlen zur Inanspruchnahme haushaltsnaher und personenbezogener Dienstleistungen liegen gegenwärtig für Deutschland nicht vor. Für 1994 wurde die Anzahl der westdeutschen Haushalte, die eine Haushaltshilfe regelmäßig oder gelegentlich beschäftigen, durch das sozio-ökonomische Panel mit ca. 4 Millionen Haushalten ermittelt (SOEP 1994). 1998 zählte die Bundesanstalt für Arbeit 36.859 sozialversicherungspflichtige Beschäftigungsverhältnisse, davon 23.599 in Vollzeit. Hier handelt es sich neben Haushälterinnen auch um Chauffeure, Gärtner und Butler. Deutlich wird, dass der überwiegende Beschäftigungsanteil dem Schattenarbeitsmarkt zuzurechnen ist. Die Privathaushalte sind nach dem Baugewerbe die zweitgrößten Schwarzarbeitgeber. Bezogen auf Branchen, in denen die geringfügige Beschäftigung angesiedelt ist, sind die Privathaushalte Spitzenreiter (ISG/ Kienbaum 1999, Schupp 2002). Daran hat sich auch trotz Einführung der Minijob-Regelung, die insbesondere die Grauzone Privathaushalt regeln sollte, bislang nicht viel geändert (Weinkopf 2003).

Migrantinnen spielen bei den privaten Beschäftigungsverhältnissen eine große Rolle. Hintergrund ist die wachsende Arbeitslosigkeit ausländischer Frauen und Aussiedlerinnen (Ochs 2000). Studien bestätigen, dass Migrantinnen in hohem Maße für den informellen Arbeitsmarkt und Privathaushalt rekrutiert werden. Es kann davon ausgegangen werden, dass jede zweite erwerbslose Migrantin auf dem Schattenarbeitsmarkt beschäftigt ist, insbesondere in Privathaushalten (Odierna 2000). Dabei gilt: je schlechter der Aufenthaltsstatus und je fremder die Herkunft, desto schlechter sind die Arbeitsbedingungen, insbesondere was die Entlohnung betrifft.

Nachgefragt werden überwiegend Reinigungsdienstleistungen, aber auch Kinder- oder Seniorenbetreuung bis hin zur Pflege sowie heimwerkliche Tätigkeiten. Die Ermittlung der Arbeitsbedingungen ist ebenfalls durch das Schattendasein dieses Arbeitsmarktsegments erschwert. Die Ergebnisse erster Studien (Gather/ Geissler/ Rerrich 2002; Thiessen 2004) bestätigen jedoch die Annahme deregulierter, prekärer Arbeitsverhältnisse. Demnach variiert der Stundenlohn von 5 bis 13 Euro, hier spielen regionale Unterschiede, das Gefälle zwischen Stadt und Land sowie die Herkunft der Beschäftigten eine große Rolle, in den städtischen Ballungszentren hat sich der Lohn auffallend häufig bei ca. 8 bis 10 Euro eingependelt. Allerdings sind bei Asylbewerberinnen und Migrantinnen ohne geregelten Aufenthaltsstatus Stundenlöhne auch unter 3 Euro keine Ausnahmen. Urlaubs- und Weihnachtszuschläge sowie Lohnfortzahlung im Krankheitsfall werden nach Gutdünken bezahlt. Die Arbeitgeberinnen orientieren sich im Zweifel eher an der Nachbarin denn an der Gesetzeslage. Den meisten Haushalten ist unbekannt, dass sie verpflichtet sind, ihren Haushalt der gesetzlichen Unfallversicherung zu melden. Die Arbeitszeit bei den einzelnen Beschäftigungsverhältnissen variiert zwischen ein- bis zweimal wöchentlich jeweils zwei bis acht Stunden. Üblich ist bei Beschäftigten eine Häufung mehrerer Beschäftigungsverhältnisse, nicht selten bis zu einer Wochenarbeitszeit von über 40 Stunden, abhängig meist von der eigenen familiären Situation (Odierna 2000).

Bezahlte Haushaltsarbeit durch Migrantinnen ist keineswegs ein typisch deutsches Phänomen. Domestic Worker sind überall in den reichen Dienstleistungsgesellschaften gefragt. Bezahlte Haushaltsarbeit stabilisiert dual-career families und fördert weltweite Wanderungsbewegungen. Helma Lutz bezeichnet dieses Phänomen als „zwielichtige Zone", als eine „geheime, unsichtbare Gemeinschaft", an deren Sichtbarmachung oder Veröffentlichung kaum jemand Interesse habe (Lutz 2002). Überall dort, wo die Einkommensschere auseinander geht – und dies betrifft nicht nur Europa, die USA, Kanada und Australien, sondern ebenso Schwellenländer wie beispielsweise Saudi-Arabien, Brasilien oder Singapur – entwickelt sich die Nachfrage nach Haushaltshilfen, Kinderbetreuerinnen und Au-Pairs.

Der Arbeitsmarkt Privathaushalt ist – wenig überraschend – ein Markt, der von Frauen dominiert wird. Nicht nur die Beschäftigten sind fast ausschließlich Frauen, auch auf Arbeitgeberseite fällt die Ausgestaltung der Beschäftigung in weibliche Zuständigkeit. Die geschlechtliche Arbeitsteilung setzt sich auch in ihrer bezahlten Form fort. Von hoher Bedeutung ist das Verhältnis Arbeitgeberin und Beschäftigte. Diese Beziehung zwischen Frauen scheint für das Arbeitsverhältnis im Privaten ein Besonderes zu sein. Da es sich innerhalb derselben Genus-Gruppe abspielt, werden Differenzierungen entlang weiterer Achsen der Differenz in besonderer Weise deutlich. Für die Beschäftigte ist der Privathaushalt ein Erwerbsarbeitsplatz, für die Arbeitgeberin ist er gleichzeitig privater Reproduktionsbereich und Ort ihrer privaten Beziehungen. Die Berufsrollen Arbeitgeberin oder Beschäftigte sind in diesem Rahmen schwer herzustellen. Brisanz erhält das Arbeitsverhältnis zwischen Frauen, da es als ein hierarchisches bezeichnet werden kann, für das es kaum kulturelle Vorbilder jenseits familialer Muster gibt (Cordes 2001). Daher besteht gerade hier zwischen den Beteiligten große Unsicherheit.

Ein weiterer wesentlicher Faktor, der zur Entwertung dieser Tätigkeiten beiträgt, ist ihre Geschlechtsattributierung. Die Persistenz der Geschlechterordnung beruht nicht zuletzt auf der geschlechtlichen Kodierung von Tätigkeiten, wie sich dies im Besonderen im Feld der Haushaltstätigkeiten zeigt. Koppetsch und Burkart (1999) konnten in einer empirischen Studie zeigen, wie der Haushalt von den untersuchten heterosexuellen Paaren in zentrale und marginale, in „spezifisch weibliche", geschlechtsneutrale und „spezifisch männliche" Tätigkeitsbereiche unterteilt wird.

Die Haushaltstätigkeiten lassen sich demnach „nach dem Ausmaß ihrer ‚Weiblichkeit' oder ‚Männlichkeit' in verschiedene Kategorien einteilen." (Ebd.: 205ff.) In der Gesamtperspektive zeigt sich, dass zwar ein allmähliches Vordringen der Männer in die häusliche Sphäre festzustellen ist. Dies führt jedoch keineswegs zu einem Prozess des Engendering, sondern vielmehr zu einer „Resexuierung" ehemals genuin weiblicher Handlungsbereiche. Bevor Männer im Haushalt etwas übernehmen, muss das Feld als „männlich" oder zumindest als „geschlechtsneutral" definiert werden. Koppetsch und Burkart machen diese Konstruktionsprozesse, die eine Revision der geschlechtlichen Zuschreibung der häuslichen Aktivitäten begleiten, anhand von fünf Gegensatzpaaren deutlich: außen/ innen, schwer/ leicht, grob/ fein, trocken/ nass, alltäglich/ außeralltäglich.

Die Attributierung männlicher und weiblicher Arbeitsbereiche im Privaten ist für die Analyse bezahlter Haushalts- und Betreuungsarbeit von hoher Relevanz. Es sind die „weiblich" konnotierten Bereiche, die abgegeben werden, da sie am meisten trivialisiert und entwertet sind, daher am Unangenehmsten erlebt werden und am häufigsten zu Konflikten in Paarbeziehungen führen. Die inneren Bereiche des Haushalts, die gründliche Ausführung, der Kontakt mit Feuchtigkeit, die alltäglichen Routinen sind somit jene Felder, die prädestiniert sind für die Arbeit von Haushaltshilfen.

Arbeitsverhältnisse im Privaten erweisen sich in der Mikroperspektive als äußerst komplexe Gebilde in der Verwobenheit von Geschlechtsattributierung und hinsichtlich dem Beziehungsgefüge im Arbeitsverhältnis zwischen Frauen. In der Makroperspektive wird aus den privaten, individuellen Alltagsarrangements ein weltweites Massenphänomen, das komplexe Strukturen aufweist und noch weitgehend unerforschte Folgen nach sich zieht. Die individuelle Alltagspraxis von Frauen, die mit Hilfe bezahlter Arbeitskräfte ihre Probleme der „work-life balance" zu lösen versuchen, wirkt in ihrer gesellschaftlichen Vervielfältigung als Globalisierungsmotor. Da üblicherweise jedoch die Perspektive der Privathaushalte für Globalisierungstheoretiker irrelevant sind, wurden jenseits des feministischen Diskurses diese Phänomene bislang ignoriert (Thiessen 2004).

Mit der Kategorie der „Global Care Chains" benennt Hochschild (2003) eine jener Auswirkungen: Das „Bodenpersonal der Globalisierung" (Rerrich 2002) hinterlässt in den Heimatländern ebenfalls einen Haushalt, der wiederum von bezahlten oder unbezahlten weiblichen Kräften versorgt wird. Auf diese Weise lassen sich „Betreuungsketten" rekonstruieren, die Kontinente oder Erdteile umspannen. Welche Erfahrungen machen diese „global players"? Die empirischen Untersuchungen von Rhacel Salazar Parreñas (2001) von philippinischen Hausangestellten in Rom und Los Angeles zeigte überraschenderweise, dass trotz erheblicher Unterschiede soziokultureller und migrationspolitischer Bedingungen die Erfahrungen der domestic workers mehr Ähnlichkeiten als Unterschiede aufweisen. Eine Begründung hierfür sieht Parreñas in den ähnlichen Gender-Strukturen, denen Migrantinnen im Kontext der häuslichen Billiglohnarbeit ausgesetzt sind. Die geteilten Erfahrungen der Brüche („dislocations") bilden die Grundlage ihrer gemeinsamen Vernetzung, die Kontinente umspannt. Die Erfahrungen der Brüche beziehen sich auf eingeschränkte Bürgerrechte, das Leiden an der Trennung von der Familie, die Erfahrungen widersprüchlicher sozialer Mobilität sowie Exklusionserfahrungen innerhalb der eigenen ethnischen Gemeinschaft. Die verhinderte Integration ist nicht zuletzt Ergebnis einer steigenden Fremdenfeindlichkeit der Zielländer für Migration.

Mit den theoretischen Konzepten der Brüche („dislocations") und der „globalen Betreuungskette" zeigt sich, dass sowohl Migrationstheorien als auch theoretische Konzepte der Globalisierung zu kurz greifen, wenn die Perspektive der privaten Haushalte außer Acht gelassen wird. Bislang noch kaum untersucht ist die Beobachtung, dass sowohl am oberen als auch am unteren Ende der Hierarchie postmoderner Arbeitsgesellschaften „global players" zu finden sind. Deutlich werden die widersprüchlichen Prozesse der Globalisierung, die machtstrategisches Kalkül entlarven: Bedeutet Globalisierung einerseits, ökonomische Bedarfe zu ent-nationalisieren, wie sich dies an der Entgrenzung von Finanz-, Güter- und Arbeitsmärkten zeigt, kann in Bezug auf den Umgang mit Arbeitsmigrant/innen andererseits eine Re-Nationalisierung der Gesellschaften konstatiert werden, wenn einerseits eine Zuzugsbegrenzung und andererseits weder die notwendigen Kosten für Integration und Reproduktion der ausländischen Arbeitskräfte übernommen noch ihnen die vollen Bürgerrechte zugestanden werden.

Die weltweite Praktik der Ökonomisierung von Haushaltsarbeit und der damit einhergehenden Wanderungsbewegungen stellen noch vielfältige Forschungsfragen: Anknüpfend an die Studien von Parreñas und Hochschild sind neben den Erfahrungen der Brüche, der „dislocations", auch Prozesse einer relocation aufzunehmen. Zu klären ist, welche Auswirkungen das massenhafte Verlassen der eigenen Familien durch Frauen hat, um fremde Familien zu betreuen. Wie verändern sich ihre Geschlechtspositionen? Welche Auswirkungen hat dies auf die Strukturen in den Heimatländern? Welche Bedeutung kommt der Funktion der Frauen als „new bread winner" zu? Welche Bedeutung hat die „Internationalisierung" von Dienstleistungen? Wie verändern sich die Positionen von Konsumentinnen und Produzentinnen von Dienstleistungstätigkeiten, wenn sie in einer Person zusammenfallen, wie dies etwa bei einer polnischen Haushaltshilfe der Fall ist, die in ihrem Heimathaushalt eine Weißrussin beschäftigt?

Deutlich wird, dass sich der Haushalt durch die Zunahme monetarisierter Leistungen und Integration effizienzorientierter Logiken verändert. Er kann nicht länger als Gegenpol zum Markt begriffen werden. Anzumerken ist, dass bereits Nancy Fraser (1994) in ihrer Auseinandersetzung mit der Habermas'schen These von der „Kolonialisierung der Lebenswelt" (1981) die Idylle privater Haushalte als Zone jenseits der Medien Macht und Geld in Zweifel gezogen hat. Entscheidend ist, dass ein stetig wachsender Markt im Privaten besteht, der jedoch mit der Abwertung personenbezogener, haushaltsnaher Dienstleistungsarbeit nicht adäquat entwickelt werden kann. Zu klären sind die Entwertungsmomente von Haushalts- und Betreuungstätigkeiten, um Professionalisierungspotenziale auszuloten.

2. Personenbezogene Dienstleistung und Care Work: Theoretische Impulse und Professionalisierungspotenziale

Hierfür ist zunächst ein Schritt zurück zu treten. Denn die Debatte um Professionalisierung privater Leistungen ist eingelagert in ein Netz historisch strukturierter Annahmen und Wertigkeiten. Diese basieren auf einem bestimmten Begriff von Subjektivität, der für die Moderne kennzeichnend ist. Diese Konzepte gegengelesen erlauben neue Anhaltspunkte für Professionalisierungskonzepte.

2.1 Wandel von Arbeit und entlang binärer Strukturierungen

Entscheidende Weichen für die gesellschaftliche Bewertung von Haushaltsarbeit werden mit dem Wandel von der Agrar- zur Industriegesellschaft gestellt, der den ökonomischen Bezugspunkt von Landbesitz auf Arbeit verlagert. Damit verschieben sich zentrale Orientierungen: Aus der Subsistenzwirtschaft wird Lohnarbeit, die neue Vergesellschaftungsformen, hier insbesondere die Kleinfamilie, nach sich zieht. Die Lohnarbeit im Kontext herstellender Prozesse wird synonym mit Arbeit gesetzt. Mithin werden die Aufgaben der unmittelbaren Daseinsvorsorge, der Betreuung, Erziehung und Pflege aus dem Begriffsinhalt gesellschaftlicher Arbeit gelöst. Haushaltsarbeit ist nun nicht mehr Teil der den Frauen zugeschriebenen Tätigkeitsbereiche, sondern Bestandteil ihres „Geschlechtscharakters". Ein harmonisches Ineinandergreifen des privat-familialen Systems mit der marktwirtschaftlich organisierten Lohnarbeit gelingt keineswegs. Die Passungsschwierigkeiten der Separierung von Erwerbssystem und Privatheit werden jedoch Frauen als individuelles „Vereinbarkeitsproblem" zugemutet. Das soziale Strukturproblem wird personalisiert. Damit einher geht eine Marginalisierung und Trivialisierung alltäglicher Versorgungs- und Betreuungsarbeit. Wenn gleichzeitig jedoch die menschlichen Ressourcen aus dem Privaten gewonnen werden, liegt in dieser Ungleichheitsrelation die entscheidende strukturelle Diskrepanz moderner Gesellschaften.

Mit der Moderne wird ein System bipolarer Orientierungsmuster etabliert, das zum grundlegenden strukturierenden Moment avanciert. Entscheidend ist dabei nicht nur die binäre Anordnung als solche, sondern dass jeweils ein Aspekt im Vordergrund steht und als allgemein gesetzt wird. Binarität bedeutet somit auch Hierarchisierung. Arbeit ist in diesem Feld bipolarer Konstellationen zentral situiert. Auffällig ist, dass der Haushalt nicht aus sich heraus, sondern jeweils in Vergleich und Abgrenzung zu anderen gesellschaftlichen Institutionen gesetzt wird. Dabei wird er als das Andere, das Un-Eigentliche platziert. Haushalts- und Betreuungsarbeit ist gleichsam als der zurückgesetzte Teil der binären Strukturierung von Arbeit erkennbar. Im Vordergrund und als Allgemeines steht Erwerbsarbeit. Verdeckt bleiben auf diese Weise die zentralen Verbindungen zwischen dem bezahlten und dem unbezahlten Tätigsein. Die zur Arbeit verallgemeinerte Lohnarbeit steht nur scheinbar für sich, sie ist gleichwohl auf den abgewerteten Teil angewiesen. Die Tätigkeit im Haushalt wird damit vom Aspekt der Arbeit entleert. Auf diese Weise entsteht Raum für neue Einschreibungen: Der Haushalt wird zur Projektionsfläche für Nicht-Arbeit, für Liebe, für Heilendes.

Dieser Einschreibungsprozess lässt sich für weitere binäre Konstruktionen im Umfeld der Haushaltsarbeit feststellen, die bipolare Kodierung zieht sich durch das gesamte Feld:

Öffentlichkeit	Privatheit
Produktion	Reproduktion
Erwerbsarbeit	Haushaltsarbeit
Unternehmensbezogene, technisch orientierte Dienstleistungen	Personenbezogene haushaltsnahe Dienstleistungen
Duale Ausbildung	(Überwiegend) vollzeitschulische Ausbildung
Überwiegend abgesicherte Erwerbsarbeit	Überwiegend prekäre Erwerbsarbeit
Geld	Liebe
Gesellschaftliche Anerkennung	Persönliche Wertschätzung
Männlich	Weiblich

Stets gilt das erstgenannte als das Eigentliche. Der Mann steht für den Menschen, das Weibliche stellt die Einschreibungsfläche für das Verdrängte dar. Ebenso gilt der Raum des Öffentlichen als der wesentliche Ort der Gesellschaft. Das Private wird idealisierend mit Liebe, Intimität, Fürsorge, Geborgenheit gesetzt. Getrennt werden wertschöpfende und werterhaltende Prozesse. Entsprechend werden Dienstleistungen in erster Linie als produktionsbezogene gedacht.

Dieser bipolaren Anordnung unterlaufen zwei entscheidende Fehler: Zum einen wird übersehen, dass der eine Aspekt konstitutiv für den anderen ist, mithin beide nicht zu trennen sind, sondern in einem Feld unendlicher Varianzen verortet sind. Es sind also weniger Pole, denn Flächen zu denken, die einander überschneiden und prozesshaft in steter Veränderung begriffen sind. So betrachtet können Gemeinsamkeiten entdeckt werden, die gegebenenfalls größer sind als die Unterschiede. Mit der bipolaren Anordnung ist zum anderen die Bildung von Klischees verbunden, die zu Ungenauigkeiten und Verzerrungen führen. Wenn etwa Habermas die Durchdringung der Medien Macht und Geld in der Lebenswelt erst als Merkmal von Modernisierungsprozessen erkennt (Habermas 1981 II: 293) und nicht als bereits anwesend – wie dies von Fraser (1994) überzeugend belegt wird -, verkennt er entscheidende Charakteristika des privaten Raumes. Ebenso werden durch die dichotomen Strukturierungen Zwischenräume nicht sichtbar. Entscheidend ist, dass mit der Dualisierung eine Ideologisierung verbunden ist, die Hierarchien begründet (vgl. Glaser 1996).

Die Hierarchisierung sichert soziale Segmentierung und ungleiche Austauschverhältnisse. Zwar lassen sich in der sozialgeschichtlichen Analyse die Begründungen für Differenzierung und Hierarchie als letztlich machtpolitische Geste der herrschenden Gruppen lesen, sie werden zeitgenössisch jedoch meist als naturhaft interpretiert. So erscheinen heute die Begründungen gegen das Frauenstudium mit Verweis auf den Umfang des Gehirns oder die Gebärfähigkeit eindeutig als eine biologisierende Verschleierungstaktik. Verhindert werden sollte eine drohende Arbeitsmarktkonkurrenz durch gebildete Frauen, argumentiert wurde jedoch mit geschlechtsbezogenen Körpermerkmalen.

Wenn allerdings heute die Debatte um die „Vereinbarkeit von Familie und Beruf" unter diesem Blickwinkel gesehen wird, zeigen sich erstaunliche Parallelen. Der Ausstieg von Müttern mit Kleinkindern aus dem Erwerbsleben gilt als scheinbar unvermeidlich. Verwiesen wird auf die weibliche Gebär- und Stillfähigkeit, mit der eine biologische Mutter-Kind-Beziehung begründet wird, die exklusiv sei. Die Erwerbsunterbrechung erscheint als natürliche Unausweichlichkeit. Verschleiert wird damit, dass die gesellschaftliche Strukturierung marktvermittelter Arbeit und häuslicher Versorgungs- und Betreuungsarbeit konträr angelegt ist, Privatsphäre und Lohnarbeit bleiben institutionell unverbunden. In der politischen Debatte wird nun allerdings nicht dieses Strukturproblem aufgegriffen und Lösungen etwa für Eltern von Kleinkindern entwickelt. Vielmehr wird Frauen die Unverbundenheit der Institutionen als persönliches Dilemma zugemutet. Die Separierung von Privatheit und Erwerbssystem erscheint als bedauerliches, aber biologisch begründetes „Frauenproblem" (Becker-Schmidt 2000: 25). Tatsächlich wird mit der hierarchischen Dualisierung von Haushalts- und Erwerbsarbeit der Zugang von Frauen zum Erwerbsarbeitsmarkt massiv erschwert. Darüber hinaus sind sie als Berufsrückkehrerinnen selten eine ernstzunehmende Konkurrenz um attraktive Stellen.

Dass diese Konstruktion auf ideologisch tönernen Füssen steht, wird nicht zuletzt dann sichtbar, wenn Haushaltsarbeit bezahlt wird. Die Perspektive der Verberuflichung von Haushalts- und Betreuungstätigkeiten entschleiert die Widersprüche, die durch die Verschiebung ins Private und damit verbundene Verheimlichung der Arbeitsaspekte entstanden ist. Die binäre Ordnung gerät mit der Verschiebung von privater Arbeit zu Erwerbsarbeit ins Wanken. Ähnlichkeiten und Überschneidungen, die stets bestanden haben (wie etwa ökonomisches Kalkül oder materielle Reproduktion), werden unübersehbar. Wenn aus der zur Liebe stilisierten Arbeit eine marktvermittelte Tätigkeit wird, gerät nicht nur die emotionale Absicherung familialen Lebens, das Frauen ausschließlich überantwortet wird, in Gefahr, auch die Figur des „Familienernährers" verliert an Bedeutung. Gleichzeitig besteht die Chance der „Re-Kontextualisierung von Sorgebeziehungen" (vgl. Geissler 2002). Damit ist jedoch gleichzeitig das Moment der Angewiesenheit von Subjekten neu zu klären.

2.2 Subjektivierungsweisen: Das Subjekt bei der Arbeit

Die Kritik am androzentrisch orientierten Modell des Subjekts der Aufklärung ist bekannt und vielfach belegt (Projekt feministische Theorien im Nordverbund 2000). Auf die Dekonstruktion einer Kohärenz des Subjektes, wie sie in postmodernen Theorien überzeugend geführt wird, kann hier nur verwiesen werden. Der Aspekt des Angewiesen-seins findet jedoch auch in den neueren Subjektdiskussionen kaum Erwähnung. In der Kritik an der Annahme der prinzipiellen Singularität des Subjekts, der „einsamen Gewissheit" des cogito ergo sum (Hersch 1997: 105), liegt meines Erachtens jedoch ein Schlüssel für ein alternatives Konzept von Subjektivität. Ilse Modelmog (2003) weist darauf hin, dass der cartesianische Subjektbegriff im Rückzug von der Welt und den Mitgeschöpfen entstehe. Die Subjekt-Objekt-Binarität verdränge gegenseitiges Angewiesensein der Individuen untereinander sowie in Bezug auf die Materie, die dadurch als leblos charakterisiert würde.

Die Idee des bürgerlichen, autonomen Subjekts setzt den erwachsenen, männlichen, weißen und gesunden Angehörigen der Mittelschicht voraus, der ordentlich gefrühstückt und mit frisch gebügeltem Hemd seiner Entfaltung in der Gesellschaft nachgeht. Das bürgerliche Subjekt kennt kein Kindesalter, keine Krankheiten oder Demenz. Ausgeschlossen ist somit eine grundlegende Prozesshaftigkeit des Subjekts im Sinne einer Biografizität (Alheit 1990: 60), die aus der Verwobenheit von Struktur und Handlung entsteht. Damit erweist sich das Subjekt ebenso konstituiert wie angewiesen als auch eigensinnig. Der Eigensinn entsteht – Butler'sch gewendet – durch performative Akte (Butler 1997: 32). Die Annahme einer prinzipiellen Angewiesenheit des Subjekts verweist auf die Notwendigkeit des Anderen – hier allerdings als Gegenüber und nicht als verdrängte, abgewertete Leerstelle. Mit Hannah Arendt können dazu neue Anhaltspunkte gefunden werden. Sie verweist auf das Faktum der Natalität. Mit der Gebürtlichkeit begründet sie einerseits die prinzipielle Möglichkeit des Neuanfangs (initium); Natalität bedeutet jedoch auch das Ankommen in einem bestehenden sozialen Netz (Arendt 1998: 216ff). Hieraus lässt sich eine Subjektkonstitution ableiten, die Bedarf und Bedürfnis von Interaktionen als konstituierend voraussetzt.

Hat Descartes seine Subjektposition erst durch die Trennung von Körper und Geist erreicht, verweisen die Haushaltstätigkeiten auf die Rolle des Körpers als „Ort der Inkorporierung, der Sedimentierung von Gewohnheiten" (Kaufmann 1999: 287). Aus der Perspektive der Gesten des Alltags und der Haushaltstätigkeiten ist die Rationalität des Subjekts untrennbar mit Körper, Gewohnheiten und Empfindungen verbunden. Wenn das Individuum gleichzeitig nicht als eine Monade gilt, sondern seine Besonderheit sich aus dem je einmaligen Schnittpunkt verschiedener gesellschaftlicher Positionierungen ergibt, ist seine primäre soziale Bezogenheit für einen revidierten Subjektbegriff neu einzuarbeiten. Das auf diese Weise neu gedachte Subjekt verändert auch die gesellschaftlichen Räume der Öffentlichkeit und Privatheit. Angewiesenheit und Autonomie verdeutlichen in ihrer Verwobenheit, dass die Vorstellung komplementärer und gänzlich getrennter Sphären revidiert werden muss.

Mit der Ausweitung von Dienstleistungen insbesondere im Feld personenbezogener Dienste erweist sich deren Marginalisierung und Trivialisierung als entwicklungshemmend. Ebenso ist ein „Industrialismus" (Baethge 2001) zu konstatieren, wenn Strukturen und Begriffe der Industriemoderne in der Dienstleistungsgesellschaft unreflektiert übernommen werden. Hier möchte ich nochmals auf die Begriffe Produktion und Reproduktion zurückkommen. Zu fragen ist, ob nicht neue Begrifflichkeiten für jene Arbeit zu entwickeln sind, die die spezifische Qualität von Care-Tätigkeiten und den gesellschaftlichen Bedarf an „Soziabilität" (Kurz-Scherf 2004: 43) aufnehmen.

2.3 Impulse: Von der Reproduktion zur Prokreation

Die Erwerbsarbeit im Privathaushalt zeigt in besonderer Weise spezifische Qualitäten personenbezogener Dienstleistungsarbeit auf. Bezahlte Haushaltsarbeit ist situiert in einem Feld elementarer Bezeichnungen. Entscheidend ist das Austarieren der Balance von Nähe und Distanz, die Wahrnehmung von Rhythmen und Zeiten und zwischen Angewiesenheit und Autonomie als zwei sich

Zeiten und zwischen Angewiesenheit und Autonomie als zwei sich gegenseitig durchdringende Aspekte. Durchzogen ist dieses Feld mit hierarchisierenden Strukturierungen. Der kritische Umgang mit Geschlechtsattributierung erweist sich als Voraussetzung für eine Professionalisierungsperspektive. Diese Kategorien (vgl. ausführlich Thiessen 2004) sind nicht ausschließlich bezogen auf haushaltsnahe Dienstleistungen wirksam, sie charakterisieren allerdings eine spezifische Dynamik, die die Erwerbsarbeit im Privathaushalt kennzeichnet.

Diesen Bereich als Reproduktion zu bezeichnen, scheint meines Erachtens revisionsbedürftig. Anknüpfend an Adelheid Biesecker (2003), die in Bezug auf den inneren Zusammenhang von Produktion und Reproduktion formuliert: „Der blinde Fleck ist das Ganze", ist festzustellen, dass mit dem Begriff der Reproduktion das „mechanistische" Weltbild perpetuiert wird. Abgestellt wird auf die „Wiederherstellung" der Arbeitskraft, der Bezug bleibt die (industrielle) Produktion. Die Dimension der Prozesse von Haushaltsarbeit als Rhythmen und im Kontext biografischer Zeit-Verläufe kann damit nicht aufgenommen werden. Gleichwohl bietet das Theorem der Reproduktion Anschlüsse an viele Disziplinen und ist verknüpft mit einer gesellschaftlichen Dimension und Kritik an sozio-kulturellen Rahmenbedingungen. Vorgeschlagen wird daher ein alternativer Begriff, der diese Dimensionen aufnimmt.

Im Kontext reproduktiver Tätigkeiten wird gelegentlich auch der Begriff der Prokreation verwendet. So differenziert Becker-Schmidt Reproduktion in Regeneration einerseits und Prokreation andererseits (2001: 102). Unter letzterem versteht sie die Sorge um den Nachwuchs als individuelle und gesellschaftliche Dimension. Deutlich wird, dass der Begriff der Prokreation damit den Aspekt von Werden und Entwicklung beinhaltet. Allerdings besteht die Gefahr einer biologistischen Interpretation, einer Vorstellung also von „natürlichen" Prozessen. Für ein vertieftes Verständnis ist die etymologische Bedeutung zu klären: Die Silbe „-kreation" ist verwandt mit „kreieren" (lat. creare) und meint „erschaffen, zeugen, ins Leben rufen, ernennen, erwählen" (Duden 1989) und ist verwandt mit lat. „crescere" („wachsen, zunehmen") sowie dem kirchenlateinischen Ausdruck „creatura" („Schöpfung, Geschöpf"). Im 19. Jahrhundert wird der Begriff Kreation im Kontext des Schauspiels verwendet für „eine neue Rolle auf der Bühne darstellen". In neuerer Zeit ist die Bedeutung „Mode entwickeln", „Modeschöpfung" geläufig.

Die Bedeutung von „kreativ" enthält somit zwei Bewegungen – eine aktive und eine passive: wählen und schaffen einerseits als Entscheidungs- und Handlungsdimension sowie andererseits wachsen und entwickeln, das ein „Geschehenlassen" impliziert. Unter Berücksichtigung des Präfix pro (lat. „für, je") als Verweis auf die Bedeutung des Singulären, Einzelnen lässt sich Prokreation als ein

Prozess verstehen, der auf ein konkretes Einzelnes bezogen ist, das ebenso spontaner und initiierender Erschaffung wie geduldiger und abwartender Begleitung bedarf. Dieser Prozess des Werdens ist eingebunden in historische Bezüge und sozio-kulturelle Voraussetzungen, diese bestätigend und erneuernd sowie verändernd. Prokreation kann daher nicht mit biologistischen Vorstellungen verwechselt werden, sondern ist gesellschaftlich situiert. Gleichzeitig verweist der Begriff auf die Bedeutung der einzelnen, individuell kreativen – mithin eigensinnigen – Potenz, die sowohl initiierend als auch geschehen lassend sein kann. Die Verbindung von Eigensinn und Prokreation erfasst die Verknüpfung von individuellem, biografischem Potenzial als lebensweltliches Hintergrundwissen und systemischer Einbindung.

In diesem umfassenden Verständnis könnte der Begriff der Reproduktion durch den der Prokreation ersetzt werden. Gewonnen wäre damit die Benennung der Dimension biografischer Entwicklung und ihrer Begleitung. Hierin liegt ein spezifisches Kennzeichen von Haushalts- und Betreuungstätigkeiten. Angesprochen sind damit gleichermaßen spontanes, lebendiges Handeln sowie abwartende Geduld im Kontext des Werdens, schließlich materielle Verrichtungen. Darüber hinaus lässt sich ein Bezug herstellen zur historischen und sozio-kulturellen Rahmung. Im Hinblick auf die Professionalisierung von Haushalts- und Betreuungstätigkeiten wird eine Betonung des kreativen und eigensinnigen Potenzials möglich, womit gleichzeitig eine Höherwertung impliziert wird.

2.4 Care Work und Professionalisierung

Auf der professionstheoretischen Ebene sind gegenwärtig in Bezug auf personenbezogene haushaltsnahe Dienstleistung insbesondere zwei Debatten virulent. Dies betrifft erstens die Diskussion um den Begriff von Care als Aufwertung und Politisierung für-sorgender Tätigkeiten und zweitens die Auseinandersetzungen um eine Professionalisierungsstrategie, die die differenten Bereiche personenbezogener Dienstleistungsarbeit zusammenführt. Ich möchte darauf kurz eingehen.

Die deutsche Debatte um den Begriff Care ist inspiriert von den angloamerikanischen sowie skandinavischen Diskussionen (Braun/ Jung 1997; Feministische Studien 2000, Brückner 2001). Übersetzt werden kann der Begriff „Care“ mit „Pflege- und Fürsorgetätigkeiten“, allerdings ist er weiter zu fassen als der deutsche Begriff der Fürsorge. Care meint einerseits eine innere Einstellung und zielt auf eine zwischenmenschliche fürsorgende Tätigkeit (damit sind ethische und handlungstheoretische Fragen angesprochen), andererseits bezeichnet Care gesellschaftlich notwendige Arbeit, die vor dem Hintergrund einer bipolaren und hierarchischen Geschlechterordnung konzipiert ist. Angesprochen sind damit arbeits-

und sozialpolitische Fragen. Ein weiterer Vorteil des Begriffs liegt darin, dass damit keine spezifischen Organisationsformen für-sorgender Tätigkeiten impliziert sind. Care-Tätigkeiten können öffentlich oder privat, institutionell oder informell geleistet werden. Unterschieden werden laut Brückner verschiedene Formen von „caring work" je nach Grad der Formalisierung (Brückner 2001: 155):

- Caregiving Work findet statt in privaten Kontexten, ist verbunden mit persönlichen Beziehungen und Gefühlen, „skills" haben dabei kaum eine Bedeutung (familiale Tätigkeit).
- Carework meint ungelernte, bezahlte Tätigkeit in informellen und institutionellen Kontexten, „skills" haben eine geringe Bedeutung (informelle Tätigkeit).
- Professional Care bezeichnet eine anerkannte berufliche Tätigkeit mit formaler Qualifikation, die in einem institutionellen Kontext angesiedelt ist (formalisierte Tätigkeit).

Die Konzeption der unterschiedlichen Care-Tätigkeiten veranschaulicht das breite Feld von Caring Work, es belegt darüber hinaus das Geflecht von Zuständigkeiten, auf dem Frauen zwischen privater und öffentlicher Sphäre wandern. In der Debatte um Care wird der Zusammenhang von Geschlecht und sozialen Bürgerrechten betont (Fraser 1994). Wenn mit dem Begriff „Care", wie Biesecker formuliert, „die Bedürfnisse aller Beteiligten zum Ausgangspunkt" (2003) genommen werden, mithin die wechselseitige Angewiesenheit des Menschen als Grundvoraussetzung gesetzt wird, kann das konkurrenzbestimmte Menschenbild modifiziert werden.

Für eine Professionalisierungsperspektive ist eine weitere analytische Differenzierung entscheidend. Bestandteile von Care-Tätigkeiten sind einerseits Versorgen („caring for") sowie die emotionale Verbundenheit im Sinne von Sorgetragen („caring about"). In den Debatten um die gesellschaftliche Gestaltung von Sorgetätigkeiten wird dem „caring about" mehr emotionale, moralische Bedeutung zugeordnet. Vermutet wird, dass durch die Bezahlung von Care-Tätigkeiten der Aspekt der emotionalen Verbundenheit zugunsten eines einseitigen „caring for" verloren gehe. Tatsächlich lässt sich dies keineswegs belegen. Selbst in gering entlohnten Tätigkeitsbereichen zeigt sich, dass materielle Versorgungsarbeiten in personenbezogenen Zusammenhängen meist auch mit emotionaler Versorgung einhergehen, selbst wenn sie nicht bezahlt werden. Hier lässt sich klären, warum Haushaltshilfen sich oft scheuen, schlechte Arbeitsstellen aufzugeben, wenn sie die Möglichkeit haben, bessere Bezahlung bei einem anderen Arbeitgeber zu bekommen. Sie begründen dies damit, „die alte Frau", den „armen Mann" „nicht sitzen lassen" zu können, die Familie „nicht hängen lassen" zu wollen. Damit geben sie ihrer Arbeit selbst eine hohe Bedeutung, die weit über der Erledigung von Reinigungstätigkeiten liegt. Die Arbeit wird emotional angereichert.

Gerade aber dieser Aspekt von Care-Tätigkeiten entzieht sich scheinbar der Analyse. Die kulturelle Norm von Fürsorglichkeit als Liebe und nicht als Arbeit lastet auf allen personenbezogenen Dienstleistungsberufen. Es mutet wie ein Tabu an, das auf dieser Fähigkeit liegt. Sie kann und darf keiner genauen Betrachtung unterzogen werden, da Fürsorglichkeit ebenso wie persönliche Liebe bei genauer Analyse zerrinnen könnte, wenn das Motiv seine Reinheit (Selbstlosigkeit) und das Objekt seinen Wert (ein guter Mensch) einbüßt. Dahinter steckt möglicherweise die Ahnung, „dass Care sowohl einer kollektiven Idealisierung als auch einer Geringschätzung unterliegt" (Brückner 2001: 165). Der erste Aspekt verweist auf die Sehnsucht nach uneingeschränkter Aufgehobenheit und Zuwendung, der zweite spricht die in den personenbezogenen Dienstleistungen enthaltenen „niederen" (versorgenden, körpernahen) Tätigkeiten an, die an die eigene Bedürftigkeit und Endlichkeit mahnen.

Tatsächlich verweisen die Dimensionen von Care Work auf den Bedarf von Professionalisierung. Im internationalen Vergleich sind die Human Services in Deutschland von einer durchgesetzten Professionalisierung noch weit entfernt – ungefähr ebenso weit wie die deutschen Bildungskonzepte von den Gewinnern der PISA-Studie. In Deutschland zählen personenbezogene Dienstleistungen nicht zu den Professionen, auch wenn sie moralischen Werten verpflichtet sind und dem Gemeinwohl dienen. Krüger kritisiert, dass personenbezogene Dienstleistung im Grunde noch nicht einmal „richtige" Facharbeit ist, da sie keinen dualen Zugang hat. Vielmehr wird sie häufig mit Laientätigkeit, also der liebevoll pflegenden Angehörigen oder Ehrenamtlichen, verglichen oder verwechselt. Dies trifft auf männliche Facharbeit nicht zu, da diese sich auf dem Weg zur Lohnarbeit den Mantel des Häuslichen abgestreift hat. Dagegen klebt, laut Krüger, an personenbezogener Dienstleistungsarbeit der „Geruch des Privaten" (Krüger 2003).

Die Forderung nach einer wirksamen professionspolitischen Strategie speist sich aus der widerspruchsvollen und konsequenzreichen Ansiedlung von personenbezogenen Dienstleistungsberufen zwischen Liebe, Arbeit und Beruf. Gefordert werden mehr Wissenschaftlichkeit, Qualifizierung und höhere gesellschaftliche Wertschätzung. Die angesichts angespannter öffentlicher Haushaltslagen vielfach praktizierte Handhabung des Austauschs von Fachkräften durch Laien und Ehrenamtliche (meist überwiegend Frauen) torpediert Professionalisierungsbestrebungen im Feld personenbezogener Dienstleistungsarbeit. Dieses Dilemma ist auch als ein Ergebnis der bürgerlichen Frauenbewegung des letzten Jahrhunderts zu verstehen, die mit der Propagierung des Konzepts der „Geistigen Mütterlichkeit" sogenannte weibliche Wesensart dem Gemeinwohl (zunächst unentgeltlich) zur

Verfügung stellte und damit äußerst wirksam zur Etablierung von Sozialer Arbeit und Hauswirtschaft ebenso wie der Ausweitung von Pflege- und Erziehungsberufen beigetragen haben, letztlich jedoch auch zu ihrer Semi-Professionalität. Gleichzeitig wird damit die weitere Markterschließung für qualifizierte und sozial abgesicherte Erwerbsarbeit erschwert: Denn die Beschäftigung von Frauen (z. B. in Dienstleistungen) fördert ebenso die Nachfrage nach Dienstleistungen. Eine höhere weibliche Erwerbsquote schafft wirtschaftliche Prosperität. Zu klären sind die Bedingungen für Dienstleistungsbeschäftigung insbesondere im personenbezogenen und sozialen Bereich.

3. Eckpunkte für nachhaltige Konzepte von personenbezogenen Dienstleistungen

Mit der Ausweitung tertiärer Beschäftigung und ihrer nun offensichtlichen „strukturellen Dominanz“ (Karsten 1995: 35) wird die Trivialisierung von personenbezogener Dienstleistungsarbeit ad absurdum geführt. Vielmehr besteht nun die Chance, den „Konstruktionsfehler“ (Gottschall 1991: 10) der Moderne zu revidieren, mit dem Angewiesenheit und Bedürftigkeit als menschliche Konstitutionsbedingungen aus dem Bewusstsein der Öffentlichkeit verdrängt und diejenigen, die sich damit befassten, abgewertet wurden.

Vielmehr gilt es, Prokreation und Soziabilität als Ausgangspunkte (und nicht Hemmnisse) für ökonomische Entwicklungen zu setzen. Entscheidend ist dabei, die Tätigkeitsbereiche Versorgung und Betreuung, Erziehung, Pflege und Beratung konzeptionell als Berufe zur Unterstützung alltäglicher Lebensführung zusammenzudenken. Wenn dabei die Bedarfe der Haushalte konsequent einbezogen werden, mithin eine Orientierung an zukünftiger Lebensqualität gelingt, sind damit nicht nur kurzfristige Beschäftigungseffekte erwartbar, sondern lässt sich eine nachhaltige Professionsentwicklung vorantreiben, die Aspekte des Gender Mainstreaming einbezieht.

Für eine durchgesetzte Professionalisierungsstrategie ist das Zurückweisen von vermeintlichen Wesensmerkmalen sowie die Klärung der Bezüge zum Privaten evident. Wesentlich ist eine detaillierte Beschreibung von Qualifikationsprofilen und Arbeitsplatzanforderungen, die für die Ausbildung und Vergütung als Grundlage dienen. Wird bei den klassischen Professionen der Schutz von Klient/innen neben berufsethischen Kodes insbesondere durch eine vergleichsweise hohe Bezahlung gesichert, gilt für personenbezogene Dienstleistung im Bereich von Versorgung und Betreuung, Erziehung und Pflege eine Bezahlung geradezu als Unterminierung von Fürsorglichkeit und Empathie.

Hinsichtlich der europäischen Integration und der innerdeutschen Diversifizierung sind in den personenbezogenen Dienstleistungsberufen dringend nicht nur stärker interkulturelle Kompetenzen aufzunehmen, sondern mit Blick auf die europäische Integration ist eine grundständige curriculare Perspektivenerweiterung zu leisten. Darüber hinaus sind Berufsverbände zu schaffen, die berufsfeldübergreifend aktiv sind. Diskutiert wird die Einrichtung von Dienstleistungskammern (Krüger 2003). In diesem Kontext sind sämtliche Eingruppierungen personenbezogener Dienstleistungstätigkeiten zu überprüfen und bezogen auf Interaktionsanforderungen neu zu justieren. Hierzu liegen ausgewiesene Modelle und erste Praxiserfahrungen vor (Katz/ Baitsch 1996, Krell/ Winter 1998, Stiegler 1999). Schließlich sind geeignete Instrumente zur Qualitätssicherung zu implementieren, die einerseits eine Transparenz für die Nutzer/innen bereithalten sowie Kund/innenzufriedenheit evaluieren, jedoch gleichzeitig auch die Perspektive der beruflich Tätigen einbeziehen. Hierbei sind vor allem Gender Impact Assessments durchzuführen (Karsten 2000, 81). Entscheidend für eine weitere Entwicklung personenbezogener Dienstleistungsberufe ist ein adäquates statistisches Monitoring sowie ein zusammenhängender interdisziplinärer Forschungskontext (Karsten et al. 1999).

Die Positionen von care givers und care receivers (Produzenten und Konsumenten) sind neu zu justieren: Wenn in den 1970er Jahren eine kritische Debatte bezogen auf Professionalisierung und „Helfertum" geführt wurde (Schmidbauer 1977), ist dabei der kontrollierende Aspekt sozialer Hilfe in den Vordergrund gerückt worden. Zur Kritik an der Professionalisierung personenbezogener Dienstleistung als ein Prozess zunehmender Kontrolle ist zweierlei zu bedenken. Erstens besteht auch und gerade in privaten Unterstützungszusammenhängen ein enormes Potenzial an Kontrolle, daher kann zweitens in der Vergesellschaftung personenbezogener Dienstleistung auch ein Moment von Befreiung aus traditionellen familialen Bindungen gesehen werden. Unter Hinzufügung von Qualitätssicherung bedeutet dies eine Verbesserung hinsichtlich der Bewältigung der Anforderungen des Alltags. Darüber hinaus können neue Räume der Begegnung geöffnet werden, wenn familiale Beziehungen von Versorgungsarbeit entlastet werden.

Eine nachhaltige Verberuflichung von Haushaltstätigkeiten könnte weitreichende Auswirkungen auf den Arbeitsbegriff haben. Da diese Entwicklung im Fluss ist, lassen sich diese Effekte bislang nur andeuten: Es lässt sich erstens eine Verbindung von wertschöpfender und werterhaltender Tätigkeit (produktive Dienstleitung) feststellen (Prokreation). Ein zweiter Aspekt berührt die Verzahnung von Verrichtungs- und Personenorientierung, die für Dienstleistungsberufe kennzeichnend ist. Dienstleistungsarbeit ist im wesentlichen Kommunikationstätigkeit. Bezogen auf das Private lassen sich dabei drittens Prozesse der Entgrenzung feststellen. Schließlich sind Prinzipien von Nachhaltigkeit zu integrieren. Wenn statt Warenbesitz die entsprechende Dienstleistung vorgezogen würde, könnte die Ökonomie wesentlich ressourcenschonender verfahren.

Zu klären ist weiterhin, wie der „Weltmarkt Privathaushalt" aus seinem Schattendasein zu lösen ist. Ent-Illegalisierung, Standardisierung globaler Bildungs- und Berufswege sowie Unterstützung von Netzwerken und Selbsthilfe sind hierzu erste Stichworte. Letztendlich wird zu entscheiden sein, ob bezahlte Betreuungs- und Haushaltsarbeit ein Refugium für Niedriglohnbeschäftigung oder qualifizierte Dienstleistungsarbeit sein soll. Für eine Professionalisierungs-perspektive haushaltsnaher Tätigkeitsfelder ist das Private neu zu konturieren. Wesentliche Voraussetzungen hierfür betreffen erstens die Entideologisierung: Die Durchdringung der sozial integrierten Handlungskontexte von systemischen Elementen in der Privatsphäre ist als normal und nicht pathologisch anzuerkennen. Zweitens ist die grundlegende Bedeutung der Haushaltsarbeit als Feld für Geschlechtsattributierung und Milieudifferenzierung wahrzunehmen. Zu beobachten ist, ob mit der Neuverteilung der Alltagsarbeit neue Ausschlüsse entlang der Achsen der Differenz entstehen. Der Slogan „Das Private ist politisch" bleibt vorerst noch aktuell.

Literatur

Alheit, Peter (1990): Biografizität als Projekt. Der „biografische Ansatz" in der Weiterbildung, Werkstattberichte des Forschungsschwerpunkts „Arbeit und Bildung", Bremen: Universität Bremen.

Arendt, Hannah (1998): Vita Activa – oder vom tätigen Leben, München, Zürich (Original: 1958).

Baethge, Martin (2001): Abschied vom Industrialismus. In: Martin Baethge, Ingrid Wilkens (Hg.), Die große Hoffnung für das 21. Jahrhundert? Perspektiven und Strategien für die Entwicklung der Dienstleistungsbeschäftigung, Opladen, 23-44.

Becker-Schmidt, Regina (2000): Frauenforschung, Geschlechterforschung, Geschlechterverhältnisforschung. In: Regina Becker-Schmidt, Gudrun-Axeli Knapp (Hg.), Feministische Theorien zur Einführung, Hamburg, 14-62.

Becker-Schmidt, Regina (2001): Was mit Macht getrennt wird, gehört gesellschaftlich zusammen. Zur Dialektik von Umverteilung und Anerkennung in Phänomenen sozialer Ungleichstellung. In: Gudrun-Axeli Knapp, Angelika Wetterer (Hg.), Soziale Verortung der Geschlechter. Gesellschaftstheorie und feministische Kritik, Münster, 91-131.

Biesecker, Adelheid (2003): Vorsorgendes Wirtschaften – Wege zu einer nachhaltigen Ökonomie. In: Kathrin Heinz, Barbara Thiessen (Hg.), Feministische Forschung – Nachhaltige Einsprüche, Opladen, 337-352.

Braun, Helga; Dörte Jung (Hg.) (1997): Globale Gerechtigkeit? Feministische Debatte zur Krise des Sozialstaats, Hamburg.

Brückner, Margrit (2001): Fürsorge und Pflege (care) im Geschlechterverhältnis. In: Christine Gruber, Elfriede Fröschel (Hg.), Gender-Aspekte in der sozialen Arbeit, Wien, 269-284.

Butler, Judith (1997): Körper von Gewicht. Die diskursiven Grenzen des Geschlechts, Frankfurt a.M..

Cordes, Mechthild (2001): Chefinnen. Zur Akzeptanz von weiblichen Vorgesetzten bei Frauen, Opladen.

Eckart, Christel (2000): Zeit zum Sorgen. Fürsorgliche Praxis als regulative Idee der Zeitpolitik. In: Schwerpunktheft Fürsorge – Anerkennung – Arbeit, Feministische Studien extra, Weinheim, 9-24.

Feministische Studien (2000): Fürsorge – Anerkennung – Arbeit, 18. Jg., Extraheft, Weinheim.

Fraser, Nancy (1994): Widerspenstige Praktiken. Macht, Diskurs, Geschlecht, Frankfurt a.M..

Friese, Marianne (1995): Modernisierungsfallen im historischen Prozess. Zur Entwicklung der Frauenerwerbsarbeit in einem gewandelten Europa. In: Berliner Journal für Soziologie, H.2, 149-162

Gather, Claudia; Birgit Geissler, Maria S. Rerrich (Hg.) (2002): Weltmarkt Privathaushalt. Bezahlte Hausarbeit im globalen Wandel, Münster: Westfälisches Dampfboot

Geissler, Birgit (2002): Die Dienstleistungslücke im Haushalt. Der neue Bedarf nach Dienstleistungen und die Handlungslogik der privaten Arbeit. In: Claudia Gather, Birgit Geissler, Maria S. Rerrich (Hg.), Weltmarkt Privathaushalt. Bezahlte Hausarbeit im globalen Wandel, Münster, 30-49.

Glaser, Edith (1996): „Sind Frauen studierfähig?" Vorurteile gegen das Frauenstudium. In: Elke Kleinau, Claudia Opitz (Hg.), Geschichte der Mädchen- und Frauenbildung, Band 2, Frankfurt a.M, New York, 299-309.

Gottschall, Karin (1991): Schlüsselqualifikation statt Schlüssel zur Macht? Anmerkungen zum Verständnis von Bildung und Geschlechterverhältnis in der neueren Qualifikationsdebatte. In: Frauenforschung, H. 1+2, 9. Jg., 4-17

Habermas, Jürgen (1981): Theorie des kommunikativen Handelns, 2 Bde, Frankfurt a.M..

Hersch, Jeanne (1997): Das philosophische Staunen. Einblicke in die Geschichte des Denkens, München.

Hochschild, Arlie Russel (2003): Love and Gold. In: femina politica, H.1, 12. Jg., 77-92

Institut für Sozialforschung und Gesellschaftspolitik (ISG); Kienbaum Management Consultans (1999): Geringfügig Beschäftigte nach der Neuregelung des „630-DM-Gesetzes", Düsseldorf/ Köln (www.isg-institut.de)

Karsten, Maria-Eleonora (1995): Soziale Dienstleistungen produzieren: Von der sozial(pädagogisch)en Arbeit zur sozialen Dienstleistungsarbeit. In: Heinz Sünker (Hg.), Theorie, Politik und Praxis Sozialer Arbeit. Einführungen in Diskurse und Handlungsfelder der Sozialarbeit/ Sozialpädagogik, Bielefeld, 34-47.

Karsten, Maria-Eleonora (2000): Personenbezogene Dienstleistungen für Frauen. Aktuelle Tendenzen und Professionalisierungserfordernisse. In: Marianne Friese (Hg.), Modernisierung personenorientierter Dienstleistungen. Innovationen für die berufliche Aus- und Weiterbildung, Opladen, 89-109.

Karsten, Maria-Eleonora et al. (1999): Expertise zur Entwicklung des Qualifikations- und Arbeitskräftebedarfs in personenbezogenen Dienstleistungen im Auftrag der Senatsverwaltung für Arbeit, Berufliche Bildung und Frauen, Bd. 40, Berlin.

Katz, Christian, Christof Baitsch (1996): Lohngleichheit für die Praxis. Zwei Instrumente zur geschlechtsunabhängigen Arbeitsbewertung, hg. v. Eidgenössischen Büro für die Gleichstellung von Frau und Mann in Bern, Zürich.

Kaufmann, Jean-Claude (1999): Mit Leib und Seele. Theorie der Haushaltstätigkeit, Konstanz.

Koppetsch, Cornelia; Günter Burkart (1999): Die Illusion der Emanzipation. Zur Wirksamkeit latenter Geschlechtsnormen im Milieuvergleich, Konstanz.

Krell, Gertraude, Regine Winter (1998): Anforderungsabhängige Entgeltdifferenzierung: Orientierungshilfen auf dem Weg zu einer diskriminierungsfreie(re)n Arbeitsbewertung. In: Gertraude Krell (Hg.), Chancengleichheit durch Personalpolitik. Gleichstellung von Frauen und Männern in Unternehmen und Verwaltungen. Rechtliche Regelung – Problemanalysen – Lösungen, Wiesbaden, 283-302.

Krüger, Helga (2003): Professionalisierung von Frauenberufen – oder Männer für Frauenberufe interessieren? Das Doppelgesicht des arbeitsmarktlichen Geschlechtersystems. In: Kathrin Heinz, Barbara Thiessen (Hg.), Feministische Forschung – Nachhaltige Einsprüche, Studien interdisziplinäre Geschlechterforschung, Bd. 2, Opladen, 123-144.

Kurz-Scherf, Ingrid (2004): „Hauptsache Arbeit"? – Blockierte Perspektiven im Wandel von Arbeit und Geschlecht. In: Dagmar Baatz, Clarissa Rudolph, Ayla Satilmis (Hg.), Hauptsache Arbeit? Feministische Perspektiven auf den Wandel von Arbeit, Münster, 24-46.

Lutz, Helma (2002): Transnationalität im Haushalt. In: Claudia Gather, Birgit Geissler, Maria Rerrich (Hg.), Weltmarkt Privathaushalt. Bezahlte Haushaltsarbeit im globalen Wandel, Münster, 86-102.

Modelmog, Ilse (2003): Erkenntnisse brauchen Räume und Zeiten – Frauen erfinden sie. In: Kathrin Heinz, Barbara Thiessen (Hg.), Feministische Forschung. Nachhaltige Einsprüche, Opladen, 47-60.

Ochs, Christiane (2000): Arbeitslosigkeit. In: Ute Klammer et al. (Hg.), WSI-FrauenDatenReport, Berlin, 111-150.

Odierna, Simone (2000): Die heimliche Rückkehr der Dienstmädchen. Bezahlte Arbeit im privaten Haushalt, Opladen.

Parreñas, Rhacel Salazar (2001): Servants of Globalization. Women. Migration and Domestic Work, Stanford.

Projekt feministische Theorien im Nordverbund (Hg.) (2000): Subjekt und Erkenntnis. Einsichten in feministische Theoriebildungen, Opladen.

Rerrich, Maria S. (1993): Auf dem Weg zu einer neuen internationalen Arbeitsteilung der Frauen in Europa? Beharrungs- und Veränderungstendenzen in der Verteilung von Reproduktionsarbeit. In: Bernhard Schäfers (Hg.), Lebensverhältnisse und soziale Konflikte im neuen Europa. Verhandlungen des 26. Deutschen Soziologentages in Düsseldorf 1992. Frankfurt/ New York, 93-102.

Rerrich, Maria S. (2002): Von der Utopie der partnerschaftlichen Gleichverteilung zur Realität der Globalisierung von Hausarbeit. In: Claudia Gather, Birgit Geissler, Maria Rerrich (Hg.), Weltmarkt Privathaushalt. Bezahlte Haushaltsarbeit im globalen Wandel, Münster, 16-29.

Schmidbauer, Wolfgang (1977): Die hilflosen Helfer. Über die seelische Problematik der helfenden Berufe.

Schupp, Jürgen (2002): Quantitative Veränderung von Erwerbstätigkeit in privaten Haushalten Deutschlands. In: Claudia Gather, Birgit Geissler, Maria Rerrich (Hg.), Weltmarkt Privathaushalt. Bezahlte Haushaltsarbeit im globalen Wandel, Münster, 50-70.

Sozioökonomisches Panel (SOEP) 1994: Benutzerhandbuch, hg. vom Deutschen Institut für Wirtschaftsforschung (DIW), Berlin: SOEP, Losebl.-Ausg.

Stiegler, Barbara (1999): Welcher Lohn für welche Arbeit? Über die Aufwertung von Frauenarbeit, FES, Bonn.

Thiessen, Barbara (2004): Re-Formulierung des Privaten. Professionalisierung personenbezogener, haushaltsnaher Dienstleistung, Opladen.

Weinkopf, Claudia (2003): Förderung haushaltsbezogener Dienstleistungen – Sinnvoll, aber kurzfristige Beschäftigungswirkungen nicht überschätzen. In: Vierteljahreshefte zur Wirtschaftsforschung, 72. Jg., H. 1, DIW Berlin, 133-147.

Politische Konzepte und neue instutionelle Arrangements

Regional Production and Reproduction

The Social Region

Frank Moulaert and Jacques Nussbaumer

1. Introduction: regions in the global economy

The purpose of this paper is to use an eclectic synthesis of the 'theory of capitals' (Bourdieu, 1977; Ekins, 1992; O'Hara, 1997, 1998; Moulaert and Nussbaumer, 2004) as the basis for an analysis of the reproduction of the Social Region, i.e. a model of regional development following a community-based logic of social innovation, solidarity and participatory creativity. But before addressing this analysis, we would like to briefly dwell on the place of regions in the global economy and on some basic issues in the theory of capital and its reproduction.

The starting point is that regions in the Western world have gone through a cycle of development and restructuring that has made them very vulnerable to globalisation dynamics and that, therefore, their reproduction tends to become driven by these globalisation dynamics. This means that competitiveness and the factors guaranteeing it have become the lead criteria in regional socio-economic development and regional policy. The latter is quite visible in regional development policy based on so-called Territorial Innovation Models or TIM (Moulaert and Sekia 2004) that orient regional institutional organisation and innovation strategies exclusively towards market economic efficiency.

1.1 Regions in the global economy: pressures and opportunities

The purpose of this section is certainly not to provide an overview of the literature on the various dimensions of the globalisation dynamics and how these interact with urban and regional development. The debate about the nature and consequences of globalisation is by far not concluded, and there certainly is no final agreement on what globalisation really is and how it affects the manoeuvring space of public and private actors pursuing other lines of development than those set by the criteria of free market competition.

Features of a globalising economy and society are generally recognized as: (i) a global political, monetary, financial and commercial order of which the UN, NATO, WTO, World Bank, IMF, G8, are some of the most visible and effectively influential organizations, with minor roles to play for national regulatory institutions; (ii) a strategically predominant role of private corporate players such as Transnational Corporations and Banks, private lobbies and think-tanks who set the tone and mainstream practice of global capitalist investment within an unavoidably increasingly free-market economy. At the ideological level globalisation is supported and inspired by market fundamentalism arguing that only free market competition within a global economic space can lead the world toward a more prosperous future. Several authors examine the economic, social and political consequences of globalisation strategies and devote particular attention to uneven socio-economic and spatial development as a result of re-regulation at the global level, the exaggerated freedom of private capitals 'to do their thing' and the paralysis of many Nation-states in the face of increasingly unethical capitalist development strategies (Moulaert 2002; Moulaert and Scott 1997; Sassen 1991; Shachar 1997).

But there is much less consensus on the uniqueness of these features with respect to previous stages of internationalisation in capitalist development (Hirst and Thompson 1996); nor is there agreement on how the interdependency between major players in economy and society on the one hand, and globalisation as a process on the other hand should be analysed. Agents with a 'globalisation' agenda should certainly be included in the cohorts of major players to be analysed as part of the agency of contemporary socio-economic development; but other agendas serving other major players with a more local or regional focus, or following a different ontology than that of capitalist market competition and economic excellence, are only exceptionally analysed as to their impact on the 'course of the world' which may be more significant than is generally accepted. In fact the ideological impact of 'market fundamentalism' (Mouzelis 1997) makes discussions about other ways of organisation and communication between socio-economic players politically incorrect. The ideology of market hegemony over a fragmented cultural development in society, with 'non-market economic' cultures being increasingly pictured as owing their existence to the goodwill of profitable markets, is increasingly affective strategic decision-making in both the public und private sectors.

In any case, in mainstream policy debates, whenever the questions 'How to cope with globalisation?' or 'Is there an alternative for globalisation?' are asked, standpoints seem to float between 'globalisation determinism' and 'complementary strategies'. *Globalisation determinism* takes globalisation and its criteria of functioning for granted: no major new initiatives are possible and no capital can be mobilised unless norms for productivity, competitiveness and efficient organisation that are globally determined are respected. Following 'globalisation determinism' smaller initiatives remain only possible within the folds of the global machine: local development initiatives, cultural projects, community support systems... *Strategic complements* refer to strategies that manage to allocate the surpluses of a well-functioning economy 'to do other major things', like maintaining a high-level social protection and education system, the funding of various third sector activities, etc. (Moulaert and Ailenei 2005).

Voluntary 'third positions' are only marginally part of this debate: weak are the voices that make a plea in favour of a social logic to regional development, as is for example done in the Social Region. The latter is based on a completely different ontology, i.e. a community-based ontology which does not abandon efficiency and competitiveness but integrates it with other norms of social reproduction such as cultural development for its own sake, various forms of creative activity, satisfaction of all basic human needs – and not only those needs that fit the terms of market exchange –, as well as solidarity and reciprocity.

However, few are the regions that gear their development strategies against the odds of globalisation. Most regions with a strong regional economic policy build their strategic development agency (such as leading entrepreneurial initiatives, innovation and investment policy) on those assets needed to win the competition battle – institutions, networks, educational systems, policy-making systems are all moulded according to the requirements of a competitive region, as expressed in the various Territorial Innovation Models and the New Regionalism in economic policy – for critical surveys see Moulaert and Sekia (2003) and Lagendijk (1997). This policy approach to regional development agency is defended in line with the globalisation determinism spelled out above. Unfortunately, the arguments put forward to defend such an approach are short-sighted, among others because the loss of precious assets for regional development is not taken into account. Among these losses we reckon:

- The loss of historical memory. The pursuit of an improved competitive position often includes a contemporary perspective on socio-economic assets and their development. Policy and strategy lessons learned from history are lost too easily. Examples: the role of active redistribution policy in guaranteeing sustainable growth – lessons from the 1930s New Deal in the US and the Active Keynesian State in the Europe of the 1960s seems to be largely forgotten.
- The loss of lessons from 'old' practice and tacit knowledge. Particular types of economic, artisan, technical, institutional knowledge and practice are delved

in under the mountain of the New Global Economy. Precious human capital is left idle. Examples: small-scale agriculture methods, traditional construction and arts skills, associational models of organizational behaviour, ...

- The loss of 'economic diversity' – at least in 'imagineering' the new economy'. The 'new' activities based on high tech, new business services, advanced human capital and organizational models are presented as 'the economy'. No attention is given to the 'older' activities or the new small-scale initiatives that still represent the majority of jobs in most countries.
- The 'end of solidarity' feeds in with the predominant liberal ideology, which puts individual development and aspiration following market-economic criteria high up in the hierarchy of 'social ethics'. This leads to the rebuking of solidarity and the communitarian logic, which are not only essential for sustainable societal development, but also for economic progress. Examples: cooperation as a principle for economic functioning within firms is under increasing pressure of individualist attitudes. Still most managers agree that without fair cooperation no appropriate economic performance is possible.

In the Social Region explained and defended in section 3, we will, among others, revalorise these 'lost' assets.

1.2 Regional production and reproduction: some concepts and dynamics

In our approach to regional production and reproduction we use several concepts from the literature on the reproduction of the capitalist economy, its institutions, its State (Jessop 1990) and the reproduction of the economy and society from a regulatory perspective (Boyer, 1986). But there are also links with social reproduction as used in sociology, such as the role of praxis in the reproduction of social relations and structural patterns as well as the role of institutions and routines ('tacitly enacted practices') in reproducing familiar forms of social life as stressed by Giddens (Cohen 1996) and the role of ideology and mental constructs in social reproduction (Elliott 1996).

In this paper we analyse regional reproduction at a meso-level, i.e. by addressing the reproduction of the various forms of capital especially through their interdependency, but also by referring to the role of strategic agency – especially innovation in the various types of capital – ideologically supported by views of regional development (examples of views: market competition, pervasive technological innovation, e-region, regional solidarity, community-based development). But regional reproduction also involves the reproduction of the production system, in the understanding that production is not just a matter of production for the competitive market economy, but serves the production of goods and services following the ontology of community development with economic diversity as well (Gibson-Graham 2003). We will develop this normative approach to reproduction in section 3 when we present the model of the Social Region.

2. A theory of capital and its reproduction

To analyse the various types of capital and their reproduction in a regional economy in general, we work at a meso-level of analysis: we consider the different types of capital as regional aggregates and/ or social relations, but devote equally energetically attention to the role of various traditional and innovative strategic behaviours, and to significant differences between certain types of capital. For example: social capital is not homogeneous across a region, but belongs to particular groups, environments or networks of agents.

The production system is open ended and includes existing activities, but shows also openings toward new activities that are essential to the reproduction of the regional economy. The production system is therefore viewed as incorporating 'economic variety', resulting from strategies needed to satisfy a wide diversity of needs.

The regional reproduction system then is the ensemble of dynamics and strategies guaranteeing the reproduction of a regional society and economy. The major focus is on the reproduction of the various types of capitals and the relationships among them. The particular nature of the reproduction system will depend on the view of development and the ontology on which development strategies are based.

2.1 The various types of capital

To introduce the variety of capitals, we prefer to go back to the roots of 'old' institutional economics, following an argument by O'Hara (1997) who extrapolates Veblen's analysis of collective wealth and to Ekins (1992) who relates the reproduction of capital especially to environmental issues. O'Hara:

> "Capital or wealth, generally speaking, is the dynamic stock of durable structures, whatever those structures may be" (p. 3)

O'Hara distinguishes between 4 types of capital: ecological, social, human and private business capital. Although this classification deserves some criticism with regard to its structuring criteria (collective or individual, private versus public

Table 1 Interaction between various types of capital

Influence: ***From*** → ***to***	ECOLOGICAL CAPITAL	SOCIAL (OR INSTITUTIONAL CAPITAL)	HUMAN CAPITAL	BUSINESS CAPITAL
ECOLOGICAL CAPITAL "the stock of all environmental and ecological resources. It is a dynamic stock involving the biosphere, the gene pool, plant and animal species, the weather, the cycles of nature and the physical environment" (p. 3).	Reproduction of ecological capital – Ecosystem	Environmental impact on human interaction patterns and norm systems	Improvement of quality of physical and natural environment – health fostering creative human capital	'Green' capitalism, ecological production and consumption systems
SOCIAL (OR INSTITUTIONAL) CAPITAL "comprises those norms, mores, relationships and organisational arrangements which help to bond people together. Some minimal degree of trust, respect, dignity and communication between people is necessary with this form of capital" (p. 5).	Administration and norm development vis-à-vis Ecosystem	Social dynamics-building of norm systems	Learning and co-operation processes	Valorisation of social dynamics in economic activities
HUMAN CAPITAL is usually related to those skills and knowledge that are capable of general application, although 'firm specific' human capital and 'learning by doing' are of considerable importance.	Improved knowledge and skills to reproduce environment	Knowledge impact on institutional capability, improved Institutional dynamics	Skills and knowledge growth	Valorisation of human capital business system
BUSINESS CAPITAL "this category includes the creation of durable structures within important corporations, such as machinery, factories, tools warehouse, buildings, and inventories" (p. 10).	Investment in eco-economics	Codifying of institutional capital to economic logic	Training of (wo)manpower for economic activities	Investment in machinery, factories, etc.

Source: Moulaert and Nussbaumer 2004

ownership relationships combined with organisational and ecological considerations), this typology represents well the tensions between the four domains of development essential to the future of humanity. It also lays the grounds for a discussion on the concept of innovation that is broader than the one embodied in '[private] business capital'. Table 1 provides definitions of each of these categories of capital

The analysis of the interaction between the various types of capital also shows the artificiality of the borderlines between them. In fact O'Hara's classification is a typology in the real sense of the term, with fuzzy overlaps between the types. 'Social capital' in particular receives a very broad content and is susceptible to alternative interpretation (Bourdieu 1977; cited by Healey 1997; Putnam 1993; Defilippis 2001; Moulaert and Ailenei 2002).

For a theory of multiple capitals to be useful for the study of regional reproduction, the history of the locality, the power relations and the spatial scales must be included in the analysis of the interaction between types of capital: capital has a history, spatial scales, and is embedded in power relations *including* the tensions between public and private, and collective versus individual control. The 'dynamic stock of durable structures' is a historical, spatial and socio-political concept, and must be theorised as such. Path dependency involves much more than the neo-institutional economics' path of institutional determination and change (North 1990); it includes the development trajectory of the regional and local systems in all their dimensions and spatial scales (Moulaert et al. 1994; Moulaert and Leontidou 1995; Moulaert 1996).

2.2 The logic of interdependent reproduction

The subdivision among capitals suggests a number of interesting discussions about the synergies, destructions and substitutions that are possible in the world of various types of capital. It is well known that innovation in private business capital has destroyed a large part of environmental capital. For numerous local communities physical destruction was the price to pay for the development of their business capital. Many local communities accepted this often far-reaching destruction because business capital brought or promised jobs and income. But often this local wealth effect was of medium duration and after a few decades environmental destruction was followed by the failure of business capital. The latter also often still worsened environmental problems, leaving degraded infrastructure and polluted sites as contaminated battlefields at the heart of local communities (Moulaert et al. 1994).

Less well known and analysed are the positive trade-offs between various types of capital at the local level: for example, regions with a qualitatively outstanding social capital, or/ and a good ecological system that have a higher level of well being than other regions with a much vaster business capital stock and higher level of income (cited by O'Hara op. cit.).

The capital needed for local development is necessarily multidimensional. An innovation strategy for a local or regional community is only partially a business (capital) innovation strategy. Other forms of capital need regeneration and innovation. And the ultimate synergy would be that business capital becomes instrumental to the development of collective wealth in the Veblen sense. Business capital is therefore not private business capital *per se*. To improve the typology, we would prefer to change the content of O'Hara's private business capital to business capital *tout court*, reserving the qualifiers private and public to property relations or relations of control exerted by private, collective or public interest groups, or by individual or collective institutional arrangements, including the State (public) or not (private).[1] This would allow us to theorise and design a broader role for business capital and its relations to other types of (collective) capital.

2.3 *The role of reproducing ideology and mental frames*

Table 1 has been designed as if each type of capital had (partly) an autonomous logic, which it can (partly) valorise in synergy with other types of capital. This is a positive logic: human capital can illuminate the knowledge about the environment and therefore contribute to an improved ecological capital; institutional capital can foster learning processes for human capital, etc. Of course, these 'improvements' can only receive a solid orientation if backed up by strong views on the direction which regional development should go. Norms and objectives for ecology, social relations, competition and solidarity, production and distribution of economic assets, etc. must be defined. In the social view of territorial development, which we will develop as of section 3, the dynamics of the various forms of capital must be existentially orientated and the trade-offs between the orientations evaluated. For example, a local community can choose to invest less in large-scale urban regeneration projects, and spend more resources on neighbourhood actions including decent primary schools, social services and individual (social) housing.

Of course, norms and directions of territorial development cannot be defined in an institutional vacuum. In the 'exceptionally nice' situation they can be the outcome of constructive negotiations between stakeholders – as in institutional planning approaches (Healey 1997); in other situations they may be the outcome of socio-

[1] These distinctions are detailed in Moulaert and Nussbaumer (2004).

political and socio-economic struggle in which ideology plays a major role. For example, in most cases, to make a development model based on solidarity and community dynamics acceptable, will require a strong and strategically well-designed attack on the hegemonic ideology in which State and Civil Society discourse mainly support the logic of the capitalist market (Williams 1977).

2.4 The role of strategic behaviour

There are at least two reasons why a solid model of regional reproduction – even if defined at the meso-level – should account for leading agency and strategic behaviour. First, the reproduction of capitals partly happens because of these behavioural dynamics; and second, if the objective is to build a model for alternative territorial development, it is necessary to understand the nature of the relations between the various types of capital and strategic behaviour. In economics, strategic economic behaviour (e.g. the innovative economic agent, the entrepreneur, the learning agent etc.) has been analysed from various points of view and by different schools of thought (see e.g. Hodgson 1999). Still most of these approaches refer to – albeit different – logics of economic rationality. Other social sciences accept the role of rationality – behaviour inspired by principles of rational analysis and decision-making, but stress much more the impact of behaviour as determined by institutional rules, *habitus*, structural determination... In these approaches, the latter are also dependent on ideology and mental frames that fit with or react against hegemonic ideology.

The recognition of strategic behaviour as a *conditio sine qua non* for the reproduction of all types of capital also implies the recognition of the reproduction (confirmation of or substitution to) of collective mental frames that become reference systems for strategic behaviour that should lead a society towards achieving the criteria of a certain territorial model. The influence of mental frames on business strategy has received wide attention in the literature (see e.g. Autere and Autio 2000). In other domains – with perhaps the exception of structural analysis – most of the work remains to be done.

3. What is a Social Region?

The model of the Social Region has been built by use of theoretical tools presented earlier. On the side of the critique of the TIMs, it offers an alternative ontology, shifting from the traditional premises of market competition as the key to understand regional development to the community as the human organisation in which development takes place (Moulaert and Nussbaumer 2004). On the side of the theory of capitals, it offers a field of application where the interdependence of the various forms of capitals prioritises the institutional dynamics of establishing appropriate governance and relevant strategic behaviour all in the field of governance and the creation of new activities.

3.1 The ontology of the social versus market-economic region

The Social Region takes into account the multiple dimensions of existential life. First, it refuses an abusive distinction between the various spheres of social life. Second, it rejects the reduction of development to the dynamics of market competition and business capital flows, without underestimating their importance in the contemporary context. The Social Region is at first a social concept, where market relations are considered alongside other types of interaction, which are appraised as to their contribution to the well being and the wealth of populations and their constituents. In other words, individual lifes take place in a context combining economic, social, cultural, political and environmental features. Considering the region through its human appropriation requires a shift in ontological and therefore theoretical positioning: the basic feature that is at the core of the analysis is not the market economic activities that develop in a territory, but the regional and very local communities in which economic activities are embedded.

The local community is at the basis of an alternative analysis and model of the region. Community development, inspired by the tradition of alternative practices of development, considers the human groups that are defined through geographical, social and historical criteria. Community is then to be understood as an intellectual tool that enables to analyse the human processes by which development is made possible (Fisher, Sonn and Bishop 2002). Compared to market-economic analysis, it takes the opposite perspective. Market is not the sole arena where social relations can develop and create wealth; many forms of capital are to be taken into consideration and actually participate in well being. Therefore, it is not possible to think development only as the increase in financial capital, but as a general improvement of people's well being. The primary objective is not that the local community should develop market relations, but that the market relations should participate in local well being through the valorisation of the various forms of capital. In other words, in opposition to strategies that often consider local culture and tradition as hindering development, community-development ontology tries to understand the way by which local forms of capital can be the basis for developing activities, in which market and non-market relations play their part.

Basic needs are of primary importance. Actually, in many deprived local areas, people do not have access to the market for the satisfaction of basic needs. Unemployment and poverty have excluded part of the population from the market or the market does not provide 'basic' commodities for which the profit rate is negligible. The efficiency of market relations for need satisfaction would certainly be greater in a more egalitarian society (Moulaert and Nussbaumer 2004). Still, in the Social Region approach, it is argued that the needs revealing process and the elaboration of strategies for meeting them are part and parcel of the local development dynamics. The social relations and the activities generated by the attempt to improve local well being are to be seen as an important feature of development. In this perspective, local institutions are at the core of the analysis, especially those meant for establishing alternative ways of producing and allocating basic goods and services. If markets are not allocation-efficient, other modes of allocation should be pursued. The Social Region is in many respects different from the market-led Region.

First, in the Social Region, deprived areas are not considered as "black holes" that remain "outside" economic development analysis. In the market-oriented approach, the strategy is to introduce and develop market relations, which often fails because of 'path dependency'. In the Social Region perspective, these areas need to develop innovative ways of satisfying local needs, through a mixture of institutions applying market and non-market mechanisms such as LETS, cooperatives, informal relations and mutual-support associations.

Second, by mobilising various forms of capital and not only business or commercial capital, the Social Region approach recognises that the preservation, reproduction and valorisation of social, human or environmental capital should become important fields of investment for the future of the region. This qualitative approach to local assets is relevant both because human lives cannot be reduced to economic conditions and because it shows how sustainable economic development relies on the quality of local space in social and environmental terms. The idea is not only to bring development factors and capital "from outside" the territory, through state redistribution processes (although it remains essential) or massive business investment, but to develop the local forms of capital, enabling people to become strategic actors of development. In the Social Region, we do not expect collective wealth to come from beneficial social "side effects" of successful economic activities, which are often only limited in time. Instead, the empowerment dimension (Friedman 1992) of the Social Region intends to give local people the tools of their own emancipation (Hillier, Moulaert and Nussbaumer 2004).

The 'Social Region' then claims to be an *integrated* approach of development where the existential dimension of human and social life is combined with an open view on development. Modes of interaction bypass the contours of the market by far. Especially the potentials of cooperation, association and solidarity are to be explored further, in the vein of economic anthropology (Polanyi 1944; Swedberg 1987; Mingione 1991; Kropotkin 1902). Reciprocity enables individuals to use and develop their own skills, and then valorise them through mutual exchange. Although no monetary exchange is needed, the competence used as well as the social links created improve conditions of living. For example, vocational training initiatives can be an outcome of the community empowerment process, thus opening opportunities for people to develop their competence that can also be valued in a later step on the labour market. Again, access to market is not the key for development, but one of the outcomes of the development process. As Hirschman (1964) was already arguing, the development process depends more on the *combination* of development factors than on the factors themselves (Nussbaumer 2002). In this regard, any attempt to create social relations meant to improve community well-being should be considered as a development initiative.

3.2 The specificities of the interdependent reproduction of capitals

The theory of capitals explained earlier is useful to analyse their interdependence within the Social Region. In particular, as no logic of capital is prioritised – as is the case in the TIM for business capital – the non-business capitals which have seldom been studied from a territorial development perspective – deserve special attention. The valorization of the ecological or human capital cannot be appraised by way of the traditional financial measure of return on investment. Still, these capitals participate in the reproduction of local wealth. Investment in human capital is not only considered in its role for the reproduction of business capital, generating skills for firms, but also as to the reproduction or preservation of other types of capital. In other words, many forms of investment in various types of capital are to be taken into account. This idea is not new: Gunnar Myrdal (1978) was already considering social funds as investment in the future of a society (Nussbaumer 2002).

Of course, actors who are active in specific spheres of agency do not have an embracing perspective on the Social Region. Investment decisions in the various forms of capitals cannot be made on an individual basis. For example, the role of institutions as factors of emergence of the various needs is important. At the regional level, the governance capacity is a key element for the regional guidance of the production and valorisation of wealth. The reproduction of this governance capacity as institutional capital needs human, institutional as well as business capital (Moulaert and Nussbaumer 2004). In any case, the reproduction of all capitals is dependent on two key factors: the human and institutional capacities that are invested. Social links are at the heart of the capacity to create wealth. As shown by the literature on TIMs, they are important for economic activities. Still, links are to be developed between alternative development initiatives and traditional market production. There is a challenge here to enable firms, through professional and sectorial associations, to become aware of the possibility to participate in and benefit from the investment in the Social Region. Tensions between temporalities play an important role here: the focus of economic agents on short-term return on investment must be balanced by the necessity to ensure reproductive sustainability; and the short-run electoral temporality of politicians must be finetuned with sustainability concerns of social economy initiatives (Nussbaumer 2002).

3.3 The role of strategic behaviour and new activities

Considering the role of the various types of capital, the importance of investment for their reproduction, and the many interrelations between them, the capacity to develop the Social Region and to increase its wealth needs relevant strategies. As the investment in one type of capital (for instance business capital in an industrial site) can have destructive effects on other types of capital (environmental), good governance practices – which can also be considered as investment in institutional capital – must be evaluated in their capacity to balance the reproduction of the various capitals in the region.

According to this view, several initiatives of alternative development are of great value, as they seek to improve human, institutional and ecological capital through local mobilisation. Although they often do not generate significant financial flows, their impact on the quality of the environment or local know-how deserves more attention. In fact, in a long-term perspective, they reproduce the local assets that are of importance for the location of economic activities. In a sense, there is a paradox ruling traditional approaches of regions. Although qualitative features such as quality of environment and labour force are important for firms, the reproduction of these features is often bypassed in classical analysis, or is geared exclusively to their instrumentality for 'business'. Therefore, the Social Region approach considers the local or regional non-economic capitals as most important for local well being. In some way, the Social Region precedes the economic region, but should never become its exclusive breeding ground – for it is established on onto-logics of its own.

In this perspective, it should be mentioned that many alternative development initiatives participate in the creation of new activities, facing basic needs. Still, this embracing view on wealth creation needs arenas for its publicity. Thus the institutional dynamics is essential in its capacity to improve cooperation and dialogue between various interests and needs. It requires a specific governance approach based on strategic choices concerning the nature and purpose of private, public and collective investment. The existence and quality of the relations between economic (business) actors, public sector and the civil society are at the core of the development of the Social Region. Especially the integration of representatives from civil society (social movements, actors of development) in the political arena is important. Schmoller (1905), a century ago, showed how business actors tended to integrate local governments (town councils) in order to weigh on the decision-making. More recently, the literature on social and solidarity economy has revealed the importance of the relations between the actors of social economy and political actors. In France, for example, the constitution of a governmental office for social and solidarity economy (which was abandoned in 2002) was important for a better recognition of activities that were addressing real needs and that were based on ethical values (Nussbaumer 2002).

Also the interaction between the various spatial scales is essential for the efficiency of strategic governance. The Social Region does not merely mean a bottom-up approach, but also requires a higher density of interaction between institutional levels. In order to address basic needs, the local level is definitely appropriate for revealing them and to establish a wealth creation process itself (Nussbaumer 2002). But local initiatives depend also on strategic choices that are made at the regional and national levels, especially the financial, institutional and environmental resources – the application of the Kyoto agreement for example – that are to be devoted to social, human or ecological investment.

4. The Social Region and its innovation dynamics

However, if social relations are at the core of the analysis, forms of interaction that are alternative to the market should be recognised. Therefore, the concept of social innovation, stressing innovation in social relations and institutional capital, is central to the Social Region approach. The "Social Region" itself, embedded in its wider spatial scales, is to be considered as a framework for the *human* and *collective* appropriation of space. This means that social relations, and their regulation through norms, habits and institutions are central for the analysis of development (Moulaert 2000; Nussbaumer 2002). Innovation should therefore not be reduced, either to its technological aspects that some narratives of innovation seem to foster, or to a result of the pressures of economic competition, as mainstream economic models tend to explain. Innovation is relevant when it answers to needs, whatever their form. Innovation in human relations is always necessary, even in the application of new technologies. But from the Social Region point of view innovation may primarily consist of new institutional settings, or a redefinition of allocation processes inherited from the past. In this sense, innovation does not consist of the destruction of existing bonds, but involves a renewed appropriation of these bonds for the satisfaction of community needs. In this context, ethical values are most important. Solidarity and reciprocity are fundamental to ensure trust in the local social relations and their innovation.

Somehow in a comparable way as for TIMs, proximity is important not in its geographical reality, but because of the nature of the relations that are developed. Many authors have mentioned trust as an important element for the quality of the relations between firms (Veltz 1995). In the community development perspective, trust is not only the instrument of durable market exchange but a necessity for the implementation of strategies addressing basic needs. The valorisation of local environment, local culture and know-how is a way for empowering local populations to participate in the need-satisfaction process. Therefore, trust in the durability of the production and allocation process is needed, as transformation toward a need-satisfying community economy is a long-term process whose durability depends on the reliability of the interaction.

It must be said that in this approach of the Social Region, the concept of "model" does not mean that "imitation" is possible. As basic needs and social innovation are context-dependent, no "model" can be transferred from one place to the other. The community ontology implies the search for local strategies that are based on local specificities. Each region and its localities must find their own process for revealing the basic needs as well as establishing original institutional settings for meeting them. A "model" can only serve as inspiration, pointing at examples that share a common concern and ontology.

5. Views of innovation and innovation policy in the Social Region

Reproducing capitals of the four types as well as their interdependencies requires a new view of innovation strategies in tune with the community-based logic of development.

Innovation is in the first place institutional and social: social choices and institutional processes are adapted as to better reveal basic needs and coach the processes that should satisfy them. Basic needs are to a certain extent context and community bound; needs revealing processes are therefore generic to institutional innovation in a community context, as we saw before.

What then does this mean to the innovation of other types of capital? Several consequences to be developed in more detail in later research are relevant here:

- Not only the market logic of competition, but the broader logic of community development will lead the innovation processes for the various types of capital. And human capital also serves to govern, to assist, to be artistically creative, to coordinate social services, etc. in order to improve the social cohesion (institutional capital) of local and regional communities. *Will human capital become humane again?*
- The end of technological determinism. Not technological, but social-institutional norms will lead innovation processes. As many TIM analysts have pointed out, even business capital has suffered from the technological bias that downplayed the importance of social and institutional innovation for improving the quality of business and the levels of productivity and efficiency.
- The revalorisation of ecological capital. The reproduction of ecological capital is no longer considered as an inevitable constraint for the survival of society and economy, but as a fully-fledged component of communitarian development. Ecological capital forms part and parcel of the collective wealth of a community that seeks individual and collective health conditions and an environment that will foster creative social interaction. ("Healthy governance in a healthy environment.")
- The organization of the innovation process: here lies a real challenge for the future of society and its communities. A multi-logic, multi-agent but community-oriented view of innovation should be translated into visionary innovation systems at all spatial levels. There is a need here for new Utopia that will inspire new approaches to innovation strategies, networks and policies. Provocative buzzwords could be: laboratories for social capital, learning beyond-scientific knowledge, arts as a creative process, solidarity as an economic norm, community solidarity culture, communication and ethical corporate governance etc.

Obviously this multi-dimensional view of innovation also has consequences for innovation policy. Innovation policy should become diversified; high technology is only one pillar of it, and much more should be done to foster innovations in other types of capital as well as synergies between them. It should become socio-politically and socio-economically correct to invest in a socio-cultural education centre or a network of organic food workshops; investment in high technology should only be one norm among many others. Tenders for innovation actions should not only cover the design of new technologies or management structures but also innovations in public administration, neighbourhood management, social services, artistic practice, ecological lifestyles, etc. Higher education should follow this suggested new trend and also train 'innovators' for these different types of capital. Training of other types of new strategic agency should be fostered as well: social communication specialists, public-private network managers, neighbourhood work animators, social economy managers and interfaces etc.

6. References

Autere, J. and Autio, E. (2000) 'Is entrepreneurship learned? Influence of mental models on growth, motivation, strategy and growth.' WP series 2000-7 (Espoo, Helsinki Institute of Technology).

Boyer, R. (1986) La Théorie de la Régulation. (Paris: PUF).

Cohen, I. (1996) 'Theories of Action and Praxis', in Turner S. ed. pp. 111-142.

Defilippis, J. (2001) 'The Myth of Social Capital in Community Development', Housing Policy Debate, 12 (4): 781-806.

Ekins P. (1992) 'A four-capital model of wealth creation' in Ekins and Max-Neef (1992) ed. pp. 147-155.

Ekins, P. and Max-Neef, M. (1992) eds Real-Life economics. Understanding wealth creation. (London: Routledge).

Elliott, A. (1996) 'Psychoanalysis and Social Theory' in Turner S. ed. pp. 171-193.

Fisher, A. T., Sonn, C. C., and Bishop, B.J. (eds)) (2002) Psychological Sense of Community: Research, Application and Implications. (New York: Kluwer Academic and Plenum Publishers.).

Friedmann, J. (1992) Empowerment. The politics of alternative development. (Cambridge/ Oxford: Blackwell).

Gibson-Graham, J. K. (2003) 'An ethics of the local', Rethinking Marxism, 15(1): 49-74.

Healey, P. (1997) Collaborative planning: shaping places in fragmented societies. (Basingstoke : Macmillan).

Hillier, J., Moulaert, F. and Nussbaumer, J. (2004) 'Trois essais sur le rôle de l'innovation sociale dans le développement spatial', Géographie, Economie, Société, to be published.

Hirschman, Albert O. (1964) Stratégie du développement économique [The Strategy of economic development], translated from English by Françoise Pons, collection « Développement et Civilisations, Economie et Humanisme (Paris: Les éditions ouvrières).

Hodgson, G. (1999) Economics and Utopia. Why the learning economy is not the end of history. (London and New York: Routledge).

Jessop, B. (1990) State Theory. Putting the Capitalist State in Place. (London: Polity Press.).

Kropotkin, P.A. (1902; 1939) Mutual Aid: A Factor of Evolution. (Hammondsworth : Penguin Books).

Lagendijk, A. (1997) Will new regionalism survive? Tracing dominant concepts in economic geography. EUNIT Discussion paper series, 1997, No. 10. (CURDS, University of Newcastle, Newcastle upon Tyne, UK).

Mingione, E. (1991) Fragmented Societies. A Sociology of Economic Life beyond the Market Paradigm. (Oxford: Basil Blackwell).

Moulaert, F. (1996) Rediscovering spatial inequality in Europe: building blocks for an appropriate 'regulationist' analytical framework. Environment and Planning D: Society and Space 14, 155-179.

Moulaert, F. et al. (2000; 2002) Globalization and Integrated Area Development in European Cities. Oxford: Oxford University Press.

Moulaert, F. and Ailenei, O. (2005) 'Economie Sociale, Social economy, Third Sector. A survey article'. Urban Studies, forthcoming.

Moulaert, F., Delladetsima, P., Delvainquière, J.C ., Demazière, Ch., Leontidou, L. (1994) Local Development Strategies in Economically Disintegrated Areas : A Pro-Active Strategy against Poverty in the European Community. Reports for the EC, DG Research, Lille, IFRESI-CNRS.

Moulaert, F. and Leontidou, L. (1995) 'Localités désintégrées et stratégies de lutte contre la pauvreté: une réflexion méthodologique postmoderne', Espaces et Sociétés, 78: 35-53.

Moulaert, F. and Nussbaumer, J. (2004): 'The Social Region. Beyond the territorial Dynamics of the Learning Economy', Journal of European Urban and Regional Studies, to be published.

Moulaert, F. and Scott, A. (1997) eds. Cities, enterprises and Society on the Eve of the 21st Century (London and Washington: Pinter).

Moulaert, F., Sekia, F and Boyabe, J.B. (1999) Innovative Region, Social Region? An alternative view of regional innovation, Working Paper (Lille: IFRSI-CNRS).

Moulaert, F. and Sekia, F. (2003) 'Territorial Innovation Models: a Critical Survey', Regional Studies, 37 (3): 289-302.

Mouzelis, N. (1997) « Conceptualising complexity on the sociocultural and educational levels » Athens, paper presented at the EAEPE conference.

Myrdal, Gunnar, Procès de la croissance : A contre courant (Against the Stream : Critical Essays on Economics, 1972), Translated from American (Paris: Collection Economie d'aujourd'hui, PUF, 1978).

North, D. (1990) Institutions, Institutional Change and Economic Performance (Cambridge: Cambridge University Press).

Nussbaumer, J. (2002) PhD Thesis "Le rôle de la culture et des institutions dans les débats sur le développement local: la contribution de l'Ecole Historique Allemande" (The role of culture and institutions in the debates on local development: the contribution of the German Historical School). Lille: University of Lille I, Faculty of Economics and Social Science.

O'Hara, Ph. (1997) Capital, the Wealth of Nations, and Inequality in the Contemporary World. Department of Economics, Curtin University of Technology, discussion paper.

O'Hara, Ph. (1998) 'Capital and Inequality in Today's World' in D. Brown ed. Thorsten Veblen in the Twenty First Century: 171-88 (Cheltemham: Edward Elgar Publishing).

Polanyi, K. (1944) The Great Transformation. (New York: Holt, Rinehart and Winston).

Putnam, R. (1993) 'The Prosperous Community : Social Capital and Public Life' The American Prospect 13, 35-42.

Sassen, S. (1991) The global City: New York, London, Tokyo. (Princeton: Princeton University Press).

Shachar, A. (1997) 'Economic globalization and dynamics' in F. Moulaert and A. Scott eds.

Schmoller, G. (1905) Principes d'Economie Politique. (Principles of Political Economy) (Paris: V.Giard et E. Brière).

Swedberg, R. (1987) Current Sociology. (London: Sage).

Turner, B.S. ed. (1996) The Blackwell Companion of Social Theory. (Oxford: Blackwell).

Veltz, P. (1995) A quoi sert la proximité dans l'économie?, in Savy, M., Veltz, P., Economie globale et réinvention du local, chap. 9, 107- 117 (Collection Monde en cours, série Prospective et territoires, Datar/ Edition de l'aube).

Williams, R. (1977) Marxism and Literature. (Oxford: Oxford university Press).

Kann eine private Wirtschaft (re)produktiv sein?

Zur Eignung des Konzepts der Global Governance für die politische Gestaltung von Globalisierung

Uta von Winterfeld

1. Intro

Ob eine „private“ Wirtschaft reproduktiv sein kann oder nicht, wird in erster Näherung anhand von zwei Positionsbestimmungen erörtert. Eine begriffliche Erkundung des Privaten gibt Aufschluss darüber, weshalb und inwiefern eine private Wirtschaft nicht reproduktiv sein kann. Zwei in Form von Geschichten erzählte Beispiele sollen dem widersprechend die Reproduktionsfähigkeit des Privaten illustrieren. Die Ergebnisse des Für und Wider privater Reproduktion werden in Form von drei Thesen festgehalten. In zweiter Näherung erfolgt eine Schärfung der Problemstellung mittels drei weiterer Thesen zu Globalisierung und zum Konzept der Global Governance. Ein theoriegeschichtlicher Ausflug zu John Locke und Francis Bacon soll in dritter Näherung Auskunft dazu erteilen, ob die neue (neoliberale und globale) Gestaltung von Ökonomie auf alten Prinzipien beruht.

2. Kann eine private Wirtschaft (re)produktiv sein? Zwei Positionsbestimmungen

2.1 Erste Positionsbestimmung (Ablehnung)

In erster Näherung ist die Antwort einfach und der Vortrag könnte ganz kurz sein: Nein. Nein, eine private Wirtschaft kann nicht (re)produktiv sein.

Nun habe ich aber erstens die Zusage für einen etwas längeren Vortrag gegeben, von dem zweitens ausgesagt ist, dass es ein wissenschaftlicher sein soll. Wenn daher meine Aussage eine gewisse Geltung für sich beanspruchen will, so ist sie zumindest zu begründen.

Die Wahrheit der Aussage, dass eine *„private“* Wirtschaft *nicht* (re)produktiv sein *kann*, verehrte Damen und Herren, steckt schon im Begriff. „Privare“ heißt doch rauben – oder nicht? Allerdings kann eine vorurteilshafte Begriffsassoziation noch keinerlei Geltung beanspruchen, so dass der Bedeutung von „privat“ zuallererst begrifflich nachgespürt wird.

Ein erster Blick in zwei Wörterbücher bestätigt das Vorurteil nicht, bringt dafür aber andere interessante Aspekte zutage.

a) Erster Blick in die Etymologie

Privat bedeutet „persönlich – nicht öffentlich und nicht amtlich“. Es bedeutet weiter „häuslich, vertraut“. Der Begriff (Knaurs Herkunftswörterbuch 1982: 391) stammt aus dem lateinischen „privatus“: „abgesondert, für sich; befreit (von öffentlichen Pflichten, von Verantwortung usw.)“. Privatus ist nicht fürstlich, nicht kaiserlich und nicht staatlich. Privatus bedeutet, als gewöhnlicher Bürger zu leben, und hat eine Verbindung zu privare „befreien“ (von etwas) und zu privus „für sich bestehend, einzeln, frei von“.

Dies kommt nun zwar meinem Vorurteil von der privat sich aneignenden Beraubung nicht entgegen, aber es enthält interessante andere Aspekte:

Privare enthält ein emanzipatives Moment – das der Befreiung. Eine negative Freiheit allerdings, „von“ etwas.

Privatus bzw. privus ist individualistisch angelegt: Einzeln, für sich bestehend, frei von. Entsprechend ist derjenige, der als gewöhnlicher Bürger lebt, unpolitisch.

Privatus bedeutet, von öffentlichen Pflichten, von Verantwortung befreit zu sein. Entsprechend müsste also auch eine „ökonomia privata“ von öffentlichen Pflichten und Verantwortung „frei“ gestellt sein.

Wird deshalb von der privaten Marktwirtschaft ausgesagt, dass sie frei sei?

b) Zweiter Blick in die Bedeutungen

„Privat“ wird in der deutschen Sprache grob in fünf Bedeutungen gebraucht (Knaurs Grosses Wörterbuch der deutschen Sprache 1985: 765):

1. Eine Person angehend, persönlich
2. Außerdienstlich, außergeschäftlich (eine private Wirtschaft „außer Geschäft“ ist allerdings eine witzige Vorstellung), außerberuflich
3. Nicht für die Öffentlichkeit bestimmt
4. Vertraut, häuslich, familiär
5. Einer Person gehörend, von einer Person unterhalten, getragen

Es folgt eine Etymologie, die der oben dargelegten entspricht.

Auch hier wird also mein Vorurteil nicht bestätigt. Dafür zeigt sich ein weiterer interessanter Aspekt: Das Private, einer Person gehörend, wird von einer Person unterhalten und getragen. Auf die private Wirtschaft übertragen würde dies eine Modifizierung meiner oben aufgestellten Behauptung bedeuten:

Nein, eine private, von öffentlichen Pflichten und Verantwortung freigestellte Wirtschaft kann nicht (re)produktiv sein. Sie kann sich nur selbst unterhalten und tragen – und insofern kann sie allerdings sich selbst (re)produzieren: Die private Wirtschaft ist (selbst)(re)produktiv.

Das Private ist also vom Öffentlichen freigestellt und mit der Selbsterhaltung befasst. So weit so gut. Wie verhält es sich nun aber mit meinem Vorurteil, das besagt, die private Aneignung beruht auf Beraubung, beruht darauf, dass anderen etwas weggenommen wird?

Auf der Suche nach einer Bestätigung ziehe ich nun ein drittes Wörterbuch zu Rate, von dem ich mir eine sozusagen „direktere" Auskunft erhoffe.

c) Dritter Blick in den lateinischen Ursprung

privare: privatio, privo: Befreiung (Langenscheidt 1963/ 1988: 419). Also wieder nichts. Meinem Vorurteil käme höchstens entgegen, dass etwas von der Verfügungsgewalt anderer befreit und der eigenen unterworfen werden soll.

Weiter heißt es zu privatus: 1. Einer einzelnen Person gehörend – also Eigentum. 2. Gewöhnlich, gemein, 3. Privatmann, Untertan.

Wieder nichts. Aber dann – fast nebenher und unter anderer Begrifflichkeit als der angenommenen steht unter privus: Einzeln, eigentümlich, frei und unter privo: Berauben. Also doch.

Die Rechenprobe bzw. die Begriffsprobe ergibt vom Deutschen her: Rauben heißt rapere (ebenda: 891) und berauben „privare" (ebenda: 655).

Nachdem ich also auf etwas langwierigem und mühsamem Wege mein Vorurteil erfolgreich begrifflich bestätigt bekommen habe, lässt sich die oben aufgestellte Behauptung wie folgt in eine These umwandeln:

These 1
Eine private Wirtschaft *kann nicht* (re)produktiv sein, weil sie daraufhin angelegt ist, das eigene (sei es Eigentum oder Gewinn) auf Kosten anderer zu vermehren und daher stets auf Beraubung und Raubbau basiert.

Allerdings bleiben Fragen offen, insbesondere die nach dem Subjekt des (Re)produktiven. Für sich genommen kann ja die private Wirtschaft durchaus (re)produktiv und bestrebt sein, das Eigentum und seine Vermehrung zu erhalten. (Re)produktion von was also? Sollen es sich selbst reproduzierende Verhältnisse wie etwa die private Wirtschaft sein?

Dies zunächst beiseite legend komme ich zu einer zweiten Positionsbestimmung, die mir privat, zugegeben, allerdings schwerer fällt. Eine einzige Position aber wäre langweilig und würde keinen Spannungsbogen erlauben.

2.2 Zweite Positionsbestimmung (Zustimmung)

In zweiter Näherung ist die Antwort auf die im Titel gestellte Frage ebenfalls einfach: Ja. Ja, eine „private“ Wirtschaft kann (re)produktiv sein.

Der Geltungsanspruch dieser Behauptung soll nun nicht anhand einer begrifflichen Spurensuche realisiert werden, sondern anhand von zwei Beispielen, deren Eignung zwar in Frage gestellt werden kann, die es aber durchaus wert sind, erzählt zu werden.

a) Im ersten Beispiel

wohnen feudale Verhältnisse. Überhaupt scheint „Nachhaltigkeit“ mitunter eine Nähe zum Feudalismus zu haben, dann nämlich, wenn Parklandschaften konzipiert worden sind mit dem Gedanken etwa, dass die gepflanzte Eiche auf Dauer angelegt sein und vielen späteren Generationen, nicht aber dem eigenen unmittelbaren Nutzen zugute kommen soll.

Es war also einmal, vor vielen Jahren in Italien. Dort waren wir zu zweit – in einem weißen Opel Kadett Kombi – unterwegs und auf der Suche nach einem schönen Ort. Schon das ist fragwürdig. Erstens, weil er an der Küste sein sollte und zweitens wegen dieser elitär-egoistischen Haltung der touristischen Avantgarde, die auf der Suche nach schönen Orten stets zum noch Unberührten strebt und es gerade damit erst zum vereinzelt Berührten bis hin zur massenhaft hinterlassenen Müllhalde macht.

Also gut, auf der Suche nach einem schönen Ort, an der Küste, wo es sich gut bleiben ließe. Das war ausgesprochen schwierig, erforderte Unmengen an gefahrenen Autokilometern und führte immer weiter nach Süden. Durch Neapel hindurch, am Vesuv vorbei. Nichts. Bzw. eine Menge – zur Besichtigung freigegebene Areale archäologisch aufbereiteter Zeugnisse früherer Kulturen, eine andere Menge der bekannten und so ungeheuer hässlichen Küstenbebauung in Form touristischer Anlagen. Die waren zwar im Grunde extra für uns gebaut, aber es zog uns nun durchaus nicht dorthin. Und auf der Fahrt, weiter und weiter nach

Süden, kamen wir schließlich zu einer Landzunge. Die bestach uns dadurch, dass sie eben einfach nur eine Landzunge war, nichts Hergerichtetes, nur Landschaft, einfach so. Allerdings Wege, nicht asphaltiert, aber befahrbar. Und als wir uns da so vorsichtig hineinschlängelten, trafen wir auf ein Auto deutscher Herkunft (na ja, also waren wir schon wieder nicht die ersten – Deutschen) interessanter Eigenart. Es war kein VW-Bus, weil die Karosserie einer Ente darauf geschweißt war – und es war auch keine Ente, weil ja ihre Karosserie auf einem VW-Bus ruhte. Bei diesem beeindruckenden Gefährt hielten wir also an, um von dessen – privaten – Besitzern Auskünfte darüber zu erhalten, wie nun das mit der Landzunge und einem möglichen Bleiberecht auf derselben zu verstehen sei. Diese gesamte Landzunge, so war zu erfahren, gehört einem Grafen – oder Fürsten oder Herzog – aus dem Norden, dessen Anliegen es sei, sie so, wie sie ist, zu erhalten. Es gebe eine Art Verwalter, oder Wächter, oder Aufseher – Antonio – ein bisschen eigen, wenn man aber bescheiden und nett auftreten und ihn in seiner Funktion ernst nehmen würde, wäre ein vorübergehendes Bleiben zwar nicht legal, aber sozusagen geduldet. Dies zu erreichen ist mit Einsatz unserer – sonst mitunter eher verdeckten – diplomatischen Fähigkeiten gelungen und bescherte uns einige sehr schöne Tage auf der abgeschiedenen, unbebauten und unverbauten Landzunge in feudalem Besitz, vom Besitzer ohne den Gedanken der Nutzen- oder Gewinnmaximierung gepflegt und erhalten.

Allerdings ist dieses Beispiel nicht nur aus Gründen des elitär-touristischen Avantgarde-Verhaltens fragwürdig, sondern es ist im Grunde auch ein schlechtes Beispiel für die Ökonomie bzw. die private Wirtschaft. Die Landzunge zeichnete sich ja gerade dadurch aus, dass sie im Grunde *nicht* bewirtschaftet wurde: weder öffentlich in Form einer musealen Begehungsstätte noch in Form privattouristischer Dienstleistung, noch in Form ernst zu nehmender landwirtschaftlicher Nutzung. Ihre Schönheit, ihr Reiz lag vielmehr umgekehrt gerade darin, dass sie von all dem weitgehend unberührt geblieben war.

Dennoch lässt sich aus diesem schlechten Beispiel eine These formulieren, die nicht etwa „wahr“ sein muss, aber doch eine gewisse Aussagekraft haben kann:

> These 2
>
> Ja, eine private Wirtschaft *kann dann* (re)produktiv sein, wenn sie neben den auf Gewinnmaximierung hin genutzten Räumen auch solche gelten und bestehen lassen kann, in denen diese Prinzipien gerade nicht walten.

Auch hier bleiben Fragen offen, wie etwa die nach dem sehr problematischen Gespann von schützen und nutzen oder gar die nach dem Sinn und Unsinn von

Kompensationsmaßnahmen der Umwelt zuliebe: „Diese Industrieanlage darf gebaut werden, wenn dafür woanders zehn Biotope angelegt werden." Darf man also in einem Bereich das (Re)produktive vernachlässigen, um es dafür in einem anderen möglichst umfassend zur Geltung zu bringen?

b) Das zweite Beispiel

liegt erst einige Wochen zurück, spielt in Dessau und spricht einen gänzlich anderen Punkt an, die viel erörterte Frage nämlich, ob die Funktion von bislang öffentlichen Dienstleistungen von privaten Anbietern und Betreibern nicht ungleich besser und effizienter ausgefüllt werden könnte.

Auch dieses Beispiel ist in gewisser Hinsicht ungeeignet, weil es sich um eine „privat" erlebte Geschichte handelt. Interessanterweise spielt sie aber dort, wo sich ein öffentlich betriebenes Schwimmbad und eine privat bewirtschaftete Sauna unter einem Dach vereinen.

In Dessau also wird das „eigentliche", das zentrale Schwimmbad derzeit renoviert, – immerhin – es wird anders als gleichartige öffentliche Angelegenheiten nicht abgerissen oder andersartig stillgelegt, was damit zusammenhängen mag, dass es sich um „Jugendstil" handelt, also um etwas in Denkmal schützender Sicht Erhaltenswertes. Im Zuge der Renovierungsarbeiten ist nun auch die dort angesiedelte, schon seit längerem an einen privaten Betreiber verpachtete Sauna geschlossen. Demzufolge spielt sich derzeit das Geschehen im Süden Dessaus ab – eine ganze Anzahl von Straßenbahnhaltestellen vom Zentrum weit entfernt befindet sich die „Volksschwimmhalle" – eine ganz offensichtlich öffentliche Einrichtung also. Dort angekommen und ankündigend, dass ich nun also sowohl ins Schwimmbad als auch in die Sauna wolle, wird mir gesagt, das Schwimmbad befinde sich hier (was ich mir eigentlich schon gedacht hatte) und die Sauna sei privat und befinde sich im Keller. Das finde ich nun architektonisch nicht so ganz günstig gelöst, wegen des Übergangs, der so gebaut ist, dass eine von der Sauna, wenn sie ins Schwimmbad will, durch den öffentlichen und von Straßenschuhen genutzten allgemeinen Eingangsbereich muss (was für den umgekehrten Weg auch gelten würde). Der Übergang vom Öffentlichen zum Privaten scheint also hier nicht ganz optimal gestaltet bzw. geregelt zu sein, und es schien mir auch fast so, als habe ich da seitens der Kassiererin einen gewissen Vorbehalt herausgehört, was das Private und die Sauna betrifft. Gleichwohl weist sie mich auf die Möglichkeit hin, mich zunächst in der Sauna zu verorten und von dort aus zu ihr zu kommen und 80 Cent für eine halbe Stunde Schwimmen zu bezahlen. Immerhin. Da komme ich dann auch nach einiger Zeit, ganz brav in Badeanzug und Bademantel – nur wo ich jetzt meinen Saunaschrankschlüssel und die zwanzig Cent

Wechselgeld und den Kassenbon lassen soll, weiß ich nicht recht, weil ich ja nun den Ort in der Sauna habe und nicht im Schwimmbad. Nach einer kleinen Verhandlung erklärt sich aber die Kassiererin dazu bereit, diese Dinge während meines Schwimmbadaufenthaltes für mich zu hüten.

Nach dem Schwimmen und naheliegenderweise sehr nass wird mir bewusst, dass ich zwar den Übergang brav im Bademantel vollzogen – dafür aber etwas anderes vergessen habe: ein Handtuch. Schlecht. Also versuche ich, nass und ohne Bademantel (weil der dann ja auch ganz nass wäre) und eben ohne Handtuch in Windeseile den rückwärtigen Übergang von Schwimmbad zu Sauna zu vollziehen. Dabei begegnet mir aber nun unglücklicherweise eine Person, die sich im westlich-vorurteilshaften Jargon als sozialistischer Drache bezeichnen ließe. Diese sieht mich und v.a. meine Nässe in Form von nassen Fußabdrücken in „ihrem" öffentlichen Eingangsbereich und fängt das schreiende Zetern an. Was denn das für ein Mist sei, das sei ja ganz unglaublich, alles nass und *sie* müsse jetzt wischen. Ich überlege dann erstmal ganz zerknirscht und volkssolidarisch, ob ich ihr vielleicht anbieten solle, das Wischen selbst zu übernehmen – allein im nassen Badeanzug – und, zugegebenermaßen egoistisch, erscheint mir in dieser Situation der Wischlappen ein nicht gar so reizvolles Instrument zu sein – ich weiß also nicht so recht weiter. Die Kassiererin händigt mir verstohlen-beiläufig meine Hinterlassenschaften aus, und die Dame von der Volksschwimmhalle fragt, woher ich überhaupt sei – ach ja, womöglich käme ich wohl von denen da unten von der Sauna und überhaupt solle ich mir jetzt *sofort* den Bademantel anziehen. Dem kann ich mich zwar mit dem doch immerhin logischen Argument entziehen, dass ja nun meine Füße mittels angelegtem Bademantel auch nicht trockener wären – aber ich schreite doch recht aufgewühlt und nachdenklich die Treppe zu meiner privaten Sauna wieder hinunter. Dort versuche ich, über dieses – jetzt von meinem vergessenen Handtuch einmal abgesehen – mir nicht so ganz optimal erscheinende privat-öffentliche Gespann Näheres herauszufinden. Es verhält sich also so, dass die einst öffentliche Sauna nunmehr an einen einzelnen privaten Betreiber verpachtet ist. Diesen habe ich, massierender- und bockwurstzubereitenderweise schon gesehen. Er macht einen netten Eindruck, fürsorglich und auf das Wohl seiner Gäste bedacht. Die Verpachtung ist letztes Jahr im September erfolgt – also gerade ein paar Monate alt, was das Fremdeln im Schwimmbadbereich zwar nicht vollständig, aber doch erst einmal hinreichend erklärt. Das eigentlich pro-private Argument kommt dann aber von einem Mitbenutzer, dem ich mein Erlebnis im Schwimmbad oben berichte. „Die bekommt ihr Geld von der Stadt", meint er, und: „Der ist es egal, ob da Leute hinkommen oder nicht".

Aus dem Dessauer Gespann öffentlicher Abschreckung und privater Fürsorglichkeit lässt sich nun folgende These formulieren:

These 3

Eine private Wirtschaft kann nicht nur (re)produktiv sein, sondern sie *ist* es auch in viel stärkerem Maße als die öffentliche, weil sie sich nicht aus der Befolgung formal-bürokratischer Regelwerke speist, sondern motiviert ist, aktuelle und künftige Kunden auf betriebswirtschaftlich effizient gestaltete Weise möglichst zufrieden zu stellen.

Offen bleibt hier die Frage, ob denn etwa die Zahlungsfähigkeit zufrieden gestellter Kunden ein Kriterium für (Re)produktivität sein kann. Was soll denn erhalten werden – die Rentabilität oder die Gesundheit?

Meinen bisherigen Behauptungen zum Für und Wider der (Re)produktionsfähigkeit privater Wirtschaft sind stets offen bleibende Fragen gefolgt, die alle mit dem *Gegenstand* des Preproduktiven zu tun haben. Re-produktiv in dem Sinne, dass nicht nur etwas produziert wird, sondern auch wieder produziert werden bzw. sich selbst wieder herstellen oder regenerieren kann, sagt etwas über das *Wie*, aber noch nichts über das *Was* aus. Dies mag damit zusammenhängen, dass Reproduktivität womöglich ein relationaler Begriff ist und die Fähigkeit bzw. das Vermögen meint, auch das Andere einzubeziehen, welches außerhalb des unmittelbar eigenen Horizontes liegt: Sei es das Andere in der Natur, die andere Person oder Gemeinschaft oder eine andere, zukünftige Generation. Nun aber soll die Ebene der Ablehnung und Zustimmung verlassen werden, um ein weiteres Feld zu betreten: Die im Vortragstitel angekündigte Eignung des Konzepts der Global Governance. Ein kritischer Blick auf neoliberale Globalisierung und den Versuch, diese politisch zu gestalten, kann Widersprüche zwischen privatem und nachhaltigem Wirtschaften aufzeigen.

3. Zur Eignung des Konzepts der Global Governance Zwischenspiel und Schärfung der Problemstellung

Meine bisherigen Ausführungen haben auf der einen Seite ergeben, dass eine private Wirtschaft nicht reproduktiv sein kann, weil sie, notwendig darauf bedacht, den privaten Besitz und den privaten Gewinn zu mehren, sich stets auf räuberischem Beutezug befindet und die Welt nur als Ressource, nur als zu Verwertendes kennt, das der Ausbeute und der Ausbeutung harrt. Sie kann immer nur das Nutzholz sehen – nie den Baum. Auf der anderen Seite haben die mehr oder weniger geeigneten Beispiele gezeigt, dass erstens ein privates Gut möglicherweise sehr viel schonender und pfleglicher behandelt wird als ein öffentliches Gut – und dass zweitens die private Wirtschaft mitunter deutlich fürsorgliche Züge trägt, weil sie eben nicht bestrebt ist, KlientInnen zu verwalten, sondern, KundInnen zufrieden zu stellen. Auch muss sie im Sinne der Ressourceneffizienz, die der wirtschaftlichen Effizienz verwandt ist, bestrebt sein, mit möglichst wenig an Ressource ein möglichst viel an Zufriedenheit zu erreichen.

Wenn ich nun diesen aufgespannten Bogen auf neoliberale Globalisierung und das Konzept der Global Governance beziehe, so muss ich erstens eine weitere Person zumindest fiktiv diesen Raum betreten lassen: Claudia von Braunmühl. Mit ihr gemeinsam habe ich erarbeitet, worauf ich mich im folgenden beziehe: „Global Governance. Eine begriffliche Erkundung im Spannungsfeld von Nachhaltigkeit, Globalisierung und Demokratie". Unser Text ist im Rahmen eines Globalisierungsprojektes am Wuppertal Institut veröffentlicht worden (v. Braunmühl/ v. Winterfeld 2003). Zweitens werde ich, weil unser Text sehr lang bzw. viel zu lang für einen Vortragsabschnitt ist, vom ausschweifenden Erzählen Abstand nehmen, unsere Arbeit auf die heutige Themenstellung beziehen und anschließend in der stark komprimierten Form von Thesen vortragen.

> These 4
>
> Im Zuge der Globalisierung erfolgt eine Restrukturierung des politischen Raumes und eine doppelte Privatisierung.

Markt oder Staat – das ist hier, im Globalisierungskontext, die allzu oft gestellte, falsche Frage. Häufig ist sie begleitet von Überlegungen, wie viel Regulierung etwa der Markt verträgt – oder wie frei der Wettbewerb sein muss, damit er zum Wohle bzw. Wohlstand aller führt. Die Frage ist falsch gestellt, weil sie von zwei getrennten Sphären, der Wirtschaft und der Politik ausgeht und verdeckt, dass sich Globalisierung innerhalb des politischen Raumes abspielt und nicht jenseits davon. Zwar dringt das neoliberale Projekt der „corporate-driven globalization" auf unregulierte, so genannte frei Märkte als primären Schauplatz profitablen Wirtschaftens – aber dies erfordert, ganz wie in alten Zeiten, eine, wie es der Kultursoziologe Alfred Weber formuliert hat, staatlich garantierte Tätigkeitsumwelt (Weber 1925: 14) für das kapitalistische Wirtschaften. Es erfordert eine Vertiefung der Regelungsdichte bei gleichzeitiger staatlicher Garantie von Eigentumsrechten und Wettbewerbsbedingungen. Damit erfolgt im Grunde keine Deregulierung, sondern eine Verschiebung von Regulierung, weg von der Wohlfahrtlichkeit und hin zur Wettbewerbsfreundlichkeit. Zur Verankerung der global-neoliberalen Wirtschaftsordnung wird im Sinne des investitions- und wettbewerbsfreundlichen Klimas jede Menge – unter allerdings anderen Prämissen – neu reguliert. Zugleich wird der politische Raum im Zuge neoliberaler Globalisierung neu strukturiert, insbesondere mit Blick auf die Neukonfigurierung des Verhältnisses von öffentlich und privat. Wir bezeichnen dies als „neue Privatheit" und eine damit einhergehende doppelte Tendenz zur Privatisierung.

Zum einen „verschlankt" sich der Staatsapparat durch die Übergabe erheblicher Bereiche insbesondere von sozialer Infrastruktur an privatwirtschaftliche Akteure. Dabei handelt es sich um einen Prozess, in dem notwendigerweise nicht nur staatliche Handlungsräume, sondern auch staatliche Regulierungspotenziale aufgegeben, zumindest aber erheblich gefährdet werden. Häufig übernehmen transnationale Unternehmen und nicht-staatliche Organisationen vormals in staatlicher Hand befindliche Aufgaben. In Abwesenheit einer entsprechenden institutionellen Infrastruktur sind dadurch, ganz entgegen dem zur Begründung herangezogenen Anspruch, allzu oft Effizienz und Qualität von Dienstleistungen in Frage gestellt. Zudem ergeben sich vielfach dramatische Konsequenzen für die Zugangschancen armer Bevölkerungsschichten. In den entwickelten Industriestaaten betrifft diese Art der Privatisierung vor allem den wohlfahrtsstaatlichen Bereich mit den Elementen der Fürsorge und der sozialen Sicherheit wie auch die – insbesondere kommunale – Daseinsvorsorge (Privatisierung ehemals öffentlicher Infrastrukturen z. B. im Bereich Wasser). Im gleichen Zuge verwandeln sich staatsbürgerliche Ansprüche an das politische Direktorat in private zahlungsfähige Nachfrage und Verhandlungsfähigkeit am Markt. Infolge neoliberaler Prioritätensetzung wird nationaler Wettbewerbsfähigkeit und dem Erwerb von Standortvorteilen unbedingter Vorrang eingeräumt. Weite Gebiete der sozialen Sicherung und der Daseinsvorsorge werden individualisierten privaten Akteuren überantwortet.

Zum anderen werden staatliche Aufgaben nicht nur an die Privat-Wirtschaft abgegeben, sondern sie werden auch in die privaten Haushalte verlagert bzw. nach dorthin zurückverwiesen. Private Haushalte sind einmal durch geringere Einkommensspielräume betroffen, wenn sie beispielsweise das wegbrechende System sozialer Sicherung unter dem Stichwort „Eigenverantwortung" mehr und mehr „privat" finanzieren sollen. Zum anderen werden sie mit zusätzlichen Arbeiten belastet. Faktisch – die Erfahrung mit den Strukturanpassungsprogrammen im globalen Süden und den Transformationsländern belegt dies sehr eindrücklich – geht die Entlastung der Staatshaushalte zu Lasten vor allem der Frauen. In ihrer Rolle als Fürsorgeinstanz im Privatraum neu eingespannt, fangen sie nach Kräften individuell den Versorgungsbedarf auf, der dadurch als das, was er ist, nämlich eine gesamtwirtschaftliche Reproduktionsleistung, erneut unsichtbar wird.

Polemisch zugespitzt lässt sich die doppelte Tendenz zur Privatisierung so formulieren, dass staatliche Aufgaben dann privatwirtschaftlichen Akteuren überantwortet werden, wenn es um die Verwandlung staatsbürgerlicher Ansprüche in zahlungsfähige Nachfrage geht – und wenn es sich somit um eine *Gewinn versprechende* Angelegenheit handelt. In den privaten familiären Raum werden staatliche Aufgaben dann hineinverlagert, wenn es um *Kosten versprechende* Angelegenheiten geht, die der Pflege, der Fürsorge, der Zeit und des Geldes bedürfen.

Damit wird zugleich das bislang verächtlich ausgegrenzte „Reproduktive" neu zugeteilt. Einmal wird es als Ressource neu entdeckt und durch die (globale) Marktökonomie vereinnahmt – zum anderen verschwindet das, was aus dem Reproduktionskuchen nicht herausgeschnitten und Gewinn bringend verwandelt werden kann, in einer neuen und diffusen Unsichtbarkeit.

These 5

Global Governance ist als Konzept der politischen Gestaltung von Globalisierung nur bedingt geeignet, zentrale Steuerungs- und Demokratiedefizite zu beheben.

Der Begriff Global Governance erfreut sich zunehmend breiter Akzeptanz und dient als Bezugspunkt für eine Fülle unterschiedlich konnotierter und konturierter Entwürfe von politischem Handeln im Globalisierungskontext. Gemeinsam ist ihnen der Versuch einer Neubestimmung politischen Handelns, das sich zunehmend auf ein räumliches Kontinuum zwischen Nationalstaatlichkeit und Internationalität bezieht bzw. beziehen muss.

Meine Darlegungen haben die Definition der Enquete-Kommission „Globalisierung der Weltwirtschaft" zum Ausgangspunkt, weil sich daran trefflich illustrieren lässt, inwiefern dieses Konzept problematisch ist. Im Schlussbericht der Kommission heißt es:

> „Auf den einfachsten Nenner gebracht bedeutet ‚Global Governance', den Prozeß der Globalisierung politisch zu gestalten." *(Enquete 2002: 415)*. „Während die Inhalte im einzelnen noch zu bestimmen sind, so ist doch klar definiert: Global Governance (kann) in einem umfassenden Sinne als politisches Projekt verstanden werden, um negative wirtschafts-, sozial- und umweltpolitische Tendenzen der internationalen Märkte beseitigen zu helfen [...] Dafür müssen in einem breiten gesellschaftlichen Aushandlungsprozeß richtungsweisende Normen entwickelt werden." *(ebenda: 418)*

Der Enquete-Bericht legt weiter die von ihm für gültig erachtete Normen-Hierarchie fest: 1. Wettbewerb sichern, 2. Ausgleichsmechanismen für die Verlierer der Globalisierung schaffen, 3. Negativen sozialen und ökologischen Effekten entgegensteuern. Dieses Wertesystem orientiert sich an einem – im Bericht nicht weiter ausgeführten – „programmatischen Leitfaden" von Nachhaltigkeit. Der Bericht betont, dass es sich bei der Entwicklung von Global Governance um einen offenen Prozess handelt, für den es keinen festen Organisationsplan gibt, wohl aber eine normative Grundstruktur, die sich in „universell geteilten Werthaltungen“ (ebenda: 419) äußert und Hinweise auf die Möglichkeit und Wünschbarkeit einer Weltethik enthält.

Das sind große Worte für kleine Vorhaben.

So wichtig ein Konzept von Global Governance angesichts grenzüberschreitender Probleme sein mag, so richtig damit verbundene Ansätze zivilgesellschaftlicher Mitwirkung sind – der Ansatz der Enquete-Kommission weist dennoch auf eine doppelte Schieflage hin. Zum einen gibt er sich von vornherein defensiv dort, wo er die Dominanz der internationalen Märkte unangetastet lässt. Das politische Projekt soll allein negative wirtschafts-, sozial- und umweltpolitische Tendenzen beseitigen helfen, lässt aber die Dynamik, welche sie hervorbringt, unangetastet. Zum anderen scheint die Berufung auf einen ethischen Minimalkonsens und auf privatwirtschaftliche Selbstbindung bzw. auf die so genannten „soft institutions“ kaum geeignet, dem neoliberal dominierten Globalisierungsgeschehen einen politischen Ansatz mit substantiellem Demokratiegehalt entgegenzusetzen. Es scheint doch arg zweifelhaft, ob sich negative Tendenzen internationaler Märkte verflüchtigen, wenn privatwirtschaftlichen Akteuren ein minimales Zugeständnis umweltschützender Selbstverpflichtung abgerungen wird. Das wirkt nahezu so, als solle eine herunterdonnernde Lawine an ökologisch und sozial empfindlichen Orten per gesellschaftlichem Dialog vorbeigeleitet werden. Verschärfend kommt hinzu, dass „Weltethik“ zwar großartig klingt, im Bericht aber über die Inhalte einer am „programmatischen Leitfaden“ von Nachhaltigkeit orientierten Ethik wenig zu erfahren ist. Das entsprechende Kapitel im Bericht fügt vielmehr erstens dem schon im Abschlußbericht der Enquete-Kommission „Schutz des Menschen und der Umwelt“ von 1998 entworfenen – und heute kritisierten – Drei-Säulen-Modell (von der Gleichwertigkeit der ökonomischen, der ökologischen und der sozialen Nachhaltigkeit) kaum Nennenswertes hinzu und übersieht zweitens, dass das Leitbild nachhaltiger Entwicklung vor allem „in Form einer Ökonomisierung der Natur“ konkretisiert worden ist (Görg/ Brand 2002: 15). Dies aber würde bedeuten, dass eben dieses Leitbild eher Teil neoliberaler Globalisierung ist, als dass es ihr entgegensteht.

Zusammengefasst bezweifeln wir, ob sich ein Konzept von Global Governance, das einerseits die herrschende Entwicklung unangetastet lässt und sie andererseits bändigen bzw. von ihren negativen Auswirkungen reinigen will, zur politischen Gestaltung neoliberaler Globalisierung eignet.

Erneut zugespitzt und polemisch formuliert: Man kann nicht erst mit Hilfe von wettbewerbs-, standort- und investitionsfreundlichen Regelungen die staatlich garantierte Tätigkeitsumwelt einer sich neoliberal globalisierenden Weltwirtschaft bereitstellen, die gesellschaftliches Vermögen jenseits von sozialer und ökologischer (Re)produktionsfähigkeit als Ressource der eigenen, stets hungrigen Verwertungsmaschinerie zuzuführen bestrebt ist, – und dann anschließend im hoch gelobten Aushandlungsfeld der Global Governance deren schlimmste Folgen per zivilgesellschaftlichem Dialog minimieren wollen.

> These 6
>
> Die Schwachstellen des Konzeptes von Global Governance lassen sich schwerlich beheben, wenn das *politische* Projekt neoliberaler Globalisierung zwar eingedämmt werden soll, die gesellschaftlichen Ursachen der hereinbrechenden Flut globaler Märkte jedoch unangetastet bleiben. Daher erscheint wenig aussichtsreich, per „Gestaltung" oder auch mit „neuen institutionellen Arrangements" eine aus dem Ruder gelaufene Ökonomie wieder einbetten zu wollen, wie dies in der herkömmlichen Governance-Debatte zumeist geschieht.
>
> Umgekehrt kann aber durchaus weiterführend sein, die in dieser Debatte angesprochene „Rückeroberung" politischer Gestaltungsmacht als Gelegenheitsfenster dafür zu nutzen, den vielfach entleerten, formal-demokratischen Institutionen etwas entgegenzusetzen.

Dieser Gedanke basiert allerdings auf der Annahme, dass es weder mit der Demokratie, noch mit der Ökologie in vorglobalen Zeiten im großen und ganzen alles seine Ordnung gehabt habe. Vielmehr wird das Modell der liberalen Demokratie westlicher Gesellschaften kritisiert – und es wird ihm ein Modell von *deliberativer* Demokratie gegenübergestellt, das auf diskurstheoretisch grundierten Entwürfen von Demokratie aufruht. Dies kann anhand der feministischen Perspektive skizziert werden, weil sie erstens in der weithin anerkannten Erosion der parlamentarischen Demokratie die Chance sieht, der geschlechterpolitischen Halbierung der Demokratie zu Leibe zu rücken. Zweitens wird im Modell von deliberativer Demokratie die Konstellation von öffentlich und privat kritisiert und zur Debatte gestellt. So führt Seyla Benhabib an, dass im Modell der deliberativen Demokratie die Grenzen zwischen der öffentlichen und privaten Sphäre als diskursiv, anfechtbar und politisch neu definierbar aufgefasst werden müssen: „Angelegenheiten wie das Verhältnis der Geschlechter und die rechtliche Stellung von Frauen und Kindern, die im politischen Liberalismus der privaten Sphäre zugeordnet sind, werden im Modell der deliberativen Demokratie als in der Öffentlichkeit zu diskutierende Belange angesehen." (Benhabib 2000: 111 f). Dies aber bedeutet, dass zugleich alte, liberale Vorstellungen des „Gesellschaftsvertrages" in Frage gestellt werden müssen. Die Metapher eines neuen Gesellschaftsvertrages durchzieht zugleich die gesamte Bandbreite der Literatur zu Global Governance. Birgit Sauer umreißt ihn folgendermaßen:

> „Dieser neue Gesellschaftsvertrag muß einen gerechten Geschlechtervertrag beinhalten, d. h. der Geschlechtervertrag als Unterwerfungsvertrag muß einem demokratischen Geschlechtervertrag weichen. Den Gesellschaftsvertrag neu denken, StaatsbürgerInnenstatus und Reproduktionsarbeit verknüpfen, sind Stichworte dieser Diskussion [...] Ein solch erneuerter (sozialstaatlicher) Geschlechterkompromiß muß soziale Sicherung jenseits des ständischen Geschlechterkriteriums gewährleisten, er muß Haus-, Pflege-, Fürsorge- und Erziehungsarbeit für beide Geschlechter honorieren und ermöglichen, und er muß „Abhängigkeit" als Grundkonstellation des Individuums akzeptieren." (Sauer 1998: 41)

Mit diesen Worten ist eine ganze – und im Grunde zu große Menge angesprochen: Der Gesellschaftsvertrag, der Geschlechtervertrag als Unterwerfungsvertrag, das Verhältnis von öffentlich und privat sowie die neuzeitliche Subjektkonzeption. Dies kann und soll hier nicht weiter ausgeführt werden. Worauf es mir ankommt, ist, dass trotz der skizzierten Schwächen von „Global Governance" die Governance-Debatte als Gelegenheitsfenster genutzt wird, um neue und (herrschafts)kritische Vorstellungen zur Demokratie und Demokratietheorie einzubringen. In diesem Zusammenhang weisen Claudia v. Braunmühl und ich auf die Notwendigkeit alternativer Denkentwürfe hin.

Auch für eine „(Re)produktive Ökonomie" besteht, wenn ich es recht sehe, die Notwendigkeit, Geschichten anders zu denken als entlang der alten Zuordnung und Bewertung dessen, was beispielsweise produktiv oder unproduktiv oder reproduktiv ist. Zugleich ist mit alternativen Denkentwürfen verbunden, bislang gültige und teils recht alte Rationalitätsmuster zu hinterfragen.

4. Neue Gestaltung auf der Basis alter Prinzipien? Theoriegeschichtlicher Ausflug zur Feststellung eines gewissen Entrümplungsbedarfs

Mit diesem letzten Abschnitt kehre ich zugleich zurück zu meiner Ausgangsfrage: *Kann eine „private" Wirtschaft (re)produktiv sein?*

Und ich beziehe erneut Position: Nein. Auch wenn ich oben – mehr oder weniger geeignete – Beispiele für das (Re)produktionsvermögen privaten Wirtschaftens angeführt habe, so haben sich diese doch auf ein feudales Relikt oder auf einen die Regeneration steigernden privaten Ein-Mann-Betreiber einer Sauna bezogen. Es bleibt aber bei einem Nein, wenn ich den unbestimmten Artikel „einer" privaten Wirtschaft in einen bestimmten Artikel verwandele: Nein, *diese* private Wirtschaft kann nicht (re)produktiv sein, weil sie daraufhin gar nicht angelegt worden ist. Zwei Beispiele aus der Theoriegeschichte sollen dies zeigen.

a) *John Locke und der Gesellschaftsvertrag zur Erhaltung des privaten Eigentums*

Der Endzweck der bürgerlichen Gesellschaft, so John Locke in seiner Zweiten Abhandlung über die Regierung von 1690, ist die Erhaltung des Eigentums (Locke 1977 [1690]). Wenn eine Regierung nicht vermag, das Eigentum zu schützen und zu erhalten, so kann sie abgesetzt werden.

Wie aber entsteht Eigentum? John Locke leitet es im fünften Kapitel (ebenda: 215f) aus dem Naturzustand her, in dem alles allen gemeinsam gehört. In diesem Zustand geschieht nun folgendes: Zunächst hat Gott die Welt den Menschen gemeinsam übertragen, und er hat ihnen auch die Vernunft verliehen, sie zum größten Vorteil und zur Annehmlichkeit ihres Lebens zu nutzen. Aber:

> „Obwohl die Erde und alle niederen Lebewesen allen Menschen gemeinsam gehören, so hat doch jeder Mensch ein Eigentum an seiner eigenen Person. Auf diese hat niemand ein Recht als nur er allein. Die Arbeit seines Körpers und das Werk seiner Hände sind, so könnten wir sagen, im eigentlichen Sinne sein Eigentum. Was immer er also dem Zustand entrückt, den die Natur vorgesehen und in dem sie es belassen hat, hat er mit seiner Arbeit gemischt und ihm etwas eigenes hinzugefügt. Er hat es somit zu seinem Eigentum gemacht. Da er es dem gemeinsamen Zustand, in den es die Natur gesetzt hat, entzogen hat, ist ihm durch seine Arbeit etwas hinzugefügt worden, was das gemeinsame Recht der anderen Menschen ausschließt. Denn da diese Arbeit das unbestreitbare Eigentum des Arbeiters ist, kann niemand außer ihm ein Recht auf etwas haben, was einmal mit seiner Arbeit verbunden ist" (ebenda).

Zumindest nicht dort, wo „genug und ebenso gutes den anderen gemeinsam verbleibt" (ebenda).

Dieser Logik zufolge sind Früchte wie Eicheln oder Äpfel in jenem Moment Eigentum, in dem sie jemand pflückte oder aufsammelte. Seine Arbeit bewirkte einen Unterschied zwischen dem Eigentum an Eicheln und dem gemeinsamen Besitz an der übrigen Natur. Sie fügte ihnen etwas hinzu, was mehr war, als die Natur, die gemeinsame Mutter von allem, ihnen gegeben hatte, und somit gelangte er zu einem persönlichen Recht auf sie. Wird so etwas über Arbeit dem gemeinsamen Zustand enthoben, so wird es zum Eigentum; ein Vorgang, welcher der Anweisung und Zustimmung von irgend jemandem nicht bedarf. Dieses ursprüngliche Gesetz der Natur für die *Entstehung des Eigentums* an dem, was vorher Gemeinbesitz war, ist auch unter dem zivilisierten Teil der Menschheit gültig, die eine Vielzahl von positiven Gesetzen geschaffen hat, um das Eigentum zu bestimmen. Allerdings gibt das Recht auf Eigentum auf die gesammelten Eicheln nicht zugleich das Recht, davon soviel anzuhäufen, wie man will: „Dasselbe Gesetz der Natur, das uns auf diese Weise Eigentum gibt, *begrenzt* dieses *Eigentum* auch." (ebenda)

Jemand darf so viel nehmen, wie er zu irgendeinem Vorteil seines Lebens gebrauchen kann, bevor es verdirbt. Was darüber hinausgeht, ist mehr als sein Anteil und gehört anderen. „Nichts ist von Gott geschaffen worden, damit die Menschen es verderben lassen oder vernichten." (ebenda: 219).

So, wie mit den Früchten und den Tieren (die dem Jäger gehören), verhält es sich auch mit der Erde selbst, die heute *Hauptgegenstand des Eigentums* ist: *„So viel Land* ein Mensch bepflügt, bepflanzt, bebaut, kultiviert und so viel er von dem Ertrag verwerten kann, so viel ist sein *Eigentum.* Durch seine Arbeit hebt er es gleichsam vom Gemeingut ab." (ebenda)

Eigentum entsteht nach John Locke also über Aneignung von Natur durch Arbeit. Er kennt dafür noch Grenzen, die sich aber erstens dann erübrigen, wenn Eigentum mittels „Geld" erworben bzw. Geld zu Eigentum werden kann – es verdirbt nicht. Zweitens enthält die Entstehung von Eigentum trotz der Begrenzung von John Locke ein Moment der Entgrenzung: In seiner Vorstellung wird aus dem Natur-Raum ein durch Arbeit angeeigneter Eigentums-Raum. Je mehr Naturraum also jemand durch Arbeit anzueignen in der Lage ist, desto größer sein Eigentumsraum. Die Aneignung von Natur wird sozusagen zur Eigentumsverlockung. Dies wird dann weiter an dem Punkt verstärkt, wo es um Wert (in der späteren Arbeitswerttheorie) geht, weil es die Arbeit ist, die jedem Ding einen unterschiedlichen Wert verleiht:

> „Es ist eine sehr bescheidene Schätzung, wenn man behauptet, daß die für das menschliche Leben nützlichen Erzeugnisse der Erde zu neun Zehnteln die Auswirkungen der Arbeit sind. Ja, wenn wir die Dinge richtig veranschlagen wollen, so wie sie in unseren Gebrauch kommen, und die einzelnen Kosten berechnen, die auf ihnen liegen, wenn wir weiter wissen wollen, was sie eigentlich der Natur verdanken und was der Arbeit, so werden wir sogar herausfinden, daß man in den meisten Fällen neunundneunzig Hundertstel ganz dem Konto der Arbeit zuschreiben muß." (ebenda: 225)

Hier läßt sich ein rasanter Wertverlust von Natur beobachten, der binnen zwei Sätzen von 10% auf 1% sinkt. Der Produktionsfaktor „Natur" verschwindet hinter dem Produktionsfaktor „Arbeit", mit dem *allein* privates Eigentum erworben werden kann. Mit der Natur verschwinden zugleich alle jene Arbeiten, die *nicht* zur Besitzergreifung bzw. zum Eigentumserwerb gehört. Damit können Frauen in dieser Zeit ungleich schwerer Eigentum erwerben. Hinzu kommt, dass Frauen damals zwar Eigentum haben, aber nicht darüber verfügen durften. Dies war dem Ehemann, oder, wenn ein solcher nicht vorhanden war, dem Bruder, oder, wenn ein solcher auch nicht vorhanden war, dem Vormund vorbehalten.

Damit wird aber der Gesellschaftsvertrag zu einem Vertrag zwischen natur- und reproduktionsfernen Arbeitsbesitzern. Auch wenn über die Lockesche Vorstellung seither enorme Modernisierungswogen hinweggegangen sind – sie wohnt dennoch und immer noch im bis heute gültigen Modell liberaler Demokratie.

Eine zweite bis heute prägekräftige Vorstellung wurzelt ideengeschichtlich in einer anderen Figur bzw. in einem anderen „Gründungsvater" der Moderne.

b) Francis Bacon und sein Programm der Naturbeherrschung zwecks Wohlstandsmehrung

Francis Bacon steht in der ökologischen und in der feministischen Debatte zumeist für den, der Natur Gewalt antun und sie auf die Folter spannen will; der die Natur als Frau mit dem Geist als Mann verheiraten und das Brautbett für diese beiden schmücken will. Wenngleich die geschlechtlichen Metaphern in Bacons aggressiver Bildsprache sehr aufschlußreich sind, kommt es mir hier auf einen anderen Punkt an: Als Lordkanzler, als derjenige also, der das höchste Staatsamt in England innehat, formuliert er in seinem „Neues Organon" von 1620 einen Aufruf zur Naturbeherrschung als Regierungsangelegenheit: Mittels wissenschaftlichem und technischem Fortschritt soll Natur zum Wohle aller beherrscht werden. D. h. Francis Bacon verschafft dem, was bis heute moderne Naturverhältnisse prägt, seinerzeit eine Legitimationsbasis.

Das politische Anliegen von Naturbeherrschung als Regierungsangelegenheit wird von Francis Bacon mit einer doppelten Berufung auf das Paradies legitimiert. Das „Paradies" ist seinerzeit ein sehr aktuelles Thema, es wird wenig später von John Milton (Paradise lost) aufgegriffen. Francis Bacon also interpretiert zum einen die Schöpfungsgeschichten und insbesondere den Sündenfall des Alten Testamentes neu, indem er das Erkenntnisverbot auf die moralische Frage der Entscheidung über gut und böse reduziert. Diese muß Angelegenheit des Glaubens bleiben; nicht aber die Erkenntnis der nur vorläufig durch den Fluch widerspenstig gemachten Natur. Im Gegenteil vermeint Francis Bacon einen göttlichen Auftrag aus der Geschichte herauszuhören. Erstens hat Gott die Natur den Menschen zum Geschenk gemacht und zweitens hat er den menschlichen bzw. männlichen Geist zum Mitspielen und damit auch zur Teilhabe an Naturerkenntnis eingeladen. Natur ist weder tabu noch bis in ihr Innerstes hinein verflucht, sondern sie kann mit wissenschaftlicher und handwerklicher Arbeit dazu gebracht werden, dem menschlichen Wohl auf Erden zu dienen. Das Heil wohnt innerhalb, nicht jenseits von Naturbeherrschung, womit Francis Bacon zum anderen sein Programm unter Berufung auf ein neues Paradies auf Erden legitimiert. Das tausendjährige Reich eines naturbeherrschten Paradieses unter Schirmherrschaft der englischen Nation rückt in den Horizont des mittels Fortschritt in der Wissenschaft und in den mechanischen Künsten Erreichbaren.

Das Tausendjährige Reich ist seinerzeit verbunden mit der sogenannten „millenarischen Eschatologie", einer Erwartung des Heils, das tausend Jahre andauern soll. Wichtig ist nun *erstens*, dass mit dem neuen Paradies zugleich die Vorstellung der „Erntezeit" verbunden ist. Die gesamte Schrift von Francis Bacon handelt von Herrschaft, von Ernte, von Nutzen für die Menschheit und von deren Anrecht auf die Natur der Dinge. Bei ihm muss nie Sorge dafür getragen werden, dass etwas wieder wächst, es ist nie von Pflicht, von Pflege oder von Fürsorge die Rede, sondern nur von dem, was zum Wohl der Menschen unterworfen werden soll.

Zweitens wohnt diesem instrumentell-utilitaristischen Aufruf zur Naturbeherrschung zugleich ein irdisches Heilsversprechen inne. Francis Bacon will die besten und edelsten aller menschlichen Fähigkeiten zum Wohl(stand) und Nutzen der gesamten Menschheit naturbeherrschend vereinigen und einsetzen. Dieses Paradigma wird nur teilweise gebrochen, wenn nachgewiesen werden kann, dass Frauen seiner gesamten Menschheit nicht angehören und mit Natur zugleich unterworfen werden. Der Irrtum bzw. die Sackgasse der baconschen Philosophie liegt vielmehr wesentlich auch darin, dass diese für alle konzipierte Naturbeherrschung ständig neues Material, neue Ressourcen, neue Aneignungsprozesse braucht. Damit entsteht ein grenzenloser Verwertungsbedarf, der zwar zunächst auf einer ungerechten und unangemessenen Zuweisung von Geschlechterrollen aufruht, letztlich aber zumindest nicht zwingend und ausschließlich auf diese angewiesen bleiben muß.

Vielmehr liegen *drittens* „unheimliche" und „tragische" Elemente der Philosophie dort, wo sein emanzipatorisches Anliegen einer „Befreiung und Mündigerklärung des Geistes" (Bacon 1990: 611) an das Recht auf die Natur der Dinge gebunden und von seiner Pflicht gegenüber der Natur der Dinge zugleich entlastet wird. Pflicht liegt allenfalls in der Pflicht zur Herrschaft, nicht aber in Pflege, Fürsorge und Mitgefühl. Im Gegenteil – Mitgefühl und Empathie würden das emanzipatorische Anliegen in Gefahr bringen.

Die beiden Beispiele aus der Theoriegeschichte zusammenführend komme ich zum Schluss – zu einem sehr kurzen Schluss in Form einer weiteren These.

These 7

Diese private Wirtschaft kann nur selbst – (re)produktiv sein. Andere Reproduktivitäten und Produktivitäten, die jenseits ihrer eigenen Verwertungs- und Bewertungslogiken liegen, will sie nicht kennen, nicht erkennen und nicht anerkennen.

Literatur

Quelle

Bacon, Francis (1990 [1620]): Neues Organon. Lateinisch-deutsche Ausgabe. Herausgegeben und eingeleitet von Wolfgang Krohn. Hamburg: Felix Meiner.

Locke, John (1977 [1690]): Zwei Abhandlungen über die Regierung, Frankfurt a. M.: Suhrkamp.

Nachschlagwerke

Knaurs Grosses Wörterbuch der Deutschen Sprache (1985) – Der grosse Störig, München: Droemersche Verlagsanstalt.

Knaurs Herkunftswörterbuch (1982), München: Lexikographisches Institut.

Langenscheidts Taschenwörterbuch Lateinisch (1963/ 1988): Lateinisch – Deutsch, Deutsch – Lateinisch, Berlin, München, Wien, Zürich: Langenscheidt.

Sekundärliteratur

Benhabib, Seyla (2000): Kulturelle Vielfalt und demokratische Gleichheit. Politische Partizipation im Zeitalter der Globalisierung, Frankfurt/ M.: Fischer.

Enquête-Kommission (2001): Globalisierung der Weltwirtschaft. Herausforderungen und Antworten. Zwischenbericht: Berlin.

Enquete-Kommission (2002): Globalisierung der Weltwirtschaft. Herausforderungen und Antworten. Schlussbericht: Berlin.

Görg, Christoph/ Brand, Ulrich (Hg.) (2002): Mythen globalen Umweltmanagements. Rio + 10 und die Sackgassen „nachhaltiger Entwicklung“, Münster: Westfälisches Dampfboot.

Sauer, Birgit (1998): Globalisierung oder das Ende des maskulinistischen Wohlfahrtskompromisses? In: Beiträge zur feministischen Theorie und Praxis, Heft 47/ 48, S. 29-44.

von Braunmühl, Claudia/ von Winterfeld, Uta (2003): Global Governance. Eine begriffliche Erkundung im Spannungsfeld von Nachhaltigkeit, Globalisierung und Demokratie, Wuppertal: Wuppertal Institut für Klima, Umwelt, Energie.

Weber, Alfred (1925): Die Krise des modernen Staatsgedankens in Europa, Stuttgart, Berlin, Leipzig: Deutsche Verlagsanstalt.

Zwei Wege zu einer nachhaltigen Gesellschaft

Carsten Stahmer

1. Warnung: Schwierige Wegstrecke

Der Begriff *Nachhaltigkeit* hat in den letzten Jahren die Karriere eines Modeworts gemacht. So erfreulich es ist, dass über die Zukunftsfähigkeit unserer Gesellschaft intensiv nachgedacht wird, so bedenklich erscheint es, dass Nachhaltigkeit zu einem schon fast beliebigen Etikett für unterschiedlichste Bestrebungen geworden ist. Dabei besteht der Trend, das zunächst sperrige und unbequeme Wort immer mehr in seinem Bedeutungsgehalt abzuschleifen und damit auch seines gesellschaftskritischen Potentials zu berauben. Der vorliegenden Beitrag versucht hier etwas gegenzusteuern.

Es werden zwei Nachhaltigkeitsstrategien vorgestellt, die zur Lösung drängender ökologischer und sozialer Probleme beitragen könnten, gleichzeitig aber deutlich machen, welchen Preis wir in Form von materiellem Wohlstand dafür zahlen müssten. Eine zukunftsfähige Gesellschaft kann es nicht zum Null-Tarif geben. So müssten die reichen Industrienationen bereit sein, sich im Interesse der Entwicklungsländer ebenso wie im Blick auf die nächsten Generationen einzuschränken (siehe Abschnitt 3 dieses Beitrages). Aber auch in unserer Gesellschaft der Gegenwart gibt es drängende soziale Probleme, die im Interesse einer nachhaltigen Entwicklung gelöst werden müssten. Eine Schlüsselrolle kommt dabei aus unserer Sicht der Aufgabe zu, den immer noch vorherrschenden Trend zur männlich geprägten Erwerbsgesellschaft zu brechen und das Zusammenwirken der Geschlechter, ebenso wie die gesellschaftliche Beteiligung von Jung und Alt auf eine neue Grundlage zu stellen (siehe Abschnitt 4).

Bevor wir diese konkreteren Überlegungen anstellen, soll zur Einstimmung das Leitbild einer nachhaltigen Entwicklung unserer Gesellschaft in etwas allgemeinerer Form vorgestellt werden (Abschnitt 2).

2. Hoffnung: Zauberscheiben der Nachhaltigkeit

Ende 1995 beschrieben Christine Zumkeller (Klimaschutz-Sekretariat der Vereinten Nationen) und der Autor dieses Beitrages *Zauberscheiben der Nachhaltigkeit.*[1] Entsprechend den bekannten drei Dimensionen der Nachhaltigkeit formulierten wir aus unserer Sicht besonders wichtige Zielsetzungen für ökonomische, ökologische und soziale Nachhaltigkeitsaspekte (siehe *Abbildung 1*).

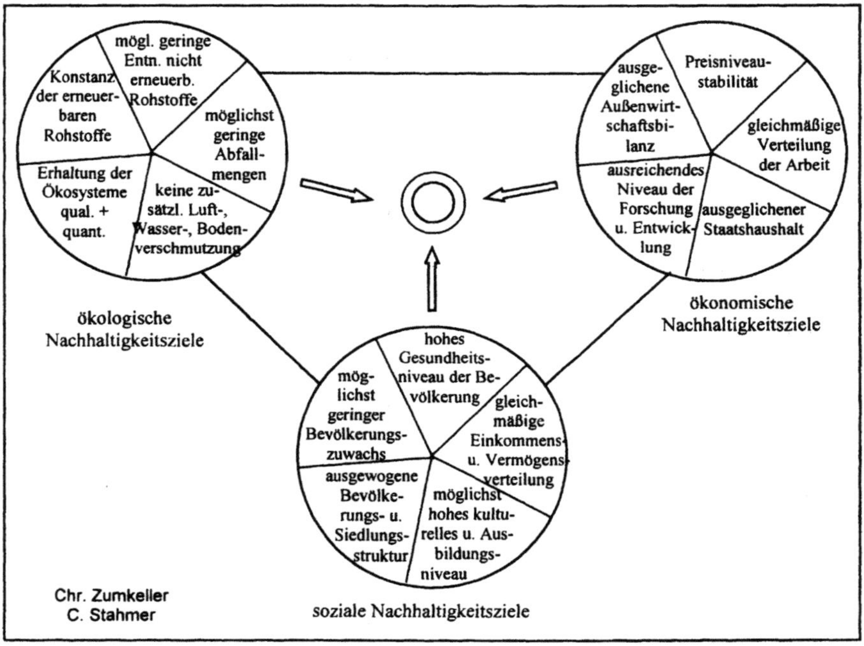

Abbildung 1: Zauberscheiben der Nachhaltigkeit

Wir gingen bei unseren Überlegungen davon aus, dass der Ökonom, der Umweltforscher und der Sozialwissenschaftler in einem ersten Schritt die Freiheit haben sollten, Zielvorstellungen für ihr eigenes Spezialgebiet zu bestimmen, ohne auf Interdependenzen mit anderen gesellschaftlichen Aspekten achten zu müssen. Es sei allerdings eingestanden, dass wir den Freiraum des Ökonomen von vornherein beschränkt haben und ihm sein Lieblingsziel, nämlich eine möglichst hohe ökonomische Wachstumsrate zu erreichen, entzogen haben. Dieses Handikap erschien

[1] Siehe dazu Stahmer 2001: 60 f.

uns – wie weiter unten begründet wird – im Interesse eines erfolgreichen Diskussionprozesses nötig.

Erst in einem zweiten Schritt sollte dann ein gesellschaftlicher Diskurs in Gang gesetzt werden, der zu einem gemeinsamen Zielsetzungssystem führen kann, dem *Meeting Point* der Nachhaltigkeit. Dieser Prozess kann natürlich nur dynamisch interpretiert werden. Sowohl bei der eigenen Zielfindung als auch bei der gemeinschaftlichen Zielformulierung vergeht Zeit, in der sich die gesellschaftliche Ausgangssituation und das Bewusstsein der Experten ändern können (und sollen).

Die Suche nach einem gemeinsamen Zielsystem für eine nachhaltige Gesellschaft könnte wesentlich durch *Modellrechnungen* unterstützt werden, in denen die Interdependenzen zwischen sozialen, ökologischen und ökonomischen Zielgrößen abgebildet und realisierbare Zielkombinationen bestimmt werden. Durch dieses modellhafte „Probehandeln" könnte vermieden werden, dass die Experten aus der Sicht ihres Spezialwissens auf einseitigen Meinungen beharren und damit einen gesellschaftlichen Konsens verhindern.

Die Überlegungen von Christine Zumkeller und dem Autor kombinieren das Drei-Säulen-Konzept der Nachhaltigkeit mit einem integrativen Ansatz, wie er in den letzten Jahren verstärkt vertreten wird.[2] Erst wenn es uns gelingt, den *Meeting point* der Nachhaltigkeit zu erreichen und gemeinschaftliche Vorschläge für eine zukunftsfähige Gesellschaft vorzulegen, kann der Diskurs zur Nachhaltigkeit als erfolgreich angesehen werden. Die nötige Diskussion kann aber nur als dialektischer Prozess in Gang kommen, der durch zunächst einseitige, möglichst gesellschaftskritische Ansichten gespeist wird. So wurde das Konzept der Nachhaltigkeit wesentlich durch die Betroffenheit über die Umweltzerstörung durch ökonomische Aktivitäten angestoßen. Fruchtbare Impulse für eine Weiterentwicklung der Nachhaltigkeitsüberlegungen hat auch die feministische Kritik unserer Gesellschaft gegeben.[3]

Im Zuge des Diskurses über Nachhaltigkeitsfragen können sich dann Verknüpfungen von ehemals einseitigen Standpunkten einstellen. Erste Begegnungen am Meeting Point haben vor allem zu sozial-ökologischen Überlegungen geführt, die sich gemeinsam von einseitig ökonomistischen Ansichten abgrenzen.[4] Ein sehr fruchtbarer Ansatz stellen hier die vom Netzwerk „Vorsorgendes Wirtschaften" entwickelten Konzepte dar. Sie gehen von folgenden drei Prinzipien aus:

---

[2] Siehe z. B. Kopfmüller et al. 2001 und Coenen, Grunwald 2003.

[3] Siehe Biesecker 1998, Hofmeister, Weller 2003; Schultz 1996; Weller, Hofmann, Hofmeister 1999; Jansen 1997, 1999; Meier 2001, 2003. Vgl. auch Forum Umwelt und Entwicklung 1997 und BMU, UBA 2002.

[4] Siehe den Überblick bei Balzer, Wächter 2002.

- Vorsorge statt Nachsorge,
- Kooperation statt Konkurrenz,
- Orientierung am für das gute Leben Notwendigen (statt Orientierung an rein monetären Größen bzw. Wachstumsraten).[5]

Dieser integrative Ansatz vermeidet die im ersten Abschnitt angesprochene Gefahr, unter dem Etikett der Nachhaltigkeit Leerformeln zu produzieren, die den kleinsten gemeinsamen Nenner von Überlegungen zur Zukunftsfähigkeit unserer Gesellschaft repräsentieren und damit jegliche gesellschaftsverändernden Potentiale verlieren. Vielmehr kondensiert das vorliegende Konzept die Ergebnisse von kritischen Diskussionsprozessen, die von der Benachteiligung der Frauen in unserer Gesellschaft ausgehen.

Hier noch einige Bemerkungen zu den von Christine Zumkeller und dem Autor ausgewählten Zielsetzungen. Es fällt auf, dass hier – im Unterschied etwa zur Nachhaltigkeitsstrategie der Bundesregierung[6] – eine zentrale Größe zur Beurteilung der gesellschaftlichen Entwicklung nicht aufgeführt ist, nämlich das *Bruttoinlandsprodukt*. Aus unserer Sicht ist dieser Indikator der einzige, der selbst bei einer einseitig ökonomischen Sichtweise der Nachhaltigkeit nicht verwendet werden darf, wenn ein fruchtbarer Nachhaltigkeitsdiskurs ermöglicht werden soll. Jahrzehntelange wissenschaftliche Diskussionen haben zur Genüge gezeigt, dass die Höhe des Bruttoinlandsprodukts kein Maßstab für die wirtschaftliche Wohlfahrt sein kann. Das Wirtschaftsniveau, das mit Hilfe des Bruttoinlandsprodukts gemessen wird, sollte daher bei Nachhaltigkeitsüberlegungen nicht als unabhängige Zielgröße, sondern als abhängige Variable angesehen werden. Nur im Zuge des Diskurses zur Nachhaltigkeit und abgesichert durch Modellrechnungen kann bestimmt werden, welches materielle Konsumniveau bei den vorgegebenen ökonomischen, ökologischen und sozialen Nachhaltigkeitszielen erreichbar ist.[7] Gerade die sozialen Zielgrößen sorgen bereits dafür, dass z. B. schlechte Ernährung, unzureichende Gesundheitsfürsorge und mangelhafte Bildungschancen als nicht nachhaltig angesehen werden und daher auch eine bestimmte materielle Grundversorgung notwendig ist.

Bei dem Ziel „gleichmäßige Verteilung der Arbeit“ hatten Christine Zumkeller und der Autor damals vor allem an Erwerbsarbeit gedacht. Aus heutiger Sicht sollte diese Zielsetzung erweitert werden. Sie sollte nicht nur die bezahlte Er-

[5] Siehe Biesecker, Hofmeister 2003.

[6] Siehe Bundesregierung 2002, 78 f.

[7] Dieses Niveau könnte dann als Ökosozialprodukt bezeichnet werden. Diese Größe bedeutet nicht eine Korrektur des gegenwärtigen Sozialprodukts, sondern erscheint erst nach einer längeren Phase der Umgestaltung unserer Gesellschaft erreichbar (siehe Ewerhart, Stahmer 1998).

werbsarbeit, sondern auch die unbezahlte Eigenarbeit (z. B. Hausarbeit, Kindererziehung, Pflege und ehrenamtliche Tätigkeiten) umfassen, an denen Männer und Frauen gleichermaßen teilhaben sollten (siehe Abschnitt 4).

Als fünftes Ziel der ökonomischen Nachhaltigkeit wird ein hohes Niveau von Forschung und Entwicklung gefordert. Der technische Fortschritt sollte vor allem dazu genutzt werden, die sogenannte Öko-Effizienz zu steigern, d. h. das Verhältnis von wirtschaftlicher Leistung zu Umweltverbrauch. Diese Effizienzsteigerung ist unter Nachhaltigkeitsgesichtspunkten unbedingt erforderlich (siehe Abschnitt 3).[8] Eine durch technischen Fortschritt bewirkte Steigerung der Arbeitsproduktivität, d. h. der Relation von wirtschaftlicher Leistung zu eingesetztem Arbeitsvolumen, kann allerdings nur dann zu den Nachhaltigkeitszielen gerechnet werden, wenn sie nicht zu negativen sozialen Folgeerscheinungen, wie Arbeitslosigkeit, führt.

Bei den *sozialen* Aspekten der Nachhaltigkeit wurden – neben dem häufig allein im Mittelpunkt stehenden Ziel der möglichst gleichmäßigen Einkommens- und Vermögensverteilung – Forderungen nach hohem Niveau von Gesundheitswesen, kulturellem Angebot und Ausbildungswesen in den Vordergrund gerückt. Stärker noch als die materielle Versorgung erscheinen diese eher immateriellen Anforderungen für eine nachhaltige Gesellschaftsentwicklung zu sorgen. Weiterhin sind – gerade bei Entwicklungsländern, aber auch zunehmend für entwickelte Industrienationen – die Bevölkerungsentwicklung, die Altersstruktur der Bevölkerung und ihre Wohn- und Lebensverhältnisse in ländlichen ebenso wie in städtischen Gebieten ebenfalls von großer Bedeutung für eine nachhaltige Gesellschaft.

Die im Zusammenhang mit der *ökologischen* Nachhaltigkeit vorgeschlagenen Zielsetzungen entsprechen den üblichen Vorschlägen, die im Zusammenhang mit dem Konzept der *Strong Sustainability* gemacht werden.[9] Danach steht aus ökologischer Sicht die Erhaltung des Naturvermögens zumindest auf dem heutigen Stand im Vordergrund. Der im Rahmen der *Weak Sustainability* zugelassene Ersatz von Naturvermögen durch von Menschen produziertes Vermögen wird als auf keinen Fall nachhaltig abgelehnt. Selbst bei der Forderung nach starker Nachhaltigkeit bedeutet eine Erhaltung des Naturvermögens nämlich, dass die Naturausstattung pro Kopf bei zunehmender Bevölkerung rückläufig ist. Bei strenger Auslegung des Nachhaltigkeitspostulats müsste man eigentlich fordern, dass das Naturvermögen in gleichem Maße wie die Bevölkerung wächst.

In dem Aufsatz *Verwehte Engel – Bausteine für ein nachhaltiges Berichtssystem* hat der Autor auch eine regionale und chinesische Variante der Zauberscheiben

---

[8] Siehe Schmidt-Bleek 1994.

[9] Siehe z.B. Daly 1999.

beschrieben[10]. Bei den *ökonomischen* Nachhaltigkeitszielen wurden zusätzlich ein hoher regionaler Selbstversorgungsgrad und die Förderung von kleinen und mittleren Unternehmen aufgenommen. Bei den *sozialen* Zielen kamen sozial- und umweltverträgliche Mobilität und ein möglichst hohes Sicherheitsniveau hinzu. Speziell bezogen auf chinesische Verhältnisse, aber genauso relevant für ein entwickeltes Land wie Deutschland, wurden weitere gesellschaftsbezogene Zielsetzungen formuliert, die auch in diesem Beitrag eine besondere Rolle spielen: „In China stellt sich das große Problem, soziale Netzwerke von (Groß-)Familien und Nachbarschaften zu erhalten, die durch die immer stärkere Individualisierung in Gefahr sind, sich – wie in westlichen Kulturen bereits häufig geschehen – immer mehr aufzulösen. Mit der Verwestlichung der Lebensstile besteht auch die Tendenz, spezifisch chinesische Kulturwerte nur noch im Hinblick auf ihre touristische Verwertbarkeit zu betrachten. Dagegen ist die Gleichberechtigung von Mann und Frau, die aus meiner Sicht für eine nachhaltige Gesellschaft unabdingbar ist, in China bereits in hohem Maße realisiert.“[11]

Im folgenden werden zwei konkrete Vorschläge beschrieben, wie wir uns dem Ziel einer nachhaltigen Gesellschaft annähern können. Charakteristisch für beide Wege ist es, dass wir uns der komplexen Thematik der Nachhaltigkeit mit Hilfe eines relativ einfachen Grundgedankens nähern. Die bewusst in Kauf genommene Einseitigkeit der grundlegenden Annahme soll aus unserer Sicht wichtige Aspekte einer nachhaltigen Gesellschaft hervorheben, die bei einer ausgewogeneren Darstellung verloren gehen könnten. In Abschnitt 3 wird die Notwendigkeit einer umweltneutralen Wirtschaftsweise in den Vordergrund gestellt und erläutert, wie die *Rücksicht* auf die Verhältnisse in der Bundesrepublik Deutschland Anfang der 60er Jahre uns Anregungen für eine zukünftig nachhaltige Gesellschaft liefern könnte. Die Erörterungen werden dabei in Form von acht Thesen vorgestellt. In dem dann folgenden Abschnitt wird die Forderung nach gleicher Teilhabe von Männern und Frauen an Erwerbsarbeit und Familie in den Mittelpunkt gerückt und zu ihrer Realisierung das Konzept der *Halbtagsgesellschaft* vorgeschlagen. Im letzten Abschnitt wird dann kurz auf mögliche Prioritäten bei der Umsetzung der geschilderten Nachhaltigkeitsstrategien eingegangen.

---

[10] Siehe Stahmer 2001, 8-13. Die regionale Variante wird ausführlich in Diefenbacher et al 1997 dargestellt.

[11] Stahmer 2001, S. 12.

3. Erster Weg: Fortschritt durch Rücksicht

These 1: Aus der Vergangenheit für die Zukunft lernen

Trotz erheblichem Wirtschaftswachstum haben in den letzten Jahrzehnten Staatsverschuldung und Arbeitslosigkeit ebenso wie die ökologischen Folgen unseres Handelns dramatisch zugenommen. Öffentlichkeit und Politik stehen dieser Entwicklung zunehmend ratlos gegenüber. Der Zauberlehrling schöpft weiter rastlos Wasser, obwohl schon alles überschwemmt ist. Es erscheint in dieser Situation notwendig, im Interesse der Zukunftsfähigkeit unserer Gesellschaft die vorherrschende Beschwichtigungspolitik aufzugeben und neue Wege zu beschreiten, die auf den ersten Blick radikal erscheinen, die sich aber bei näherem Hinsehen als altvertraute Pfade herausstellen. Wie auch im Menschenleben hat unsere Gesellschaft – ohne dass es uns bewusst wurde – vor etwa vierzig Jahren eine Blütezeit erlebt, die für Zukunftsplanungen in mancher Hinsicht Vorbildcharakter haben könnte.[12] In der Bundesrepublik gab es damals Staatsguthaben statt Staatsschulden, Vollbeschäftigung, Preisstabilität, Außenhandelsgleichgewicht und relativ wenige Fürsorgeempfänger.[13] Durch Rückbesinnung würde eine wahrhaft konservative, d. h. auf Erhaltung ausgerichtete Politik gleichzeitig ökologischen und sozialen Anliegen gerecht werden können.

These 2: Technik von morgen – Konsum von gestern

Falls wir uns selbst umweltverträglich verhalten wollen und dabei den Entwicklungsländern ein gleiches Maß an Umweltnutzung zubilligen, wäre es nach Ansicht vieler Experten nötig, dass unser Umweltverbrauch auf etwa ein Zehntel sinkt. Zur Unterstützung dieser Idee gibt es bereits den Faktor-Zehn-(Fan)-Club von bekannten Umweltforschern.[14] Durch Einsatz modernster Umwelttechnik könnte es uns nach Meinung von Ernst-Ulrich von Weizsäcker aber nur gelingen, bei gleichbleibendem Wirtschaftsniveau die Umweltnutzung bis auf ein Viertel zu verringern, d. h. die Ökoeffizienz auf das Vierfache zu steigern (Faktor Vier).[15] Müssten wir nach der ersten These vom zehnten Stock unseres Lebenshaltungsniveaus hinunter bis zum ersten Stock, um den Umweltverbrauch entsprechend einzuschränken (reine Suffizienzlösung), so erlaubt uns der Einsatz modernster Produktionsverfahren wieder den Aufstieg in die vierte Etage (kombinierte Suffi-

[12] Ludwig Erhard hat damals als einer der Wenigen die Situation erkannt und vor weiterem ungezügelten Wachstum gewarnt. Siehe Erhard 1961a, 1961b, 1962.

[13] Siehe dazu auch Pfister 1995 mit einer ähnlichen Analyse für die Schweiz.

[14] Siehe Schmidt-Bleek 1994 und 1997.

[15] Siehe Weizsäcker et al. 1996.

zienz- und Effizienzlösung). Unseren alten Lebensstandard könnten wir dann zwar nicht halten, ein umweltverträgliches Konsumniveau läge aber immerhin noch bei etwa vierzig Prozent des gegenwärtigen. Das wären immer noch mehr Konsumgüter, als wir nach dem Wirtschaftswunder der Nachkriegszeit Anfang der sechziger Jahre zur Verfügung hatten. Statt Schocktherapie ist natürlich ein allmählicher Übergang angezeigt, um wieder auf das Wirtschaftsniveau der sechziger Jahre zu schrumpfen. Der Zeitraum der Rückentwicklung würde sich sicherlich zumindest so lange erstrecken wie die zurückliegende Wachstumsphase.

Eine verminderte materielle Versorgung müsste dabei nicht unbedingt mit einem Verlust an Lebensqualität bezahlt werden. Immaterielle Werte, wie Zufriedenheit und Spaß am Leben, könnten wieder stärker zur Geltung kommen, wenn wir die Sisyphusarbeit des „Immer mehr" aufgeben würden.[16]

These 3: Arbeit teilen – Zeit gewinnen

Sollen die Fortschritte nicht verloren gehen, die in der Nachkriegszeit auf dem Gebiet der Arbeitsproduktivität erzielt wurden, so ist damit zu rechnen, dass bei abnehmender Wirtschaftsleistung auch die benötigten Arbeitsstunden sinken. Bei einer Reduktion des Wirtschaftsniveaus auf etwa 40 Prozent müsste die Arbeitszeit der Erwerbstätigen zumindest auf etwa die Hälfte abgesenkt werden, um Arbeitslosigkeit zu vermeiden. Statt einer Fünf-Tage-Woche wäre nur noch eine Zwei- oder Drei-Tage-Woche nötig.[17] In einer *Halbtagsgesellschaft* würde jedem Erwerbstätigen mindestens die Hälfte der Woche für Tätigkeiten außerhalb des Erwerbslebens zur Verfügung stehen.[18] Hier trifft sich die beschriebene Nachhaltigkeitsstrategie mit Überlegungen, die im nächsten Abschnitt vorgestellt werden.

These 4: Soziales Netzwerk durch Eigenarbeit schaffen

Die gesellschaftlichen Aufgaben ließen sich nicht lösen, wenn die Bevölkerung die gewonnene Zeit vor dem Fernseher verbringen würde oder mit dem möglichst noch motorisierten Freizeitmobil auf den Landstraßen herumkurvte. Da sich bei sinkender Wirtschaftsleistung auch Steuern und Sozialabgaben verringern, müsste ein wesentlicher Teil der sozialen Leistungen, die jetzt von staatlicher Seite, von Wohlfahrtsverbänden und anderen privaten Organisationen erbracht werden, von der Bevölkerung selbst übernommen werden.[19] Die soziale Eigenarbeit, z. B. die

---

[16] Siehe BUND, Miseror 1996, 2002 und Spangenberg 2003 mit vielen Anregungen, die auch in anderen Thesen aufgegriffen wurden.

[17] Siehe Gorz 1989 und 2000 mit wichtigen Hinweisen zur Entwicklung unserer Arbeitsgesellschaft. Siehe auch Hans-Böckler-Stiftung 2000.

[18] Siehe dazu ausführlicher Stahmer 2003b.

[19] Siehe zur Rolle des Staates Lang 2003.

gegenseitige Hilfe in Notlagen, müsste zur wesentlichen Beschäftigung in der „Freizeit" werden und damit an alte Traditionen von Dorfgemeinschaften und Bürgervereinen in Städten anknüpfen.[20] Der in Politikerreden vielstrapazierte Begriff der Solidarität bekäme dann wieder einen echten Sinn. Dies beginnt schon in der Familie: Bei der Kindererziehung könnten sich Mann und Frau die Arbeit (ebenso wie den Spaß mit Kindern) teilen. Es setzt sich fort bei der Nachbarschaftshilfe und der Arbeit im Stadtteil bzw. im Rahmen der Dorfgemeinschaft. Das soziale Netzwerk müsste dabei von dem Gedanken bestimmt werden, dass unmittelbare Hilfe vor Ort stets den Vorrang vor unpersönlicher, von anonymen und oft weit entfernten Institutionen organisierter Unterstützung hat. Die zunehmende Vereinzelung, insbesondere von älteren Menschen, könnte dadurch sicher nicht völlig aufgehoben, aber doch wieder wesentlich abgemildert werden.

These 5: Mobil bleiben, aber möglichst nicht motorisiert

Die kleinräumliche Orientierung bei sozialen Kontakten müsste begleitet werden durch wesentliche Änderungen unseres Mobilitätsverhaltens. Im Interesse einer Verringerung unseres Energieverbrauchs und der damit verbundenen Luftverschmutzung müssten unsere Fahrleistungen im motorisierten Verkehr wieder auf etwa ein Drittel, d. h. auf das Niveau zu Beginn der sechziger Jahre, gesenkt werden. Das bedeutet vor allem, dass wir in der Freizeit und während des Urlaubs möglichst das Auto stehen lassen und dafür das Fahrrad benutzen bzw. einfach zu Fuß gehen. Damit wäre eine „Entschleunigung" unseres Lebensstils verbunden, die sicher unsere Lebensqualität verbessern würde. Für größere Entfernungen müsste ein attraktives öffentliches Verkehrsnetz mit Bahn und Bussen zur Verfügung stehen, der Flugverkehr auf das unbedingt Nötige eingeschränkt werden.[21]

Längerfristig wäre es auch nötig, dass Arbeitsplatz und Wohnung wieder stärker zusammenrücken, um den berufsbedingten Pendlerverkehr zu vermindern. Auch durch moderne Kommunikationsmittel (z. B. elektronische Post) könnten berufsbedingte Fahrten reduziert werden: Der Bildschirm-Arbeitsplatz kann in zunehmendem Maße in der eigenen Wohnung installiert werden, ohne dass der Kontakt mit Teamkollegen oder dem Auftraggeber abreißt.

These 6: Kleine und mittlere Betriebe in der Region stärken

Eine flexible, an kleinräumlichen Bedürfnissen orientierte Wirtschaftsstruktur würde voraussetzen, dass in der Region kleine und mittlere Betriebe wieder ein wesentlich stärkeres Gewicht erhalten. Dazu gehören landwirtschaftliche Betriebe,

---

[20] Siehe Beck 2000b mit Vorschlägen zur Bürgerarbeit sowie Gorz 2000, insbesondere Kapitel IV.

[21] Siehe zu einem zukunftsfähigen Verkehrswesen Petersen, Schallaböck 1995.

die ökologischen Anbau betreiben, Einzelhändler, die den Bedarf der Dorfgemeinschaft bzw. des Stadtteils decken, ebenso wie kleinere Produktionsstätten, die natürlich möglichst „saubere" Arbeitsplätze für benachbarte Wohngebiete bereitstellen. Bei der Energieversorgung hätten kommunale Lösungen mit erneuerbaren Energiequellen Vorrang vor der Stromversorgung durch Großkonzerne. Für den Urlaub in heimischen Feriengebieten sollten nicht Bettenburgen und Ferienparks, sondern Urlaub auf dem Bauernhof und Unterbringung bei Privatvermietern bzw. in kleinen Pensionen und Hotels gefördert werden.[22]

Den Konzentrationserscheinungen, die heutzutage vor allem durch den internationalen Waren- und Geldverkehr weiter verstärkt werden, müsste energisch entgegengearbeitet werden. Die Diskussion über den Standort Deutschland sollte dazu ihr Augenmerk viel mehr auf den Binnenmarkt richten.

These 7: Güterströme regionalisieren, nicht globalisieren

Ebenso wie der Personenverkehr müsste auch der Güterverkehr wesentlich verringert werden, wenn die angesprochenen anspruchsvollen ökologischen Ziele erreicht werden sollen. Gehen wir wieder von den Verhältnissen am Anfang der sechziger Jahre aus, so wären Güterbewegungen innerhalb von Deutschland auf etwa die Hälfte zu reduzieren, bei grenzüberschreitenden Güterströmen sogar auf ein Drittel. Dies ließe sich sicherlich nur dann realisieren, wenn Produzent und Abnehmer wieder räumlich näher zusammenrückten und der berühmte Joghurtbecher nicht mehr seine Odyssee durch Deutschland antreten müsste. Produkte aus der Region müssten für die Konsumenten eindeutig den Vorzug vor „importierten" Gütern erhalten. Das würde z. B. bei den Lebensmitteln bedeuten, dass die Verbraucher wieder viel stärker das durch die Jahreszeit bedingte Angebot nutzen und nicht unbedingt Erdbeeren im Winter verlangen.

Güter, die nicht durch Regionalprodukte ersetzt werden können, stammen überwiegend aus Entwicklungsländern. Hier sollte darauf bestanden werden, dass faire Preise bezahlt werden, die eine ökologisch nachhaltige Entwicklung in den Herkunftsländern ermöglichen.

These 8: Das Schlimme erwarten und doch das Gute versuchen

Robert Musil lässt in seinem Roman „Der Mann ohne Eigenschaften" den Pragmatiker Graf Leinsdorf sagen, dass alle Programme, die mit „Zurück zu ..." anfangen, zum Scheitern verurteilt sind: „In der Geschichte der Menschheit gibt es

---

[22] Siehe zu Fragen der regionalen Nachhaltigkeit auch Majer, Stahmer 1996, Diefenbacher et al. 1997 und Stahmer 1998.

kein freiwilliges Zurück!".[23] An anderer Stelle betont er, dass der „Zug der Zeit seine Schienen selbst vor sich her rollt" und dass alle Versuche, auf den Verlauf des Schienenstrangs Einfluss zu nehmen, erfolglos bleiben müssen.[24] Dieser Pessimismus ist sicher weitgehend berechtigt. Trotzdem erscheint es als unsere unabdingbare Aufgabe, zumindest den Versuch zu unternehmen, die absehbar verhängnisvolle Entwicklung unserer Gesellschaft zu verlangsamen, möglichst aufzuhalten oder sogar – im besten Fall – den Rückwärtsgang in dem dargestellten Sinne einzulegen. Max Horkheimer hat einmal gesagt, dass wir das Schlimme erwarten und doch das Gute versuchen sollten.[25]

Was wäre nötig? Sicher muss das wirtschaftspolitische Instrumentarium, wie Ökosteuern oder ein Markt für Umweltverschmutzungsrechte, eingesetzt werden. Noch wichtiger erscheint es aber, dass wir selbst ein viel stärkeres Verantwortungsgefühl für die sozial Benachteiligten bei uns und in den Ländern des Südens entwickeln, ebenso wie Rücksichtnahme auf die uns hilflos ausgelieferte Natur. Aus unserer christlichen Tradition heraus sollte es uns eigentlich nicht zu schwer fallen, das nötige Mitgefühl zu entwickeln und im Engagement für die Schwachen auch Kraft für unbequeme gesellschaftliche ebenso wie persönliche Veränderungen zu finden.

Hilfreich wäre sicher als erster Schritt eine ehrliche Bestandsaufnahme der gegenwärtigen Situation und eine sorgfältige Analyse der bisherigen Entwicklung, um mögliche Spielräume für eine aktive, verantwortungsvolle Gestaltung der Zukunft besser abschätzen zu können. Mit den Umwelt- und Sozio-ökonomischen Gesamtrechnungen verfolgt auch das Statistische Bundesamt das Ziel, hierzu einen Beitrag zu leisten.[26]

4. Zweiter Weg: Halbtagsgesellschaft

In dem Strategiepapier der *Bundesregierung* für eine nachhaltige Entwicklung[27], das im April 2002 vorgestellt wurde, wird sozialen Fragen besondere Aufmerksamkeit geschenkt. Dies wird schon aus den vorgestellten Kernthemen deutlich:

- Generationengerechtigkeit,
- Lebensqualität,
- sozialer Zusammenhalt,
- internationale Verantwortung.

---

[23] Musil 1978, S. 233 f.
[24] Musil 1978, S. 455.
[25] Horkheimer 1970, S. 370 ff. Siehe dazu auch Fetscher 1991.
[26] Siehe dazu auch Stahmer 2003a mit weiteren Literaturhinweisen.
[27] Bundesregierung 2002.

Für die Diskussion über soziale Nachhaltigkeit erscheint besonders der Themenbereich *Sozialer Zusammenhalt* von Bedeutung. Dazu gehört die Sicherung der Beschäftigung, Vereinbarkeit von Familie und Beruf, Realisierung der Gleichberechtigung von Männern und Frauen im Berufsleben und die Integration ausländischer Mitbürger.

In einer Stellungnahme des *Deutschen Gewerkschaftsbundes (DGB)* zum Strategieentwurf der Bundesregierung wird dieses Themenfeld noch stärker konkretisiert. Als Kernelemente des sozialen Zusammenhalts werden herausgestellt:[28]

- Nutzung flexibler Arbeitszeiten,
- Erhalt und Förderung der Beschäftigungsfähigkeit,
- altersgerechte Gestaltung der Arbeit, Erhöhung der Beschäftigungschancen Älterer,
- Erhöhung der Arbeitsmarktchancen von Frauen und die Vereinbarkeit von Familie und Beruf,
- Gewährleistung sozialer Absicherung und Integration benachteiligter Personengruppen.

Der DGB hält dabei die zukünftige Gestaltung der *Arbeitszeiten* für eine zentrale Aufgabe: „Für die Arbeit der Zukunft müssen die Möglichkeiten der flexiblen Arbeitszeitgestaltung wie Job-Rotation, Sabbaticals und Arbeitszeitkonten genutzt werden, denn sie bieten den nötigen Spielraum, um Arbeit neu zu verteilen und damit Arbeitsplätze langfristig zu sichern. Auch der Ausbau der Teilzeitarbeit, der Abbau von Überstunden und die Verkürzung der Regelarbeitszeit sind beschäftigungssichernde Instrumente zur Umverteilung der Arbeit. Eine Umverteilung der Arbeit in diesem Sinne ist auch eine Grundvoraussetzung für eine gleichberechtigte Teilhabe von Männern und Frauen an den Lebensbereichen Erwerbsarbeit und Familie“.[29]

4.1 Modell einer Halbtagsgesellschaft

Die gegenwärtige Gesellschaft wird den genannten Ansprüchen sozialer Nachhaltigkeit nicht gerecht. Das zeigt sich schon bei der Kinderbetreuung, die bei berufstätigen Eltern oft nur sehr unzureichend wahrgenommen werden kann (Stichwort „Schlüsselkinder“). Ungeachtet aller Emanzipationsbemühungen und -fortschritte müssen viele Frauen auch heutzutage die doppelte Aufgabe von Beruf und Kinderbetreuung bzw. Hausarbeit allein managen. Die beruflichen Chancen der Frauen sind immer noch deutlich schlechter als diejenigen der Männer. Auch die Situ-

---

[28] DGB 2000, S. 9f.

[29] DGB 2000, S. 9 f.

ation der älteren Menschen ist in mehrfacher Hinsicht unbefriedigend. Es fehlen Gestaltungsmöglichkeiten für noch aktive Senioren; die pflegebedürftigen alten Menschen werden oft in Heime abgeschoben, in denen die Insassen aus Personalmangel nur unzureichend betreut werden können.

Wie lassen sich diese Missstände beheben? Zumindest in den entwickelten Ländern ist die Arbeitsproduktivität inzwischen so gestiegen, dass ein ausreichendes materielles Niveau in absehbarer Zukunft auch in einer *Halbtagsgesellschaft* erzielt werden könnte.[30] Diese Halbtagsgesellschaft ist dadurch gekennzeichnet, dass alle ausgebildeten und erwerbsfähigen Mitglieder der Gesellschaft im Durchschnitt nur die Hälfte der Werktage mit bezahlter Arbeit verbringen.[31] Dies kann allerdings nicht bedeuten, dass tatsächlich jeder Erwerbstätige in jeder Woche nur halbtags arbeitet. Eine derartige Arbeitsweise wäre schon unter ökologischen Gesichtspunkten nicht sinnvoll, da jeder täglich zum Arbeitsplatz fahren müsste. Vielmehr könnte die reduzierte Erwerbsarbeit alternativ tageweise, wochenweise, monatsweise oder gar jahresweise aufgeteilt werden. Das bereits bewährte Konzept der Arbeitszeitkonten ist ein Beispiel für die praktische Umsetzung dieser Überlegungen.[32] Auch die erfolgreiche Realisierung der Altersteilzeit im öffentlichen Dienst mit verschiedenen Zeitformen (vom „Blockmodell“ bis zur regelmäßigen tageweisen Halbtagsarbeit) kann für die Überlegungen zur Halbtagsgesellschaft Beispielcharakter haben.

Für die halbtags beschäftigten Erwerbstätigen würden sich durch die gewonnene Zeit Freiräume eröffnen, die ihnen für ein *soziales Engagement* zur Verfügung stehen. Diese Chance müsste auch genutzt werden, wenn das Modell einer Halbtagsgesellschaft nachhaltig sein soll. Die zu erwartende Reduktion der materiellen Produktion bei genereller Halbtagsarbeit und die absehbar niedrigeren finanziellen Beiträge der Bürger an den Staat würden dazu führen, dass der Staat bzw. die entsprechenden Wohlfahrtseinrichtungen ihre sozialen Leistungen nicht mehr im bisherigen Umfang aufrechterhalten könnten. Diese Lücke müsste dadurch geschlossen werden, dass jeder aktive Erwachsene neben seiner bezahlten Erwerbsarbeit einen zweiten „Job“ im sozialen Bereich übernimmt:[33]

---

[30] Siehe Gorz 1989 und 2000. Zur Diskussion über die Zukunft der Arbeit siehe auch Beck 1986, 2000a; Giarini, Liedtke 1998 und Lafontaine 1989.

[31] Siehe u.a. Kurz-Scherf, Breil 1987; Vilar 1990 und Jansen 1997, 1999. Auch in der Schweiz fand in den 90er Jahren eine Initiative für eine doppelte 25-Stunden-Woche statt, die dann aber wegen fehlender Resonanz in der Bevölkerung nicht weiterverfolgt wurde, siehe Arbeitsgruppe der SP Schweiz 1995 und Eidgen. Kommission für Frauenfragen 1997.

[32] Siehe Munz et al. 2002.

[33] Zu infomellen Tätigkeiten siehe Heinze, Strünck 2000; Heinze, Olk 2000. Zur Familienarbeit siehe Leipert 2001. Wichtige konzeptionelle Überlegungen enthält Krebs 2002.

- Dies kann die Erziehung und Betreuung von eigenen oder fremden Kindern sein, wobei die Väter in einer Halbtagsgesellschaft die Chance erhalten, gleichberechtigt neben den Müttern bei der Kinderbetreuung aktiv zu werden. Eine ganztägige Kinderbetreuung in Kinderkrippen und Tagesstätten ist dann nur noch in Ausnahmefällen, z. B. in bestimmten Notlagen der Eltern, erforderlich.

- Ein zweiter Schwerpunkt des sozialen Engagements wäre die Betreuung und Pflege von Menschen, die sich nicht mehr selbst zu helfen wissen, d. h. vor allem von älteren und kranken Menschen. Diese Betreuungsleistungen könnten nicht nur als „zweiter Job" neben der Erwerbsarbeit erbracht werden, sondern auch von älteren Menschen, die nicht mehr erwerbstätig sind, sich aber weiterhin aktiv am gesellschaftlichen Leben beteiligen wollen. Die vorliegenden Beispiele von Seniorengenossenschaften sind ermutigend.[34] Allerdings ist zu wünschen, dass diese sozialen Netzwerke der gegenseitigen Hilfe auch Jüngere, noch Erwerbstätige einschließen.

- Weitere Beispiele für soziales Engagement sind ehrenamtliche Tätigkeit und Mitwirkung an anderen informellen sozialen Netzwerken.[35]

Eine starke Verminderung der Regelarbeitszeit (natürlich immer bezogen auf einen größeren Zeitraum) erscheint als ein vielversprechender Weg, der *Gleichberechtigung von Männern und Frauen* auch eine realistische Chance auf Verwirklichung zu geben.[36] Solange die Betreuung der Kinder doch mehr oder weniger Aufgabe der Mütter bleibt, während sich die Väter auf ihre berufliche Karriere konzentrieren können, sind die Chancen der Frauen, sich im Erwerbsleben ebenso wie die Männer profilieren zu können, eingeschränkt. Das Risiko, dass Frauen für einen mehr oder weniger langen Zeitraum zu Hause bleiben, wenn sie Kinder bekommen, motiviert in der Praxis viele Arbeitgeber, den Männern letztlich doch größere berufliche Chancen zu eröffnen. Unter den gegenwärtigen Bedingungen ist deshalb der Anteil der Männer, die von der Möglichkeit der Elternzeit Gebrauch machen, ein zentraler Nachhaltigkeitsindikator.[37]

In der Praxis könnte die *Arbeitsteilung* zwischen den *Eltern* beispielsweise so aussehen, dass die Mütter in der Zeit der Schwangerschaft und nach der Geburt eine erste Betreuungsphase von zwei bis drei Jahren übernehmen, während die Väter voll erwerbstätig bleiben. Nach einer Phase der Auffrischung ihrer beruflichen

---

34 Siehe u.a. Taube 1993. Zum Konzept der Genossenschaften siehe Münkner 2002.

35 Siehe Beck 2000b über das Konzept der Bürgerarbeit.

36 Siehe zur Arbeitsteilung von Männern und Frauen u.a. Teichert 2000.

37 Siehe dazu die Vorschläge im Rahmen der österreichischen Nachhaltigkeitsstrategie, BMLFUW 2002, 32-34.

Kenntnisse bzw. der Weiterbildung würde dann die Mutter wieder für drei Jahre voll erwerbstätig sein, während der Vater das Kind (bzw. die Kinder) betreut. Im Anschluss an diese zweite Phase der Kinderbetreuung fände dann wieder ein Rollentausch statt, d. h. die Mutter betreut das Kind (die Kinder) für einige Jahre, während der Vater seine Erwerbstätigkeit wieder aufnimmt. Natürlich ließen sich auch ganz andere Arbeitsteilungsmodelle vorstellen, die den Interessen der Eltern ebenso wie den Anforderungen der Erwerbsarbeitsplätze gerecht werden könnten.

Der häufigere Wechsel zwischen Erwerbsarbeit und sozialem Engagement in der Lebensbiographie ist in einer Halbtagsgesellschaft nur möglich, wenn auch die bisher üblichen Bildungsverläufe entsprechend umgestaltet werden. Angesichts des gesellschaftlichen und technologischen Wandels sind die Menschen zeitlebens mit neuen Anforderungen an ihr Wissen und ihre Fähigkeiten konfrontiert. Im Hinblick auf die Zukunftsfähigkeit des Bildungssystems erscheint es daher zielführend, das Konzept des *lebenslangen Lernens* in den Mittelpunkt zu rücken.[38] Zur Vorbereitung einer derartigen Bildungsbiographie ist es allerdings notwendig, dass die schulische Ausbildung neben der Allgemeinbildung auch soziale Kompetenz und die Fähigkeit zum selbständigen Lernen vermittelt.[39]

Viel spricht dafür, vor allem im Hochschulbereich die Ausbildungszeiten drastisch zu verkürzen und zunächst nach dem Vorbild der Fachhochschulen eine dreijährige praxisbezogene Grundausbildung zu vermitteln, der sich nach einer Phase der Berufstätigkeit ein mehr wissenschaftlich geprägtes Aufbaustudium anschließen kann. Die Ausbildung für den *zweiten Job*, nämlich das soziale Engagement, könnte im Rahmen eines obligatorischen sozialen Jahrs nach Abschluss der allgemeinbildenden Schulen erfolgen. Eine Teilnahme an dieser Ausbildungsphase könnte entfallen, wenn junge Männer ihre Wehrpflicht ableisten oder ersatzweise Aufgaben des Zivildienstes übernehmen.

Schließlich beginnt mit dem Einstieg in das Erwerbsleben bzw. der ersten Phase sozialen Engagements das „Learning by Doing", das von Weiterbildungsmaßnahmen begleitet und von regelmäßigen weiteren Ausbildungsphasen unterbrochen wird, die für den jeweiligen nächsten Tätigkeitsbereich die nötigen Kentnisse vermitteln. Die Bildungsbiographie setzt sich schließlich in das Rentenalter fort. Diese Phase ist durch ein weiteres Ausbildungsangebot für soziale Aufgaben und natürlich auch für die persönlichen Interessensgebiete geprägt.

Die Verkürzung der Regelarbeitszeit könnte schließlich von einer Verlängerung der *Lebensarbeitszeit* begleitet werden. Nur unter der Voraussetzung einer Verminderung der Arbeitsbelastung auch für die Jüngeren und der Begleitung durch

---

[38] Europäische Kommission 2001, S. 9.

[39] Siehe dazu die PISA-Studie, OECD 2001.

lebenslanges Lernen erscheint es realistisch, dass das jetzige durchschnittliche Ruhestandsalter von etwa 60 Jahren wesentlich angehoben werden kann. In diesem Zusammenhang gibt es Vorschläge, dass ältere Erwerbstätige z. B. eher beratende Aufgaben übernehmen, bei denen ihre Erfahrungen genutzt werden können, ohne dass sie durch Führungsverantwortung zu sehr belastet werden.

4.2 Anreize für eine Halbtagsgesellschaft

Eine Halbtagsgesellschaft lässt sich nur dann realisieren, wenn auch entsprechende Anreize bestehen, auf eine Vollerwerbsstelle zu verzichten. Es ist nicht möglich, an dieser Stelle auf alle denkbaren Formen gesellschaftlicher Steuerung einzugehen. Viel spricht dafür, das soziale Engagement nicht in Form von Geldzahlungen zu honorieren und dadurch in die traditionelle Geldwirtschaft einzubeziehen. Neben der bezahlten Erwerbsarbeit könnte stattdessen ein zweites Tätigkeitsfeld eröffnet werden, das eine *Komplementärwährung*, nämlich die Zeit-Währung, verwendet.[40]

Diese *Zeit-Währung* kann allerdings nur für Arbeitsleistungen gelten. Wenn Material- und Fahrtkosten anfallen, müssten sie auch monetär entgolten werden. Die Arbeitsstunden könnten als Tauschmittel Verwendung finden, wie es bereits für Arbeitsleistungen in Tauschringen üblich ist.[41] Sie könnten aber auch als Zeitgutschrift angesammelt und später bei Bedarf in Form von Leistungen Anderer in Anspruch genommen werden. Dies könnte zu einer zusätzlichen Form der sozialen Sicherung führen. Ein sehr wichtiges Beispiel sind hier die bereits bestehenden Seniorengenossenschaften, die auf dem Gebiet der Zeitkonten bereits praktische Erfahrungen sammeln konnten.

Soziale Netzwerke mit gegenseitiger Hilfe sollten nach Möglichkeit in unmittelbarem persönlichen Austausch aufgebaut werden. Es gilt hier eine Art *Subsidiaritätsprinzip* von der Familie über die Nachbarschaft zur Stadtteil- oder Dorfgemeinschaft. Gerade bei Zeitgutschriften für einen Bedarf, der weit in der Zukunft liegen kann, wird aber auch eine überregionale Organisation nötig sein, um mögliche zwischenzeitliche Ortswechsel zu überbrücken. Überregionale Einrichtungen könnten auch eine Übertragbarkeit von eigenen Zeitguthaben auf entfernt wohnende bedürftige Angehörige oder Freunde ermöglichen.

Die Betreuung von Kindern oder älteren bzw. kranken Menschen im eigenen Haushalt ließe sich mit einem generellen Anrechnungsverfahren bei den *Zeitgutschriften* berücksichtigen. Den betreuenden Personen würden dann automatisch eine bestimmte Anzahl von Stunden pro Woche gutgeschrieben werden. Bei sozi-

---

[40] Siehe Sikora, Hoffmann 2001.

[41] Siehe Offe, Heinze 1990; Lietaer 1999, Hoffmann 1998.

alem Engagement außerhalb des Privathaushalts müssten in dem betreffenden sozialen Netzwerk Anschreibungen vorgenommen werden, so wie es heute bereits bei den Tauschringen geschieht.

Für den unmittelbaren monetären Bedarf der Familie wäre es ferner nötig, dass staatliche Zuschüsse zum Familienbudget zumindest die *zusätzlichen Kosten von Kindern* decken. Dazu müsste der gegenwärtig gezahlte Betrag des Kindergeldes erheblich aufgestockt werden. Ebenso wie es für die Arbeitgeber unter ökonomischen Gesichtspunkten keinen Vorteil bringen dürfte, ob sie gleich qualifizierte Männer oder Frauen einstellen bzw. befördern, darf es für die Eltern keinen wirtschaftlichen Nachteil bedeuten, wenn sie Kinder bekommen. Erst wenn wir diese Konstellation erreichen, können wir auch erwarten, dass Eltern in verstärktem Maße ihren Kinderwunsch erfüllen und die gegenwärtig niedrigen Geburtenraten wieder deutlich ansteigen.[42]

Ein ähnlicher monetärer Anreiz wäre die Zahlung eines entsprechenden *Erziehungsgehalts*.[43] Dieser Vorschlag hat wichtige Impulse für die familienpolitische Diskussion gegeben. Er würde allerdings bedeuten, dass für die Gesellschaft bedeutungsvolle informelle Aktivitäten zusätzlich in die ökonomische Geldsphäre einbezogen werden. Im vorliegenden Ansatz wird für die Bezahlung von sozialen Leistungen mit der Komplementärwährung Zeit plädiert, um eher den außerökonomischen Bereich gesellschaftlicher Aktivitäten zu stärken.

Trotz der Zahlungen eines erhöhten Kindergeldes verbleibt das Problem eines dauerhaften Einkommens für *Alleinerziehende*. Sie haben häufig keinen Partner (Partnerin), mit dem sie sich bei der Betreuung der Kinder abwechseln könnten und der (die) sie während der Betreuungsphase finanziell unterstützt. Eine Lösung könnte im Zusammenschluß mehrerer Alleinerziehender liegen, die sich bei Betreuung und Erwerbsarbeit wie die Eltern in traditionellen Familien abwechseln könnten.

Zusätzlich zu den positiven Anreizen der Zeitgutschriften bei sozialem Engagement ließe sich an *negative Auswirkungen* für diejenigen denken, die sich nicht an diesem zweiten Tätigkeitsfeld beteiligen und nicht bereit sind, ihre Erwerbsarbeitszeiten entsprechend zu reduzieren. So wäre es denkbar, dass dieser Personenkreis wesentlich höhere Steuern zahlen müsste, da in diesen Fällen ja der Staat oder andere Organisationen die nötigen sozialen Leistungen erbringen müssten. Natürlich wären hier diejenigen ausgenommen, die zu einem aktiven sozialen Engagement aus gesundheitlichen oder anderen zwingenden Gründen nicht in der Lage sind.

---

[42] Siehe dazu Birg 2001.

[43] Siehe Leipert 2001 und Krebs 2002.

Wirksamer noch als diese unmittelbaren materiellen Anreizsysteme erscheint ein Zuwachs an *gesellschaftlichem Prestige*, das dem sozialen Engagement zukommen müsste. Ein Mann, der sich aktiv an der Kinderbetreuung oder der Pflege von kranken älteren Verwandten beteiligt, sollte nicht – wie es heutzutage noch häufig geschieht – von seinen Geschlechtsgenossen belächelt oder – im besten Fall – bestaunt werden. Sein Einsatz sollte vielmehr ein besonders hohes Ansehen bekommen und sich auch positiv auf seine berufliche Karriere auswirken. Das ist heutzutage noch Utopie. Die Zukunftsfähigkeit unserer Gesellschaft wird aber entscheidend von einem grundlegenden Meinungswandel gerade im Hinblick auf die Rolle der Männer abhängen. Hier stehen wir, so erstaunlich das im „Zeitalter der Gleichberechtigung" klingt, erst am Anfang.

4.3 Ergebnisse einer ersten Modellrechnung

Den Übergang zur Halbtagsgesellschaft kann man sich natürlich nur als einen dynamischen Prozess vorstellen, der sich über Jahrzehnte erstrecken würde. Staatliche Anreizsysteme in dieser Richtung werden nur langfristig Wirkungen zeigen. Der erforderliche Wertewandel wird sicher erst bei den nächsten Generationen voll zum Tragen kommen. Daher ist es auch unbedingt nötig, dass Prognosemodelle mit entsprechenden Zukunftsszenarien aufgestellt werden, in denen die komplexen sozio-ökonomischen Zusammenhänge abgebildet werden können. In diesem Zusammenhang ist natürlich auch der absehbare demographische Wandel zu berücksichtigen. Im Statistischen Bundesamt wurde dazu eine Projektgruppe *Sozio-ökonomisches Berichtssystem für eine nachhaltige Gesellschaft* eingerichtet, in der Gesamtrechner des Bundesamtes mit Modellrechnern von anderen Forschungseinrichtungen zusammenarbeiten.[44] Chancen und Möglichkeiten sozio-ökonomischer Modellierung werden auch im Sommer 2004 in einer Kooperationsgruppe am Zentrum für interdisziplinäre Forschung der Universität Bielefeld untersucht.

Dennoch ist es reizvoll, auch ohne differenzierte Modellierung die Konsequenzen einer Halbtagsgesellschaft mit konkreten Daten einer bestimmten gesellschaftlichen Situation „durchzuspielen". Die Analyse der nötigen Veränderungen hin zu einer Halbtagsgesellschaft gibt einen ersten Eindruck von den Chancen, aber auch Schwierigkeiten auf dem Weg zu einer neuen gesellschaftlichen Arbeitsteilung. Auf der Grundlage des vorhandenen Berichtssystems für das frühere Bundesgebiet 1990 (mit Fortschreibung bis 1998 für Deutschland) wurde im Statistischen

---

[44] Siehe Stahmer 2003a.

Bundesamt eine erste Berechnung vorgenommen.[45] Sie muss natürlich schrittweise durch aktuellere und fundiertere Schätzüberlegungen ersetzt werden. Selbst wenn das gelingt, sollte uns natürlich immer bewusst bleiben, dass alle gesellschaftlichen Entwicklungen von den einzelnen Menschen mit ihren ganz individuellen Wertesystemen ausgehen, die sich nur langsam wandeln können.

Erste Ergebnisse dieser Modellrechnung wurden in dem Aufsatz *Halbtagsgesellschaft* veröffentlicht.[46] An dieser Stelle sei nur kurz auf einige wichtige Resultate für das Berichtsjahr 1990 eingegangen:

- Wenn die Halbtagsgesellschaft realisiert werden soll, ist eine erhebliche Steigerung der beruflichen Qualifikation sowohl der Erwerbsfähigen, die bisher nicht erwerbstätig waren, als auch der bereits Erwerbstätigen nötig.
- Zeitliche Veränderungen ergeben sich vor allem durch eine Verlagerung von Erwerbsarbeit zu sozialem Engagement. Insgesamt ergibt sich im Modellbeispiel eine geringfüge Erhöhung der Zeitinputs für gesellschaftlliche Aktivitäten (Erwerbsarbeit und soziales Engagement), so dass sich die Versorgung der Bevölkerung mit materiellen und immateriellen Leistungen insgesamt eher verbessern könnte.
- Die wirtschaftliche Leistung, die mit Hilfe von Erwerbsarbeit erstellt wurde und maßgeblich das materielle Konsumniveau bestimmt, sinkt in Geldeinheiten um fast ein Siebtel.
- Die Verminderung der materiellen Produktion führt zu geringeren Umweltbelastungen. In unserem einfachen Modellbeispiel reduziert sich der Ausstoss an Kohlendioxid um fast ein Achtel.

5. Aufbruch: Der Garten der Pfade, die sich verzweigen

Viel spricht dafür, dass die Halbtagsgesellschaft unter dem Blickwinkel der sozialen und ökologischen Nachhaltigkeit einen wesentlichen Fortschritt bedeuten würde und dass sich die ökonomischen Nachteile in Grenzen halten würden. Die Vermutung müsste natürlich durch weitergehendere, komplexere Analysen bestätigt – oder aber auch widerlegt – werden. Gegenüber dem zunächst in Abschnitt 3 geschilderten Weg zu einer nachhaltigen Gesellschaft erscheint das Ziel Halbtagsgesellschaft für die unmittelbare Zukunft noch attraktiver. Die drängenden sozia-

---

[45] Datengrundlage für die Modellrechnung waren die Sozio-ökonomischen Input-Output-Tabellen 1990, die ein Gesamtbild der gesellschaftlichen Aktivitäten in Zeit-, Geld- und physischen Einheiten geben (siehe Stahmer 2003c; Stahmer et al. 2004).

[46] Siehe Stahmer 2003b. Detailliertere Informationen und Ergebnisse für Deutschland 1998 enthält der Band Sozio-ökonomische Input-Output-Rechnung 1998 (Stahmer et al. 2004).

len Probleme in unserem Land könnten ein Motor für die beschriebenen gesellschaftlichen Veränderungen sein. Demgegenüber dürfte eine radikale Senkung des materiellen Niveaus allein zum Schutz der Umwelt bzw. für größere Chancengleichheit der ärmeren Entwicklungsländer zur Zeit politisch nicht durchsetzbar zu sein. Nach einer Phase erhöhten Engagements für ökologische Fragen und einer Bereitschaft, sich auch um Belange der Entwicklungsländer zu kümmern, ist seit einigen Jahren eine Hinwendung zu wirtschafts- und sozialpolitische Themen zu beobachten, die in erster Linie das eigene Land betreffen. Wie die kurze Beschreibung der Modellergebnisse der Halbtagsgesellschaft gezeigt hat, würde ein gesellschaftlicher Umbau in diese Richtung allerdings auch Reduktionen der ökonomischen Umweltbelastung mit sich bringen und daher langfristige Umweltziele eher unterstützen. Wenn daher viel dafür spricht, zunächst die Diskussion um soziale Veränderungen in den Vordergrund zu rücken, so müssten im Interesse einer langfristig nachhaltigen Entwicklung die ökologischen Auswirkungen stets berücksichtigt werden. Bei Analysen der zukünftigen sozialen Netzwerke sind daher z. B. auch die ökologischen Konsequenzen der damit verbundenen Mobilität und die Möglichkeiten der Förderung von Regionalprodukten einzubeziehen.

In der Erzählung von Jorge Luis Borges *Der Garten der Pfade, die sich verzweigen* wird von dem chinesischen Gelehrten Ts'ui Pen berichtet, der ein labyrinthisches Manuskript von sich widersprechenden Schmierzetteln hinterläßt. Sein zunächst unverständlicher Hinweis „Ich hinterlasse den verschiedenen Zukünften (nicht allen) meinen Garten der Pfade, die sich verzweigen" hilft schließlich bei der Lösung: Ts'ui Pen beschreibt ein „Webmuster aus Zeiten, die sich einander nähern, sich verzweigen, sich scheiden oder jahrhundertelang nichts voneinander wissen. Es umfasst alle Möglichkeiten".[47] Es ist zu hoffen, dass es in diesem Garten auch die beiden beschriebenen Wege zu einer nachhaltigen Gesellschaft gibt und dass es uns gelingt, in unserem, aber vor allem auch im Interesse der nächsten Generationen, diese Wege zu finden und zu beschreiten.

Literaturverzeichnis

Arbeitsgruppe „Umverteilung der Arbeit" der Sozialdemokratischen Partei (SP) der Schweiz (1995): Wege zur doppelten 25-Stunden-Woche, Vorschläge zur Umverteilung von Arbeit und Einkommen zwischen Frauen und Männern, Bern, September (im Internet: www.sp-ps.ch/data/Pospap-d/Wege%20zur%20doppelten%2025-Stunden-Woche.pdf).

Balzer, Ingrid und Monika Wächter (Hrsg.) (2002): Sozial-ökologische Forschung – Ergebnisse der Sondierungsprojekte aus dem BMBF-Förderschwerpunkt, ökom Verlag: München.

Beck, Ulrich (1986): Risikogesellschaft, Auf dem Weg in eine andere Moderne, Suhrkamp: Frankfurt a.M.

[47] Borges 1970, S. 209.

Beck, Ulrich (Hrsg.) (2000a): Die Zukunft von Arbeit und Demokratie, Edition Zweite Moderne, Suhrkamp: Frankfurt a.M.

Beck, Ulrich (2000b): Die Seele der Demokratie – Bezahlte Bürgerarbeit. In: Beck 2000a, S. 416 – 448.

Biesecker, Adelheid (1998): Neue Formen der Teilung und Verteilung von Arbeit. In: Vereinigung für Ökologische Ökonomie (Hrsg.), Arbeiten in einer nachhaltig wirtschaftenden Gesellschaft, Schriftenreihe für Politische Ökologie, Nr. 4, ökom Verlag: München.

Biesecker, Adelheid und Sabine Hofmeister (2003): Re(Produktivität – Der ‚blinde Fleck' im Diskurs zu Nachhaltiger Entwicklung. In: Sabine Hofmeister, Maria-Eleonora Karsten und Tanja Mölders (Hrsg.), Zwischentöne gestalten: Dialoge zur Verbindung von Geschlechterverhältnissen und Nachhaltigkeit, Kleine: Bielefeld.

Birg, Herwig (2001): Die demographische Zeitwende: der Bevölkerungsrückgang in Deutschland und Europa, Beck: München.

BMLFUW (Bundesministerium für Land- und Forstwirtschaft, Umwelt und Wasserwirtschaft) (2002): Die österreichische Strategie zur Nachhaltigen Entwicklung – Eine Initiative der Bundesregierung, Wien.

BMU (Bundesministerium für Umwelt, Naturschutz und Reaktorsicherheit)/ UBA (Umweltbundesamt) (Hrsg.) (2002): Umwelt – Nachhaltigkeit – Geschlechtergerechtigkeit, Aktivitäten in Deutschland von Rio nach Johannesburg, ökom Verlag: München.

Borges, Jorge Luis (1970): Sämtliche Erzählungen, Hanser: München.

BUND, Misereor (Hrsg.) (1996): Zukunftsfähiges Deutschland, Ein Beitrag zu einer global nachhaltigen Entwicklung, Studie des Wuppertal Instituts für Klima, Umwelt, Energie, Birkhäuser: Basel, Boston, Berlin.

BUND, Misereor (Hrsg.) (2002): Wegweiser für ein zukunftsfähiges Deutschland, Riemann: München.

Bundesregierung (2002): Perspektiven für Deutschland – Unsere Strategie für eine nachhaltige Entwicklung, Berlin.

Coenen, Reinhard und Armin Grunwald (Hrsg.) (2003): Nachhaltigkeitsprobleme in Deutschland – Analyse und Lösungsstrategien, edition sigma: Berlin.

Daly, Herman E. (1999): Wirtschaft jenseits von Wachstum – Die Volkswirtschaftslehre nachhaltiger Entwicklung, Salzburg – München.

DGB (Deutscher Gewerkschaftsbund) (2000): Stellungnahme des DGB zum Entwurf der nationalen Nachhaltigkeitsstrategie, Berlin.

Diefenbacher, Hans, Holger Karchert, Carsten Stahmer, Volker Teichert (1997): Nachhaltige Wirtschaftsentwicklung im regionalen Bereich – ein System von ökologischen, ökonomischen und sozialen Indikatoren, Texte und Materialien, Reihe A, Nr. 42, FEST: Heidelberg.

Eidgenössische Kommission für Frauenfragen (Hrsg.) (1997): Weniger ist mehr – Konzepte zur Umverteilung von Arbeit zwischen den Geschlechtern, Ein Bericht von Eva Nadai und Peter Gerber, Bern.

Erhard, Ludwig (1961a): Freiheit und Verantwortung. Ansprache vor dem Evangelischen Arbeitskreis der CDU, Hamburg, 2. Juni 1961. In: Erhard 1988, S. 676 – 683.

Erhard, Ludwig (1961b): Gestern – Heute – Morgen. Elektrola Schallplatten, 9. Juni 1961. In: Erhard 1988, S. 684 – 704, wiederabgedruckt in Frankfurter Allgemeine Zeitung, 4. Mai 2002, S. 8.

Erhard, Ludwig (1962): Maßhalten! Rundfunkansprache, 21. März 1962. In: Erhard 1988, S. 729 – 737.

Erhard, Ludwig (1988): Gedanken aus fünf Jahrzehnten. Reden und Schriften, herausgegeben von Karl Hohmann, Econ: Düsseldorf, Wien, New York.

Europäische Kommission (2001): Einen europäischen Raum des lebenslangen Lernens schaffen, KOM(2001) 678, November.

Ewerhart, Georg und Carsten Stahmer (1998): Zukunftsentwürfe statt Vergangenheitsbewältigung – Paradigmenwechsel in der umweltökonomischen Berichterstattung. In: Utz-Peter Reich, Carsten Stahmer, Klaus Voy (Hrsg.), Kategorien der Volkswirtschaftlichen Gesamtrechnungen, Band 2: Zeit und Risiko, Marburg, S. 227 – 258.

Fetscher, Iring (1991): Überlebensbedingungen der Menschheit – Ist der Fortschritt noch zu retten? Dietz: Berlin.

Forum Umwelt und Entwicklung (Hrsg.) (1997): Zukunftsfähiges Deutschland – Zukunft für Frauen? Memorandum der AG Frauen im Forum Umwelt und Entwicklung, Bonn.

Giarini, Orio und Patrick M. Liedtke (1998): Wie wir arbeiten werden. Der neue Bericht an den Club of Rome, Hoffmann und Campe: Hamburg.

Gorz, André (1989): Kritik der ökonomischen Vernunft. Sinnfragen am Ende der Arbeitsgesellschaft, Rotbuch: Berlin.

Gorz, André (2000): Arbeit zwischen Misere und Utopie, Edition Zweite Moderne, hrsg. von Ulrich Beck, Suhrkamp: Frankfurt a.M.

Hans-Böckler-Stiftung (2000): Wege in eine nachhaltige Zukunft – Ergebnisse aus dem Verbundprojekt Arbeit und Ökologie, Düsseldorf.

Heinze, Rolf G. und Christoph Strünck (2000): Die Verzinsung des sozialen Kapitals – Freiwilliges Engagement im Strukturwandel. In: Beck 2000a, S. 171 – 216.

Heinze, Rolf G. und Thomas Olk (Hrsg.) (2001): Bürgerengagement in Deutschland – Bestandsaufnahme und Perspektiven, Leske + Budrich: Opladen.

Hoffmann, Günter (1998): Tausche Marmelade gegen Steuererklärung, Piper: München.

Hofmeister, Sabine und Ines Weller (2004): Nationale Nachhaltigkeitsstrategien – „blinde Flecken" aus und für Genderperspektiven. Bremer Diskussionspapier zur Institutionellen Ökonomie und Sozial-Ökonomie Nr. 55, hg. v. Adelheid Biesecker, Wolfram Elsner, Klaus Grenzdörffer, Bremen. Erscheint in englischer Sprache in: Joachim H. Spangenberg (ed.), Sustainability Strategies and the Waltz of Life, Deep Roots High Relevance, Cultural Diversity: Taking Stock of the Sustainability Discourse.

Horkheimer, Max (1970): Verwaltete Welt. Gespräch mit Otmar Hersche. In: Gesammelte Schriften, Band 7: Vorträge und Aufzeichnungen 1949 – 1973, Fischer: Frankfurt a.M. 1985, S. 363 – 384.

Jansen, Mechtild (1997): Visionen für die Zukunft – Ein Plädoyer für eine andere Ökonomie. In: Ute Behning (Hrsg.), Das Private ist ökonomisch: Widersprüche der Ökonomisierung privater Familien- und Haushalts-Dienstleistungen, edition sigma: Berlin, S. 215 – 226.

Jansen, Mechtild (1999): Wohin entwickelt sich die Arbeitsgesellschaft? – Arbeit neu bewerten, teilen, schaffen, unveröffentlichter Vortrag, Kassel.

Kopfmüller, Jürgen, Volker Brandl, Juliane Jörissen, Michael Paetau, Gerhard Banse, Reinhard Coenen und Armin Grunwald (2001): Nachhaltige Entwicklung integrativ betrachtet – Konstitutive Elemente, Regeln, Indikatoren, Edition Sigma: Berlin.

Krebs, Angelika (2002): Arbeit und Liebe – Die philosophischen Grundlagen sozialer Gerechtigkeit, suhrkamp taschenbuch wissenschaft Nr. 1564, Suhrkamp: Frankfurt a.M.

Kurz-Scherf, Ingrid und Gisela Breil (Hrsg.) (1987): Wem gehört die Zeit – Ein Lesebuch zum 6-Stunden-Tag, VSA-Verlag: Hamburg.

Lafontaine, Oskar (1989): „Das Lied vom Teilen", die Debatte über Arbeit und politischen Neubeginn, Hoffmann und Campe: Hamburg.

Lang, Eva (2003): Wendezeit für den Staat. In: Nilgün Yüce und Peter Plöger (Hrsg.), Die Vielfalt der Wechselwirkung – Eine transdisziplinäre Exkursion im Umfeld der Evolutionären Kulturökologie, Karl Alber: Freiburg-München, S. 163 – 186.

Leipert, Christian (Hrsg.) (2001): Familie als Beruf – Arbeitsfeld der Zukunft, Deutscher Arbeitskreis für Familienhilfe, Leske und Budrich: Opladen.

Lietaer, Bernard (1999): Das Geld der Zukunft, Bertelsmann: Gütersloh.

Majer, Helge, Carsten Stahmer (1996): Wie definiert, mißt und schließt man regionale Nachhaltigkeitslücken? In: Utz-Peter Reich, Carsten Stahmer, Klaus Voy (Hrsg.): Kategorien der Volkswirtschaftlichen Gesamtrechnungen, Band 1: Raum und Grenzen, Metropolis: Marburg, S. 285 – 319.

Meier, Uta (2001): Wie zukunftsfähig ist die „Arbeit des Alltags". In: Katrin Andruschow (Hrsg.), Ganze Arbeit: feministische Spurensuche in der Non-Profit-Ökonomie, Hans-Böckler-Stiftung, Düsseldorf, edition sigma: Berlin, S. 41 – 54.

Meier, Uta (2003): Nachhaltiges Haushalten – Vom normativen Leitbild zu alltagsorientierten Handlungsalternativen. In: Wolfgang Serbser (Hrsg.), Humanökologie, Ursprünge – Trends – Zukünfte, Schriften der Deutschen Gesellschaft für Humanökologie, Band 1, Lit Verlag: Münster – Hamburg – Berlin – London, S. 213 – 225.

Münkner, Hans-H. (2002): Organisierte Selbsthilfe gegen soziale Ausgrenzung — Multi-Stakeholder Genossenschaften in der internationalen Praxis, Institut für Genossenschaftswesen an der Humboldt-Universität zu Berlin, Berliner Beiträge zum Genossenschaftswesen, Heft 58.

Munz, Eva, Frank Bauer und Hermann Groß (2002): Regelung und Praxis von Arbeitszeitkonten. In: WSI Mitteilungen 6/ 2002, S. 334 – 340.

Musil, Robert (1978, Originalausgabe 1930): Der Mann ohne Eigenschaften, rororo 4001, Rowohlt: Reinbek bei Hamburg.

OECD (2001): Lernen für das Leben: Erste Ergebnisse der internationalen Schulleistungsstudie PISA 2000, Paris.

Offe, Claus, Rolf Heinze (1990): Organisierte Eigenarbeit – Das Modell Kooperationsring, Campus: Frankfurt a.M., New York.

Petersen, Rudolf, Karl Otto Schallaböck (1995): Mobilität für Morgen, Chancen einer zukunftsfähigen Verkehrspolitik, Birkhäuser: Berlin, Basel, Boston.

Pfister, Christian (Hrsg.) (1995): Das 1950er Syndrom, Der Weg in der Konsumgesellschaft, Paul Haupt: Bern, Stuttgart, Wien.

Schmidt-Bleek, Friedrich (1994): Wieviel Umwelt braucht der Mensch? MIPS – Das Maß für ökologisches Wirtschaften, Birkhäuser: Berlin, Basel, Boston.

Schmidt-Bleek, Friedrich (1997): Wieviel Umwelt braucht der Mensch? Faktor 10 – das Maß für ökologisches Wirtschaften, dtv 30580, Deutscher Taschenbuch Verlag: München.

Schultz, Irmgard (1996): Die Liebe der Männer zu nachhaltigen Zahlen – Eine Betrachtung der Studie „Zukunftsfähiges Deutschland" aus feministischer Sicht. In: Wechselwirkung, Nr. 78, S. 59 – 63.

Sikora, Joachim und Günter Hoffmann (2000): Version einer Gemeinwohl-Ökonomie auf der Grundlage einer komplementären Zeit-Währung, Katholisch-Soziales Institut: Bad Honnef.

Spangenberg, Joachim (Hrsg.) (2003): Vision 2020 – Arbeit, Umwelt, Gerechtigkeit – Strategien für ein zukunftsfähiges Deutschland, ökom Verlag: München.

Stahmer, Carsten (1998): Handlungsebenen. In: Helge Majer, Friedericke Seydel (Hrsg.), Pflastersteine – Ulmer Wege zur Nachhaltigkeit, Wissenschaft und Praxis: Sternenfels, S. 45 – 47.

Stahmer, Carsten (2001): Verwehte Engel – Bausteine für ein nachhaltiges Berichtssystem. In: Susanne Hartard, Carsten Stahmer (Hrsg.), Magische Dreiecke – Berichte für eine nachhaltige Gesellschaft, Band 2: Bewertung von Nachhaltigkeitsstrategien, Metropolis: Marburg, S. 57 – 90.

Stahmer, Carsten (2003a): Aufbau eines sozio-ökonomischen Berichtssystems für eine nachhaltige Gesellschaft. In: Statistisches Bundesamt (Hrsg.), Sozialer Wandel – Daten, Analysen, Gesamtrechnungen, Forum der Bundesstatistik, Band 41, Metzler-Poeschel: Stuttgart, S. 72 – 92.

Stahmer, Carsten (2003b): Halbtagsgesellschaft. In: Zukünfte, Zeitschrift für Zukunftsgestaltung und vernetztes Denken, Nr.44, Sommer 2003, S. 34 – 39.

Stahmer, Carsten (2003c): Sozio-ökonomische Input-Output-Tabellen. In: Institut für Wirtschaftsforschung Halle (Hrsg.), Neuere Anwendungsfelder der Input-Output-Analyse in Deutschland, Beiträge zum Hallischen Input-Output-Workshop 2002, 4/ 2003 Sonderheft, S. 11 – 36.

Stahmer, Carsten, Schaffer, Axel, Herrchen, Inge (2004): Sozio-ökonomische Input-Output-Rechung 1998, Schriftenreihe Sozio-ökonomisches Berichtssystem für eine nachhaltige Gesellschaft, Statistisches Bundesamt, Bd. 4, Wiesbaden.

Taube, Sabine (1993): Neue Formen organisierter Selbsthilfe älterer Bürger, Universität Marburg, Institut für Kooperation in Entwicklungsländern, Studien und Berichte Nr. 29, Marburg.

Teichert, Volker (2000): Die informelle Ökonomie als notwendiger Bestandteil der formellen Erwerbswirtschaft – Zu den ökonomischen, sozialen und ökologischen Wirkungen informellen Arbeitens, Wissenschaftszentrum Berlin, Querschnittsgruppe Arbeit und Ökologie, P00 – 524, Berlin.

Vilar, Esther (1990): Die 25-Stunden-Woche – Arbeit und Freizeit in einem Europa der Zukunft, Econ: Düsseldorf.

Weizsäcker, Ernst-Ulrich von, Amory B. Lovins, L. Hunter Lovins (1996): Faktor Vier, Doppelter Wohlstand – halbierter Naturverbrauch, Der neue Bericht an den Club of Rome, Droemer Knaur: München.

Weller, Ines, Esther Hoffmann und Sabine Hofmeister (Hrsg.) (1999): Nachhaltigkeit und Feminismus: Neue Perspektiven – Alte Blockaden, Kleine Verlag: Bielefeld.

AutorInnen

GOTTSCHLICH, Daniela, geb. 1972, Politikwissenschaftlerin, M.A., z. Zt. Lehrbeauftragte an der Universität Osnabrück am Fachbereich Sozialwissenschaften und Promotionsstipendiatin der Heinrich Böll Stiftung; Mitinitiatorin des Frauen-Euregio-Projekt, Arbeitsgebiete: Nachhaltigkeit und Gender, Frauen und (lokale) Agenda 21-Prozesse, zukunftsfähige Arbeitsmodelle, feministische Theorie, politische Ökonomie, Rolle von `Kultur´ in der internationalen Politik

HOFMEISTER, Sabine, geb. 1954, Prof. Dr. Ing., Dipl.-Ing. Landschaftsplanerin, Lehr- und Forschungsgebiet Umweltplanung im Fachbereich Umweltwissenschaften der Universität Lüneburg, Institut für Umweltstrategien, Arbeitsgebiete: Theorie und Methodik Ökologischer Ökonomie, Stoffstrom- und Ressourcenmanagement, Nachhaltige Raumentwicklung, Ökologie der Zeit, Geschlechterverhältnisse und Nachhaltigkeit.

KUIPER, Edith, geb. 1960. Dr. der Wirtschaftswissenschaft, derzeit Forschung im Fachbereich der Ökonomie und Ökonometrie an der Universität Amsterdam, Niederlande. Arbeitsschwerpunkte: Geschichte und Philosophie der Wirtschaft, Feministische Ökonomie, Frauen- und Genderstudien.

MOL, David, geb 1949, Studium der Religionswissenschaften, Kommunikationswissenschaften, Film und Fernsehen und Psychologie in Groningen, Amsterdam und Utrecht. Journalist und Moderator beim offentliches Hörfunk und Fernsehen, Hochschullehrer im Journalismus am Windesheim Universität in Zwolle. Publizierte viele (Forschungs)Artikeln über Religion, Soziale Entwicklung, Dritten Welt und Bücher, wie „Unserem Digitale Got", „Das hohe Wort" und „Fernsehen wie Pastor". Seit 1999 Berater und Senior Beamter beim Ministerium für Soziales und Arbeit in Den Haag, Bereich 'Dagindeling & Levensloop', Arbeit und Familienfürsorge, Zeiten der Gesellschaft, Soziale Infrastruktur, Dienstleistung.

MOULAERT Frank, geb 1951, Pr. Dr., Regionalwissenschaftler. 17 Jahre Professor für Wirtschaftswissenschaften an der Université des Sciences et Technologies de Lille, Frankreich, jetzt Professor für Europäische Planung und Entwicklung an der School of Architecture, Planning and Landscape der University of Newcastle upon Tyne, UK. Arbeitsschwerpunkt: Regional- und Sozialökonomie und Planung.

MÜLLER-CHRIST, Georg, geb. 1963, Prof. Dr.; Hochschullehrer für Betriebswirtschaftslehre, insbesondere Nachhaltiges Management an der Universität Bremen. Vorstand des Forschungszentrums Nachhaltigkeit an der Universität Bremen. Forschungsgebiete: Theorie eines nachhaltigen betrieblichen Managements, strategisches Ressourcenmanagement; Nachhaltigkeitsmonitoring. Betriebliches Umweltmanagement.

NUSSBAUMER Jacques, geb. 1974, Dr. phil., der Wirtschaftswissenschaftler. Derzeit Forschung an der IFRESI-CNRS in Lille, Frankreich, auf dem Gebiet der räumlichen Ökonomie. Arbeitsschwerpunkte: institutionelle und historische Dimensionen der sozio-ökonomischen Entwicklung unter Berücksichtigung des Kulturkonzepts.

ROEMELING, Jannie, geb. 1950, Sozialwissenschaftlerin (Andragologie) in Groningen. Arbeitete 20 Jahre an Innovation und Internationalisierung der Erwachsenenbildung, u. a. als Koordinatorin des Europäisches Leonardo da Vinci-Programme und des BAND Programms (BildungsAustausch Niederlande-Deutschland). Seit 2001 Beraterin und Senior Beamtin beim Ministerium für Soziales und Arbeit in Den Haag, Projektleiterin des Programms 'Dagindeling ESF-3'. (Finanzierung und landesweite Implementeirung lokaler Projekte Dagindelin: Arbeit und Familienfürsorge, Zeiten der Gesellschaft, Soziale Infrastruktur, Dienstleistung).

SCHAEFER, Martina, geb. 1964, Prof. Dr. Dr., Juniorprofessorin für sozialwissenschaftliche Nachhaltigkeitsforschung am Institut für Soziologie der TU Berlin; Leiterin der Nachwuchsgruppe "Regionaler Wohlstand neu betrachtet"; Arbeitsgebiete: Zukunft der Arbeit, Nachhaltige Landwirtschaft und Ernährung; Indikatoren für nachhaltige Entwicklung und Lebensqualität.

SCHULTZ, Irmgard, geb. 1949, Dr. phil., polit. Wissenschaften, Mitbegründerin und Mitarbeiterin am Institut für sozial-ökologische Forschung (ISOE) in Frankfurt/Main. Leitung des Forschungsbereich "Alltagsökologie und Konsum" zahlreiche Beiträge zu einer interdisziplinär angelegten Forschung zu "Gender & Environment" veröffentlicht.

SCURRELL, Babette, geb. 1959, Dr. phil., derzeit beim BUND Sachsen-Anhalt: Durchführung eines Forschungsprojektes im Rahmen des BMBF geförderten Forschungsverbundes "Blockierter Wandel? - Die Überwindung von Dichotomien in den Raumbeziehungen als Element sozial-ökologischer Transformation". Arbeitsschwerpunkte: sozio-ökonomische Fragen der Regionalentwicklung, „neue“ Arbeit und lokale Ökonomie.

STAHMER, Carsten, geb. 1942, Volkswirt, Dr. rer.pol., Promotion 1972 bei Carl-Christian von Weizsäcker in Heidelberg, seit 1973 im Statistischen Bundesamt, bis April 2004 Leiter der Projektgruppe "Sozio-ökonomisches Berichtssystem für eine nachhaltige Gesellschaft" im Statistischen Bundesamt, von Juni bis September 2004 Mitglied der Kooperationsgruppe "Sozioökonomische Modellierung" im Zentrum für interdisziplinäre Forschung der Universität Bielefeld, seit 1997 Honorarprofessor in der Wirtschaftswissenschaftlichen Fakultät der Universität Heidelberg, Arbeitsgebiete: Volkswirtschaftliche Gesamtrechnungen, Umwelt-ökonomische und Sozioökonomische Berichtssysteme für eine nachhaltige Entwicklung der Gesellschaft.

THIESSEN, Barbara, geb. 1965, Dr. phil., Wissenschaftliche Koordination im BMBF-Modellprojekt „Kompetenzentwicklung für (junge) Mütter. Kooperation von Beratung, (Aus)Bildung und Beruf“ (MOSAIK), Arbeitsgebiete: Kompetenz und Partizipation, Personenbezogene Dienstleistungsberufe, Genderforschung.

WELLER, Ines, geb. 1954, Gastprofessorin am Fachbereich Produktionstechnik, Mitglied des Zentrums für feministische Studien und des Forschungszentrums Nachhaltigkeit der Universität Bremen. Arbeitsschwerpunkte: Nachhaltige Produktions- und Konsummuster, Nachhaltigkeit und Gender, Technik und Gender, Umwelteinstellungen und -verhalten.

WENDLER, Jürgen, geb. 1960, Dr. phil., Promotion 1990 an der Universität Kiel, seit 1991 Redakteur der Bremer Tageszeitungen AG , über viele Jahre Mitarbeit am Weltatlas des Historikers und Kartographen Arno Peters ("Peters-Atlas"). Arbeitsschwerpunkte: Wissenschaft und Medizin.

WINTERFELD, Uta von, geb. 1957, Dr. phil., Politikwissenschaftlerin und Projektleiterin am Wuppertal Institut für Umwelt, Klima, Energie. Arbeitsgebiete: Gesellschaftliche Naturverhältnisse, nachhaltiges Arbeiten („Tätigkeitsräume“) und das Spannungsfeld von Nachhaltigkeit, Globalisierung und Demokratie.

Institutionelle und Sozial-Ökonomie

Herausgegeben von
Adelheid Biesecker und Wolfram Elsner

Die Bände 1-9 sind bei der Centaurus Verlags- GmbH & Co. KG, Herbolzheim erschienen. Bestellungen für diese Bände sind dorthin zu richten.

Band 1 Adelheid Biesecker / Klaus Grenzdörffer / Holger Heide (Hrsg.): Neue Bewertungen in der Ökonomie. 1995.

Band 2 Adelheid Biesecker / Klaus Grenzdörffer (Hrsg.): Kooperation, Netzwerk, Selbstorganisation. Elemente demokratischen Wirtschaftens. 1996.

Band 3 Sabine Wolf: Ökonomie und Geschlechterverhältnisse. Zu den Möglichkeiten und Grenzen der Einbindung des Geschlechterverhältnisses in die ökonomische Theorie. 1997.

Band 4 Adelheid Biesecker / Klaus Grenzdörffer / Christina Vocke (Hrsg.): Neue institutionelle Arrangements für eine zeitgemäße Wohlfahrt. 1997.

Band 5 Stefan Kesting: Diskurs und Macht. 1999.

Band 6 Adelheid Biesecker / Wolfram Elsner / Klaus Grenzdörffer (Hrsg.): Ökonomie der Betroffenen und Mitwirkenden. Erweiterte Stakeholder-Prozesse. 1998.

Band 7 Adelheid Biesecker / Wolfram Elsner / Klaus Grenzdörffer (Hrsg.): Vielfalt und Interaktion sozioökonomischer Kulturen. Modernität oder Zukunftsfähigkeit. 2000.

Band 8 Adelheid Biesecker / Wolfram Elsner / Klaus Grenzdörffer (Hrsg.): Ökonomische Be-Wertungen in gesellschaftlichen Prozessen. Markt - Macht - Diskurs. 2002.

Band 9 Jens Rose: Weiterbildung peripher Beschäftigter im Arbeitskräfte- und Wissenspool. Auf dem Weg zu einer FlexStAbility. 2001.

Band 10 Andreas Hirt: Konstitutionelle Ökonomik und Kommunikatives Handeln. Ein Beitrag zur ökonomischen Institutionentheorie. 2002.

Band 11 Adelheid Biesecker / Wolfram Elsner / Klaus Grenzdörffer (Hrsg.): Kooperation und interaktives Lernen in der Ökonomie. 2002.

Band 12 Volker Wellhöner: Ökonomik - Physik - Mathematik. Die Allgemeine Gleichgewichtstheorie im interdisziplinären Kontext. 2002.

Band 13 Changhoon Lee: Kritik der neoklassischen Umweltökonomik. Über die (Un-)Möglichkeit einer pareto-effizienten Umweltsteuer. 2004.

Band 14 Wolfram Elsner / Adelheid Biesecker (Hrsg.): Neuartige Netzwerke und nachhaltige Entwicklung. Komplexität und Koordination in Industrie, Stadt und Region. 2003.

Band 15 Adelheid Biesecker / Wolfram Elsner (Hrsg.): Erhalten durch Gestalten. Nachdenken über eine (re)produktive Ökonomie. 2004.

www.peterlang.de